中国通信学会普通高等教育“十二五”规划教材立项项目

普通高等院校电子信息类系列教材

电子技术基础

姜　桥　主编

邢彦辰　曲　伟　王振力　副主编

人民邮电出版社

北　京

图书在版编目（CIP）数据

电子技术基础 / 姜桥主编. —北京：人民邮电出版社，2009.9
（普通高等院校电子信息类系列教材）
ISBN 978-7-115-20058-7

I. 电… II. 姜… III. 电子技术－高等学校－教材
IV. TN

中国版本图书馆CIP数据核字（2009）第137124号

内 容 提 要

本书全面、系统地介绍了电子技术的基础知识和基本技术，将基础理论与应用紧密结合，注重体现知识的实用性和前沿性。

全书共分11章，前6章为模拟电路部分，后5章为数字电路部分，编者将两部分内容有机地融为一体。主要内容包括半导体器件、放大电路、集成运算放大器、直流稳压电源、逻辑代数、逻辑门电路、组合逻辑电路、集成触发器、时序逻辑电路以及模/数与数/模转换等。每章设有大量练习题，并配有习题答案。

本书可作为应用型本科院校和高等职业院校的机电类、自动化类、计算机类、汽车类、电气类、电子类等专业的教材，也可供工程技术人员或自学者参考。

中国通信学会普通高等教育“十二五”规划教材立项项目

普通高等院校电子信息类系列教材

电子技术基础

◆ 主　　编　姜　桥
　副 主 编　邢彦辰　曲　伟　王振力
　责任编辑　蒋　亮

◆ 人民邮电出版社出版发行　　北京市崇文区夕照寺街14号
　邮编　100061　　电子函件　315@ptpress.com.cn
　网址　http://www.ptpress.com.cn
　北京铭成印刷有限公司印刷

◆ 开本：787×1092　1/16
　印张：19
　字数：462千字　　　2009年9月第1版
　印数：1－3 000册　　2009年9月北京第1次印刷

ISBN 978-7-115-20058-7

定价：32.00元

读者服务热线：(010)67170985　印装质量热线：(010)67129223
反盗版热线：(010)67171154

前　言

电子技术是高校电气信息和电子信息类各专业的一门重要的专业技术基础课，也是其他理工科专业必修的课程之一。在信息社会中，电子技术已融入到各个领域，人们的学习、工作和生活都离不开这门课程涉及的知识。

随着电子技术的迅猛发展，尽管数字化是当今电子技术的发展重点，但电子元器件和基本电路仍是电子技术的基础，它们在电子设备中具有不可替代的作用。本书主要针对应用型本科院校和高等职业院校非电类专业而编写的，在内容编排上注重结合应用型人才的特点，做到基础理论适当，对公式、定理的推导及证明从简，知识深入浅出，原理简洁易懂写作原则，着重介绍应用电子电路的适用范围及分析、设计、调试方法，更加注重理论应用于实践的特色。使学生通过本课程的学习，提高实践应用能力，为今后的就业和创业打下良好基础。

本书是根据教育部（原国家教育委员会）1995 年颁发的高等工业学校电子技术(电工学Ⅱ)课程教学基本要求编写的，既可以和由刘显忠主编、人民邮电出版社出版的《电工技术基础》教材（符合电工学Ⅰ的课程教学基本要求）作为上、下册配套使用，也可以单独使用。

本书由姜桥主编，邢彦辰、曲伟和王振力为副主编。全书共分 11 章，其中第 2 章、第 4 章和第 6 章由姜桥编写；第 7 章、第 8 章和第 9 章由邢彦辰编写；第 1 章及第 3 章中的第 1～3 节由曲伟编写；第 11 章由王振力编写；第 10 章和附录由郭宏编写；第 3 章中第 4 节和第 5 章由姜波编写。

本书编写过程中得到了竺培国、张义方、高洪志、关晓冬、席振鹏和赵玉兰、杜金晶的大力支持，计京鸿对本书进行了整理和校对，在此一并表示感谢。

由于编者的水平有限，书中难免存在错误和不妥之处，恳请读者批评指正。

编者联系方式：modianxiti@163.com

编　者

2009 年 8 月

目　录

第 1 章 常用的半导体器件

自然界中容易导电的物质称为导体，金属一般都是导体。有的物质几乎不导电，称为绝缘体，如橡皮、陶瓷、塑料等。另有一类物质的导电特性处于导体和绝缘体之间，称为半导体，如硅、锗、砷化镓和一些硫化物、氧化物等，其中硅和锗是目前制作半导体器件的主要材料。

半导体器件是近代电子学中的重要组成部分。由于半导体器件具有体积小、重量轻、使用寿命长、反应迅速、灵敏度高、工作可靠等优点而得到广泛的应用。本章主要介绍半导体二极管、三极管及场效应管的基本结构、工作原理、特征曲线和主要参数等。

1.1 PN 结

1.1.1 半导体的导电特性

1．半导体的特点

半导体具有独特的导电性能。例如，有些半导体（如钴、锰、镍等的氧化物）的导电性能对温度的反应特别灵敏，而有些半导体（如镉、铅等的硫化物与硒化物）的导电性能对光的反应特别灵敏。当环境温度升高或有光照时，它们的导电能力会显著增加，所以利用这些特性可以做成各种温敏元件（如热敏电阻）和各种光敏元件（如光敏电阻、光敏二极管、光敏三极管等）。更重要的是如果在纯净的半导体中加入适量的微量杂质后，其导电能力可增加数十万倍以上，利用这一特性，可以做成各种不同用途的半导体器件（如二极管、三极管、场效应管和晶闸管等）。

温度、光照和是否掺入杂质这三种因素对半导体导电性能的强弱影响很大，所以半导体的导电特性可以概括如下。

热敏性：当环境温度升高时，导电能力显著增强。

光敏性：当受到光照时，导电能力明显变化。

掺杂性：往纯净的半导体中掺入某些杂质，导电能力明显改变。

这些特性表明，半导体的导电能力在不同条件下有很大的差别，可以人为地加以控制，这就使半导体材料能够得以广泛地应用。

2．本征半导体

制作半导体器件时用得最多的半导体材料是硅和锗，它们的共同特点是原子核的最外层都有四个价电子，都是四价元素。将硅或锗材料提纯（去掉杂质）并形成单晶体后，所有原子在空间便基本上整齐排列。半导体一般都具有这种晶体结构，所以半导体也称为晶体。本征半导体就是完全纯净的、具有晶体结构的半导体。

（1）本征半导体的原子结构及共价键

在本征半导体中，相邻的两个原子的一对最外层电子（即价电子）不但各自围绕自身所属的原子核运动，而且出现在相邻原子所属的轨道上，成为共用电子，这样的组合称为共价键结构，如图 1.1.1 所示。共价键内的两个电子是由相邻的原子各用一个价电子组成，称为束缚电子。这样每个原子核最外层等效有 8 个价电子，由于价电子不易挣脱原子核束缚而成为自由电子，因此，本征半导体导电能力较差。

（2）本征激发现象

在热力学温度 0K（−273℃）时，本征半导体中的每个价电子都被束缚在共价键中，不存在自由运动的电子，本征半导体相当于绝缘体。当温度升高或受到光的照射时，价电子能量增高，有的价电子可以挣脱原子核的束缚而参与导电，成为自由电子。与此同时，在该共价键上留下了一个空位，这个空位称为空穴。这种现象称为本征激发（也称热激发）。因热激发而出现的自由电子和空穴是同时成对出现的，称为电子—空穴对。温度越高，产生的电子—空穴对数目就越多，这就使得游离的部分自由电子也可能回到空穴中去，称为复合。

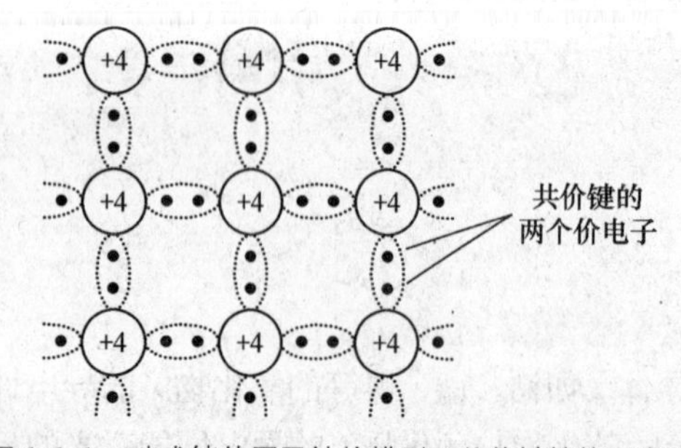

图 1.1.1　硅或锗的原子结构模型及共价键结构示意图

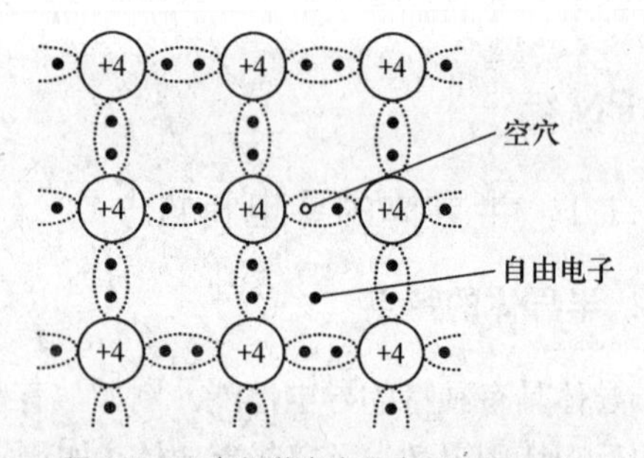

图 1.1.2　本征激发产生电子—空穴对

在一定温度下本征激发和复合会达到动态平衡，此时，自由电子和空穴的浓度一定，且自由电子数和空穴数相等。

（3）半导体的导电原理

当半导体两端加上外施电压后，半导体中有两类作相反运动的导电粒子形成的电流：一类是自由电子作定向运动形成的电子电流，另一类是被原子核束缚的价电子填补空穴而形成的空穴电流。因此，在半导体中有自由电子和空穴两种承载电流的粒子（即载流子），这是半导体导电方式的最大特点，也是半导体与金属导体在导电机理上的本质差别。

空穴导电的实质是相邻原子中的价电子（共价键中的束缚电子）依次填补空穴而形成电流。由于电子带负电，而电子的运动与空穴的运动方向相反，因此认为空穴带正电。

温度越高，产生的电子—空穴对数目就越多，导电能力增强。所以温度对半导体器件有很大影响。

在室温下，虽然本征半导体中有两种载流子参与导电，但是它们的数量极少，这对半导体技术无实用价值。

3. 杂质半导体

掺入杂质的本征半导体称为杂质半导体。杂质半导体是半导体器件的基本材料。根据掺入杂质的性质不同，杂质半导体分为两类：电子型（N 型）半导体和空穴型（P 型）半导体。

（1）P 型半导体

在本征半导体中掺入微量的三价元素（如硼）就形成 P 型半导体，结构示意图如图 1.1.3 所示。

由于硼原子只有三个价电子，所以在构成共价键结构时，将因缺少一个电子而产生一个空位。当相邻原子中的价电子获得能量后，便极易填补这个空位，使相邻原子的共价键中因缺少一个价电子而产生一个空穴，同时使杂质原子因得到一个价电子成为不能移动的带负电的杂质负离子，杂质半导体仍然呈现电中性。

可见每掺入一个三价原子，就能提供一个空穴，所以在 P 型半导体中，空穴浓度远大于自由电子浓度，空穴为多数载流子，自由电子是少数载流子。

（2）N 型半导体

在本征半导体中掺入微量的五价元素（如磷）就形成 N 型半导体，结构示意图如图 1.1.4 所示。由于磷原子有五个价电子，所以在构成共价键结构时，还剩余一个价电子，这个价电子不受共价键的束缚，只受原子核的吸引，便很容易挣脱磷原子核的束缚而成为自由电子，同时使杂质原子因失去一个价电子而成为不能移动的带正电的杂质正离子，杂质半导体仍然呈现电中性。

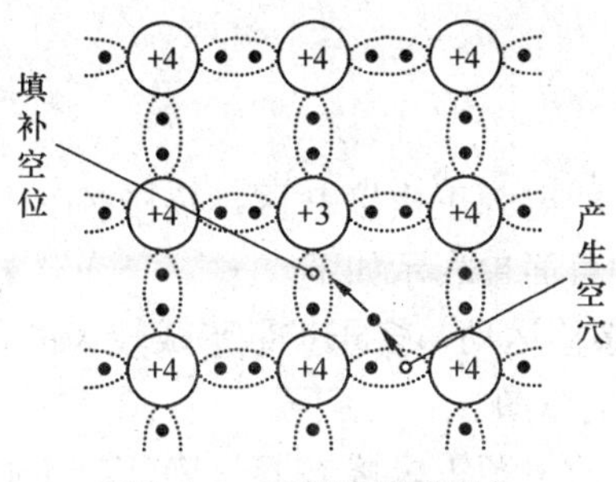

图 1.1.3 P 型半导体的结构

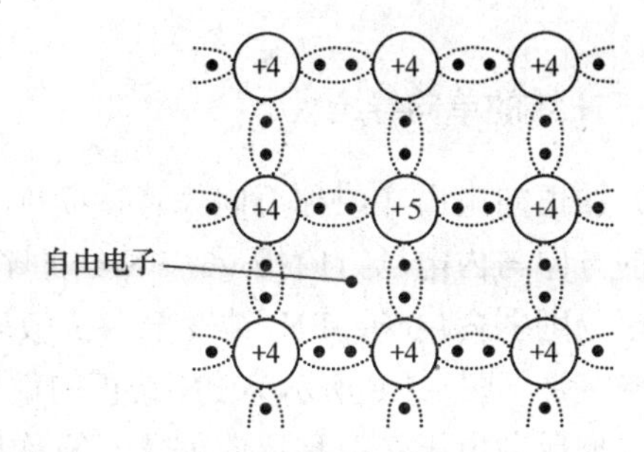

图 1.1.4 N 型半导体的结构

注意：杂质半导体中的多数载流子的浓度主要取决于掺杂浓度；而少数载流子是因本征激发产生，因而其浓度与掺杂无关，只与温度等激发因素有关。

1.1.2 PN 结

1. PN 结的形成

（1）载流子的扩散运动

用掺杂工艺在一块完整半导体中，一部分形成 P 型半导体，另一部分形成 N 型半导体。那么，在两种杂质型半导体交界处两侧，P 区的空穴（多子）浓度远大于 N 区的空穴（少子）浓度，因此，P 区的空穴必然向 N 区运动，并与 N 区中的电子复合而消失；同样，N 区的电子必然向 P 区运动，并与 P 区中的空穴复合而消失。这种由于浓度差而引起的载流子运动称为扩散运动，如图 1.1.5 所示。

（2）内电场的建立

载流子扩散运动的结果，使交界面 N 区一侧失去电子而留下正离子，P 区一侧失去空穴而留下负离子。这些不能移动的带电离子称为空间电荷，相应地这个区域称为空间电荷区，并建立起一个电场，其方向由 N 区指向 P 区，如图 1.1.5 所示。为了区别由外加电压建立的电场，故把这个电场称为内电场。

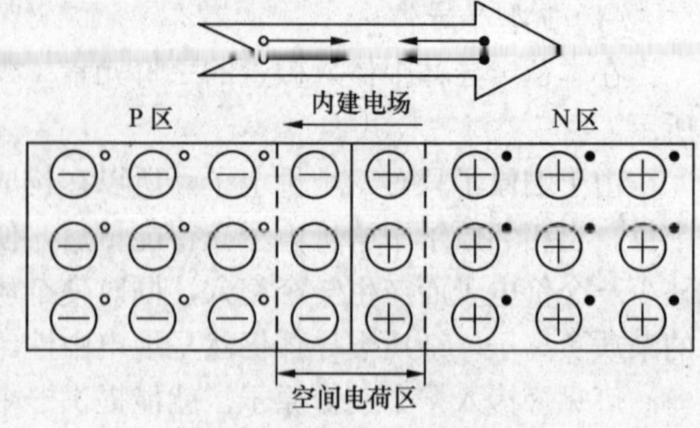

图 1.1.5　PN 结的形成

（3）内电场对载流子运动的作用

随着载流子扩散运动的进行，空间电荷区加宽，内电场加强，它将阻碍多子的扩散；同时，内电场又推动 P 区的少子（电子）向 N 区、N 区的少子（空穴）向 P 区运动，这种在电场作用下的载流子运动称为漂移运动，其结果使空间电荷区变窄，内电场削弱，而这又将导致多子扩散运动的加强。

（4）PN 结的形成

由以上分析可见，载流子在 P 区和 N 区的交界面发生着扩散和漂移两种运动。当多子扩散与少子漂移达到动态平衡时，空间电荷区的宽度基本上稳定下来，PN 结就形成了，其厚度为数微米。对空间电荷区来说其中多数载流子扩散到对方复合而耗尽了，故又称为耗尽区。另外，由于 PN 结内电场阻止多子的继续扩散，故又称之为阻挡层，还可称为势垒区。

2．PN 结的单向导电性

（1）加正向电压（或称正向偏置，简称正偏），即电源正极接 P 区，负极接 N 区。这时外电场的方向与内电场方向相反，PN 结的工作过程可简单表示如下。

外电场削弱内电场→PN 结变窄→扩散运动＞漂移运动→多子扩散形成较大的正向电流 I→PN 结导通。图 1.1.6 所示为 PN 结正向偏置时的电路图。

（2）加反向电压（或称反向偏置，简称反偏），即电源正极接 N 区，负极接 P 区。这时外电场的方向与内电场方向相同，PN 结的工作过程可简单表示如下。

外电场加强内电场→PN 结变宽→漂移运动＞扩散运动→少子漂移形成极小的反向电流 I→PN 结截止。图 1.1.7 所示为 PN 结反向偏置时的电路图。

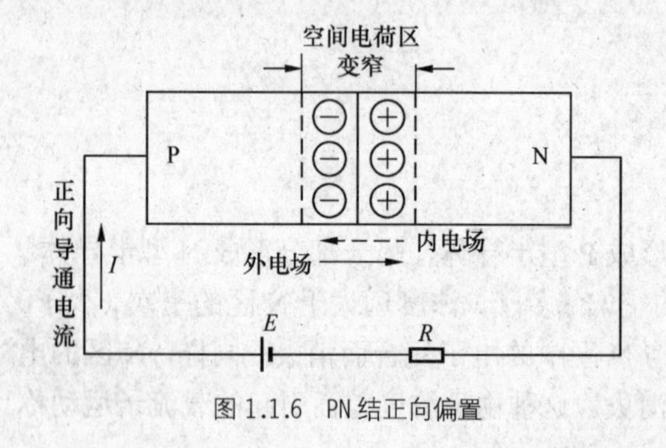

图 1.1.6　PN 结正向偏置

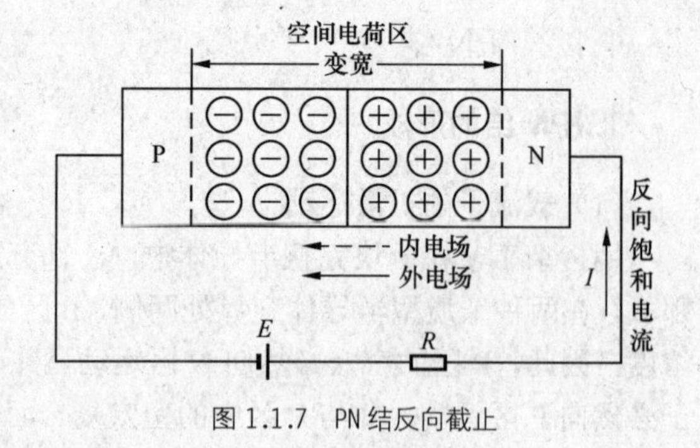

图 1.1.7　PN 结反向截止

（3）PN 结的单向导电性。当 PN 结外加正向电压（正偏），即 P 区接高电位、N 区接低电位时，PN 呈现低电阻，流过较大的电流（mA 级），称为正向导通，相当于开关闭合。当 PN 结外加反向电压（反偏），即 P 区接低电位、N 区接高电位时，PN 呈现很大的电阻，流过极小的电流（μA 级），称为反向截止，相当于开关断开。这就是 PN 结的单向导电性。

3. PN 结的反向击穿特性

当 PN 结的反向电压增大到一定值时，反向电流随电压数值的增加而急剧增大，PN 结失去了单相导电特性，这种现象称为 PN 结反向击穿。PN 结的反向击穿有以下两类。

（1）热击穿：不可逆，应避免。

（2）电击穿：可逆，又分为雪崩击穿和齐纳击穿。无论发生哪种击穿，若对其电流不加以限制，都可能造成 PN 结的永久性损坏。

1.2 半导体二极管

1.2.1 二极管的结构

1. 结构与符号

在 PN 结的两端各引出一根电极引线，然后用外壳封装起来就构成了半导体二极管（或称晶体二极管，简称二极管）。由 P 区引出的电极称为阳极（正极），由 N 区引出的电极称为阴极（负极）。图 1.2.1（a）所示是二极管的结构示意图，图 1.2.1（b）所示是二极管的电路符号图，符号图中的三角箭头表示正向电流的流通方向，在电路中常用字母 VD 标注二极管。

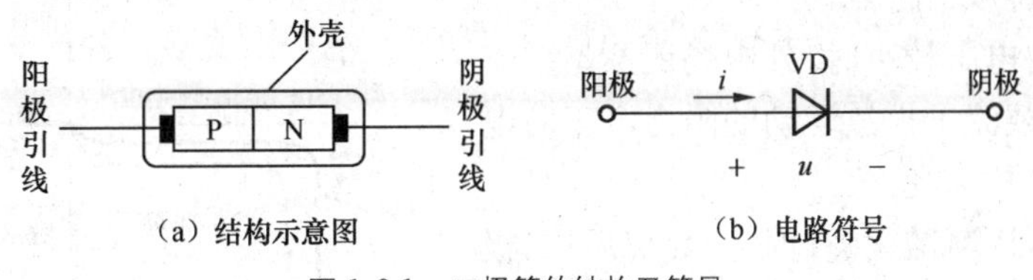

图 1.2.1　二极管的结构及符号

2. 分类

按所用材料分，二极管可分为锗二极管（如 2AP 型）和硅二极管（如 2CP 型）两种，其中硅二极管的热稳定性比锗二极管的热稳定性要好得多。

按用途分，二极管可分为普通二极管、整流二极管、检波二极管、稳压二极管、开关二极管及光电二极管等。

按结构分，二极管可分为点接触型、面接触型和平面型三大类。

（1）点接触型：其特点是 PN 结面积很小，因而结电容很小，其高频性能好，但不能通过大电流，主要用于高频检波和小电流的整流等。

（2）面接触型：其特点是 PN 结面积大，因而结电容大，不适应工作在高频，只能在低频工作，但允许通过较大电流，主要用于工频大电流整流电路。

（3）平面型：其特点是 PN 结面积可大可小，PN 结面积大的，主要用于功率整流；结面积小的可作为数字脉冲电路中的开关管。在集成电路的制造工艺中，常采用这种结构。

图 1.2.2 所示是三种不同结构的二极管示意图。

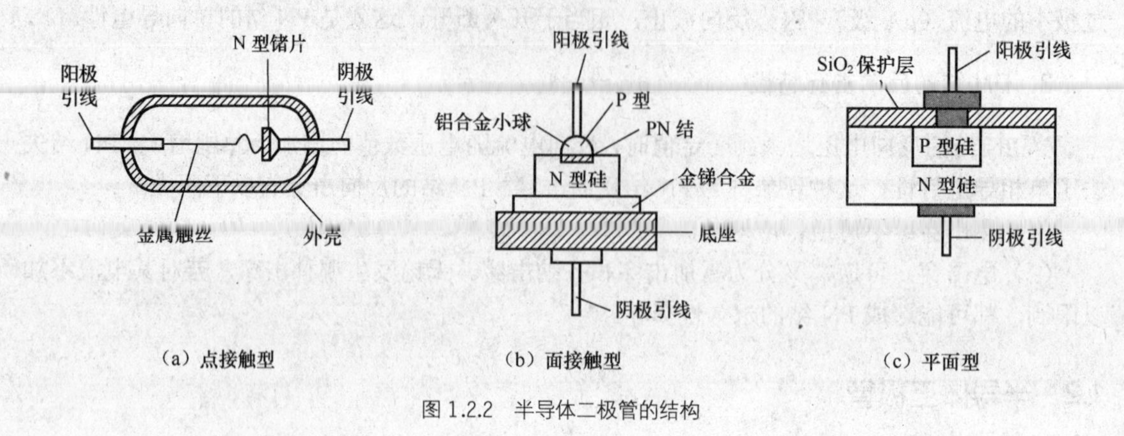

图 1.2.2 半导体二极管的结构

1.2.2 二极管的伏安特性及等效电路模型

1. 二极管的伏安特性

伏安特性是指二极管两端的电压 u 与流过二极管电流 i 的关系。

（1）正向特性

正向特性是指二极管正偏时的伏安特性，如图 1.2.3（实线部分）所示。

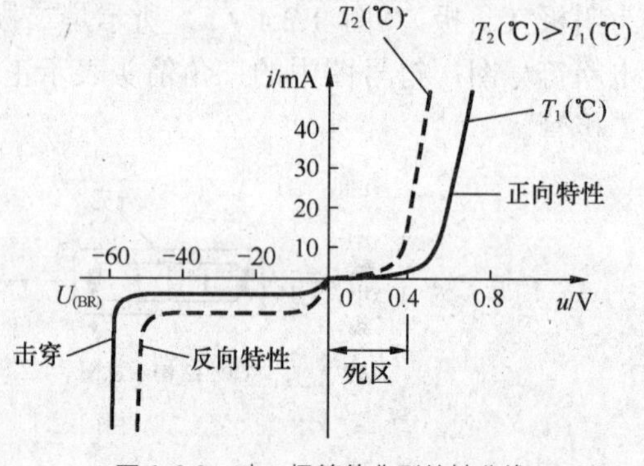

图 1.2.3 硅二极管的典型特性曲线

正向特性具有以下特点。

① 外加正向电压较小时，外电场还不足以克服内电场对多数载流子扩散运动的阻力，正向电流 $i≈0$，这个区域称为死区。

② 正向电压逐渐增大超过某一数值后，二极管开始导通，出现正向电流，并按指数规律增长，此时的电压称为死区电压（又称开启电压或门坎电压），用 U_{th} 表示。在室温下，硅管的 U_{th} 约为 0.5V，锗管约为 0.1V。

③ 当正向电压继续增大至二极管完全导通后，两端电压基本为定值，称为二极管的正向导通压降。硅管约为 0.6～0.8V（通常取 0.7V），锗管约为 0.2～0.3V（通常取 0.2V）。

（2）反向特性

指二极管反偏时的伏安特性，如图 1.2.3（虚线部分）所示。

① 外加反向电压时，反向电流很小（$I≈-I_S$），而且在相当宽的反向电压范围内，反向电流几乎不变，因此，称此电流值为二极管的反向饱和电流。在室温下，硅管的反向饱和电流比锗管的小得多，小功率硅管的 I_S 小于 0.1μA，锗管为几十微安。

② 当反向电压达到 $U_{(BR)}$ 时，反向电流急剧增大，二极管击穿。$U_{(BR)}$ 称为反向击穿电压，二极管一旦击穿，便失去单向导电性，使用时要注意。

2．温度特性

温度对二极管伏安特性的影响很大，如图 1.2.3 中虚线部分为温度升高时的特性。特点概括如下：

（1）当温度升高时，二极管的正向特性曲线向左移动——二极管的导通压降降低。

（2）当温度升高时，二极管的反向特性曲线向下移动——反向饱和电流 I_S 增大。

（3）当温度升高时，反向击穿电压 $U_{(BR)}$减小。

3．二极管的等效电路模型

（1）理想电路模型

二极管的理想电路模型即为正向偏置时，管压降为 0，导通电阻为 0；反向偏置时，电流为 0，反向电阻为∞。适用于信号电压远大于二极管压降时的近似分析。如图 1.2.4 所示。

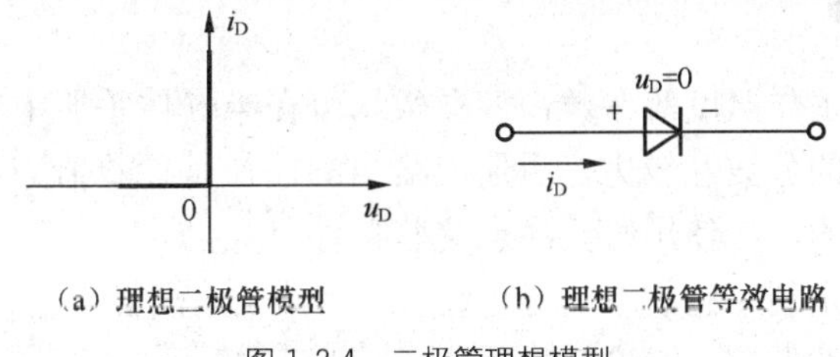

图 1.2.4　二极管理想模型

（2）恒压降模型

二极管的恒压降模型是根据二极管伏安特性曲线近似建立的模型，它用两段直线逼近伏安特性，即正向导通时压降为一个常量 U_{th}；截止时反向电流为 0。

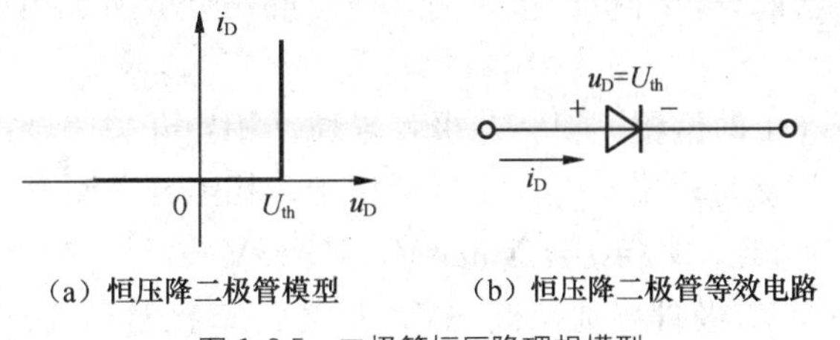

图 1.2.5　二极管恒压降理想模型

（3）二极管的小信号模型

二极管的小信号模型即二极管的电压和电流在微小变化范围内，将二极管近似看成线性器件，等效为一个动态电阻 r_D。这种模型仅限于用来计算叠加在直流工作点 Q 上的微小电压或电流变化时的响应。

1.2.3　二极管的主要参数

描述二极管特性的物理量，称为二极管的参数。它是表示二极管的性能及适用范围的数据，是正确选择和使用二极管的重要依据。二极管有以下主要参数。

1．最大整流电流

最大整流电流（I_{FM}）是指二极管长期运行时允许通过的最大正向平均电流。它是由 PN

结的结面积和外界散热条件决定的。当电流超过允许值时，容易造成PN结过热而烧坏管子。

2. 最大反向工作电压

最大反向工作电压（U_{RM}）是指二极管在使用时所允许加的最大反向电压。超过此值时二极管就有可能发生反向击穿。通常取反向击穿电压的一半值作为U_{RM}。

3. 最大反向电流

最大反向电流（I_{RM}）是指在给二极管加最大反向工作电压时的反向电流值。I_{RM}越小说明二极管的单向导电性越好，此值受温度的影响较大。

4. 最高工作频率

二极管的工作频率超过最高工作频率（f_M）所规定的值时，单向导电性将受到影响。此值由PN结结电容所决定。

此外还有结电容、工作温度等参数，各参数均可在半导体手册中查得。但应指出，由于工艺制造的原因，参数的分散性较大，手册上给出的往往是参数值的范围。另外，各种参数是在规定的条件下测得的，在使用时要注意这些条件。

二极管的应用主要是利用它的单向导电特性，因此，二极管在电路中常用作整流、检波、限幅、钳位、开关、元件保护、温度补偿等。

【例1.2.1】图1.2.6所示是利用二极管构成的正向限幅器。所谓限幅器就是削波电路，用来限制输出电压的幅度。设$u_i=12\sin\omega t$ V，$U_S=3$V。试分析工作原理，并作出u_o的波形（VD为理想元件）。

分析方法：将二极管断开，分析二极管两端电位的高低或所加电压U_D的正负。若采用理想电路模型，则有

$V_阳>V_阴$或U_D为正（正向偏置）——二极管导通，相当开关闭合；

$V_阳<V_阴$或U_D为负（反向偏置）——二极管截止，相当开关断开。

解：取U_S负端为参考点，$V_阳=u_i=12\sin\omega t$ V，$V_阴=3$V

所以，当$u_i>3$V时，二极管导通，$u_o=3$V，反之，二极管截止，$u_o=u_i$，u_o的波形如图1.2.7所示。

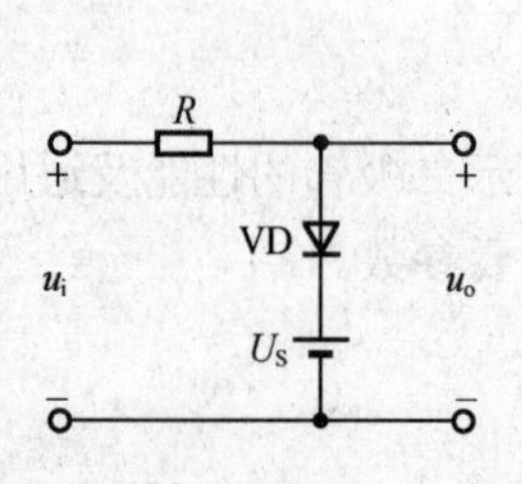

图1.2.6 例1.2.1电路图

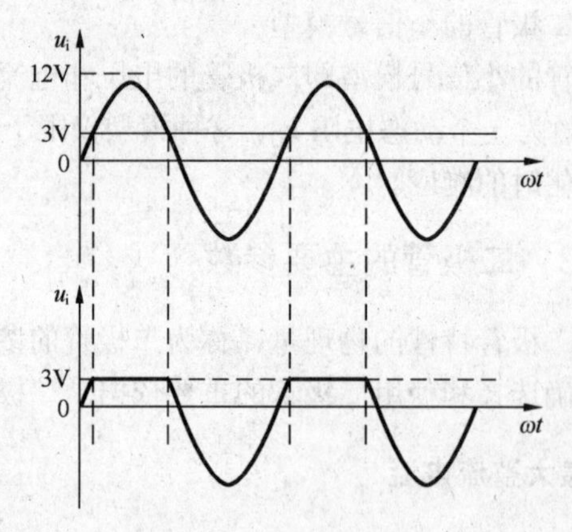

图1.2.7 例1.2.1波形图

1.3 特殊二极管

1.3.1 稳压二极管

稳压二极管是一种特殊工艺制造的面接触型硅二极管，通常工作在反向击穿状态，在制造工艺上保证在规定的工作条件下，允许重复击穿而不损坏。稳压管的稳定电压就是反向击穿电压。稳压管的稳压作用在于：电流增量很大，只引起很小的电压变化。

1．伏安特性及符号

稳压二极管的伏安特性及符号如图 1.3.1 所示。

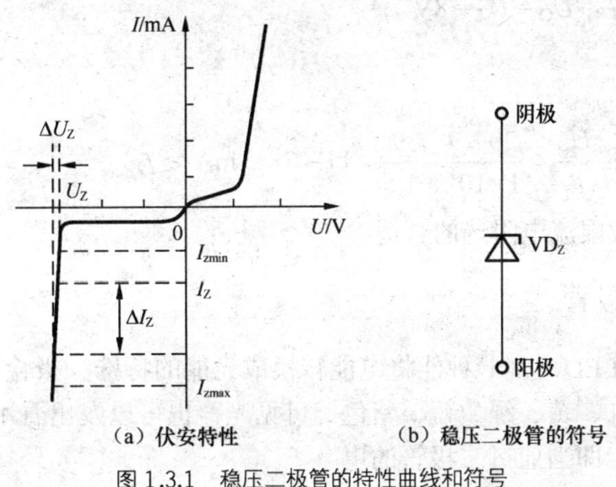

（a）伏安特性　（b）稳压二极管的符号

图 1.3.1　稳压二极管的特性曲线和符号

2．稳压管的主要参数

（1）稳定电压

稳定电压（U_Z）是指稳压管在正常工作（流过的电流在规定范围内）时，稳压管两端的电压值。

（2）稳定电流和最大稳定电流

稳定电流（I_Z）是指稳压管在正常工作时的参考电流值，通常为工作电压等于 U_Z 时所对应的电流值。当工作电流低于 I_Z 时，稳压效果变差。若工作电流低于 I_{Zmin} 将失去稳压作用。

最大稳定电流（I_{ZM}）是指稳压管允许通过的最大反向电流，若工作电流高于 I_{ZM} 稳压管易击穿而损坏。一般来说，只要不超过稳压管的最大耗散功率和 I_{ZM}，工作电流较大时稳压性能较好。

（3）最大耗散功率

最大耗散功率（P_{ZM}）是指稳压管的稳定电压 U_Z 与最大稳定电流 I_{ZM} 的乘积，它是由稳压管的温升所决定的参数。

I_{ZM} 和 P_{ZM} 是为了保证稳压管不发生热击穿而规定的极限参数。

【例 1.3.1】 图 1.3.2 所示是稳压管稳压电路，其中 R 是限流电阻。已知 U_I=20V，R=1kΩ，R_L=1.5kΩ，稳压管的稳定电压 U_Z =8V，最大整流电流 I_{Zmax}=10mA。试求稳压管中通过的电

流 I_Z 是否超过 I_{Zmax}。

分析方法：类似二极管电路的分析方法，先将稳压管断开。

① 分析稳压管两端电位的高低或所加电压 U_{DZ} 的正负。若 $V_{阳}>V_{阴}$，稳压管正向偏置导通，无稳压作用。若 $V_{阳}<V_{阴}$，稳压管反向偏置，当反向电压小于 U_Z 时，稳压管不能击穿，处于反向截止状态。当反向电压大于击穿电压时，稳压管击穿，起稳压作用。

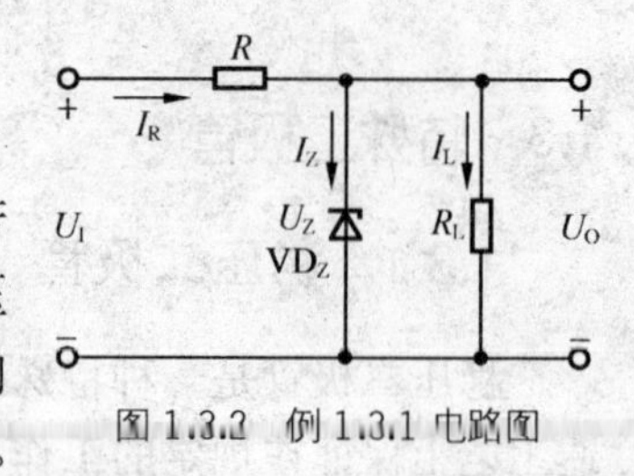

图 1.3.2 例 1.3.1 电路图

② 稳压管正常工作时，应保证 $I_Z<I_{ZM}$ 和 $P_Z<P_{ZM}$

解：先假设稳压管开路，则

$$U_{DZ}=\frac{R_L}{R+R_L}U_I=\frac{1.5}{1+1.5}\times 20=12\,\text{V}>U_Z$$

故稳压管能够击穿，$U_O=U_Z=8\text{V}$

因为 $I_Z=I_R-I_L$

所以 $I_Z=\frac{U_I-U_O}{R}-\frac{U_O}{R_L}=\frac{20-9}{1\times 10^3}-\frac{9}{1.5}=11-6=5\,\text{mA}<I_{Zmax}$

因为 $I_Z<I_{Zmax}$，故限流电阻选的合适。

1.3.2 发光二极管

发光二极管简称 LED，是一种能将电能转换成光能的特殊二极管（发光器件），根据所用材料的不同，发出红、黄、绿、蓝、紫色等可见光，也可以发出看不见的红外光。此外，还有变色发光二极管，即当通过二极管的电流改变时，发光颜色也随之改变。它的外形和普通二极管类似如图 1.3.3（a）所示，电路符号如图 1.3.3（b）所示。

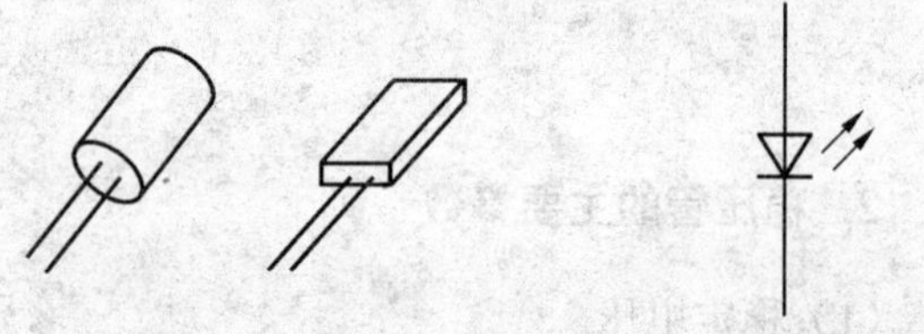
（a）发光二极管外形　　（b）发光二极管的电路符号

图 1.3.3 发光二极管的外形和电路符号

LED 内部的基本结构也是一个 PN 结，所以它的伏安特性与普通二极管相似，不过它的正向导通压降大于 1V，同时发光的亮度与流过管子的电流成正比，工作电流为几个毫安时就可得到清晰的显示，典型工作电流为 10 mA 左右。为了获得清晰的显示而又不烧毁管子，在使用 LED 时，要注意必须正向偏置，并且应串接限流电阻。

发光二极管具有体积小、工作电压低（1.5～3V）、工作电流小（几 mA～30 mA）、发光均匀稳定且亮度比较高、响应速度快以及寿命长等优点。

发光二极管常用来作为显示器件，除单个使用外，也常做成组合式的专用显示器件，如图 1.3.4（a）所示是用七个发光二极管组成的用来显示 0～9 十个数字的七段 LED 数码管；图 1.3.4（b）所示是 8×8 二极管矩阵器件；图 1.3.4（c）所示是用更多的发光二极管矩阵组成的 LED 显示屏。

LED 的另一个重要用途是将电信号变为光信号，通过光缆传输，然后用光电二极管接收，再现电信号，组成如图 1.3.5 所示的光电传输系统示意图，应用于光纤通信和自动控制系统中。此外，发光二极管还可与光电管一起构成光电耦合器件。

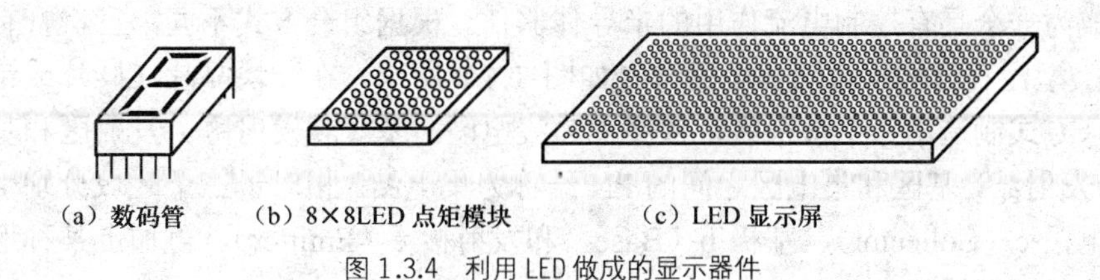

图 1.3.4 利用 LED 做成的显示器件

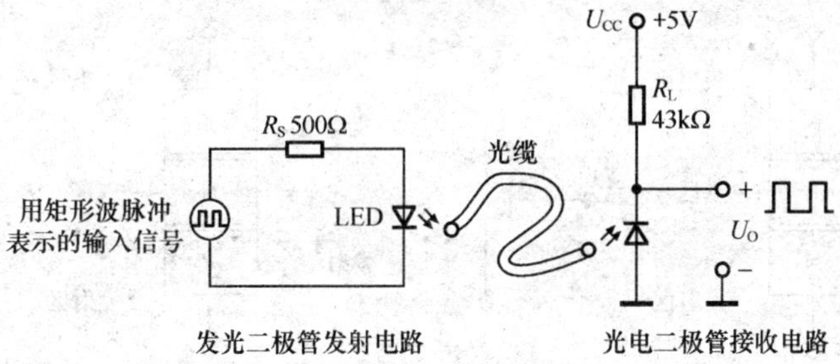

图 1.3.5 光电传输系统示意图

1.3.3 光电二极管

光电二极管又叫光敏二极管，是一种将光信号转换为电信号的特殊二极管（受光器件）。光电二极管电路符号如图 1.3.6 所示。

与普通二极管一样，其基本结构也是一个 PN 结，它的管壳上开有一个嵌着玻璃的窗口，以便于光线射入，为增加受光面积，PN 结的面积做得比较大。在使用时采用反相接法，即阴极接高电位，阳极接低电位。在无光照射时，光敏二极管的伏安特性和普通二极管类似，反相截止，此时的反向电流叫暗电流，一般小于几微安。当有光照时，光电管的反向电阻下降至几千欧姆～几十千欧姆，在反向电压作用下，形成比无光照时大得多大反向电流，该反向电流称为光电流。光电流与光照强度成正比。

图 1.3.6 光电二极管的电路符号

光电二极管一般作为光电检测器件，将光信号转变成电信号，这类器件应用非常广泛。例如，应用于光的测量、光电自动控制、光纤通信的光接收机中等。大面积的光电二极管可用来作能源，即光电池。

1.4 双极型三极管

双极型半导体三极管（简称 BJT），又称为双极型晶体三极管或三极管、晶体管等。之所以称为双极型管，是因为它由空穴和自由电子两种载流子参与导电。三极管可以用来放大微弱的信号和作为无触点开关。

1.4.1 三极管的基本结构及类型

1．结构与符号

三极管是通过一定的制作工艺，将两个 PN 结结合在一起的器件，两个 PN 结相互作用，使三极管成为一个具有控制电流作用的半导体器件。根据组合方式不同，三极管有 NPN 和 PNP 两种类型，其结构示意图和电路符号如图 1.4.1 所示。在一块晶片（硅片或锗片）上用不同的掺杂方式制造出三个掺杂区，依序称为集电区、基区和发射区。发射区和基区之间的 PN 结称为发射结，基区和集电区之间的 PN 结称为集电结。相对于三个区域分别引出三个电极，即集电极 c（Collector）、基极 b（Base）和发射极 e（Emitter），再加上某种形式的封装外壳，便构成三极管。

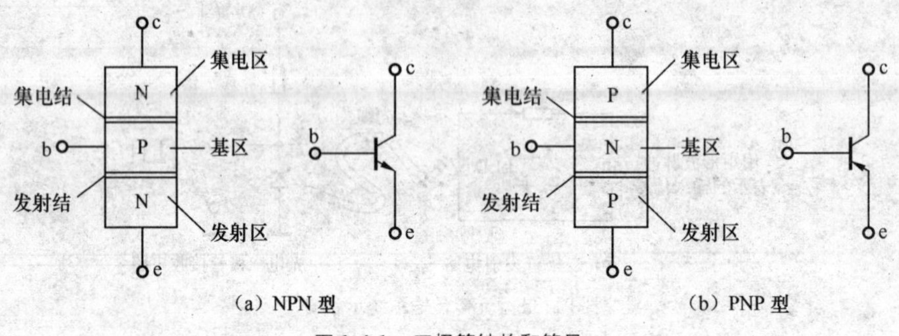

（a）NPN 型　　（b）PNP 型

图 1.4.1　三极管结构和符号

2. 三极管的分类

按材料可分为：硅管和锗管两类。

按工作频率高低可分为：低频管（3MHz 以下）和高频管（3MHz 以上）两类。

按功率分为：大、中、小功率等。

根据特殊性能要求可分为开关管、低噪声管、高反压管等。

3. 三极管结构特点

（1）发射的掺杂浓度最大。

（2）基区最薄且掺杂浓度最小（比发射区小到 2～3 个数量级）。

（3）集电结面积最大且集电区掺杂浓度小于发射区的掺杂浓度。

1.4.2　三极管的电流分配关系和电流放大作用

三极管在使用时必须做到发射结加较小正偏，集电结加较大反偏三极管才能实现电流放大，NPN 型与 PNP 型三极管的工作原理相同，不同之处在于使用时所加电源的极性不同。在实际应用中，采用 NPN 型三极管较多，所以，下面以 NPN 型三极管为例，分析其内部载流子的运动规律，即电流分配和放大的规律。所得结论同样适用于 PNP 型三极管。

1. 三极管的工作条件

（1）工作在放大状态

NPN 型三极管的电路接线图如图 1.4.2 所示。从基极经过发射极组成的回路称为输入电路，从集电极经过发射极组成的回路称为输出电路。由于发射极为两个电路的公共端，所以称为共发射极电路。正常工作在放大区时发射结加的是正向电压，称为正向偏置，简称正偏；

而集电结加的是反向电压，称为反向偏置，简称反偏。它是通过较小的基极电流I_B的变化去控制较大的集电极电流I_C的变化，即基极的控制作用。因此，半导体三极管是一种电流控制型器件。

内部条件：发射区掺杂浓度高，基区掺杂浓度低且很薄，集电结面积大。

外部条件：外加电压使发射结处于正向偏置，集电结处于反向偏置。即NPN型三极管要求$V_C > V_B > V_E$；PNP型三极管要求$V_E > V_B > V_C$。

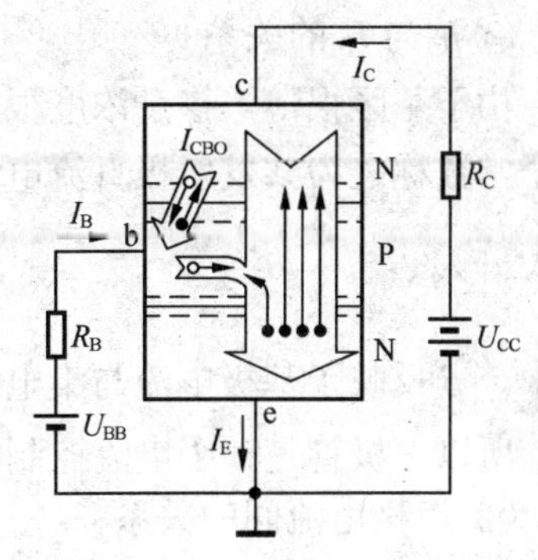

图1.4.2　三极管内部载流子运动及各极电流

（2）三极管的工作组态

按信号输入和输出回路公共端的不同，放大电路不同的连接方式，称为放大电路的组态。放大电路有3种组态：共发射极电路、共集电极电路、共基极电路。

2．三极管的电流分配关系和电流放大作用

（1）载流子的运动形成了各极电流

① 当发射结处于正向偏置时，发射区的自由电子向基区扩散，基区的空穴向发射区扩散。但由于基区的空穴浓度很低，因而空穴扩散电流很小，可以忽略。所以可以近似地认为，发射区的多数载流子向基区扩散形成了发射极电流I_E。

② 发射区的自由电子进入基区后，开始大部分聚集在发射结附近，在基区就形成了发射结和集电结自由电子浓度上的差别，于是靠近发射结的自由电子继续向集电结扩散。在扩散过程中与基区的空穴不断相遇而复合，复合掉的空穴由外电源V_{BB}来补充。但由于基区很薄且杂质浓度很低，所以在扩散过程中只有一小部分电子与基区空穴复合，形成了很小的基极电流I_B，绝大部分电子扩散到集电结边缘，所以在基区由自由电子的扩散那运动是主要的，与空穴复合掉的电子的比例决定了三极管的电流放大能力，这就是三极管能起到电流放大作用的原因。同时三极管的电流控制也就发生在这一过程中。

③ 由于集电结是反偏，当绝大部分自由电子扩散到集电结附近时，在外电场的作用下，这些自由电子很容易越过集电结而进入集电区，这样由集电区收集从发射区扩散过来的自由电子，从而形成集电极电流 I_C。此外，集电区的少数载流子空穴和基区的少数载流子自由电子内电场的作用下同时也发生漂移运动，因此形成反向饱和电流 I_{CBO}。该电流很小，与外加电压关系不大，但受温度的影响较大，易使管子工作不稳定，所以在制造中要设法减小I_{CBO}。

（2）三极管的电流分配关系

如上所述，I_C代表从发射区注入到基区而扩散到集电区的电子流，I_B代表从发射区注入到基区被复合而形成的电子流。三极管制成后，I_C与I_B、I_C与I_E的比例关系就确定了。

①I_C与I_E的关系

$$\overline{\alpha} = \frac{I_C}{I_B} \tag{1.4.1}$$

式中，$\overline{\alpha}$称之为共基极直流电流放大系数，数值上小于1且接近于1，一般为0.9～0.99。

② I_C 与 I_B 的关系

由于基区很薄，掺杂浓度很低，所以 I_C>>I_B。故 I_C 与 I_B 的比值是一个远大于 1 的常数，这个常数称之为共发射极直流电流放大系数，一般在 20～200 之间，用 $\overline{\beta}$ 表示。

$$\overline{\beta} = \frac{I_C}{I_B} \tag{1.4.2}$$

式中，β 反映了基极电流与集电极电流的分配关系，也就是基极电流对集电极电流的控制关系。所以三极管是一个电流控制器件，当 I_B 有较小的变化时，将会引起 I_C 很大的变化。

③ 三极电流间的关系

由图 1.4.2 可见，根据 KCL 有

$$I_E = I_B + I_C \quad 或 \quad I_E = (1+\overline{\beta})I_B \tag{1.4.3}$$

若考虑集电结反向饱和电流 I_{CBO} 的影响，各极电流关系为：$I_{CEO} = \left(1+\overline{\beta}\right)I_{CBO}$（称为集电结穿透电流），则

$$I_C = \overline{\beta}I_B + (1+\overline{\beta})I_{CBO} = \overline{\beta}I_B + I_{CEO} \tag{1.4.4}$$

（3）三极管的电流放大作用

三极管放大电路放大的对象是变化量，当三极管工作在动态（有信号输入）时，集电极电流的变化量 ΔI_C 与基极电流的变化量 ΔI_B 的比值称为共发射极交流放大系数，用 β 表示。

$$\beta = \frac{\Delta I_C}{\Delta I_B} \tag{1.4.5}$$

β 与 $\overline{\beta}$ 的含义是不同的。但通常两者数值相近，在估算时，常用 $\beta \approx \overline{\beta}$。

由于制造工艺的分散性，即使同一型号的三极管，β 值也有很大的差别，常用的 β 值在 20～100 之间。

1.4.3 三极管的伏安特性曲线

三极管的特性曲线分为输入特性曲线和输出特性曲线两部分。它们可以通过晶体管特性图示仪测得，也可以通过如图 1.4.3 所示的实验电路进行测绘。以 NPN 硅管为例。

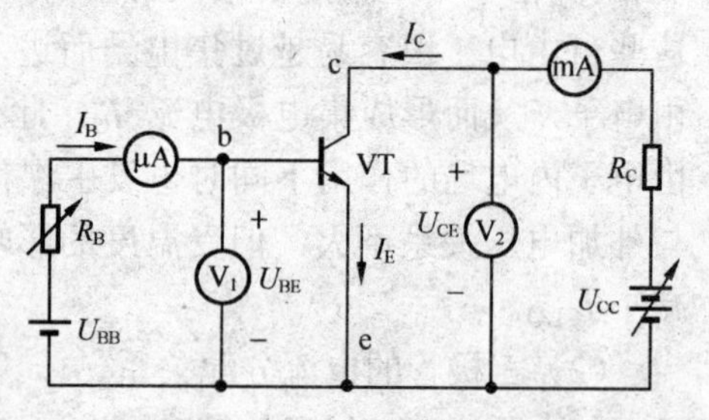

图 1.4.3 晶体三极管特性测试电路

1．输入特性曲线

输入特性是指当集电极与发射极之间的电压 U_{CE} 为某一常数时，加在三极管基极与发射极之间的电压 u_{BE} 与基极电流 i_B 之间的关系曲线。即 $i_B = f(u_{BE})\big|_{U_{CE}=常数}$

输入特性曲线如图 1.4.4 所示，曲线类似于二极管的正向特性，也存在死区电压及发射结正向压降，半导体管的输入特性是非线性的。

（1）当 U_{CE}<1V 时

三极管的发射结、集电结均正偏，此时的三极管相当于两个 PN 结的并联，曲线与二极

管相似，所以增大 U_{CE} 时，输入曲线明显右移。

（2）当 $U_{CE}\geqslant$1V 时

发射结正偏、集电结反偏，此时再继续增大 U_{CE} 特性曲线右移不明显，不同的 U_{CE} 输入曲线几乎重合。

2．输出特性曲线

输出特性是指在基极电流 I_B 一定的情况下，集电极与发射极之间的电压 u_{CE} 与集电极电流 i_C 之间的关系，即

$$i_C = f(u_{CE})\Big|_{I_B=常数}$$

由图可见，对于不同的 I_B，所得到的输出特性曲线也不同，所以，三极管的输出特性曲线是一簇曲线。

通常把输出特性曲线分成截止、饱和、放大三个工作区来分析半导体三极管的工作状态。

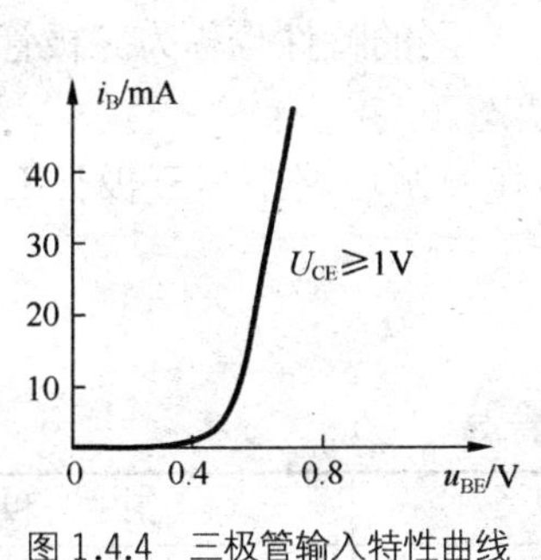

图 1.4.4　三极管输入特性曲线

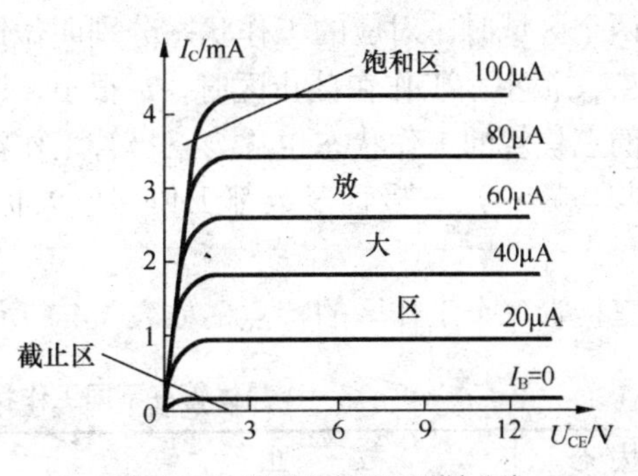

图 1.4.5　三极管的输出特性曲线

（1）放大区

特性曲线近似于水平部分称为放大区。在这个区域中，$i_C=\beta i_B$，存在电流放大作用。集电极电流 i_C 仅受 i_B 的控制，与 u_{CE} 无关。这时可以把三极管视为一个受基极电流 i_B 控制的受控电流源。故放大区也称为线性区，三极管工作在放大区对应的工作状态叫做放大状态。

放大区的工作特点如下。

外部工作条件：发射结正偏（硅管 U_{BE}=0.7V，锗管 U_{BE}=0.3V），集电结反偏，即 NPN 型管要求 $V_C>V_B>V_E$；PNP 型管要求 $V_E>V_B>V_C$。

① 基极电流的控制作用，即 $\beta=\dfrac{\Delta I_C}{\Delta I_B}$。

② 恒流性特性，即 i_B 一定时，i_C 基本不随 u_{CE} 变化。

（2）截止区

I_B=0 的曲线以下的区域称为截止区。此时集电极与发射极之间相当于一个开关的断开状态。

工作条件：发射结反偏，集电结反偏。

工作特点：

① 基极电流 i_B=0，集电极电流 i_C 很小，此时 $i_C=I_{CEO}\approx0$；

② 集电极和发射极之间电阻很大，相当于开关断开。

（3）饱和区

输出特性曲线靠近纵坐标的近似垂直上升部分与 I_C 轴之间的区域称为饱和区。这时，$U_{CE} < U_{BE}$，集电结和发射结都呈现低电阻状态。$U_{CE} = U_{BE}$ 称为临界饱和状态，所有临界拐点的连线即为临界饱和线。饱和时集电极与发射极之间的电压 U_{CES} 称为饱和压降。它的数值很小，特别是在深度饱和时，小功率管通常小于 0.3V。在饱和区 I_C 不受 I_B 的控制，当 I_B 变化时，I_C 基本不变，而由外电路参数所决定，三极管失去电流放大作用。

工作条件：发射结正偏，集电结正偏。

工作特点：

① i_C 几乎不随 i_B 变化，u_{CE} 略有增加，i_C 迅速上升；

② U_{CE} 很小，称之为饱和电压，用 U_{CES} 表示；硅管 U_{CES}=0.3V，锗管 U_{CES}=0.1V；

③ 由于发射结正偏，故硅管 U_{BE}=0.7V，锗管 U_{BE}=0.3V。

三极管工作在饱和区和截止区时，$i_C \neq \beta i_B$，故饱和区和截止区也叫做非线性区，三极管工作在这两个区域时，对应的工作状态分别叫做饱和状态和截止状态。因为三极管工作在饱和区时，U_{CES} 很小，工作在截止区时，i_C 很小，所以这两个区的特性也称为三极管的开关特性。对应的三极管的工作状态也称为三极管工作在开关状态。

在模拟电路中，三极管多数都工作在放大状态，而在数字电路中，三极管工作在开关状态。

总结三极管三个工作区的特点，如表 1.4.1 所示。

表 1.4.1　晶体管在不同工作状态下的特点

工作状态	截止	放大	饱和
偏置情况	发射结反偏 集电结反偏	发射结正偏 集电结反偏	发射结正偏 集电结正偏
特点（NPN 硅管）	$U_{BE} \leqslant 0$ $I_B = 0$ $I_C = 0$ $U_{CE} = U_{CC}$	$U_{BE} = 0.7\text{ V}$ $I_C = \beta I_B$ $U_{CC} > U_{CE} > U_{BE}$	$U_{BE} = 0.7\text{ V}$ $I_C = I_{CS}$ $I_B \geqslant I_{BS} = \frac{I_{CS}}{\beta}$ $U_{CE} = 0.3\text{ V} < U_{BE}$

【例 1.4.1】测得工作在放大电路中两个晶体管管脚对地的电位分别如下表所列。试判断管型、电极及所用材料。

晶体管 1

管脚	1	2	3
电位（V）	+4.2	+3.6	+12

晶体管 2

管脚	1	2	3
电位（V）	−6	−2.3	−2

解：因为放大状态的晶体管，对于 NPN 型，$V_C > V_B > V_E$。对于 PNP 型，$V_C < V_B < V_E$。所以分析时，先从电位的最高点（NPN）或最低点（PNP），确定集电极。剩下的两个管脚，确定基极和发射极。若为硅管，U_{BE}=0.6～0.8V，若为锗管，U_{BE}=0.1～0.3V。

（1）晶体管 1 中，3 脚电位最高，它是集电极，且为 NPN 型管。1 脚和 2 脚之间的电压为 0.6V，可确定 1 脚是基极、2 脚是发射极，且为硅管。

（2）晶体管 2 中，1 脚电位最低，它是集电极，且为 PNP 型管。2 脚和 3 脚之间的电压为 0.3V，可确定 2 脚是基极、3 脚是发射极，且为锗管。

【例 1.4.2】在图 1.4.6 中，给出了实测双极型三极管各个电极的对地电位，试判定这些三极管是硅管还是锗管？处于哪种工作状态？

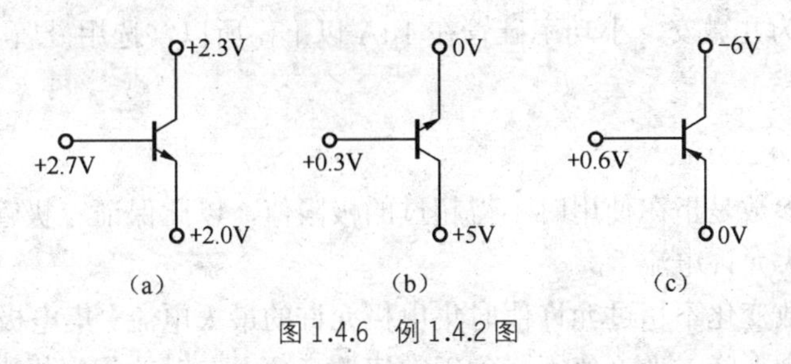

图 1.4.6 例 1.4.2 图

解：（1）在图 1.4.6（a）中，晶体管为 NPN 型。因为 U_{BE}=0.7V，发射结正偏，为硅管。又因为 $V_B > V_C$，集电结也正偏，故工作在饱和状态。

（2）在图 1.4.6（b）中，晶体管为 NPN 型。因为 U_{BE}=0.3V，发射结正偏，为锗管。又因为 $V_B < V_C$，集电结反偏，故工作在放大状态。

（3）在图 1.4.6（c）中，晶体管为 PNP 型。因为 $U_{BE}=+0.6-0=+0.6V$，发射结反偏（PNP 型），又因为 $V_B > V_C$，集电结也反偏，故工作在截止状态。此时无法判别是硅管还是锗管。

1.4.4 三极管的主要参数

三极管的参数是用来表征管子性能优劣和适用范围的，它是选用三极管的依据。了解这些参数的意义，对于合理使用三极管，使其达到设计电路的经济性和可靠性是十分必要的。

1．电流放大系数

电流放大系数的大小反映了三极管放大能力的强弱。

（1）共发射极直流电流放大系数

共发射极直流电流放大系数（$\overline{\beta}$）为三极管集电极电流与基极电流之比，即

$$\overline{\beta} = \frac{I_C}{I_B}$$

（2）交流电流放大系数

交流电流放大系数（β）指集电极电流变化量与基极电流变化量之比，即

$$\beta = \frac{\Delta I_C}{\Delta I_B}$$

因 $\overline{\beta}$ 与 β 的值几乎相等，故在应用中不再区分，均用 β 表示。

2．极间饱和电流

（1）集—基极反向饱和电流

集—基极反向饱和电流（I_{CBO}）是指发射极开路时，集电极与基极间的反向电流。

（2）集—射极反向饱和电流

集—射反向饱和电流（I_{CEO}）是指基极开路时，集电极与发射极间的反向电流，也称为穿透电流。

$$I_{CEO}=(1+\beta)I_{CBO}$$

反向电流受温度的影响大，对三极管的工作影响很大，要求反向电流愈小愈好。常温时，小功率锗管 I_{CBO} 约为几微安，小功率硅管在 1μA 以下，所以常选用硅管。

3．极限参数

三极管的极限参数是指在使用时不得超过的极限值，以此保证三极管的安全工作。

（1）集电极最大允许电流

指三极管的参数变化不超过允许值时集电极允许的最大电流。集电极电流 I_C 超过一定值时，三极管的 β 值会下降。当 β 值下降到正常值的三分之二时的集电极电流，称为集电极最大允许电流 I_{CM}。

当集电极电流超过 I_{CM} 时，管子性能将显著下降，甚至有烧坏管子的可能。

（2）集电极最大允许耗散功率

当集电极电流流过集电结时要消耗功率而使集电结温度升高，从而会引起三极管参数变化。当三极管因受热而引起的参数变化不超过允许值时，集电结所消耗的最大功率称为集电极最大允许耗散功率 P_{CM}，即

$$P_{CM}=I_C U_{CE}$$

根据此式可在输出特性曲线上画出一条曲线，称为集电极功耗曲线（如图 1.4.7 所示的虚线）。在曲线的右上方区域 $I_C U_{CE}> P_{CM}$，这个范围称为过损耗区，在曲线的左下方区域 $I_C U_{CE} < P_{CM}$，这个区域称为安全工作区。三极管应选在此区域内工作。

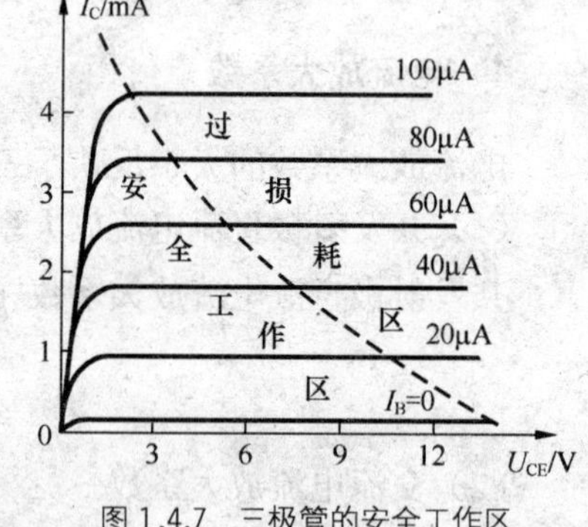

图 1.4.7　三极管的安全工作区

P_{CM} 与环境温度有关，温度越高，则 P_{CM} 越小。因此，半导体三极管使用时受环境温度的限制，锗管的上限温度约 70℃，硅管可达 150℃。对于大功率管，为了提高 P_{CM}，常采用加散热装置的办法。

（3）集电极击穿电压 $U_{(BR)CEO}$

基极开路时，加在集电极与发射极之间的最大允许电压，称为集电极击穿电压 $U_{(BR)CEO}$。当三极管的集射极电压 U_{CE} 大于该值时，I_C 会突然大幅上升，说明三极管已被击穿。

4．温度对三极管参数的影响

（1）对 I_{EBO}、I_{CBO} 的影响

当温度升高时，半导体材料本征激发产生的电子空穴对的数目增多，使 I_{EBO}、I_{CBO} 增加。温度每升高 10℃，I_{CBO} 增大一倍。选管时应选 I_{CBO} 小、且 I_{CBO} 受温度影响小的三极管。通常硅管的 I_{CBO} 比锗管的要小，因此硅管比锗管受温度的影响要小。

（2）对β的影响

当温度升高时，输出特性曲线间隔增大，Δi_B不变Δi_C增大，因为，$\beta = \frac{\Delta i_C}{\Delta i_B}$，所以$\beta$增大。根据实验结果，温度每升高1℃，$\beta$增加0.5%～1.0%左右。

（3）对发射结导通电压U_{BE}的影响

当温度升高时，半导体材料中的导电粒子数目增多，导电能力增强，使发射结的导通电压减低，即U_{BE}减小。根据实验结果，U_{BE}减小2～2.5 mV。

1.5 场效应晶体管

三极管是电流控制元件，信号源是通过控制基极电流达到控制发射极电流或集电极电流的目的。因为三极管输入电阻较低，仅为 10^2～$10^4\Omega$，所以信号源需提供一定的电流才能工作。场效应管则是电压控制的半导体器件，它是利用电场效应来控制电流的一种半导体器件，属电压控制元件，通过输入电压控制输出电流。它的输入电阻很高，可高达10^9～$10^{14}\Omega$，所以，信号源无需提供电流。

场效应管按结构的不同可分为结型场效应管（J-FET）和绝缘栅场效应管（MOS-FET）。由于目前绝缘栅场效应管用得较多，在此主要介绍绝缘栅场效应管。

绝缘栅场效应管（Metal Oxide Semiconductor，MOS）有N沟道和P沟道两类，且每一类又分为增强型和耗尽型两种。

- 场效应管（FET）
  - 结型（JFET）
    - N沟道
    - P沟道
  - 绝缘栅（MOSFET）
    - 增强型
      - N沟道（NMOS）
      - P沟道（PMOS）
    - 耗尽型
      - N沟道（NMOS）
      - P沟道（PMOS）

1.5.1 绝缘栅场效应管

1．N沟道增强型MOS管

（1）结构及符号

图1.5.1（a）所示是N沟道增强型绝缘栅场效应管结构示意图，图1.5.1（b）所示是它的电路符号。它是用一块杂质浓度较低的P型硅片为衬底，其上扩散两个N^+区分别作为源极（S）和漏极（D），其余部分表面覆盖一层很薄的SiO_2作为绝缘层，并在漏源极间的绝缘层上制造一层金属铝作为栅极（G），就形成了N沟道MOS管。通常将源极和衬底连在一起。因为栅极和其他电极及硅片之间是绝缘的，故名绝缘栅场效应管。因构造上有金属（铝）、氧化物和半导体，所以又叫MOS管。因栅、源间有绝缘层隔离，所以管子的输入电阻可高达（10^9～$10^{15}\Omega$）。

若在N型硅片的衬底上，扩散两个P^+区分别作为源极（S）和漏极（D），就可做成P沟道管，其符号如图 1.5.1（c）所示。

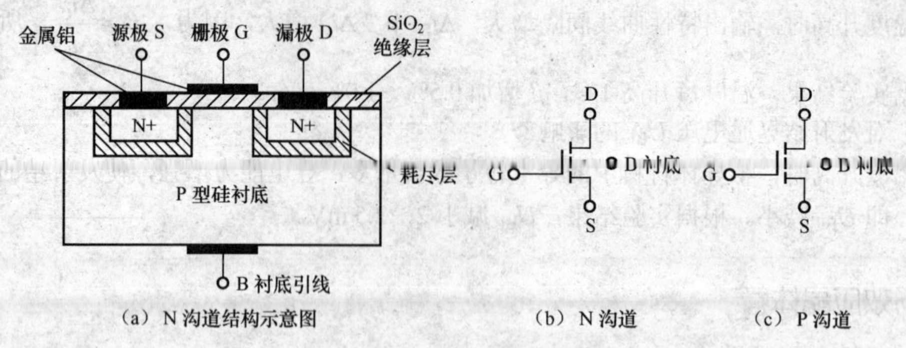

（a）N 沟道结构示意图　　（b）N 沟道　　（c）P 沟道

图 1.5.1　增强型绝缘栅场效应管结构示意图及电路符号

（2）工作原理

① U_{GS}=0 时，由图 1.5.1（a）可见，漏区和源区间被 P 型衬底隔开，形成两个反向的 PN 结。不管漏源间所加电压 U_{DS} 的极性如何，总有一个 PN 结反偏，场效应管不能导通，I_D≈0。

② U_{GS}>0 时，会产生垂直于衬底表面的电场。该电场排斥 P 型衬底中的空穴而吸引电子，而使硅表面附近产生由负离子形成的耗尽层。若增大 U_{GS} 时，则感应更多的电子到表层来，当 U_{GS} 增大到一定值，除填补空穴外还有剩余的电子形成一层 N 型层称为反型层，它是沟通漏区和源区的 N 型导电沟道。

将开始形成 N 型导电沟道的临界栅、源电压称为开启电压，用 $U_{GS(th)}$表示。可见这种场效应管 U_{GS}=0 时，没有导电沟道，只有 $U_{GS}>U_{GS(th)}$ 时，才有导电沟道，故称之为 N 沟道增强型 MOS 场效应管，简称为 NMOS 管。

③ $U_{GS}>U_{GS(th)}$ 时，若在漏极与源极之间加上足够大的固定正向电压 U_{DS}，如图 1.5.2 所示，i_D 将随 u_{GS} 的大小而发生变化。

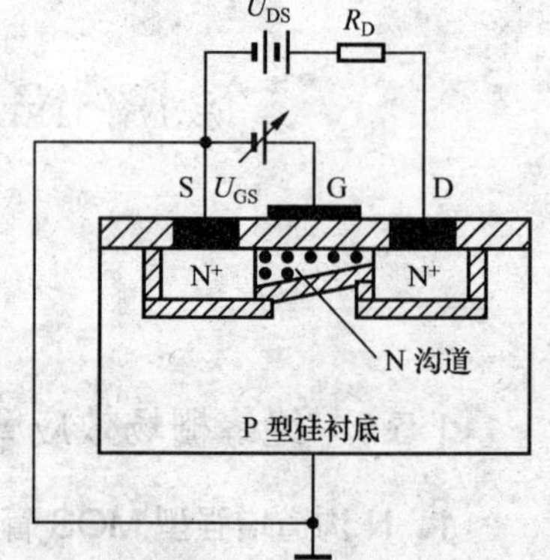

图 1.5.2　N 沟道绝缘栅型场效应管电路连接

综上所述，场效应管的漏极电流 i_D 受栅、源电压 u_{GS} 的控制，即 i_D 随 u_{GS} 的变化而变化，这就是 u_{GS} 对 i_D 的电压控制作用，是 MOS 管的基本工作原理。所以场效应管是一种电压控制器件。

（3）特性曲线

① 转移特性曲线

所谓转移特性曲线，就是输入电压 u_{GS} 对输出电流 i_D 的控制特性曲线，如图 1.5.3（b）所示。

对于不同的 u_{DS}，场效应管转移特性曲线基本上是重合的。所以，图 1.5.3（b）中只绘出一条即可。

特性中 i_D 可近似表示为

$$i_D = I_{DO}\left(\frac{u_{GS}}{U_{GS(th)}}-1\right)^2 \quad （U_{GS}>U_{GS(th)}\text{ 时}） \tag{1.5.1}$$

式中，I_{DO} 是 $u_{GS}=2U_{GS(th)}$ 时的 i_D。

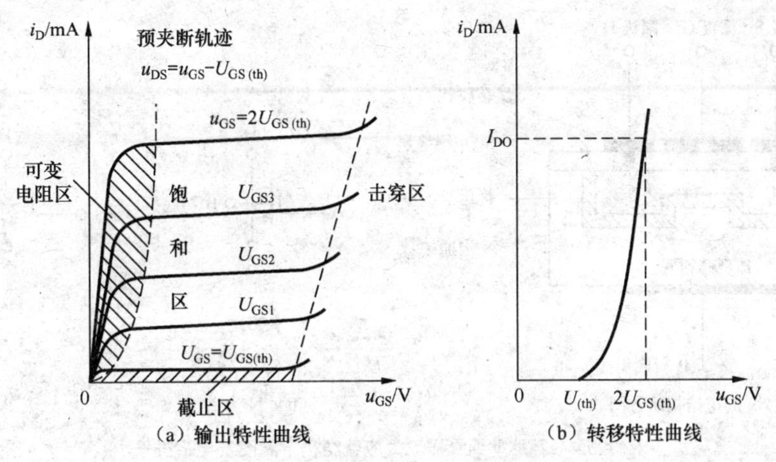

图 1.5.3　增强型 NMOS 的特性曲线

② 输出特性曲线

输出特性是表示在 U_{GS} 一定时，i_D 与 u_{DS} 之间的关系，图 1.5.3（a）所示是所表示的关系曲线。

输出特性曲线相关说明如下

i ）截止区

条件：$U_{GS}<U_{GS(th)}$ 时对应的区域。

特点：无导电沟道，$i_D\approx0$，截止状态。

ii ）可变电阻区

条件：$U_{GS}-U_{DS}>U_{GS(th)}$。

特点：U_{GS} 一定时，i_D 与 u_{DS} 呈现线性关系；改变 U_{GS}，即改变线性电阻大小。

iii）恒流区

条件：$U_{GS}\geqslant U_{GS(th)}$，且 $U_{GS}-U_{DS}<U_{GS(th)}$。

特点：曲线呈近似水平，u_{DS} 对 i_D 的影响很小。

2. N 沟道耗尽型 MOS 管

图 1.5.4（a）所示是 N 沟道耗尽型场效应管的结构示意图，图 1.5.4（b）所示是 N 沟道符号图。这种管子在制造过程中，在 SiO_2 绝缘层中掺入大量的正离子。当 U_{GS}=0 时，在这些正离子产生的电场作用之下，衬底表面已经出现反型层，即漏源间存在导电沟道。只要加上 U_{DS}，就有 I_D 产生。如果再加上正的 U_{GS}，则吸引到反型层中的电子增加，沟道加宽，I_D 加大。反之，U_{GS} 为负值时，外电场将抵消氧化模中正电荷所产生的电场作用，使吸引到反型层中的电子数目减小，沟道变窄，I_D 减小。若 U_{GS} 负到某一值时，可以完全抵消氧化膜中正电荷的影响，则反型层消失，管子截止，这时 U_{GS} 的值称为夹断电压 $U_{GS(off)}$。可见耗尽型 MOSFET 的栅源电压 u_{GS} 可正、可负，改变 u_{GS} 可以改变沟道宽度，从而控制漏极电流 i_D。

若在 N 型硅片的衬底上，扩散两个 P^+ 区分别作为源极（S）和漏极（D），在 SiO_2 绝缘层中掺入大量的负离子，就可做成 P 沟道耗尽型场效应管，其符号见图 1.5.4（c）。

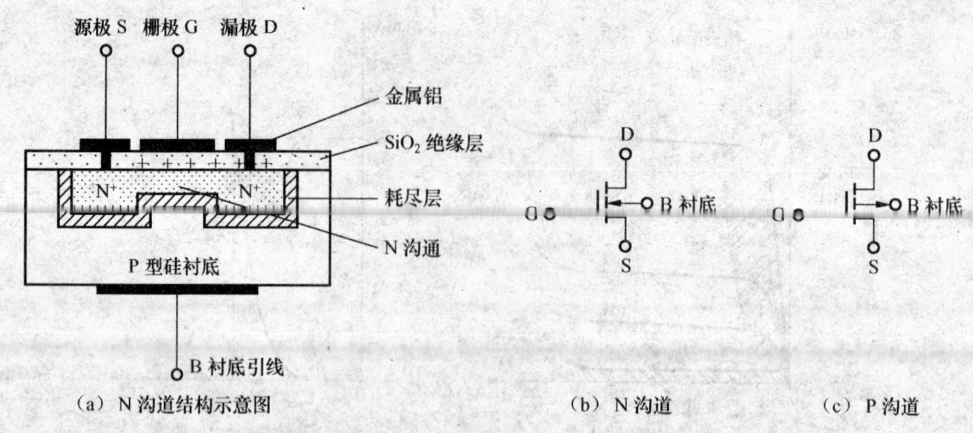

图 1.5.4　耗尽型绝缘栅场效应管结构示意图及电路符号

N 沟道耗尽型 MOS 管的漏极电流 i_D 和漏源电压 u_{GS} 之间的关系表达式为

$$i_D = I_{DSS}\left(1-\frac{u_{GS}}{U_{GS(off)}}\right)^2 \tag{1.5.2}$$

式中，I_{DSS} 称漏极饱和电流。它是 U_{GS}=0 时的漏极电流。

P 型沟道场效应管工作时，电源极性与 N 型沟道场效应管相反。工作原理也与 N 型管类似。

1.5.2　场效应管的主要参数

1．开启电压 $U_{GS(th)}$ 和夹断电压 $U_{GS(off)}$

开启电压 $U_{GS(th)}$ 是增强型 MOSFET 的参数，指 u_{DS} 为一固定值（按手册规定，如 10 V），使 i_D 等于某一微小电流（如 10 μA）时所需要的最小 u_{GS} 值。

夹断电压 $U_{GS(off)}$ 是耗尽型管子的参数，指 u_{DS} 为一固定值（按手册规定，如 10 V），使 i_D 减小到某一微小电流（如 10 μA）时的 u_{GS} 值。

2．饱和漏极电流

饱和漏极电流（I_{DSS}）是耗尽型管子的参数，指在 u_{GS}=0 时，使管子出现预夹断时的漏极电流。

3．直流输入电阻

直流输入电阻（R_{GS}）是漏、源极间短路的条件下，栅、源极之间所加直流电压与栅极直流电流之比值。一般 MOSFET 的 $R_{GS}>10^9\Omega$。

4．跨导（互导）

跨导（g_m）是指在 u_{DS} 为某定值时，漏极电流 i_D 的微变量和引起它变化的 u_{GS} 微变量之比值，即

$$g_m = \frac{di_D}{du_{GS}}\bigg|_{u_{DS}=常数} \tag{1.5.3}$$

g_m反映了栅源电压u_{GS}对漏极电流i_D的控制能力，是表征场效应管放大能力的一个重要参数，单位为西门子（S），一般场效应管的g_m为几毫西门子（mS）。

5．最大耗散功率

最大耗散功率（P_{DM}）是决定管子温升的参数。$P_{DM}=U_{DS}I_D$。

绝缘栅型场效应管共有4种类型，它们的特性比较如表1.5.1所示。

表1.5.1　绝缘栅型场效应管的特性比较

沟道类型	结构类型	电源极性		符号及电流方向	转移特性	漏极特性
		U_{DS}	U_{GS}			
N	耗尽型	+	±	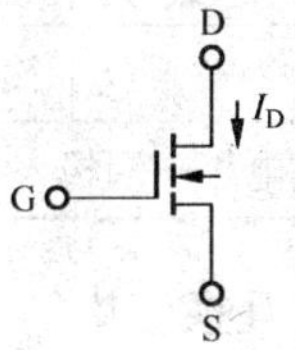 D, I_D, G, S	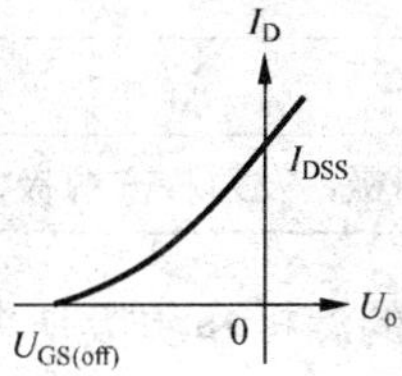 I_D, I_{DSS}, U_o, $U_{GS(off)}$, 0	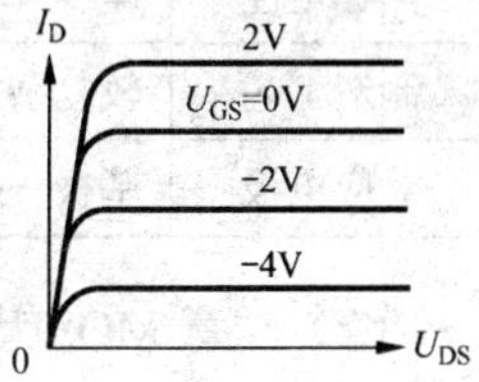 I_D, 2V, U_{GS}=0V, −2V, −4V, 0, U_{DS}
N	增强型	+	+	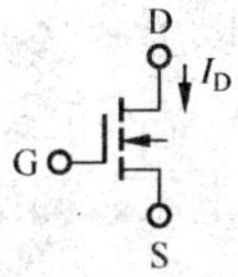 D, I_D, G, S	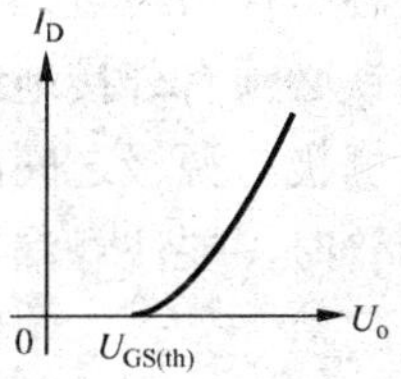 I_D, U_o, 0, $U_{GS(th)}$	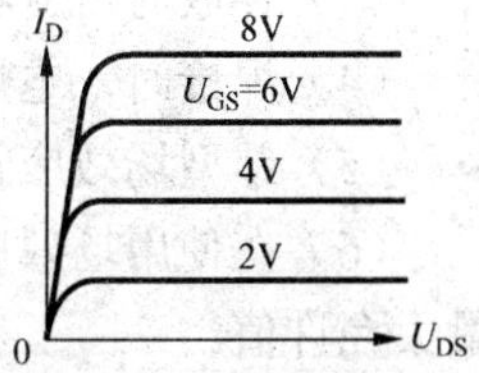 I_D, 8V, U_{GS}=6V, 4V, 2V, 0, U_{DS}
P	耗尽型	−	∓	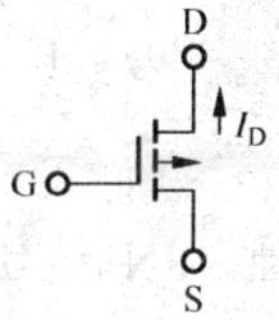 D, I_D, G, S	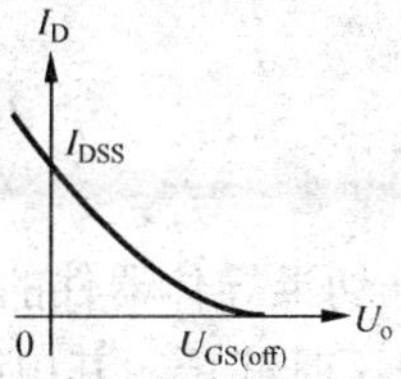 I_D, I_{DSS}, U_o, 0, $U_{GS(off)}$	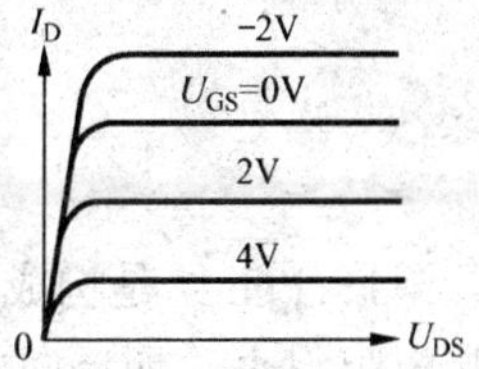 I_D, −2V, U_{GS}=0V, 2V, 4V, 0, U_{DS}
P	增强型	−	−	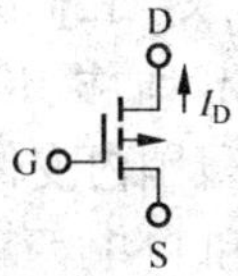 D, I_D, G, S	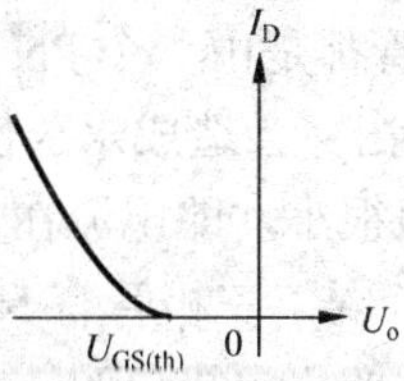 I_D, U_o, $U_{GS(th)}$, 0	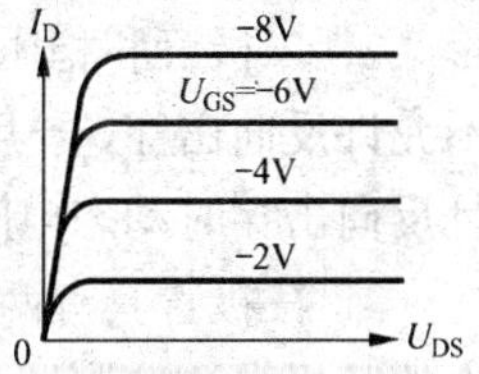 I_D, −8V, U_{GS}=−6V, −4V, −2V, 0, U_{DS}

1.5.3　场效应管和三极管性能比较

场效应管和三级管性能比较见表1.5.2。

场效应管的结构对称，漏极和源极可以互换使用，而各项指标基本上不受影响。如果制造时场效应管的衬底与源极相连，其漏极与源极是不可以互换使用的。但晶体三极管的集电极与发射极是不能互换使用的。

使用场效应管应注意以下事项。

（1）在MOS管中，有的产品将衬底引出，这种管子有4个管脚，应注意衬底的使用。

表 1.5.2　　绝缘栅型场效应管和三极管的比较

比较项目	晶 体 管	场 效 应 管
载流子	两种不同极性的载流子（电子与空穴）同时参与导电，故又称为双极型晶体管	只有一种极性的载流子（电子或空穴）参与导电，故又称为单极型晶体管
控制方式	电流控制 $i_C=\beta i_B$	电压控制 $i_D=g_m u_{GS}$
类型	NPN 型和 PNP 型两种	N 沟道和 P 沟道两种
放大参数	$\beta=20\sim200$	$g_m=1\sim5$ mA/V
输入电阻	$r_{be}=10^2\sim10^4\ \Omega$ 较小	$r_{gs}=10^7\sim10^{14}\ \Omega$ 很大
输出电阻	r_{ce} 很大	r_{ds} 很大
热稳定性	差	好
制造工艺	较复杂	简单，成本低，便于集成
对应电极	基极—栅极，发射极—源极，集电极—漏极	

（2）注意 MOS 管的漏极和源极是否可互换使用。

（3）存放时，应将各电极引线短接。

（4）焊接时，电烙铁必须有外接地线，以屏蔽交流电场，防止损坏管子。

（5）结型场效应管栅极与源极之间的 PN 结不能加正向电压，否则烧坏管子。

（6）在使用场效应管时，要注意漏—源电压、漏极电流及耗散功率等，不要超过规定的最大允许值。

小　结

1．PN 结是构成一切半导体器件的基础。PN 结具有单向导电性，加正向电压时导通，其电阻很小；加反向电压时截止，其电阻很大。

2．二极管和稳压管都是由一个 PN 结构成，它们的正向特性很相似，主要区别是二极管不允许反向击穿，一旦击穿会造成永久性损坏。而稳压管正常工作时必须处于反向击穿状态，且反向击穿时动态电阻很小，即电流在允许范围内变化时，稳定电压 U_z 基本不变。

3．三极管具有两个结。三极管有 NPN 和 PNP 两种管型。三极管的主要功能是可以用较小的基极电流控制较大的集电极电流，控制能力用电流放大系数 β 表示。三极管有 3 种工作状态。工作在放大状态时发射结正偏、集电结反偏，集电极电流随基极电流成比例变化。工作在截止状态时发射结和集电结均反偏，集电极与发射极之间基本上无电流通过。工作在饱和状态时发射结和集电结均正偏，集电极与发射极之间有较大的电流通过，两极之间的电压降很小。后两种情况集电极电流均不受基极电流控制。

4．场效应管是一种单极型半导体器件。场效应管的基本功能是用栅、源极间电压控制漏极电流。场效应管具有输入电阻高、噪声低、热稳定性好、耗电省等优点。场效应管的源极、漏极和栅极分别相当于双极型晶体管的发射极、集电极和基极。

习　题

习题 1.1　填空题

（1）杂质半导体分________型和________型半导体；在本征半导体中掺入________价的元素，可形成 P 型半导体。在本征半导体中掺入________价的元素，可形成 N 型半导体。________型半导体多子是空穴，________型半导体的多子是自由电子。

（2）半导体受热和光的照射时，导电能力明显________，这是因为________和________的数目增多，它们统称为________。

（3）二极管具有________性。即外加正向电压，二极管________；外加反向电压，二极管________。

（4）二极管的反向饱和电流越小，则其________越好。

（5）二极管的主要参数有________、________、________。

（6）发光二极管的 PN 结工作在________电压条件下。

（7）稳压二极管的 PN 结工作在________电压条件。

（8）根据三极管的结构不同，可分为________型和________型两种，按半导体材料的不同，可分为________管和________管。

（9）三极管有放大作用的外部条件是发射结________；集电结________。当三极管的发射结和集电结都正向偏置或都反向偏置时，三极管的工作状态分别是________和________。

（10）对于 NPN 型管，若工作在放大区，则电极之间的电位应符合________，而 PNP 型管则为________。

（11）当温度升高时，双极性三极管的 β 将________（增加，减小），反向饱和电流 I_{CEO}________（增加，减小），正向结压降 U_{BE}________（增加，减小），晶体管的共射输入特性曲线将________（左移，右移），输出特性曲线将________（上移，下移），而且输出特性曲线之间的间隔将________（变大，变小）。

习题 1.2　选择题

（1）二极管的正向直流电阻随工作电流的增大而（　　）。

A．增大　　B．减小　　C．基本不变

（2）温度变化时二极管正向电流（　　）。

A．增大　　B．减小　　C．不变

（3）二极管的反向饱和电流在 20℃时是 5μA，温度每升高 10℃，其反向饱和电流值增大一倍，当温度为 40℃时，反向饱和电流值为（　　）。

A．10μA　　B.15μA　　C.20μA　　D.40μA

（4）用万用表的电阻挡测量二极管的正向电阻，用 R×10 挡测的值与 R×100 挡测的值相比（　　）。

A．二者相等　　B．前者大于后者

C．前者小于后者　　D．无选项

（5）工作在放大区的晶体三极管，如果基极电流从 20μA 增大到 40μA 时，集电极电流从 1mA 变为 3mA，那么它的 β 约为（　　）。

A．50　　B．75　　C．62.5　　D．100

（6）电路如题图 1.1 所示，稳压管的稳压值 U_Z=5V，其正向导通压降为 1V，则电流 I_Z 为（　　）mA。

A．0　　B．10　　C．18　　D．20

（7）三极管参数为 P_{CM}=800mA，I_{CM}=100mA，$U_{BR(CEO)}$=30V，在下列几种情况中，（　　）属于正常工作情况。

A．U_{CE}=15V，I_C=150mA　　B．U_{CE}=20V，I_C=80mA

C．U_{CE}=35V，I_C=100mA　　D．U_{CE}=10V，I_C=50mA

（8）场效应管当 U_{GS}=−0.3V 时，I_D=4mA；U_{GS}=−0.5V 时，I_D=3mA。其跨导为（　　）mA/V。

A.5　　B.10　　C.13.3　　D.8.75

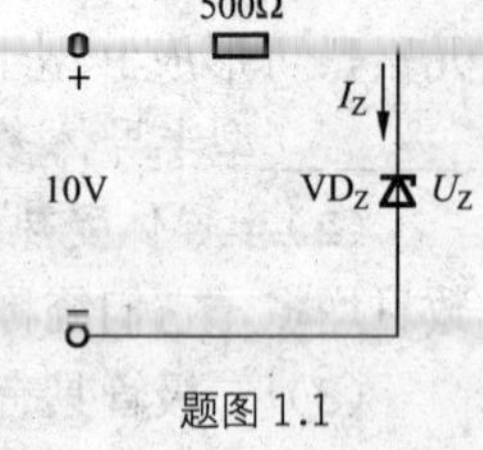

题图 1.1

习题 1.3　问答题

（1）什么是本征半导体和杂质半导体？

（2）PN 结最主要的物理特性是什么？

（3）比较硅二极管和锗二极管的死区电压、正向导通压降、反向饱和电流有何不同？哪一种管子的温度特性好一些？

（4）晶体三极管具有放大作用的内部条件和外部条件各是什么？

（5）场效应管和普通晶体管相比较有什么特点？

（6）一个晶体管的基极电流 I_B=80μA，集电极电流 I_C=1.5mA，能否从这两个数据来确定它的电流放大系数？为什么？

（7）有两个晶体管，一个管子的 β=150，I_{CEO}=200μA，另一个管子的 β=50，I_{CEO}=10μA，其他参数都一样，哪个管子的性能更好一些？为什么？

习题 1.4　在题图 1.2 所示的各个电路中，已知直流电压 $U_i = 3\,\text{V}$，电阻 $R = 1\,\text{k}\Omega$，二极管的正向压降为 0.7V，试分析二极管 VD 的工作状态，并求 U_o 的大小。

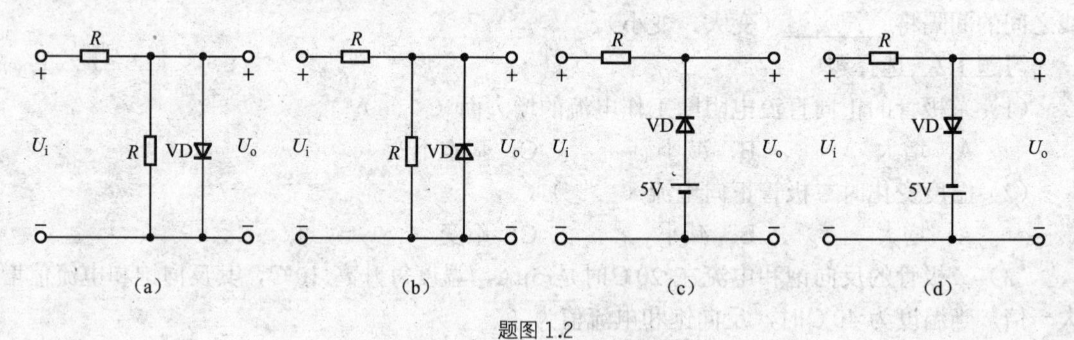

题图 1.2

习题 1.5　在题图 1.3 所示的各个电路中，已知输入电压 $u_i = 10\sin\omega t\,\text{V}$，二极管的正向压降可忽略不计，试分别画出各电路的输入电压 u_i 和输出电压 u_o 的波形。

习题 1.6　在题图 1.4 所示的电路中，试求下列几种情况下输出端 F 的电位 U_F 及各元件（R、VD_A、VD_B）中的电流，图中的二极管为理想元件。

（1）$U_A = U_B = 0\,\text{V}$　　（2）$U_A = 3$，$U_B = 0\,\text{V}$　　（3）$U_A = U_B = 3\,\text{V}$

习题 1.7　在题图 1.5 所示的电路中，试求下列几种情况下输出端 F 的电位 U_F 及各元件

（R、VD_A、VD_B）中的电流，图中的二极管为理想元件。

（1）$U_A = U_B = 0\,V$　　（2）$U_A = 3\,V$，$U_B = 0$　　（3）$U_A = U_B = 3\,V$

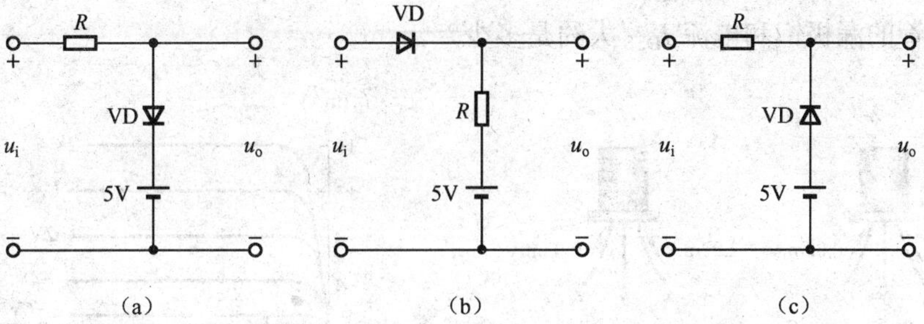

题图 1.3

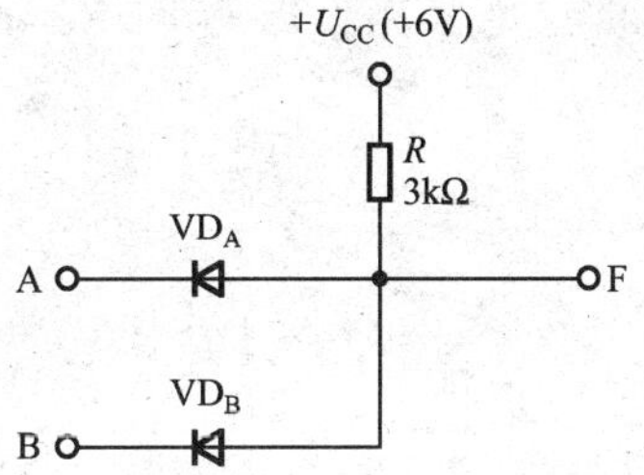

题图 1.4

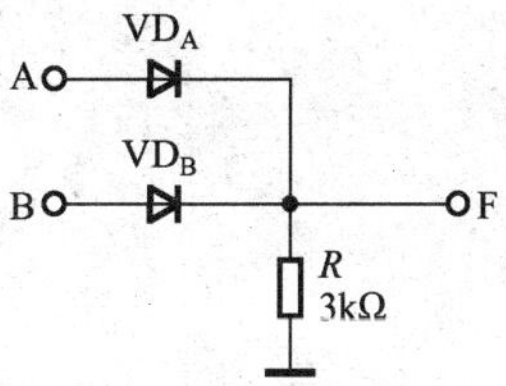

题图 1.5

习题 1.8　电路如题图 1.6 所示，稳压管的稳定电压 U_Z=6V，设输入信号为峰值 10V 三角波，试画出输出 u_o 的波形。

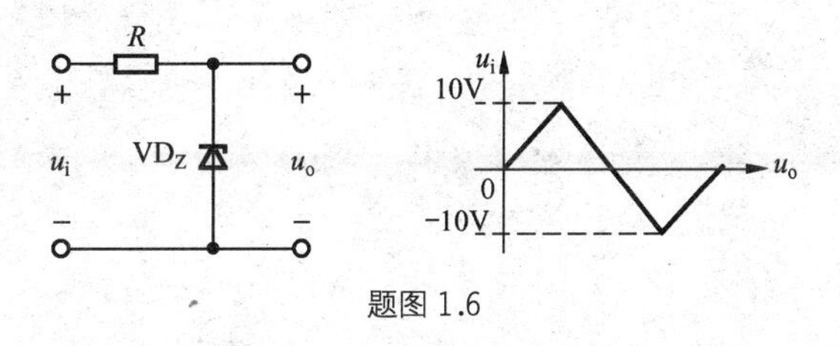

题图 1.6

习题 1.9　测得放大电路中三只晶体管三个电极的直流对地电位如题图 1.7 所示。试分别判断它们的管型（NPN、PNP）、管脚以及所用材料（硅或锗）。

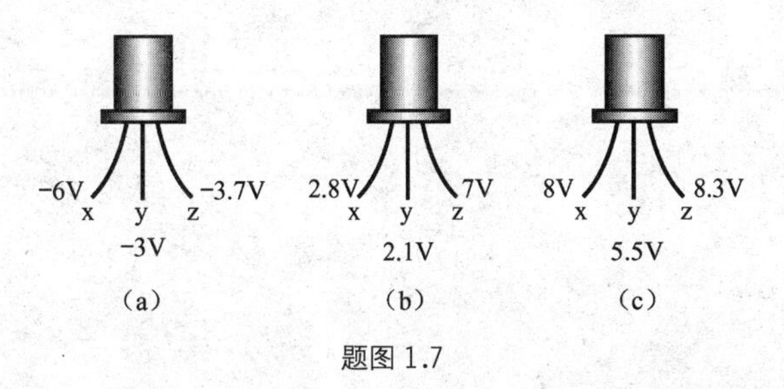

题图 1.7

习题 1.10　测得放大电路中两个三极管中的两个电极的电流如题图 1.8 所示，（1）求另一个电极电流的大小，并标出实际方向；（2）判断是 PNP 管还是 NPN 管；（3）标出 e、b、c；（4）估算电流放大系数。

习题 1.11 某场效应管漏极特性曲线如题图 1.9 所示，试判断：

（1）该管属哪种类型？画出其符号。

（2）该管的夹断电压 $U_{GS(off)}$大约是多少？

（3）该管的漏极饱和电流 I_{DSS}大约是多少？

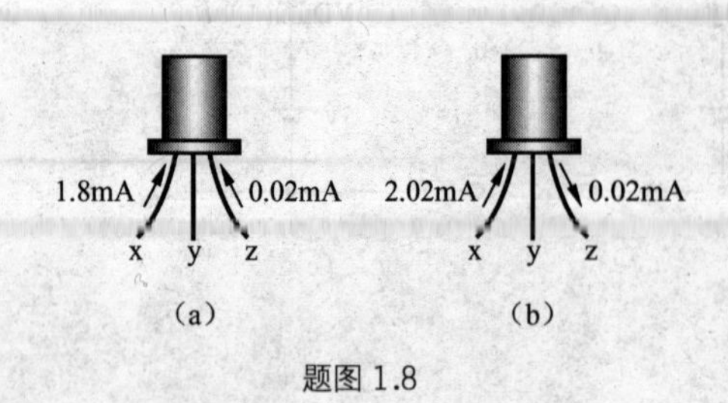

题图 1.8

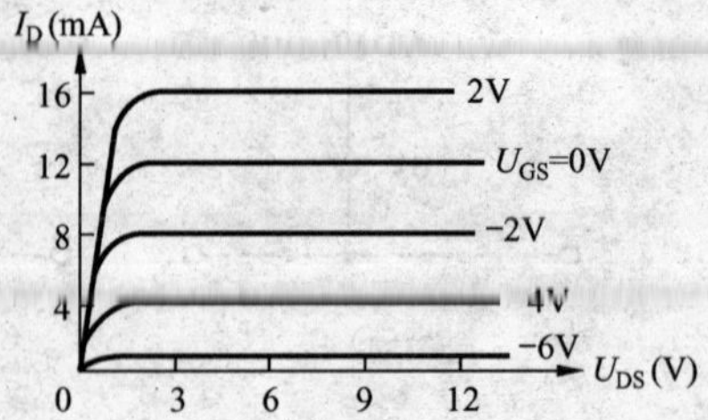

题图 1.9

第2章 基本单管放大电路

能将微弱的电信号（电压、电流、功率）加以放大，转换为较强的电信号（电压、电流、功率）的电子线路，称为放大电路（习惯上称为放大器），它是一种应用极为广泛的电子电路，也是构成其他电子电路的基本单元电路。在电视、广播、通信、测量仪表以及其他各种电子设备中，放大器都是必不可少的重要组成部分。

本章所介绍的基本单管放大电路是指由一个晶体三极管或场效应管所构成的常用的基本放大电路，在这一章内将介绍它们的电路结构、工作原理、分析方法以及特点和应用。

2.1 晶体管共发射极放大电路

2.1.1 共发射极交流放大电路的组成

1．放大电路的基本概念

图 2.1.1 所示是扩音机的原理框图。当人们对着话筒讲话时，声音信号经过话筒被转变成微弱的电信号（输入信号）之后，必须经过放大电路将其放大成足够强的电信号（输出信号），才能驱动扬声器，使其发出比人讲话的声音大得多的声音信号。从能量的观点来看，输入信号的能量是较小的，但是经过放大器之后，输出信号的能量就是较大的了，但这并不是说经过放大电路后就能把能量放大。我们知道能量是守恒的，不能放大，扬声器获得的较大能量实际上是来自于直流电源的，也就是说是由能量较小的输入信号去控制一个控制元件，再由控制元件根据输入信号的较小变化量，控制直流电源，将直流电源的能量部分地转化为按输入信号规律变化的且具有较大能量的输出信号。所以说放大电路的实质，是一种用较小的能量控制较大能量的能量控制装置。而晶体三极管或场效应管可以说就是这个控制元件，它们是构成放大电路所必需的核心器件。

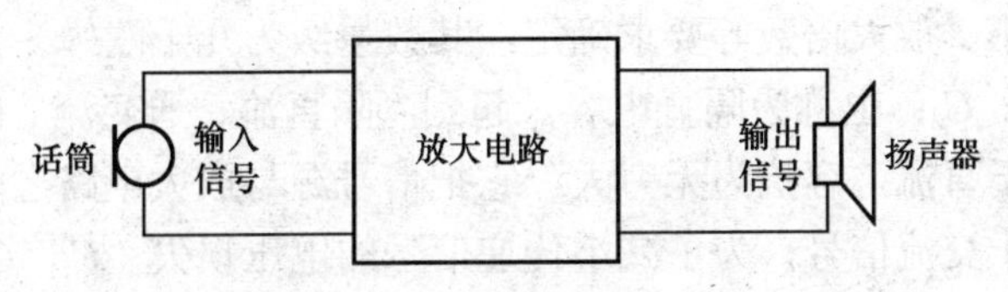

图 2.1.1 扩音机原理框图

通过上面的实例可见，放大电路的输入端口和输出端口共有 4 个接线端子，而晶体三极管或场效应管只有 3 个电极，所以在输入回路和输出回路之间必需要有一个电极共用，因而也就有了三极管的共发射极（简称共射极）、共基极、共集电极三种组态的放大电路和场效应管的共源极、共栅极、共漏极三种组态的放大电路。

2．共发射极交流放大电路的组成

图 2.1.2 所示电路是最基本的共射极放大电路。其中，u_S 是信号源的电压，R_S 是信号源的等效内电阻，AO 为放大电路的输入端，外接需要放大的信号 u_i。在这里 u_i 等于信号源电压 u_s 减去内电阻上的电压，真正加到放大器输入端的电压信号，故也称为“净输入”信号。BO 为放大电路的输出端，R_L 为外接负载，u_o 是放大器的输出信号。发射极是放大电路输入回路和输出回路的公共端，所以该电路是共射极基本放大电路。

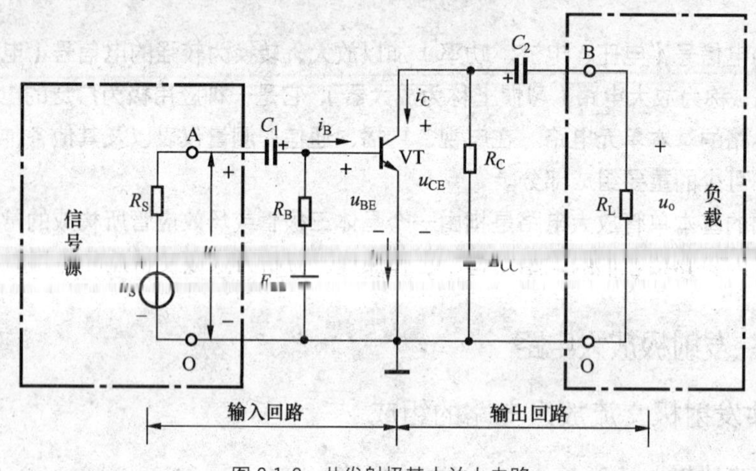

图 2.1.2　共发射极基本放大电路

在放大电路中，常把输入电压、输出电压以及直流电压的公共端称为“地”，用符号“⊥”表示，实际上该端并不是真正接到地，而是在分析放大电路时，以“地”点作为零电位点（即参考电位点），这样，电路中任一点的电位就是该点与“地”之间的电压。

电路中各元件的作用：

（1）晶体管 VT：放大元件，该电路采用 NPN 型硅管，具有电流放大作用，是放大电路的核心器件。

（2）基极偏置电阻 R_B：又称偏流电阻。它和电源 E_{BB} 一起给基极提供一个合适的基极直流，使晶体管能工作在特性曲线的线性部分（即放大区）。通常 R_B 的取值比较大，约为几十千欧姆～几百千欧姆。

（3）集电极负载电阻 R_C：将集电极电流的变化，转换为输出电压的变化。R_C 的阻值大小应根据输出电压大小、放大倍数等要求确定，其数量级为几千欧姆～几十千欧姆。

（4）耦合电容 C_1、C_2：也称为隔直电容。起到“隔直流、通交流”的作用，因为电容的容抗和频率有关，对于直流，容抗为无穷大，它把信号源与放大电路之间，放大电路与负载之间的直流隔开。对于交流信号，为了减小传递信号的电压损失，C_1、C_2 应选得足够大，一般为几微法～几十微法，故在输入信号的频率范围内容抗很小，其上的交流压降可以忽略不计。耦合电容一般多采用电解电容器，在使用时，应注意它的极性与加在它两端的工作电压极性相一致，正极接高电位，负极接低电位。

（5）电源 E_{CC} 和 E_{BB}：为晶体管提供合适的偏置电压，保证晶体管处在放大状态，同时也是放大电路的能量来源。E_{CC} 一般在几伏～十几伏。

在实际使用上，考虑到经济和方便，都使用一个直流电源 E_{CC} 供电。由图 2.1.2 可见，E_{CC} 和 E_{BB} 的负极是接在一起的，因此，只要将 R_B 换接到 E_{CC} 的正极，并适当增大 R_B 的数值，就可以省略 E_{BB}。另外，在电子线路中，往往不画出直流电源 E_{CC} 的符号，而只是在连接其正极的一端标出它对地的电压值 U_{CC} 和极性（“+” 或 “−”）。图 2.1.3 所示是共射极放大电路的习惯画法，如忽略电源 E_{CC} 的内阻，则 $U_{CC}=E_{CC}$。

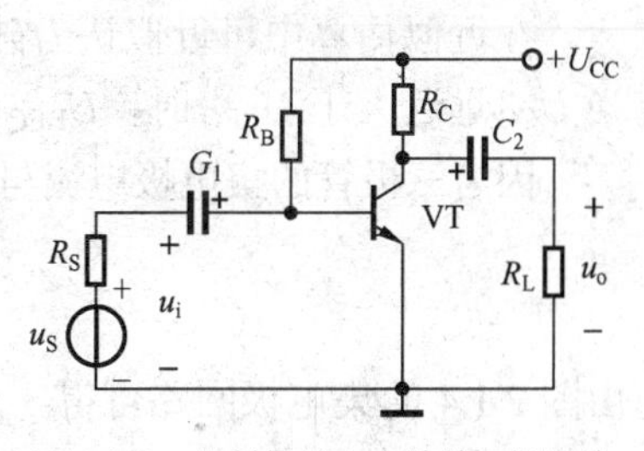

图 2.1.3 共射极放大电路的习惯画法

3．放大电路的组成原则

（1）外加直流电源电压的数值、极性以及其他电路元器件的参数必须保证晶体管工作在放大区、场效应管工作在恒流区。

（2）元件的安排要保证输入信号能够有效地作用到晶体管或场效应管的输入端。对于晶体管共射极电路，应能作用到 B-E 回路。对于场效应管共源极电路应能作用到 G-S 回路。

（3）经过放大的输出信号能够作用于负载之上。

2.1.2 放大电路的静态分析

放大电路工作在放大状态时，是由直流电源 U_{CC} 和交变信号源 u_S 共同作用下工作的，所以电路中交变信号和直流信号是并存的。为了便于分析，常将直流信号和交变信号分开研究，即所谓的静态分析和动态分析。

静态工作状态：当 u_i=0 时，放大电路中没有交流成分，只有直流电源作用在电路中，称为静态工作状态。这里要强调一下，我们所说的 u_i=0，并不是放大电路的信号源真的没有输入信号，而只是暂不考虑 u_i 的作用，排除 u_i 对电路的影响，认为 u_i=0。

静态分析：在静态工作状态下，三极管各极的电流和电压值称为静态值，用 I_{BQ}，I_{CQ} 和 U_{BEQ}、U_{CEQ} 表示，它们在晶体管输入特性曲线和输出特性曲线上所确定的工作点，称为静态工作点，用 Q 表示。静态分析的主要任务是确定放大电路中的 I_{BQ}，I_{CQ} 和 U_{CEQ}，即求解静态工作点。

1．直流通路

为了便于求解静态工作点，我们先画出直流通路。所谓直流通路是指在直流电源作用下，直流电流所流经的路径。画直流通路的原则是电容视为开路；电感视为短路；信号源视为短路，但应保留其内阻。以图 2.1.3 单管共射放大电路为例，画出其直流通路如图 2.1.4 所示。

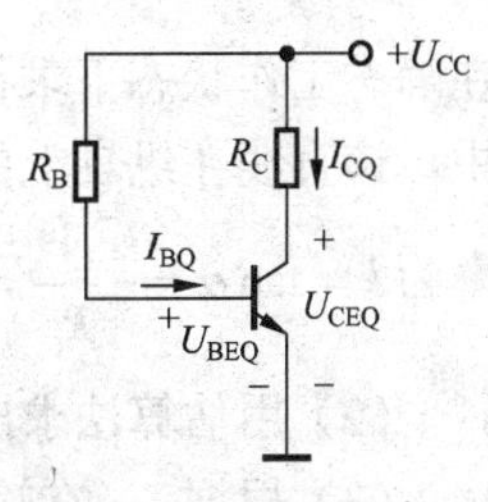

图 2.1.4 直流通路

2．解析法估算静态值

根据图 2.1.4 可以列出基极回路的电压方程如下

$$U_{CC}=I_{BQ}R_B+U_{BEQ}$$

故可求出静态基极电流为

$$I_{BQ}=\frac{U_{CC}-U_{BEQ}}{R_B} \tag{2.1.1}$$

在近似估算中可近似认为硅管的 U_{BEQ}≈（0.6～0.8）V，锗管的 U_{BEQ}≈（0.1～0.3）V。当 U_{CC} 远远大于 U_{BEQ} 时，U_{BEQ} 可以忽略不计。

因为三极管的集电极电流与基极电流之间的关系为 $I_C\approx\bar{\beta}I_B$，$\beta\approx\bar{\beta}$，所以集电极电流为

$$I_{CQ}\approx\beta I_{BQ} \tag{2.1.2}$$

由图 2.1.4 的集电极回路可得

$$U_{CEQ}=U_{CC}-I_{CQ}R_C \tag{2.1.3}$$

【例 2.1.1】 在图 2.1.3 所示单管共射放大电路中，已知 U_{CC}=12V，R_C=3kΩ，R_B=300kΩ，β=50。试估算静态工作点。

解：根据式（2.1.1）可求得

$$I_{BQ}=\frac{U_{CC}-U_{BEQ}}{R_B}\approx\frac{12}{300\times10^3}=0.04\text{ mA}=40\ \mu\text{A}$$

根据式（2.1.2）可求得

$$I_{CQ}\approx\beta I_{BQ}=50\times0.04=2\text{ mA}$$

根据式（2.1.3）可求得

$$U_{CEQ}=U_{CC}-I_{CQ}\times R_C=12-2\times10^{-3}\times3\times10^3=6\text{V}$$

3．图解法确定静态值

在已知晶体管输出特性曲线的前提下，静态值也可以用图解法确定，图解法可以直观地分析静态值的变化对放大电路工作状态的影响。可按以下步骤进行。

（1）作直流负载线。根据集电极电流 I_C 与集—射间电压 U_{CE} 的关系式 $U_{CE}=U_{CC}-I_CR_C$ 可在晶体管的输出特性上画出关于 $I_C=f(U_{CE})$ 的一条直线。

直线的作法是：根据 $U_{CE}=U_{CC}-I_CR_C$，找出两个特殊点 M（I_C=0，$U_{CE}=U_{CC}$）和 N（U_{CE}=0，$I_C=\frac{U_{CC}}{R_C}$），将 M 和 N 连接，便可得到关于 $I_C=\frac{U_{CC}-U_{CE}}{R_C}=\frac{U_{CC}}{R_C}-\frac{U_{CE}}{R_C}$ 的直线，因为该直线是在静态工作状态下求得的，且只与集电极负载电阻 R_C 有关，故称为直流负载线。在例 2.1.1 中，该直线在纵轴上的截距 N 点为 U_{CC}/R_C=4 mA，在横轴上的截距 M 点为 U_{CC}=12 V，其斜率为 $k=\tan\alpha=-\frac{1}{R_C}$，如图 2.1.5 所示。

（2）用估算法求出基极电流 I_{BQ}。在例 2.1.1 中已求出 I_{BQ}=40μA。

（3）根据 I_{BQ} 在输出特性曲线族中找到与之对应的曲线。

（4）求静态工作点 Q，并确定 U_{CEQ} 和 I_{CQ} 的值。因为晶体管的 I_{CQ} 和 U_{CEQ} 既要满足 I_{BQ}=40 μA 的输出特性曲线，又要满足直流负载线，因此晶体管必然是工作在它们的交点 Q 处，故

该点就是静态工作点。过 Q 点作水平线，在纵轴上的截距即为 I_{CQ}，过 Q 点作垂线，在横轴上的截距即为 U_{CEQ}。由图 2.1.5 可求出 I_{CQ}=2 mA，U_{CEQ}=6 V。

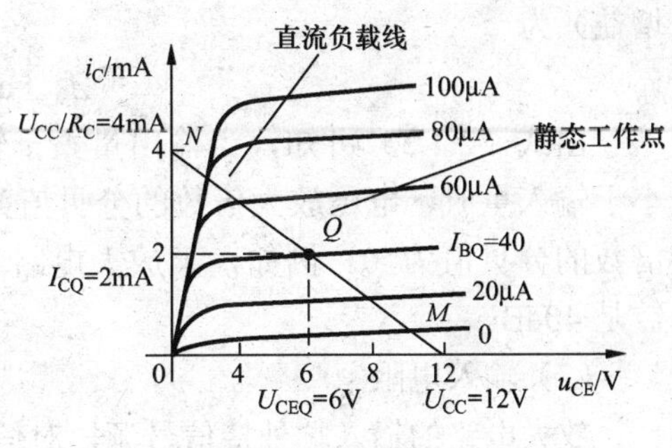

图 2.1.5 图解分析法

通过分析可见，当电源电压 U_{CC} 和集电极电阻 R_C 确定后，直流负载线就唯一确定了，放大电路的静态工作点也就由基极电流 I_B 决定了。I_B 的大小不同，Q 点在负载线上的位置也就不同，而 I_B 是由 R_B 决定，所以具体应用中通常是靠调节 R_B 的大小来改变 I_{BQ} 的，使得 Q 点沿负载线上、下移动。因此 I_B 的大小很重要，它决定了三极管的工作状态，习惯上称 R_B 为偏置电阻，I_{BQ} 为偏置电流，简称偏流，产生偏流的电路称为偏置电路，图 2.1.3 所示电路也称为固定偏置电路。

2.1.3 放大电路的动态分析

动态工作状态：有交变信号电压输入（考虑到信号源的作用 $u_i \neq 0$）时，电路中的电流、电压随输入信号作相应变化的状态。

动态分析：在动态工作状态下，放大电路是在直流电源 U_{CC} 和交变输入信号 u_i 共同作用下工作的，这时电路中各处的电压和电流会在原有的静态值的基础上，又叠加上一个与输入信号波形相似的变化量。如果输入信号 u_i 是一个正弦波电压信号，这时电路中各处的电压和电流便是在静态值的基础上又叠加上一个交流分量。对放大电路中变化量的分析，称为放大电路的动态分析。

1. 主要的动态指标

针对不同的使用场合，放大电路的动态指标很多，这里主要计算下列 3 个最基本的动态指标。

（1）电压放大倍数

图 2.1.6 所示是放大电路示意图，左边为输入端口，外接正弦信号源 $\dot{U}_S$，R_S 为信号源的内阻，在外加信号的作用下，放大电路得到输入电压 $\dot{U}_i$，同时产生输入电流 $\dot{I}_i$；右边为输出端口，外接负载 R_L，在输出端可得到输出电压 $\dot{U}_o$，输出电流 $\dot{I}_o$。

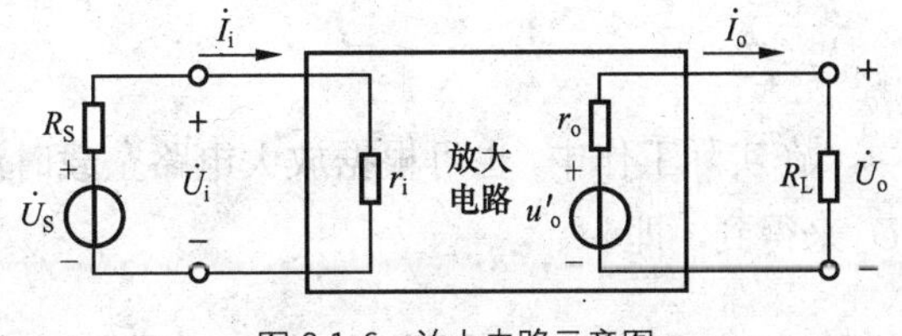

图 2.1.6 放大电路示意图

放大倍数是衡量放大电路放大能力的重要指标。电压放大倍数是输出电压的变化量和输入电压的变化量之比。当输入一个正弦电压信号时，也可用输出电压与输入电压的正弦相量来表示，即

$$\dot{A}_u = \frac{\dot{U}_o}{\dot{U}_i} \tag{2.1.4}$$

工程上常用分贝（dB）来表示放大倍数，称为增益。电压放大倍数用分贝表示（即电压

增益）为

$$A_u（dB）=20\lg|A_u| \qquad (2.1.5)$$

由式（2.1.5）可知，当输出量大于输入量时，电压放大倍数的分贝值为正；当输出量小于输入量时，电压放大倍数的分贝值为负（称衰减）；当输出量等于输入量时，电压放大倍数的分贝值为 0。例如，某放大电路的电压放大倍数$|A_u|$=100，也可以说它的电压增益是 40dB。

（2）输入电阻

放大电路的输入端外接信号源，对信号源来说放大电路就是它的负载。这个负载的大小就是从放大电路输入端看进去的等效电阻，称为放大电路的输入电阻 r_i，它是一个动态电阻。通常定义输入电阻 r_i 为输入电压与输入电流的比值，即

$$r_i=\frac{\dot{U}_i}{\dot{I}_i} \qquad (2.1.6)$$

通常希望输入电阻较高为好，这是因为输入电阻 r_i 的大小决定了放大电路从信号源吸取电流（输入电流）的大小，较高的 r_i 将减小从信号源取用的电流，降低信号源的输出功率。另外，从图 2.1.6 可以看出，电压信号源内阻 R_s 与输入电阻 r_i 分压后，才是放大电路的输入电压 u_i，输入电阻 r_i 较高，可以降低信号源内阻 R_s 的影响，使放大电路获得较高的输入电压。再者若与前级放大电路相联，r_i 就是前级的负载电阻，r_i 较高，可以使前级放大电路获得较大的电压放大倍数。因此，通常要求放大电路要有较高的输入电阻。

（3）输出电阻

放大电路的输出端电压在带负载时和空载时是不同的，带负载时的输出电压 $\dot{U}_o$ 比空载时的输出电压 $\dot{U}'_o$ 有所降低，这是因为从输出端看放大电路，放大电路可等效为一个带有内阻的电压源，在输出端接有负载时，内阻上的分压使输出电压降低，这个内阻称为放大电路的输出电阻 r_o，它是从放大电路输出端看进去的等效电阻，是一个动态电阻。通常定义输出电阻 r_o 是在信号源短路（即 $\dot{U}_S=0$，R_S 保留），负载开路的条件下，放大电路的输出端外加电压 $\dot{U}$ 与相应产生的电流 $\dot{I}$ 的比值，即

$$r_o=\left.\frac{\dot{U}}{\dot{I}}\right|_{\substack{\dot{U}_s=0\\ R_L=\infty}} \qquad (2.1.7)$$

在实际工作中，也可根据放大电路空载时测得的输出电压 $\dot{U}'_o$ 和带负载时测得的输出电压 $\dot{U}_o$ 来得到，即

$$\dot{U}_o=\frac{R_L}{r_o+R_L}\dot{U}_o$$

解出

$$r_o=\left[\frac{\dot{U}_o}{\dot{U}_o}-1\right]R_L \qquad (2.1.8)$$

输出电阻是衡量放大电路带负载能力的一项指标。通常希望输出电阻 r_o 较低为好，这是因为对于负载而言，放大器的输出电阻 r_o 越小，负载电阻 R_L 的变化对输出电压的影响就越小，表明放大器带负载能力越强。另外，对后级放大电路而言，输出电阻 r_o 相当是后级信号

源的内电阻，较低的输出电阻，可以使后级放大电路经分压后获得较高的输入电压。因此总希望 r_o 较低为好。

2．交流通路

为了便于动态指标的计算，一般是利用交流通路进行动态分析。所谓交流通路是指在输入交流信号的作用下，交流电流所流经的路径。画交流通路的原则是容量大的电容视为短路（如耦合电容），直流电压源（忽略其内阻）视为短路。

现将图 2.1.3 所示的基本单管共射放大电路重画于图 2.1.7（a）中，根据交流通路的画法，画出其对应的交流通路如图 2.1.7（b）所示。

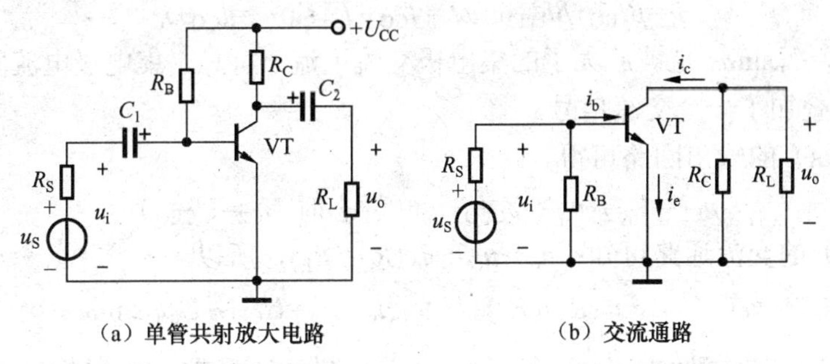

图 2.1.7　单管共射放大电路及其交流通路

3．共射放大电路工作原理分析

在搞清楚了什么是放大电路的静态工作状态和动态工作状态之后，下面来分析一下放大电路是怎样放大交流信号的，也就是它的工作原理。因为在整个的分析过程中，电流、电压的名称较多，意义不同，采用的符号也不同，所以列出表 2.1.1，以便区别。

表 2.1.1　　交流放大电路中电压、电流符号的意义

名　称	静态	动　态		
	直流值	交流瞬时值	交流有效值	交、值流叠加的总瞬时值
基极电流	I_B	i_b	I_b	$i_B=I_B+i_b$
集电极电流	I_C	i_c	I_c	$i_C=I_C+i_c$
发射极电流	I_E	i_e	I_e	$i_E=I_E+i_e$
集—射极电压	U_{CE}	u_{ce}	U_{ce}	$u_{CE}=U_{CE}+u_{ce}$
基—射极电压	U_{BE}	u_{be}	U_{be}	$u_{BE}=U_{BE}+u_{be}$

在图 2.1.7（a）所示电路中，假设电路中各元件的参数和三极管的特性能够保证三极管工作在放大区。

（1）静态工作状态（$u_i=0$）：放大电路的输入端等效为短路，电容 C_1 和 C_2 相当开路，电路中只有静态值，将 U_{BEQ}，I_{BQ}，I_{CQ}，U_{CEQ} 绘于图 2.1.8 中。这时 C_1 电容上的电压为 U_{BEQ}，极性为右"+"、左"−"，C_2 电容上的电压为 U_{CEQ}，极性为左"+"、右"−"。

（2）动态工作状态（$u_i\neq0$）：输入的交流电压 u_i 通过电容 C_1 耦合加在三极管的发射结。设交流电压为

$$u_i=U_{im}\sin\omega t \text{（V）}$$

由图 2.1.7（a）的输入回路可得这时发射结上的瞬时电压 u_{BE} 为 $u_{BE}=U_{C1}+u_i=U_{BEQ}+U_{im}\sin\omega t$（静态时 $U_{C1}=U_{BEQ}$）。所以

$$u_{BE}=U_{BEQ}+u_i \tag{2.1.9}$$

式（2.1.9）表明动态时，三极管发射结上的电压是直流电压和交流电压的叠加，也就是说是在直流信号基础之上又叠加了一个交流信号。在 u_{BE} 的作用下，基极电流 i_B 为

$$i_B=I_{BQ}+i_b=I_{BQ}+I_{bm}\sin\omega t \tag{2.1.10}$$

式（2.1.10）表明动态时，三极管基极电流也是在直流信号基础之上又叠加了一个交流信号。由于三极管集电极电流 i_C 受基极电流 i_B 的控制，根据 $i_C=\beta i_B$，则有

$$i_C=\beta I_{BQ}+\beta I_{bm}\sin\omega t = I_{CQ}+ I_{cm}\sin\omega t=I_{CQ}+i_c \tag{2.1.11}$$

式（2.1.11）中 $i_c=I_{cm}\sin\omega t$ 是被放大了的集电极交流电流。可见，集电极电流同样是在直流信号的基础之上又叠加了一个交流信号。

由图 2.1.7（a）的输出回路可得

$$u_{CE}= U_{C2}+u_o = U_{CEQ}+u_o \text{（静态时 } U_{C2}=U_{CEQ}\text{）}$$

而由图 2.1.7（b）的交流通路可知：$u_o = u_{ce}=-i_c (R_C // R_L)$，所以

$$u_{CE}=U_{CEQ}-i_c (R_C // R_L)=U_{CEQ}-i_c R'_L=U_{CEQ}-U_{cem}\sin\omega t$$

$$u_{CE}=U_{CEQ}-i_c R'_L = U_{CEQ}-(i_C-I_{CQ}) R'_L \tag{2.1.12}$$

式（2.1.12）中 $i_c= i_C-I_{CQ}$ 是集电极电流的交流分量，$R'_L = R_C // R_L$ 是交流负载电阻。

当输入信号 u_i 增大时，交流电流 i_c 增大，R'_L 上的电压增大，于是 u_{CE} 减小；反之当 u_i 减小时，u_{CE} 增大。可见 u_{CE} 的变化正好与交流电流 i_c 的变化方向相反，因此 u_{CE} 是在直流电压 U_{CEQ} 基础上叠加一个与 u_i 变化相反的交流电压 u_{ce}。

瞬时电压 u_{CE} 中的直流分量被电容 C_2 隔离，传输不到负载端，只有交流分量经电容 C_2 耦合才能传输到放大电路的输出端，于是在输出端得到一个被放大了的交流电压 u_o，该电压为

$$u_o=u_{ce}=-i_c R'_L=-U_{cem}\sin\omega t=-I_{cm}\sin(\omega t) R'_L \tag{2.1.13}$$

图 2.1.7（a）所示电路的三极管各电极电压、电流波形如图 2.1.8 所示。

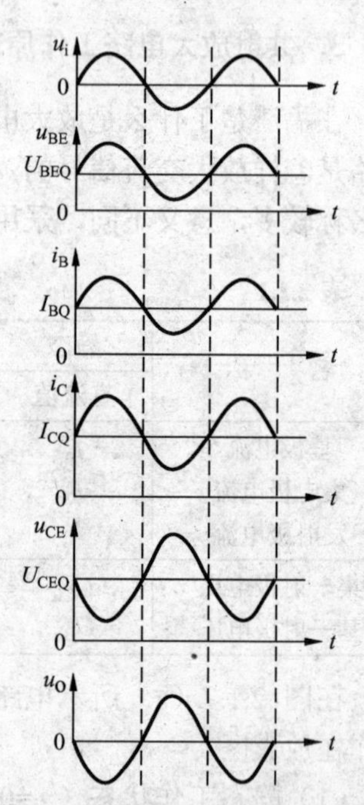

图 2.1.8　共射极放大器的电压、电流波形

通过上述分析可见，在电子电路中，放大的实质是在输入信号的作用下，通过有源元件（晶体管或场效应管）对直流电源的能量进行控制和转换，其结果是负载从电源中获得的输出信号能量，远大于信号源提供给放大电路的能量，因此放大的特征是功率放大。从图 2.1.8 还可以看出，该电路的输出电压和信号源电压是反相关系，但是形状是一样的。可见放大的前提是要保证输出信号不失真，如果电路输出波形产生了严重的失真，放大就无意义可言了。

4. 静态工作点对输出波形失真的影响

对一个放大电路而言，要求输出波形的失真尽可能地小。但是如果静态值设置不当，即静态工作点位置不合适，将会出现严重的非线性失真，这是引起失真诸多原因中最基本的一种。

结合图 2.1.8 的分析过程，将集电极电流、电压波形绘于如图 2.1.9 所示的晶体管的输出特性上，可以清楚地看出。若静态工作点合适，如 Q 点，当输入电压为正弦波、且输入信号幅值较小时，无论是在信号的正半周还是在信号的负半周，三极管都能工作在放大区，集电极电流 i_C 随基极电流 i_B 按 β 倍变化，输出电压是一个被放大了的正弦波，且与输入电压相位相反。

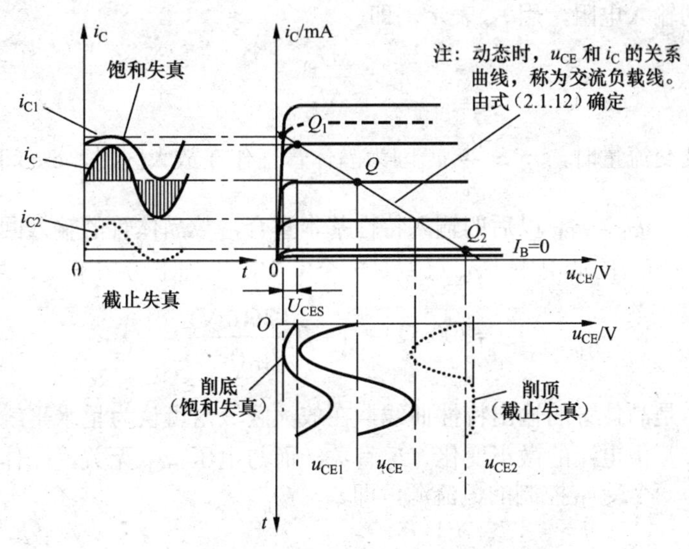

图 2.1.9 静态工作点对输出波形失真的影响

当调节 R_B，使静态工作点设置在 Q_1 点。在输入信号的正半周靠近峰值的某段时间内，管子进入饱和区工作，这时虽然 i_B 正常，但是集电极电流 i_C 不能随基极电流 i_B 按 β 倍变化，使得 i_C 的正半周和 u_{CE} 的负半周被削顶，出现了失真。这种失真是由于 Q 点过高，使其输入信号的正半周，三极管进入到饱和区而引起的，因此称作“饱和失真”。

当调节 R_B，使静态工作点设置在 Q_2 点时，在输入信号的负半周的某段时间内，管子进入截止区工作，使得 i_B 与 i_C 的负半周和 u_{CE} 的正半周被削顶，出现了失真。这种失真是由于 Q 点过低，使其输入信号的负半周，三极管进入到截止区而引起的，因此称作“截止失真”。

上述两种失真都是由于静态工作点选择不当或输入信号幅度过大，使三极管工作在特性曲线的非线性部分所引起的失真，因此统称为非线性失真。可见，为了降低非线性失真的程度，必须要设置合适的静态工作点。

5. 微变等效电路

在分析小信号放大电路中，为了方便地算出动态指标，常采用微变等效电路法。就是把非线性元件晶体管所组成的放大电路等效成一个线性电路，然后用线性电路的分析方法来分析，这种分析方法称为微变等效电路法。

那么如何将非线性元件晶体管等效成线性元件呢？也就是说这种等效的条件是什么呢？这就是必须使晶体管在小信号（微变量）情况下工作，这样就能在静态工作点附近的小范围内，用直线段近似地代替晶体管的特性曲线了。所以利用微变等效电路法进行动态分析，是有适用条件的，对于大功率的放大电路，如将在第 3 章介绍的功率放大器中就不能采用这种分析方法了。

（1）晶体三极管的微变等效电路

为了得到放大电路的微变等效电路，我们需要先解决晶体管的微变等效电路。

图 2.1.10 所示是晶体管的输入特性曲线，是非线性的。但当输入信号很小时，在静态工作点 Q 附近的微小范围内可以认为是线性的，ΔI_B 将随 ΔU_{BE} 作线性变化。我们把两者的比值定义为晶体管的输入电阻，用 r_{be} 表示，即

$$r_{be}=\frac{\Delta U_{BE}}{\Delta I_B} \tag{2.1.14}$$

在输入为微变交流量时，$r_{be}\approx\frac{u_{be}}{i_b}$。因为晶体管工作在放大区时，c-e 间的电压对输入特性曲线的影响很小，$u_{CE}>u_{BE}$ 以后的输入特性基本重合，故晶体管的输入回路只等效为一个动态电阻 r_{be}，在小信号的情况下，r_{be} 近似是一个常数，工程上可按下式计算

$$r_{be}=300(\Omega)+(1+\beta)\frac{26(\text{mV})}{I_{EQ}(\text{mA})} \tag{2.1.15}$$

图 2.1.11 所示是晶体管的输出特性曲线，在放大区域内可认为呈水平线，集电极电流的微小变化 ΔI_C 仅与基极电流的微小变化 ΔI_B 有关，而与电压 u_{CE} 无关，晶体管的集电极和发射极之间可等效为一个受 i_B 控制的恒流源，即 $i_C\approx\beta i_B$。

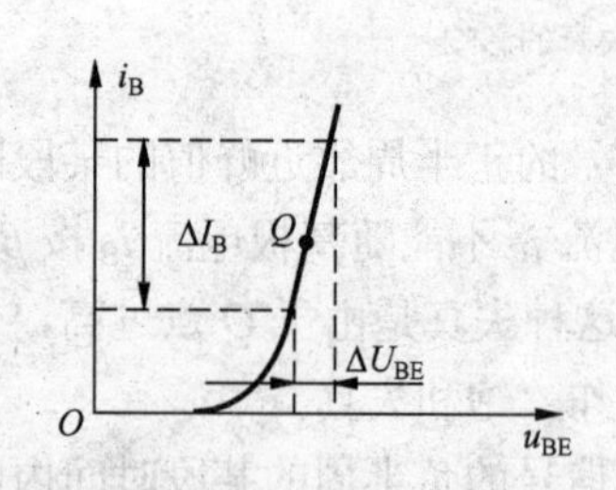

图 2.1.10　晶体管输入回路分析

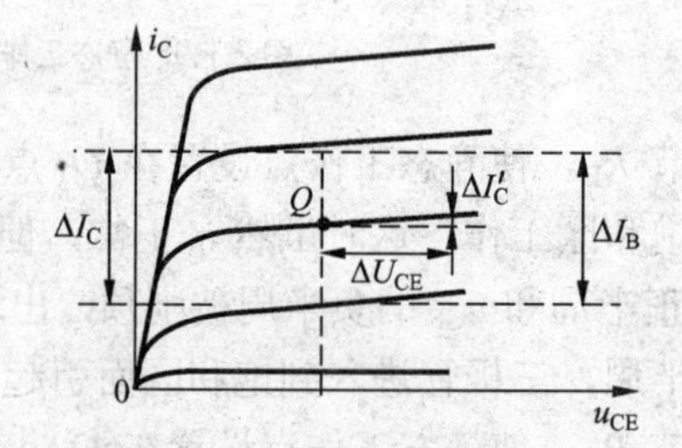

图 2.1.11　晶体管输出回路分析

其实晶体管的输出特性并非与横轴绝对平行。由图 2.1.11 可见，当 I_B 为常数时，ΔU_{CE} 会引起 ΔI_C，我们把两者的比值定义为晶体管的输出电阻，用 r_{ce} 表示，即

$$r_{ce}=\frac{\Delta U_{CE}}{\Delta I_C} \tag{2.1.16}$$

由于输出特性近似为水平线，r_{ce} 高达几十千欧姆～几百千欧姆，在微变等效电路中可视为开路而不予考虑，这样晶体管的微变等效电路如图 2.1.12（b）所示。

（2）共发射极放大电路的微变等效电路

因为微变等效电路是针对放大电路的交流量分析提出来的，所以要得到一个放大电路的

微变等效电路，一般是先画出放大电路的交流通路，然后将其中的三极管用它的微变等效电路模型来代替，就可以方便地得到放大电路的微变等效电路，如图 2.1.13 所示。

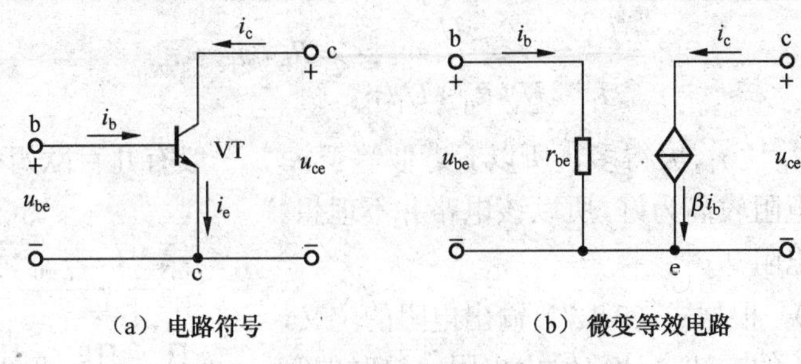

图 2.1.12　晶体三极管微变等效电路

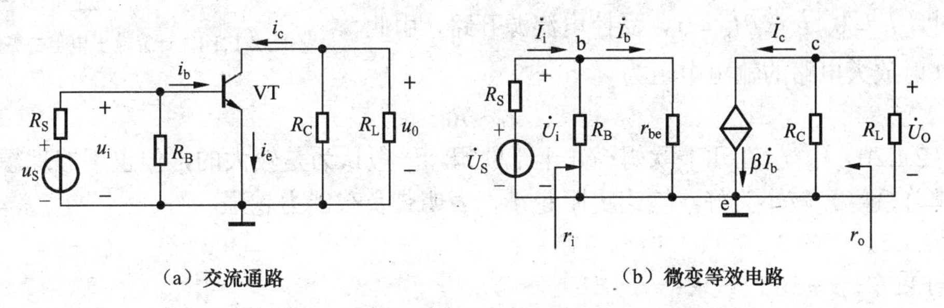

图 2.1.13　基本放大电路的交流通路及微变等效电路

6．利用微变等效电路进行动态指标的计算

（1）计算电压放大倍数

由图 2.1.13（b），根据式（2.1.4）电压放大倍数的定义，利用三极管 $\dot{I}_b$ 对 $\dot{I}_c$ 的控制关系，可得输入、输出电压分别为

$$\dot{U}_i = r_{be}\dot{I}_b$$

$$\dot{U}_o = -\dot{I}_c R_L' = -\beta \dot{I}_b R_L'$$

式中，$R_L' = R_c // R_L$。所以电压放大倍数为

$$\dot{A}_u = \frac{\dot{U}_o}{\dot{U}_i} = -\frac{\beta R_L'}{r_{be}} \tag{2.1.17}$$

式中负号表示输出电压与输入电压反相，与前边工作原理的分析结果一致。可见，在静态工作点确定之后，A_u 与等效负载电阻 R_L' 值成正比。

放大电路的源电压放大倍数为输出电压与信号源电压的比值，用 $\dot{A}_{us}$ 表示。设放大电路的输入电阻为 r_i，由放大电路示意图（见图 2.1.6）可知 $\dot{U}_i = \dfrac{r_i}{r_i + R_s}\dot{U}_s$，则

$$\dot{A}_{us} = \frac{\dot{U}_o}{\dot{U}_s} = \frac{\dot{U}_o}{\dot{U}_i} \cdot \frac{\dot{U}_i}{\dot{U}_s} = \dot{A}_u \times \frac{r_i}{r_i + R_s} \tag{2.1.18}$$

（2）计算输入电阻

由图 2.1.13（b），根据式（2.1.6）输入电阻的定义，可以得出

$$r_i = \frac{\dot{U}_i}{\dot{I}_i} = \frac{\dot{U}_i}{\dot{U}_i / R_B + \dot{U}_i / r_{be}} = R_B // r_{be} \approx r_{be} \tag{2.1.19}$$

在上式中由于 R_B 比 r_{be} 大得多，所以 r_i 近似等于 r_{be}，一般有几百欧姆～几千欧姆，因为我们通常希望输入电阻较高为好，所以该电路并不理想。

（3）计算输出电阻

由图 2.1.13（b），根据式（2.1.7）输出电阻的定义，利用外加电压求电流的方法来计算输出电阻。这时的等效电路如图 2.1.14 所示，由图可以看出，当信号电压源 u_s 短路时，$\dot{I}_b = 0$, $\dot{I}_c = \beta \dot{I}_b = 0$，受控电流源开路，由此可求得共射放大电路的输出电阻为

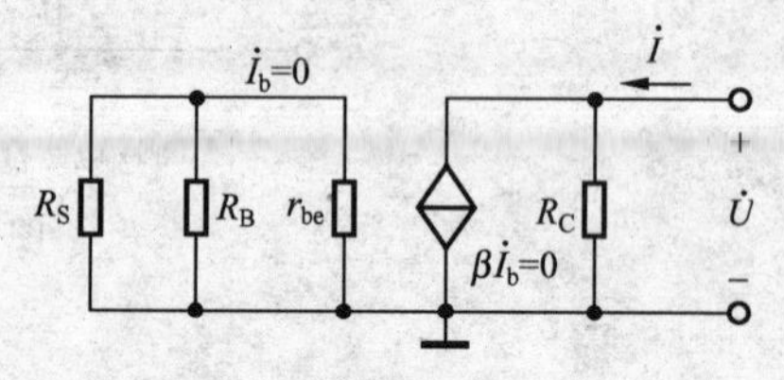

图 2.1.14　计算输出电阻的等效电路

$$r_o \approx R_C \tag{2.1.20}$$

式（2.1.20）中 r_o 在几千欧姆～几十千欧姆，一般认为是较大的，但也不够理想。因为我们通常总希望 r_o 较小为好，输出电阻越小，表明带负载能力越强。

【例 2.1.2】 在图 2.1.7（a）所示电路，已知 $U_{CC}=12V$，$R_B=300\,k\Omega$，$R_C=3\,k\Omega$，$R_L=6\,k\Omega$，$R_s=1\,k\Omega$，$\beta=50$，试求：

（1）R_L 接入和断开两种情况下电路的电压放大倍数 $\dot{A}_u$；

（2）输入电阻 r_i 和输出电阻 r_o；

（3）输出端开路时的源电压放大倍数 $\dot{A}_{us} = \frac{\dot{U}_o}{\dot{U}_s}$。

（4）分析静态时，电容 C_1 和 C_2 上的电压。

解：从例 2.1.1 知，$I_{CQ}=I_{EQ}=2\,mA$，则三极管的动态输入电阻为

$$r_{be} = 300(\Omega) + (1+\beta)\frac{26(mV)}{I_{EQ}(mA)}$$

$$r_{be} = 300(\Omega) + (1+50)\frac{26(mV)}{2(mA)} = 963\,\Omega \approx 0.963\,k\Omega$$

（1）R_L 接入时的电压放大倍数 $\dot{A}_u$

$$\dot{A}_u = -\frac{\beta R_L'}{r_{be}} = -\frac{50 \times \frac{3\times 6}{3+6}}{0.963} = -103.8$$

R_L 断开时的电压放大倍数 $\dot{A}_u$

$$\dot{A}_u = -\frac{\beta R_C}{r_{be}} = -\frac{50\times 3}{0.963} = -158.8$$

可见，放大器带负载后，电压放大倍数降低。

（2）输入电阻 r_i

$$r_i = R_B // r_{be} = 300 // 0.963 \approx 0.96\,k\Omega$$

输出电阻 r_o

$$r_o = R_C = 3\,\text{k}\Omega$$

（3）$\dot{A}_{us} = \dfrac{\dot{U}_o}{\dot{U}_s} = \dfrac{\dot{U}_i}{\dot{U}_s} \times \dfrac{\dot{U}_o}{\dot{U}_i} = \dfrac{r_i}{R_s + r_i} \times \dot{A}_u = \dfrac{0.96}{1+0.96} \times (-156) = -76.4$

通过计算可见，R_s 使电路的电压放大倍数降低，如果 r_i 足够大，使得 r_i 远远大于 R_s，则 $A_u \approx A_{us}$，降低了信号源内阻 R_s 的影响，所以通常希望输入电阻较大为好。另外，如果使信号源的内电阻 R_s 足够小，使 $R_s \approx 0$，则 $A_u \approx A_{us}$。在多级放大电路中，信号源的内电阻往往是前级放大电路的输出电阻，所以通常希望输出电阻较小为好。

（4）由于电容的隔直作用，这时 C_1 与发射结并联，C_1 两端的直流电压 $U_{C1}=U_{BEQ}$，极性为左负右正，同理 C_2 两端的电压 $U_{C2}=U_{CEQ}$，极性为左正右负。

2.2 放大电路静态工作点的稳定

2.2.1 稳定静态工作点的必要性

通过对固定偏置电路的分析可知，静态工作点在放大电路中是非常重要的，它不仅决定了输出波形是否失真，而且还影响电压放大倍数及输入电阻等动态参数。所以在设计或调试放大电路时，为了不失真地放大交变信号，必须首先设置一个合适的静态工作点 Q。

在固定偏置电路中，我们可以通过调节 R_B 的大小来获得一个合适的静态工作点。但当环境温度变化、电源电压变化、电路参数变化、管子老化等情况出现后，都将使 Q 点偏离原有的合适值，在诸多原因中，以温度的影响最大。例如，温度升高时，三极管少子形成的反向饱和电流 I_{CBO} 要增大，温度每升高 10℃，I_{CBO} 约增加一倍，而三极管的穿透电流 $I_{CEO}=(1+\beta)I_{CBO}$ 增加的幅度更大。同时，温度升高导致三极管载流子运动加速，在基区电子和空穴复合的机会减少，使 β 增大。根据实验结果，温度每升高 1℃，β 增加 0.5%～1.0%左右，U_{BE} 减小 2～2.5 mV。所有这些最终将导致集电极电流 I_C 增大，有可能使得 Q 点进入饱和区，导致产生饱和失真而使电路无法正常工作。

可见，在设计电子电路时，我们不仅要考虑设置一个合适的静态工作点，同时还应考虑如何消除温度的影响，稳定静态工作点。

2.2.2 分压式偏置电路

图 2.2.1 所示为分压式偏置放大电路，是一种较常用的、能够稳定静态工作点的电路，该电路具有结构简单的特点。

1. 静态分析

画出图 2.2.1 所示电路的直流通路如图 2.2.2 所示。

设计电路时，适当地选择电阻 R_{B1}，R_{B2} 的数值，使

$I_{B1}=(5\sim10)I_{BQ}$ （硅管）

$I_{B1}=(10\sim20)I_{BQ}$ （锗管）

$V_{BQ}=(3\sim5)\text{V}$ （硅管）

$$V_{BQ}=(1\sim3)\text{V} \qquad （锗管）$$

则晶体管的基极电位 V_{BQ} 近似为

$$V_{BQ}=\frac{R_{B2}}{R_{B1}+R_{B2}}U_{CC} \tag{2.2.1}$$

式（2.2.1）表明基极电位只取决于直流电压源 U_{CC}、分压电阻 R_{B1} 和 R_{B2}，而与三极管参数无关，即不受环境温度的影响。

$$I_{CQ}\approx I_{EQ}=(V_{BQ}-U_{BEQ})/R_E\approx\frac{R_{B2}}{R_{B1}+R_{B2}}\times\frac{U_{CC}}{R_E} \tag{2.2.2}$$

$$I_{BQ}=I_{CQ}/\beta \tag{2.2.3}$$

$$U_{CEQ}=U_{CC}-I_{CQ}R_C-I_{EQ}R_E\approx U_{CC}-I_{CQ}(R_C+R_E) \tag{2.2.4}$$

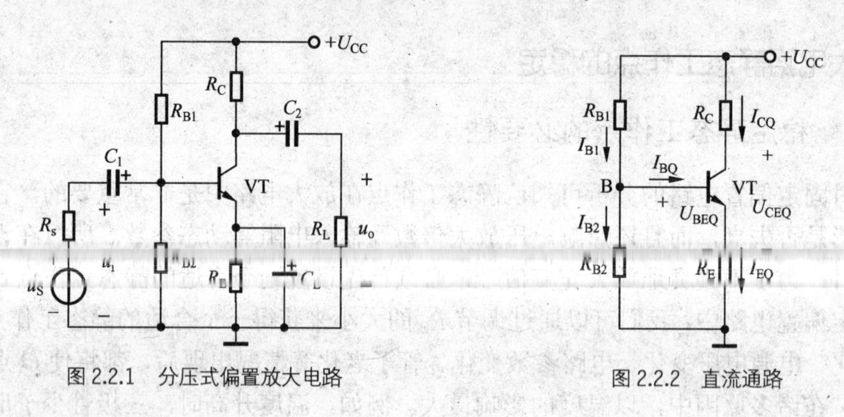

图 2.2.1　分压式偏置放大电路　　　　图 2.2.2　直流通路

2．稳定静态工作点原理

假如温度升高引起集电极电流 I_{CQ} 增大，则发射极电流 I_{EQ} 也相应增大，引起三极管发射极电位升高，$V_{EQ}=I_{EQ}R_E$。由于 V_{BQ} 基本不变，因此当 V_{EQ} 增大时，$U_{BEQ}=(V_{BQ}-V_{EQ})$ 将减小，根据三极管的输入特性，U_{BEQ} 减小，将导致基极电流 I_{BQ} 减小，随之 I_{CQ} 也减小。这样由于发射极电阻 R_E 的作用，牵制了 I_{CQ} 的增大，最终使 Q 点趋于稳定。上述变化过程可表示如下：

$$T(℃)\uparrow\rightarrow I_{CQ}\uparrow\rightarrow I_{EQ}\uparrow\rightarrow V_{EQ}\uparrow\rightarrow U_{BEQ}\downarrow\rightarrow I_{BQ}\downarrow$$

$$I_{CQ}\downarrow \longleftarrow$$

可见分压式偏置电路稳定静态工作点的实质是 V_{BQ} 固定不变，通过 I_{CQ}（I_{EQ}）变化，引起 V_{EQ} 的改变，使 U_{BEQ} 改变，从而抑制了 I_{CQ}（I_{EQ}）改变，达到了稳定工作点的目的。很显然，静态要求 R_E 的阻值大一些好，因为 R_E 越大，R_E 上的压降就越大，自动调节能力就越强，电路稳定性越好。但是，如果 R_E 太大，净输入电压 U_i 将会有很大一部分被 R_E 分压，其结果将导致电压放大倍数下降，所以动态要求 R_E 的阻值不能太大。可见在静态和动态的两种情况下，对 R_E 数值上的要求是相互矛盾的。如何解决这个矛盾？通常是在电阻 R_E 的两端并联一个大电容 C_E，C_E 称为射极旁路电容，其值一般为几十微法～几百微法。由于 C_E 对直流相当于开路，所以它对静态工作点没有影响，而在交变信号的频率范围内，C_E 容量足够大，相当于短路，将 R_E 短接，使发射极电阻 R_E 上没有交流信号，防止了放大倍数的下降，很好地解决了静态和动态对 R_E 电阻值要求不同的矛盾。

3．动态分析

电容 C_1，C_2 及 C_E 的数值都比较大视为短路，直流电压源（忽略其内阻）视为短路。画出图 2.2.1 电路的交流通路和微变等效电路如图 2.2.3 所示。

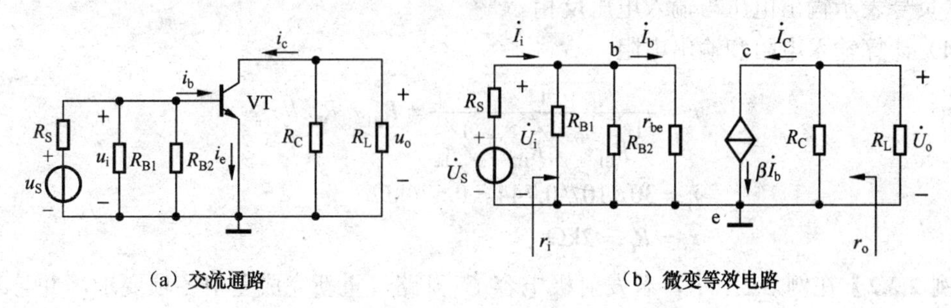

（a）交流通路　　（b）微变等效电路

图 2.2.3 分压式偏置电路的交流通路和微变等效电路

电压放大倍数为
$$\dot{A}_u=\frac{\dot{U}_o}{\dot{U}_i}=\frac{-\beta\dot{I}_b(R_C // R_L)}{\dot{I}_b r_{be}}=-\frac{\beta R_L'}{r_{be}} \tag{2.2.5}$$

式中，$R_L'=R_C // R_L=\dfrac{R_C\cdot R_L}{R_C+R_L}$

可见，电压放大倍数的计算公式与固定偏置电路的 $\dot{A}_u$ 计算公式完全相同。

$$r_i=\frac{\dot{U}_i}{\dot{I}_i}=\frac{\dot{U}_i}{\dot{U}_i/R_{B1}+\dot{U}_i/R_{B2}+\dot{U}_i/r_{be}}=R_{B1}//R_{B2}//r_{be} \tag{2.2.6}$$

$$r_o=R_C \tag{2.2.7}$$

【例 2.2.1】图 2.2.1 所示电路，已知 U_{CC}=12V，R_{B1}=30kΩ，R_{B2}=10kΩ，R_C=2kΩ，R_E=1kΩ，R_L=6kΩ，硅晶体管 β=40。要求：（1）试估算静态工作点；（2）画出微变等效电路；（3）计算电压放大倍数；（4）计算输入电阻和输出电阻。

解：（1）用估算法计算静态工作点

$$V_{BQ}=\frac{R_{B2}}{R_{B1}+R_{B2}}U_{CC}=\frac{10}{30+10}\times 12=3\text{V}$$

$$I_{CQ}\approx I_{EQ}=\frac{V_{BQ}-U_{BEQ}}{R_E}=\frac{3-0.6}{1}=2.4\text{mA}$$

$$I_{BQ}=\frac{I_{CQ}}{\beta}=\frac{2.4}{40}=0.06\text{mA}=60\mu\text{A}$$

$$U_{CEQ}=U_{CC}-I_{CQ}(R_C+R_E)=12-2.4(2+1)=4.8\text{V}$$

（2）画出微变等效电路

由图 2.2.3（a）的交流通路，可画出微变等效电路如图 2.2.3（b）所示。

（3）计算电压放大倍数

$$r_{be} = 300 + (1+\beta)\frac{26}{I_{EQ}} = 300 + (1+40)\frac{26}{2.4} = 744\Omega = 0.744\text{k}\Omega$$

$$\dot{A}_u = -\frac{\beta R_L'}{r_{be}} = -\frac{40\times\frac{2\times 6}{2+6}}{0.744} = -\frac{40\times 1.5}{0.744} \approx -80.65$$

式中，负号表示输出电压与输入电压反相。

（4）计算输入电阻和输出电阻

$$r_i = \frac{1}{1/R_{B1} + 1/R_{B2} + 1/r_{be}} = R_{B1} // R_{B2} // r_{be}$$

$$r_i = 30//10//0.744 = 0.676\text{k}\Omega$$

$$r_o = R_C = 2\text{k}\Omega$$

【例 2.2.2】在例 2.2.1 中，若发射极电容 C_E 开路，重新完成题中各项要求，并与之进行对比。

解：（1）用估算法计算静态工作点

当发射极电容 C_E 开路时，对静态没有影响，所以静态工作点和例 2.2.1 一样。

（2）画出微变等效电路

对交流信号而言，发射极将通过电阻 R_E 接地，微变等效电路如图 2.2.4 所示。

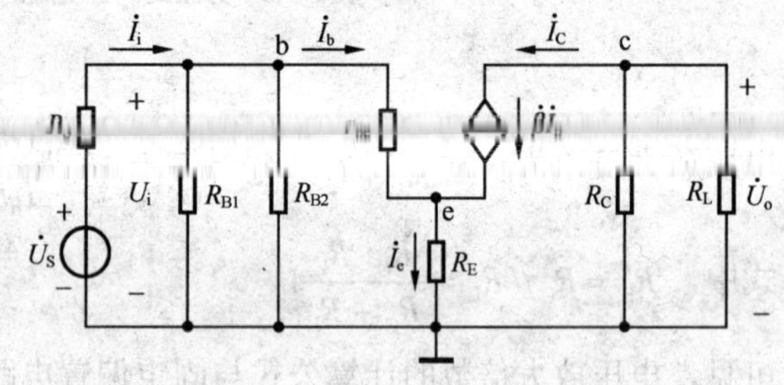

图 2.2.4 例 2.2.2 的微变等效电路

（3）计算电压放大倍数

$$\dot{A}_u = \frac{\dot{U}_o}{\dot{U}_i} = \frac{-\beta\dot{I}_b R_L'}{\dot{I}_b r_{be} + (1+\beta)\dot{I}_b R_E}$$

$$\dot{A}_u = \frac{-\beta R_L'}{r_{be} + (1+\beta)R_E} = \frac{-40\times 1.5}{0.744 + 41\times 1} \approx -1.44$$

从计算结果可见，电压放大倍数与例 2.2.1 有 C_E 电容时相比，降低了很多。当$(1+\beta)R_E \gg r_{be}$时，可近似为：$\dot{A}_u \approx -\frac{R_L'}{R_E} = -\frac{1.5}{1} = -1.5$。

（4）计算输入电阻和输出电阻

根据输入电阻的定义，$r_i = \frac{\dot{U}_i}{\dot{I}_i}$，此时 $\dot{I}_i$ 由三部分组成：其一是通过 R_{B1} 的电流 $\dot{I}_{B1} = \frac{\dot{U}_i}{R_{B1}}$、其二是通过 R_{B2} 的电流 $\dot{I}_{B2} = \frac{\dot{U}_i}{R_{B2}}$、最后是基极电流 $\dot{I}_b = \frac{\dot{U}_i}{r_{be} + (1+\beta)R_E}$。所以，此时的输入电阻为

$$r_i = \frac{\dot{U}_i}{\dot{I}_i} = \frac{\dot{U}_i}{\dot{U}_i/R_{B1} + \dot{U}_i/R_{B2} + \dot{U}_i/[r_{be} + (1+\beta)R_E]} = R_{B1} // R_{B2} // [r_{be} + (1+\beta)R_E]$$

$$r_i = 30//10//[0.744 + (1+40)\times 1] = 6.36\text{k}\Omega$$

显然，与例 2.2.1 相比，输入电阻明显增大了，这是因为引入的串联负反馈（负反馈内容将在第 4 章介绍）使输入电阻提高。

对于输出电阻，

$$r_o = R_C = 2k\Omega$$

与例 2.2.1 相同。

2.3　共集电极放大电路和共基极放大电路

2.3.1　共集电极放大电路的组成及分析

共集电极放大电路如图 2.3.1（a）所示，图 2.3.1（b）和图 2.3.1（c）分别是它的直流通路和交流通路，图 2.3.1（d）是它的微变等效电路。它与共射极电路不同，其三极管的集电极直接接电源，由交流通路可见，输入信号从基极与集电极（即地）之间加入，输出信号从发射极与集电极之间取出。集电极是输入、输出回路的公共端，所以称为共集电极放大电路。又因为输出信号从发射极引出，故又称射极输出器。

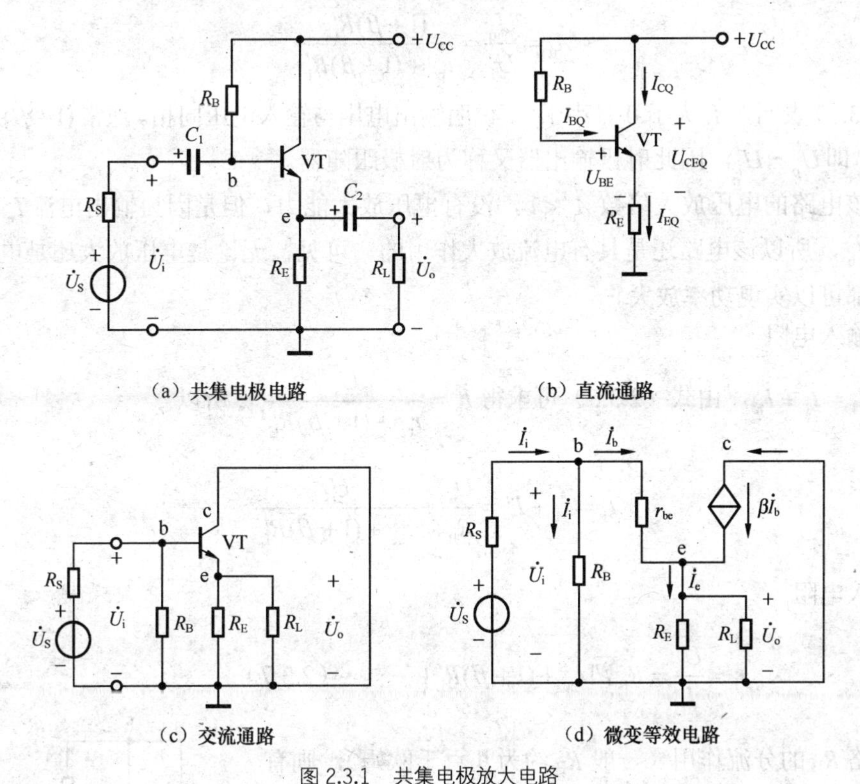

（a）共集电极电路　（b）直流通路

（c）交流通路　（d）微变等效电路

图 2.3.1　共集电极放大电路

1．静态分析

根据图 2.3.1（b）的直流通路，可列出输入回路方程

$$U_{CC} = I_{BQ}R_B + U_{BEQ} + I_{EQ}R_E$$

由于 $I_{EQ}=(1+\beta)I_{BQ}$，所以

$$I_{BQ}=\frac{U_{CC}-U_{BEQ}}{R_B+(1+\beta)R_E} \tag{2.3.1}$$

$$I_{CQ}=\beta I_{BQ} \tag{2.3.2}$$

$$U_{CEQ}=U_{CC}-I_{EQ}R_E\approx U_{CC}-I_{CQ}R_E \tag{2.3.3}$$

2．动态分析

（1）电压放大倍数

根据图 2.3.1（d）的微变等效电路可见，输出电压为

$$\dot{U}_o=\dot{I}_eR_L'=(1+\beta)\dot{I}_bR_L' \tag{2.3.4}$$

式中，$R_L'=R_E\,//\,R_L$

输入电压为

$$\dot{U}_i=\dot{I}_br_{be}+\dot{U}_o=\dot{I}_br_{be}+(1+\beta)\dot{I}_bR_L' \tag{2.3.5}$$

所以电压放大倍数为

$$\dot{A}_u=\frac{\dot{U}_o}{\dot{U}_i}=\frac{(1+\beta)R_L'}{r_{be}+(1+\beta)R_L'} \tag{2.3.6}$$

式（2.3.6）表明，$\dot{A}_u$ 大于 0 且小于 1，说明输出电压与输入电压同相。通常 $(1+\beta)R_L' >> r_{be}$，则 $\dot{A}_u\approx 1$，即 $\dot{U}_o\approx\dot{U}_i$，因此射极输出器又称为射极跟随器。

虽然该电路的电压放大倍数 $\dot{A}_u<1$，没有电压放大能力，但是因为输出电流 $\dot{I}_e$ 远远大于输入电流 $\dot{I}_b$，所以该电路还是具有电流放大作用的。可见，无论是电压放大还是电流放大，放大电路都可以实现功率放大。

（2）输入电阻

因为 $\dot{I}_i=\dot{I}_1+\dot{I}_b$，由式（2.3.5）可求得 $\dot{I}_b=\dfrac{\dot{U}_i}{r_{be}+(1+\beta)R_L'}$，所以

$$\dot{I}_i=\dot{I}_1+\dot{I}_b=\frac{\dot{U}_i}{R_B}+\frac{\dot{U}_i}{r_{be}+(1+\beta)R_L'}$$

则输入电阻

$$r_i=\frac{\dot{U}_i}{\dot{I}_i}=R_B\,//[r_{be}+(1+\beta)R_L'] \tag{2.3.7}$$

若忽略 R_B 的分流作用（一般 R_B 约为几百千欧姆），则有

$$r_i\approx r_{be}+(1+\beta)R_L' \tag{2.3.8}$$

由式（2.3.8）可知，射极输出器的输入电阻 r_i 是比较大的。

（3）输出电阻

根据输出电阻的定义，可采用外加电压求电流的方法来计算输出电阻，等效电路如图 2.3.2 所示。因为

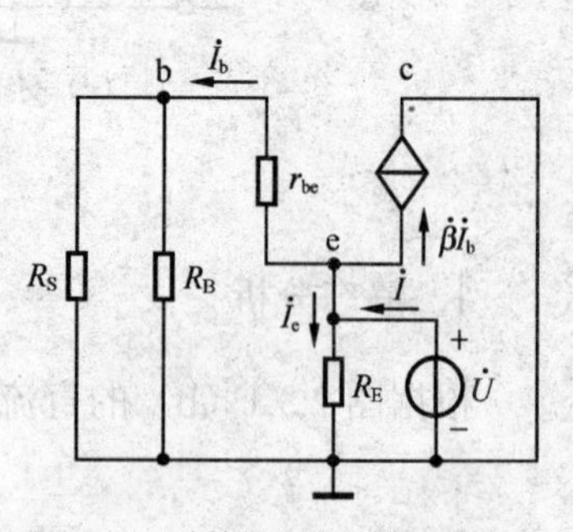

图 2.3.2　计算输出电阻的等效电路

$$\dot{I}=\dot{I}_{b}+\beta\dot{I}_{b}+\dot{I}_{e}$$
$$=\frac{\dot{U}}{r_{be}+R_{S}'}+\beta\frac{\dot{U}}{r_{be}+R_{S}'}+\frac{\dot{U}}{R_{E}}$$

所以

$$r_{o}=\frac{\dot{U}}{\dot{I}}=R_{E}//\frac{r_{be}+R_{s}'}{1+\beta}=\frac{R_{E}(r_{be}+R_{S}')}{(r_{be}+R_{S}')+(1+\beta)R_{E}} \tag{2.3.9}$$

式中，$R_{S}'=R_{S}//R_{B}$，通常$(1+\beta)R_{E}>>r_{be}+R_{S}'$，所以

$$r_{o}\approx\frac{r_{be}+R_{S}//R_{B}}{\beta} \tag{2.3.10}$$

由式（2.3.10）可见，射极输出器的输出电阻很小，若把它等效成一个电压源，则具有恒压输出特性，带负载能力较强。

3．射极输出器的特点及用途

通过上述分析，总结射极输出器特点如下。

（1）电压放大倍数恒小于1，但接近1，说明输出电压与输入电压不但大小基本相等并且相位相同，即电压跟随。

（2）输入电阻较高。

（3）输出电阻较低。

射极跟随器具有较高的输入电阻和较低的输出电阻，这是它的最突出的优点。在实际应用中，常采用射极跟随器作为多级放大器的第一级，因为它的输入电阻高，可以减轻信号源的负担，提高放大器的净输入电压。也常采用射极跟随器作为多级放大器的输出级，因为它的输出电阻低，可以减小负载变化对输出电压的影响，并易于与低阻负载相匹配，向负载传送尽可能大的功率。同时它也常用于多级放大器的中间隔离级，因为在多级共射极放大电路耦合中，往往存在着前级输出电阻大，后级输入电阻小而造成的在耦合过程中的信号损失，使得放大倍数下降。利用射极输出器作为中间隔离级，可与输入电阻小的共射极电路配合，将其接入两级共射极放大电路之间，在隔离前后级的同时，起到阻抗匹配的作用。

【例2.3.1】图2.3.1（a）所示电路，已知U_{CC}=12 V，R_{B}=300 kΩ，R_{E}=3 kΩ，R_{L}=6 kΩ，R_{S}=100Ω，β=50。试估算静态工作点，并求电压放大倍数、输入电阻和输出电阻。

解：（1）用估算法计算静态工作点

$$I_{BQ}=\frac{U_{CC}-U_{BEQ}}{R_{B}+(1+\beta)R_{E}}=\frac{12-0.7}{[300+(1+50)\times3]\times10^{3}}\approx0.025\text{mA}\approx25\mu\text{A}$$
$$I_{CQ}\approx I_{EQ}=\beta I_{BQ}=50\times0.025=1.25\text{mA}$$
$$U_{CEQ}\approx U_{CC}-I_{CQ}R_{E}=12-1.25\times3=8.25\text{V}$$

（2）求电压放大倍数$\dot{A}_{u}$

$$r_{be}=300+(1+\beta)\frac{26}{I_{EQ}}=300+(1+50)\frac{26}{1.25}=1360.8\Omega\approx1.36\text{k}\Omega$$

$$\dot{A}_{\mathrm{u}}=\frac{\dot{U}_{\mathrm{o}}}{\dot{U}_{\mathrm{i}}}=\frac{(1+\beta)R_{\mathrm{L}}'}{r_{\mathrm{be}}+(1+\beta)R_{\mathrm{L}}'}=\frac{(1+50)\times 2}{1.36+(1+50)\times 2}=0.987$$

式中，$R_{\mathrm{L}}'=R_{\mathrm{E}}//R_{\mathrm{L}}=3//6=2\,\mathrm{k}\Omega$

（3）求输入电阻 r_{i} 和输出电阻 $\mathrm{r_o}$

$$r_{\mathrm{i}}=R_{\mathrm{B}}//[r_{\mathrm{be}}+(1+\beta)R_{\mathrm{L}}']=300//[1.36+(1+50)\times 2]=76.87\,\mathrm{k}\Omega$$

$$r_{\mathrm{o}}\approx\frac{r_{\mathrm{be}}+R_{\mathrm{S}}'}{\beta}=\frac{1360.8+100}{50}=29.2\,\Omega$$

式中，$R_{\mathrm{S}}'=R_{\mathrm{B}}//R_{\mathrm{S}}=300\times 10^{3}//100\approx 100\,\Omega$

2.3.2　共基极放大电路的组成及分析

共基极放大电路如图 2.3.3（a）所示，图 2.3.3（b）和图 2.3.3（c）分别是它的直流通路和交流通路，图 2.3.3（d）是微变等效电路。由交流通路可见，输入信号从射极与基极（即地）之间加入，输出信号从集电极与基极之间取出。基极是输入、输出回路的公共端，所以称为共基极放大电路。

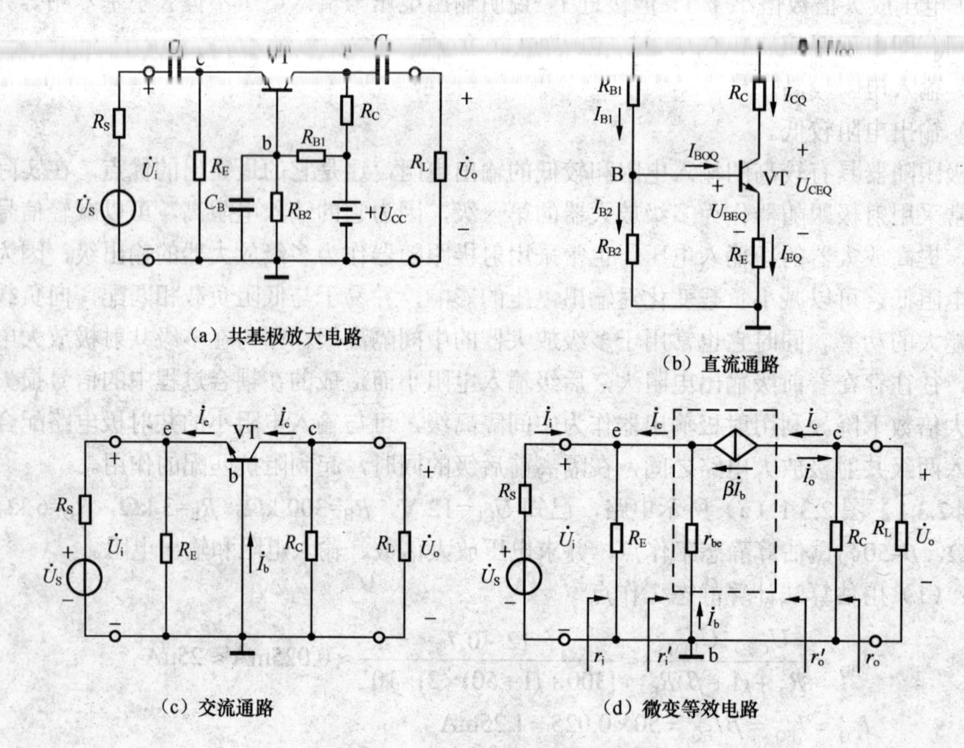

(a) 共基极放大电路
(b) 直流通路
(c) 交流通路
(d) 微变等效电路

图 2.3.3　共基极放大电路

1．静态分析

由图 2.3.3（b）所示直流通路，不难发现它和分压式偏置电路的直流通路是一样的，故静态工作点 Q 的计算式也与 2.2.2 节相同。

如果忽略 I_{BQ} 对 R_{B1} 和 R_{B2} 分压电路中电流的分流作用，则

$$V_{BQ} \approx \frac{R_{B2}}{R_{B1}+R_{B2}} U_{CC} \tag{2.3.11}$$

$$I_{CQ} \approx I_{EQ} = \frac{V_{EQ}}{R_E} = \frac{V_{BQ}-U_{BEQ}}{R_E} \approx \frac{R_{B2}}{(R_{B1}+R_{B2})R_E} U_{CC} \tag{2.3.12}$$

$$I_{BQ} = \frac{I_{EQ}}{1+\beta} \tag{2.3.13}$$

$$U_{CEQ} \approx U_{CC} - I_{CQ}(R_E + R_C) \tag{2.3.14}$$

2．动态分析

（1）电压放大倍数

利用图 2.3.3（d）的微变等效电路，可得

$$\dot{U}_o = -\dot{I}_c R'_L = -\beta \dot{I}_b R'_L$$

式中，$R'_L = R_C // R_L$

$$\dot{U}_i = -\dot{I}_b r_{be}$$

因此，

$$\dot{A}_u = \frac{\dot{U}_o}{\dot{U}_i} = \frac{-\beta \dot{I}_b R'_L}{-\dot{I}_b r_{be}} = \beta \frac{R'_L}{r_{be}} \tag{2.3.15}$$

可见共基极放大电路的电压放大倍数在数值上与共射极电路相同，但共基极放大电路的输入电压与输出电压是同相位的。

（2）输入电阻

在图 2.3.3（d）所示的微变等效电路中，当不考虑 R_E 并联支路时

$$r'_i = \frac{\dot{U}_i}{\dot{I}_i} = \frac{-r_{be}\dot{I}_b}{-(1+\beta)\dot{I}_b} = \frac{r_{be}}{1+\beta}$$

上式说明，将基极电阻折合到射极回路时，其阻值要缩小到 $\frac{r_{be}}{1+\beta}$。

当考虑 R_E 时

$$r_i = r'_i // R_E \tag{2.3.16}$$

由上式可知，共基电路的输入电阻 r_i 很低，一般为几欧姆～十几欧姆。

（3）输出电阻

在图 2.3.3（d）所示的微变等效电路中，利用加压求流法，令 $\dot{I}_b = 0$，则受控电流源 $\beta \dot{I}_b = 0$，视为开路，故输出电阻

$$r_o \approx R_C \tag{2.3.17}$$

3．共基极放大电路的特点及应用

共基极放大电路的特点是输入电阻很小，输出电阻较大，电压放大倍数较高。这类电路

主要用于高频电压放大电路。

2.3.3 三种基本放大电路的比较

以上我们分析了共射、共集和共基三种基本放大器的性能，为了便于比较，现将它们的特点总结如下。

（1）共射放大电路既能放大电压又能放大电流，所以应用最广，常用作各种放大器的主放大级。但它的输入和输出电阻并不理想，在三种组态中居中。

（2）共集放大电路只能放大电流不能放大电压，电压放大倍数小于且接近于 1，具有电压跟随的特点，它的输入电阻较高，输出电阻较低，常被用于多级放大电路的输入级和输出级，或作为隔离用的中间级。

（3）共基放大电路只能放大电压不能放大电流，且具有很低的输入电阻，这使得三极管的结电容影响不明显，所以其频率特性是三种接法中最好的，常用于宽频带放大电路中。

2.4 场效应管放大电路简介

场效应管与晶体三极管一样具有放大作用，可以用来组成放大电路。由于场效应管具有输入电阻高的特点，它适用于作为多级放大电路的输入级，尤其对高内阻的信号源，采用场效管才能有效地放大输入信号。

场效应管与晶体三极管比较，源极、漏极、栅极相当于发射极、集电极、基极，因此场效应管组成放大电路时也有三种组态，即共源放大电路、共漏放大电路和共栅放大电路。本节只简要介绍共源放大电路的静态和动态分析方法。

2.4.1 共源极场效应管放大电路的组成

图 2.4.1 所示为采用分压式偏置的、用 N 沟道耗尽型场效应管构成的放大电路。其中：R_{G1} 和 R_{G2} 为分压电阻，为栅极提供固定的电位。R_S 为源极电阻，阻值大小直接决定静态工作点的位置。其值一般约为几千欧姆。C_S 为源极旁路电容，其容量约为几十微法。接入 R_{G3} 的目的是为了提高放大电路的输入电阻。R_D 为漏极电阻，它使电路具有电压放大功能，其值约为几十千欧姆。C_1、C_2 分别为输入回路和输出回路的耦合电容，其值约为 0.01～0.047μF。

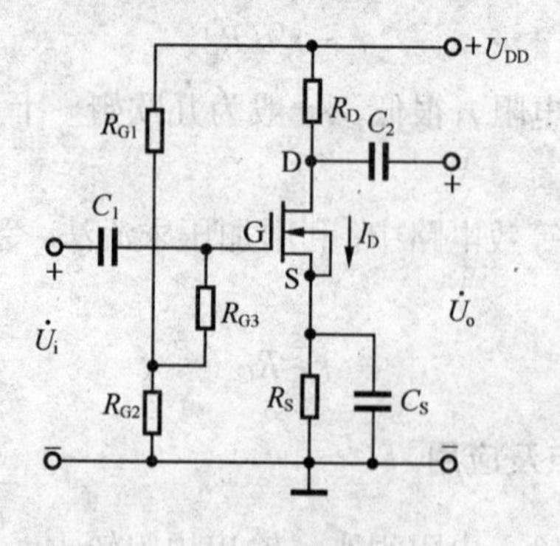

图 2.4.1 分压式偏置电路

2.4.2 共源极场效应管放大电路的静态分析

静态时，因为栅极电流为0，因此电阻R_G上的电流为0。由此可得栅极电位为

$$V_{GQ}=\frac{R_{G2}}{R_{G1}+R_{G2}}U_{DD} \tag{2.4.1}$$

源极电位为

$$V_{SQ}=I_{DQ}R_S$$

则栅源电压为

$$U_{GSQ}=V_{GQ}-V_{SQ}=\frac{R_{G2}}{R_{G1}+R_{G2}}U_{DD}-I_{DQ}R_S \tag{2.4.2}$$

式（2.4.2）中U_{GQ}为栅极电位，对N沟道耗尽型管，要求$U_{GS}<0$，所以电路要满足$I_{DQ}R_S>U_{GQ}$；对N沟道增强型管，要求$U_{GS}>0$，所以电路要满足$I_{DQ}R_S<U_{GQ}$。

改变R_{G1}，R_{G2}和R_S，可以改变电路的偏压U_{GSQ}，也就改变了静态工作点。

在$U_{GS(off)}\leqslant U_{GS}\leqslant 0$范围内，耗尽型场效应管的转移特性可近似用下式表示

$$I_{DQ}=I_{DSS}\left(1-\frac{U_{GSQ}}{U_{GS(off)}}\right)^2 \tag{2.4.3}$$

联解式（2.4.2）和式（2.4.3），并舍去不合理的一组解，即可求出U_{GSQ}和I_{DQ}。

列输出回路电压方程得

$$U_{DSQ}=U_{DD}-(R_D+R_S)I_{DQ} \tag{2.4.4}$$

2.4.3 共源极场效应管放大电路的动态分析

场效应管放大电路的动态分析可以采用图解法和微变等效电路分析法，其分析方法和步骤与晶体管放大电路相同，下面以图2.4.1电路为例，用微变等效电路来进行分析。

1. 场效应管的微变等效电路

如果输入信号很小，场效应管工作在线性放大区（即输出特性中的恒流区）时，与晶体管一样，场效应管也可以用微变等效电路模型等效。

场效应管与晶体三极管微变等效电路对照图如图2.4.2所示。由于场效应管输入电阻r_{gs}很大，故输入端可看成开路，栅—源之间只有一个栅源电压u_{gs}，没有栅极电流；漏—源之间是一个受栅源电压控制的受控电流源和电阻r_{ds}相并联。

图2.4.2（b）中，g_m是输出电流与输入电压的比值，称为跨导，其单位为西门子（S），一般g_m数值约为0.1～20 ms。r_{ds}是U_{GS}=U_{GSQ}那条输出特性曲线上Q点处斜率的倒数，它表示曲线的上翘程度，r_{ds}越大，曲线越平。通常r_{ds}在几十千欧姆～几百千欧姆，若外电路电阻较小时，可将r_{ds}视为开路，即忽略r_{ds}中的电流，将输出回路只等效成一个受控电流源。

2．共源放大电路的动态分析

与晶体管微变等效电路分析法类似，我们先画出图 2.4.1 所示的场效应管放大电路的微变等效电路，如图 2.4.3 所示。

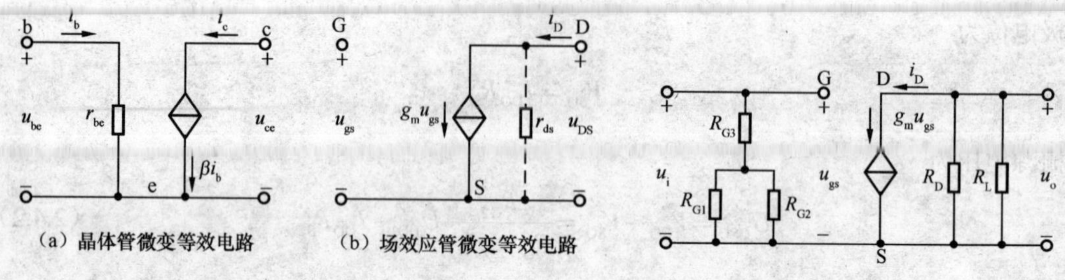

（a）晶体管微变等效电路　（b）场效应管微变等效电路

图 2.4.2　场效应管与晶体三极管等效电路对照图

图 2.4.3　场效应管放大电路的微变等效电路

由图 2.4.3 可见，输出电压为$\dot{U}_o = -g_m \dot{U}_{gs} R'_L$，式中 $R'_L = R_D // R_L$

因为输入电压$\dot{U}_i = \dot{U}_{gs}$，故电压放大倍数为

$$\dot{A}_u = \frac{\dot{U}_o}{\dot{U}_i} = \frac{-g_m \dot{U}_{gs}(R_D // R_L)}{\dot{U}_{gs}} = -g_m R'_L \tag{2.4.5}$$

可见，共源放大电路与共射放大电路一样具有一定的电压放大能力，且输出电压与输入电压反相。

放大电路输入端看进去的输入电阻为

$$r_i = \frac{\dot{U}_i}{\dot{I}_i} = R_{G3} + (R_{G1} // R_{G2}) \tag{2.4.6}$$

通常情况下 $R_{G3} >> R_{G1} // R_G$ 所以输入电阻为

$$r_i \approx R_{G3} \tag{2.4.7}$$

可见，在输入端接入电阻 R_{G3}，主要是为了提高放大电路的输入电阻。

因为当$\dot{U}_i = 0$时，$\dot{U}_{gs} = 0$，恒流源$g_m \dot{U}_{gs} = 0$（开路），所以，放大电路的输出电阻为

$$r_o = R_D \tag{2.4.8}$$

场效应管放大电路具有输入电阻高的特点，适用于做电压放大电路的输入级。

【例 2.4.1】在图 2.4.1 所示放大电路中，已知场效应管的参数为 $U_{GS(off)}$=−4V，I_{DSS}=0.9mA，g_m=1.5mA / V。电路中的其他元件的参数为 U_{DD}=24 V，R_{G1}=64 kΩ，R_{G2}=200 kΩ，R_{G3}=1MΩ，R_S=12 kΩ，R_D=10 kΩ，R_L=10 kΩ，试计算该电路的静态工作点、电压放大倍数、输入电阻和输出电阻。

解（1）求静态工作点

由电路图 2.4.1，根据式（2.4.2）和式（2.4.3）联立求解

$$\begin{cases} I_{DQ} = I_{DSS}\left(1 - \dfrac{U_{GSQ}}{U_{GS(off)}}\right)^2 \\ U_{GSQ} = \dfrac{R_{G2}}{R_{G1} + R_{G2}} U_{DD} - I_{DQ}R_S \end{cases}$$

将已知参数代入得

$$\begin{cases} I_{DQ} = 0.18\left(1 - \dfrac{U_{GSQ}}{-0.8}\right)^2 \\ U_{GSQ} = \dfrac{64}{64 + 200} \times 24 - I_{DQ} \times 12 \end{cases}$$

解方程得 I_{DQ}=0.45 mA，U_{GSQ}=0.4V（要注意在 $U_{GS(off)} \leqslant U_{GS} \leqslant 0$ 范围内取 U_{GSQ}，否则不合理舍去）。再根据式（2.4.4）得

$$U_{DSQ} = U_{DD} - I_{DQ}(R_D + R_S) = 24 - 0.45 \times (10 + 12) = 14.1\text{V}$$

（2）求动态指标

根据式（2.4.5）得电压放大倍数为

$$\dot{A}_u = -g_m R_L' = -g_m (R_D // R_L) = -1.5 \times \frac{10 \times 10}{10 + 10} = -7.5$$

（3）输入电阻和输出电阻分别为

$$r_i \approx R_{G3} = 1\text{M}\Omega$$
$$r_o \approx R_D = 10\text{k}\Omega$$

小　　结

本章主要介绍了基本单管放大电路的构成、分析方法及每种电路的特点，是进行后面各章节学习的基础，因此本章是学习的重点之一。其主要内容如下。

1．放大电路的基本概念

放大电路的实质，是一种用较小的能量去控制较大能量的能量控制装置。

2．放大电路的组成原则

（1）建立起合适的静态工作点。直流电源电压的极性、数值与其他电路参数应保证晶体管始终工作在放大区、场效应管始终工作在恒流区，即保证电路不失真。

（2）确保输入信号能够有效地作用于有源元件的输入回路，即晶体管的 b-e 回路，场效应管的 G-S 回路；输出信号能够作用于负载之上。

3．放大电路的分析方法

放大电路工作在放大状态时，电路中交变信号和直流信号是并存的。为了便于分析，常

将直流信号和交变信号分开研究，即所谓的静态分析和动态分析。

（1）静态分析的主要任务是求解静态工作点 Q。静态工作点是由直流通路决定的，可以用估算法或图解法求解。图解法可以直观地分析静态值的变化对放大电路工作状态的影响。

（2）放大电路的静态工作点易受温度的变化而产生波动，采用分压式偏置电路可以稳定 Q 点。

（3）动态分析就是求解各动态参数和分析输出波形。通常利用微变等效电路法计算小信号作用时的 A_u，r_i 和 r_o。所谓微变等效电路法就是把非线性元件晶体管所组成的放大电路等效成一个线性电路，然后用线性电路的分析方法来分析。

（4）如果静态值设置不当，即静态工作点位置不合适，将会出现严重的非线性失真。Q 点过高，容易产生“饱和失真”。Q 点过低，容易产生“截止失真”。

4. 晶体管基本放大电路

晶体管基本放大电路有共射、共集、共基三种接法。共射放大电路即有电流放大作用又有电压放大作用，输入电阻居三种电路之中，输出电阻较大，适用于一般放大。共集放大电路只放大电流不放大电压，因输入电阻高而常作为多级放大电路的输入级，因输出电阻低而常作为多级放大电路的输出级，因电压放大倍数接近 1 而用于信号的跟随。共基电路只放大电压不放大电流，输入电阻小，高频特性好，适用于宽频带放大电路。

5. 场效应管放大电路

场效应管共源极接法与晶体管放大电路的共射极接法相对应，但比晶体管电路输入电阻高、噪声系数低、电压放大倍数小，适用于做电压放大电路的输入级。

习　题

习题 2.1　填空题

（1）放大电路的实质是________________________________。

（2）晶体管放大电路有________、________和________三种接法。

（3）在共射交流放大电路中，负载电阻 R_L 愈大，则电压放大倍数 $|\dot{A}_u|$________；信号源内电阻 R_S 愈大，则源电压放大倍数 $|\dot{A}_{us}|$________。

（4）共射极放大电路中输出电压与输入电压相位________，共集电极电路中，输出电压与输入电压相位________，共基极电路中，输出电压与输入电压相位________。

（5）放大电路的非线性失真包括________和________。

（6）在题图 2.1 所示电路中，若其他参数不变，而只减小 R_B，则 I_{CQ} 将__________，r_{be} 将__________，$|\dot{A}_u|$ 将________，r_i 将________，r_o 将________。

（7）在题图 2.1 所示电路中，若测得输入电压有效值为 10 mV，输出电压有效值为 1.5 V，则其电压放大倍数 $\dot{A}_u$ =________；若已知此时信号源电压有效值为 20 mV，信号源内阻为 1 kΩ，则放大电路的输入电阻 r_i 为________。

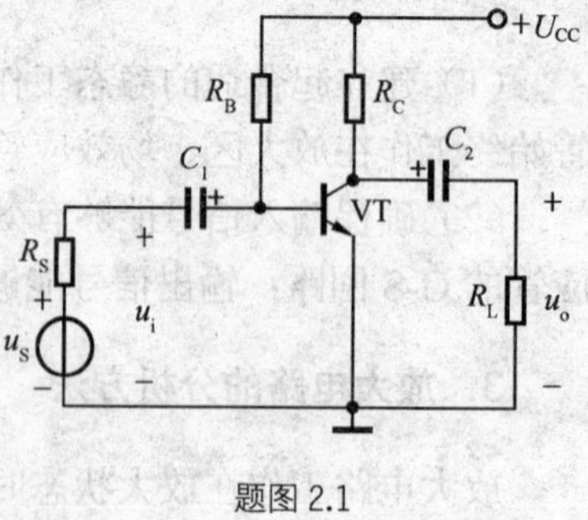

题图 2.1

（8）若已知电路空载时输出电压有效植为 1V，带 5kΩ 负载后变为 0.8V，则该电路的输出电阻为________。

（9）微变等效电路法对放大电路进行动态分析时，输入信号必须是________。

（10）某放大器的电压增益是−40 分贝，则它的电压放大倍数是________。

习题 2.2　选择题

（1）对于题图 2.1 所示放大电路中，若其他电路参数不变，仅当 R_B 增大时，U_{CEQ} 将（　　）；若仅当 R_C 减小时，U_{CEQ} 将（　　）；若仅当 R_L 增大时，U_{CEQ} 将（　　）；若仅更换一个 β 较小的三极管时，U_{CEQ} 将（　　）。

A．增大　　B．减小　　C．不变　　D．不确定

（2）对于 NPN 组成的基本共射放大电路，若产生饱和失真，则输出电压（　　）失真；若产生截止失真，则输出电压（　　）失真。

A．顶部　　B．底部

（3）对于题图 2.1 所示放大电路中，输入电压 u_i 为正弦信号，若输入耦合电容 C_1 短路，则该电路（　　）。

A．正常放大　　B．出现饱和失真　　C．出现截止失真　　D．不确定

（4）分压式偏置放大电路如题图 2.4 所示，若增大偏置电阻 R_{B1}，将使（　　）。

A．I_B 增大　　B．r_o 下降　　C．A_u 下降　　D．U_{CE} 下降

（5）在单管放大电路中，若输入电压为余弦波形，用示波器同时观察输入 u_i 和输出 u_o 的波形。当为共射电路时，u_i 和 u_o 的相位（　　）；当为共集电路时，u_i 和 u_o 的相位（　　）；当为共基电路时，u_i 和 u_o 的相位（　　）。

A．同相　　B．反相　　C．相差 90º　　D．不确定

（6）既能放大电压又能放大电流的是（　　）组态放大电路；只能放大电压不能放大电流的是（　　）组态放大电路；只能放大电流不能放大电压的是（　　）组态放大电路；能够进行功率放大的是（　　）组态放大电路。

A．共射　　B．共集　　C．共基　　D．任意组态

（7）在共射、共集、共基三种基本组态放大电路中，电压放大倍数小于 1 的是（　　）组态。输入电阻最大的是（　　）组态，最小的是（　　）；输出电阻最大的是（　　）组态，最小的是（　　）。

A．共射　　B．共集　　C．共基　　D．任意组态

习题 2.3　简答题

（1）什么是放大电路的静态工作点？为什么一定要设置合适的静态工作点？

（2）放大电路静态工作点不稳定的原因是什么？分压式偏置电路为什么能够稳定静态工作点？分压式偏置放大电路中的晶体管当更换其 β 值时，对静态工作点有无影响？为什么？

（3）为什么通常都希望放大电路的输入电阻高一些、输出电阻低一些为好？

（4）定性分析一个放大电路能否不失真地放大交流信号，应从哪几方面考虑？

习题 2.4　电路（a）～（f）分别如题图 2.2（a）～（f）所示。说明这些电路能否对交流电压信号进行线性放大，为什么？

习题 2.5　晶体管放大电路如题图 2.1 所示，已知 U_{CC}=12V，$R_B = 240\,k\Omega$，$R_C = 3\,k\Omega$，$R_L = 6k\Omega$，$\beta = 40$。① 试估算静态值 I_{BQ}，I_{CQ} 和 U_{CEQ}；② 如改变 R_B，使 U_{CEQ}=3 V，求 R_B

的大小。

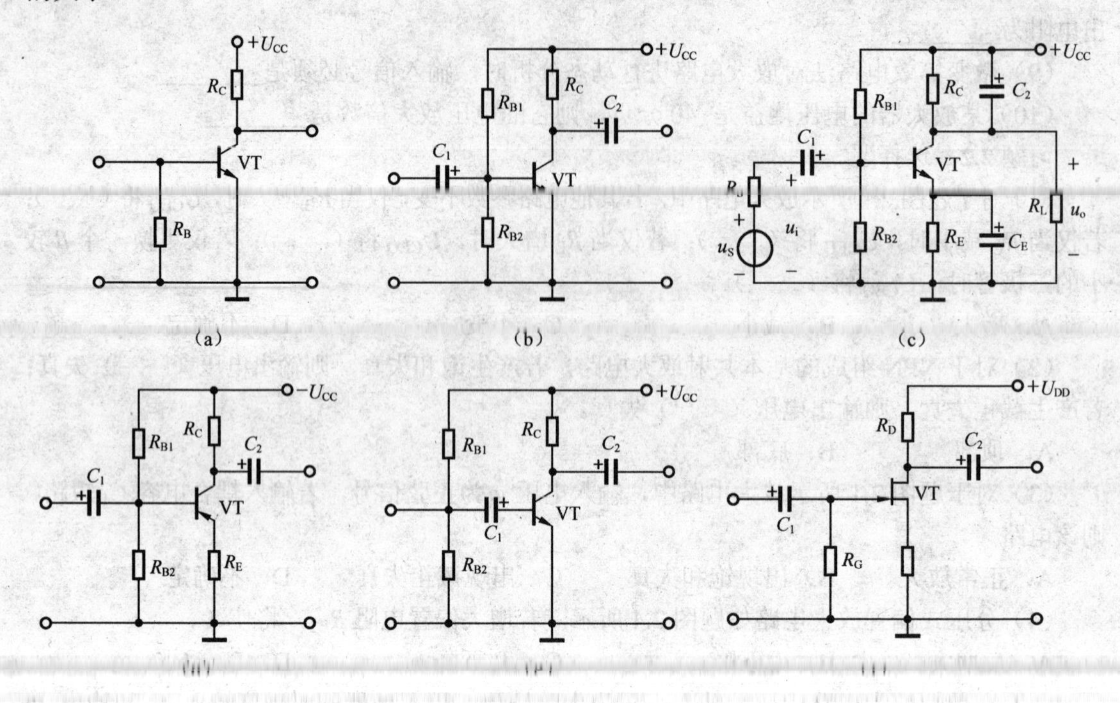

题图 2.2

习题 2.6 在题 2.4 中，若晶体管的输出特性曲线如题图 2.3 所示，试用图解法求静态工作点。并分析当分别改变 R_C 和 U_{CC} 时，对放大电路的直流负载线有何影响？若其他参数不变，只改变 R_B，对静态工作点有何影响。

习题 2.7 电路如题图 2.1 所示，已知 U_{CC}=12V，R_B=400kΩ，R_C=5.1kΩ，R_L=2kΩ，硅晶体管的 β=40。各电容的容量足够大。试求：① 估算静态工作点；② 做出微变等效电路；③ 求解电压放大倍数；④ 计算输入电阻和输出电阻；⑤ 若信号源内阻 R_S=500Ω，求源电压放大倍数。

习题 2.8 在题图 2.4 所示放大电路中，设原来电路参数设置合理，若出现以下情况，对放大电路的工作会带来什么影响：① R_{B1} 断路；② R_{B2} 断路；③ C_E 断路；④ C_E 短路？

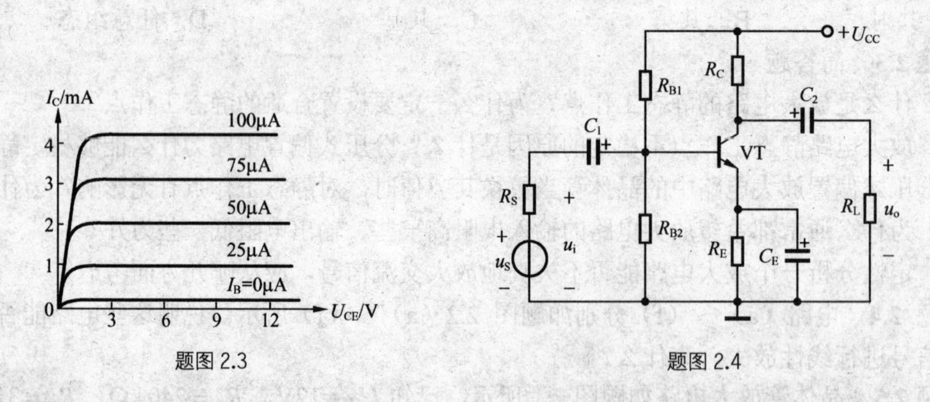

题图 2.3　　题图 2.4

习题 2.9 在题图 2.4 所示电路中，U_{CC}=12V，R_{B1}=20kΩ，R_{B2}=10kΩ，R_C=2kΩ，R_E=2kΩ，

R_L=6kΩ，硅晶体管的β=37.5。各电容的容量足够大。试求：① 估算静态工作点；② 在静态时（u_i=0）C_1和C_2上的电压各为多少；③ 做出微变等效电路；④ 求解电压放大倍数、输入电阻和输出电阻。

习题 2.10 在题图 2.5 所示电路中，如果R_E末全被C_E旁路，而尚留一段R''_E，R''_E=0.2kΩ，R'_E=1.8kΩ，（如题图 2.5 所示）。要求：① 估算静态工作点；② 做出微变等效电路；③ 求解电压放大倍数、输入电阻和输出电阻，并与题 2.7 计算结果比较。

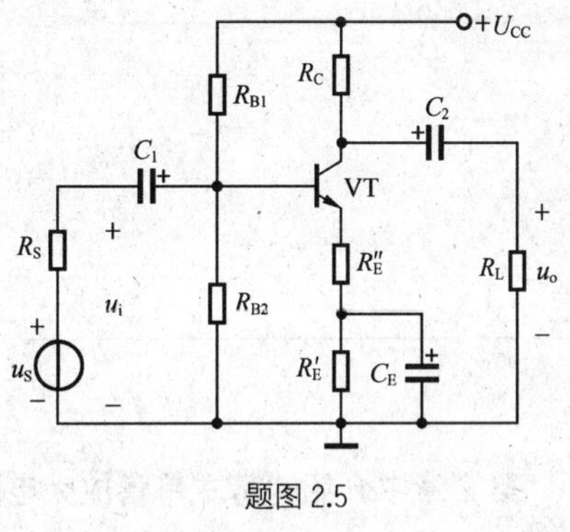

题图 2.5

习题 2.11 在题图 2.6 所示的射极输出器电路中，已知U_{CC}=15V，R_B=200kΩ，R_E=3kΩ，硅晶体管的β=80。试求：

① 静态工作点；

② 画出微变电路；

③ R_L=3kΩ 时，计算A_u；

④ 求出此时的输入电阻r_i、输出电阻r_o。

习题 2.12 在题图 2.7 所示放大电路中，已知晶体管的U_{BE}=0.7V，β=100，r_{be}=944Ω，R_s=200Ω，各电容足够大。

① 画出直流通路；计算静态工作点。

② 画出交流通路及交流等效电路。

③ 计算r_i，r_o，A_u和A_{us}。

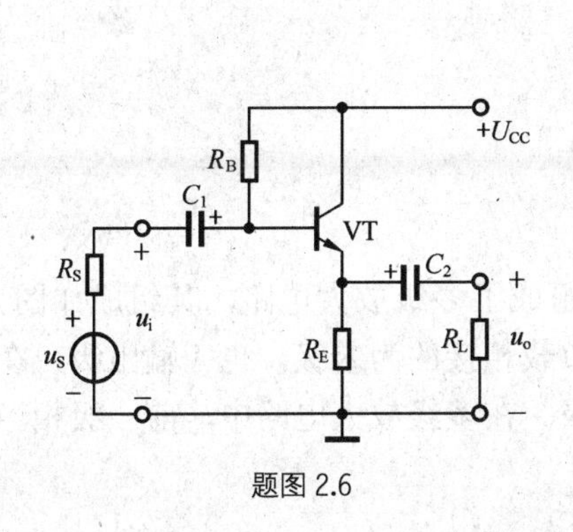

题图 2.6

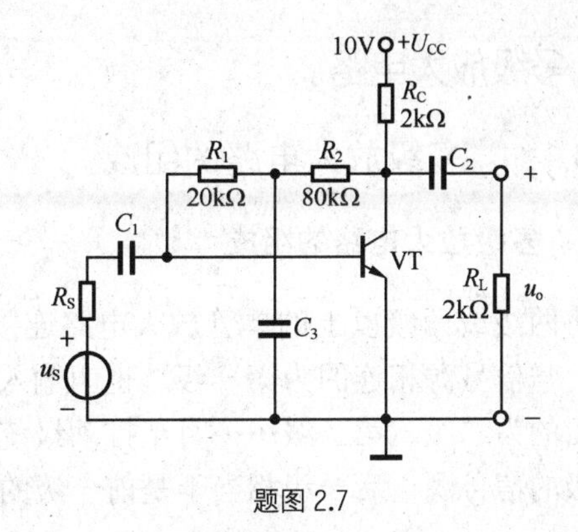

题图 2.7

第3章 多级放大电路

第2章中介绍的基本单管放大电路是由一个晶体管或场效应管组成的，它的放大倍数只有几十倍，输出的电压和功率可能达不到负载需求；同时，单级放大电路也不能同时满足多项性能指标的要求，例如同时具有高输入电阻、低输出电阻、高电压放大倍数以及抑制零点漂移的能力。故实用中的放大器常常采用由多个单管放大电路组成的多级放大电路，用以改善放大电路的各项性能指标。

本章介绍的是多级放大电路的组成及其分析方法，并根据多级直接耦合放大电路存在的“零点漂移”问题，介绍能够很好地解决这一问题的差分放大电路的组成、工作原理；为了能够给负载提供足够高的功率，本章还将介绍常用来作为多级放大电路输出级的功率放大器的构成、计算方法；最后简要介绍集成运算放大器的组成、特点及分析依据等问题。

3.1 多级放大电路

3.1.1 多级放大电路的组成

1．多级放大电路的组成

将两级或两级以上的单管放大电路连接起来就组成了多级放大电路，其组成如图 3.1.1 所示。与信号源相连的为第一级，也叫输入级，与负载相接的为末级，也叫输出级，在输入级之后的为二级、第三级……直至推动级统称中间级。在多级放大电路中，前一级相当于是后一级的信号源，后一级相当于是前一级的负载。

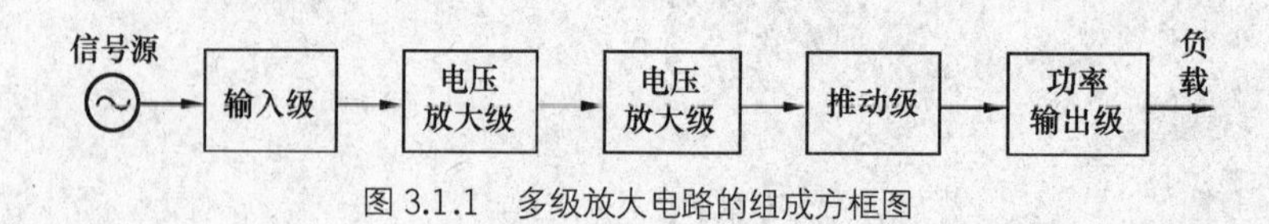

图 3.1.1　多级放大电路的组成方框图

2．各组成部分的主要作用

（1）对输入级的要求与信号源的性质有关，主要目的是减小在信号源内阻上的损耗，以便从信号源获得最大能量。

（2）中间级的主要任务是电压放大。

（3）输出级的主要作用是功率放大，以推动负载工作，同时要具有较强的带负载能力。

3.1.2 多级放大电路的级间耦合方式

在多级放大器中，相邻的两个单级放大器之间为了传递信号而选用的连接方式称为耦合方式。常见的耦合方式有阻容耦合、变压器耦合和直接耦合。而对于电压放大器常采用直接耦合方式和阻容耦合方式。耦合方式必须满足以下要求。

（1）耦合后，各级电路仍具有合适的静态工作点。

（2）保证信号在级与级之间能顺利而有效地传输过去。

（3）耦合后，多级放大电路的性能指标必须满足实际负载的要求。

1. 阻容耦合

多级放大电路级与级之间采用耦合电容相连的方式称为阻容耦合。“容”即为耦合电容，“阻”是指下一级的输入电阻。图 3.1.2 所示为阻容耦合的两级放大电路，电路中的信号源、第一级放大电路、第二级放大电路和负载之间分别采用 C_1、C_2、C_3 三个耦合电容相连，起到“隔直通交”的作用。

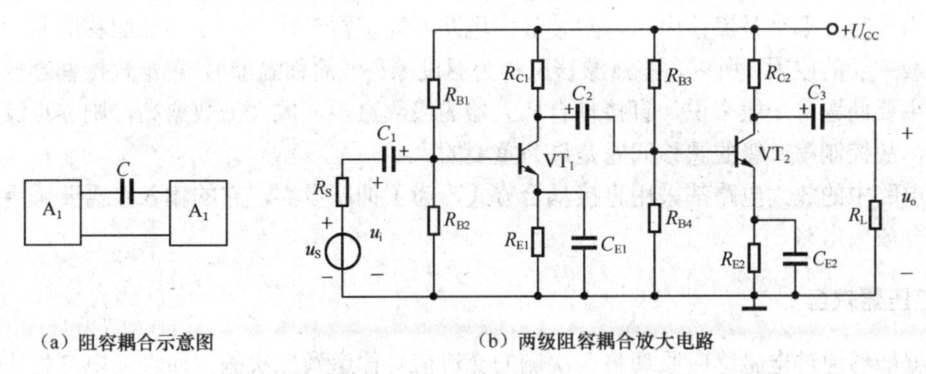

（a）阻容耦合示意图 （b）两级阻容耦合放大电路

图 3.1.2 阻容耦合的多级放大电路

特点：级与级间通过电容器连接。

优点：各级静态工作点互不影响，可以单独调整到合适位置。具有体积小、重量轻等优点。

缺点：不能放大变化缓慢的信号或直流信号；且由于需要大容量的耦合电容，不易于集成化。

应用：主要用于交流信号的放大。

2. 直接耦合

将前一级的输出端和后一级的输入端直接相连的级间耦合方式称为直接耦合，图 3.1.3 所示为两级直接耦合放大电路。直接耦合方式中信号的传输不经过电抗元件。

特点：级与级间直接连接。

优点：既可以放大交流信号，也可以放大直流和变化非常缓慢的信号，所以频率特性较好；电路简单，便于集成，在集成电路中多采用这种耦合方式。

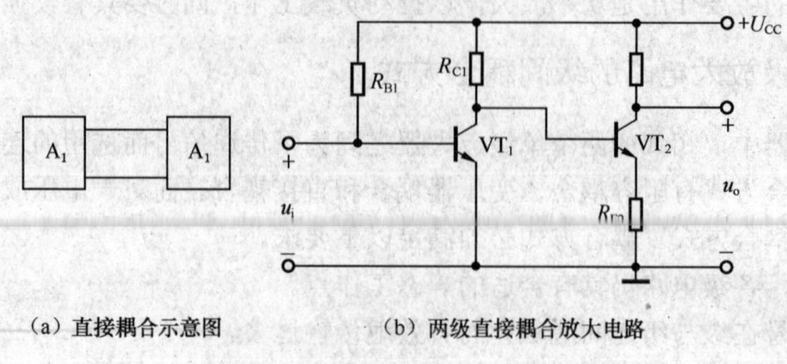

（a）直接耦合示意图　　（b）两级直接耦合放大电路

图 3.1.3　两级直接耦合多级电路电路

缺点：存在着各级静态工作点相互牵制和零点漂移这两个问题。

应用：一般用于放大直流信号或缓慢变化的信号。

由于直接耦合方式可以放大直流和变化非常缓慢的信号，所以，有时即使是把输入端对地短接（u_i=0），在输出端仍有不规则的电压输出，我们把这种现象称为零点漂移，产生零点漂移的原因很多，如电源电压波动、元件老化、器件参数随温度变化等。这些缓慢变化的漂移电压都会被毫无阻隔地传输到下一级，并且被逐级放大，以至于有时在输出端很难分辨出哪个是有用信号，哪个是漂移电压，致使放大电路不能正常工作。产生零点漂移的原因中温度变化是最主要的原因，所以，零点漂移又称为温度漂移（简称温漂），它是直接耦合放大器存在的最主要问题。一般来说，直接耦合放大器的级数愈多，放大倍数愈高，则零点漂移问题愈严重，故控制第一级的漂移问题是最为重要的。

集成电路中的放大电路都采用直接耦合方式，为了抑制零漂，它的输入级需要采用特殊形式的差分放大电路。

3．变压器耦合

变压器能够通过电磁感应原理将一次侧的交流信号传递到二次侧，而直流电产生的恒磁场不产生电磁感应，所以直流信号不能在一次侧、二次侧线圈中传递。因此，利用变压器耦合也可以做到传递交流、隔断直流的作用。图 3.1.4 所示为变压器耦合放大电路，这种级间通过变压器相连的耦合方式称为变压器耦合。

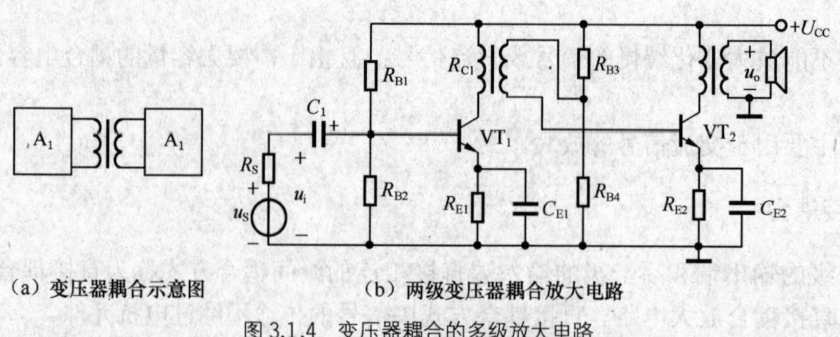

（a）变压器耦合示意图　　（b）两级变压器耦合放大电路

图 3.1.4　变压器耦合的多级放大电路

特点：级与级间通过变压器连接。

优点：静态工作点相互独立、互不影响，容易实现阻抗变换，使负载电阻上获得足够大的功率，多级放大电路基本上没有温漂现象。

缺点：变压器体积大而重、造价高、不便于集成，频率特定较差，也不能传输直流和变化非常缓慢的信号。

应用：调谐放大。如收音机接收信号就是利用接收天线和耦合线圈来实现的。

3.1.3 多级放大电路动态分析

多级放大电路的基本性能指标与单级放大电路相同，有电压放大倍数、输入电阻和输出电阻。

1. 电压放大倍数

在多级放大电路中，前一级的输出信号就是后一级的输入信号，因此多级放大电路的电压放大倍数等于各级电压放大倍数的乘积，即

$$A_u = A_{u1} \times A_{u2} \times A_{u3} \cdots A_{un} \tag{3.1.1}$$

若用分贝表示，则多级放大电路的电压总增益等于各级电压增益之代数和，即

$$A_u\text{（dB）} = A_{u1}\text{（dB）} + A_{u2}\text{（dB）} + A_{u3}\text{（dB）} + \cdots + A_{un}\text{（dB）} \tag{3.1.2}$$

在计算每一级的电压放大倍数时，要注意前后级之间的相互影响。例如，可以把后一级的等效输入电阻，看作是前一级的负载电阻，而前一级的等效输出电阻，可以作为后一级的信号源内阻处理。

2. 输入电阻

多级放大电路的输入电阻就是输入级的输入电阻，即

$$r_i = r_{i1} \tag{3.1.3}$$

3. 输出电阻

多级放大电路的输出电阻就是输出级的输出电阻，即

$$r_0 = r_{0n} \tag{3.1.4}$$

计算时要注意以下几点。

（1）计算前级的电压放大倍数时必须把后级的输入电阻考虑到前级的负载电阻之中。如计算第一级的电压放大倍数时，其负载电阻就是第二级的输入电阻。

（2）输入电阻是第一级的输入电阻。

（3）输出电阻是最后一级的输出电阻。

3.2 差分放大电路

在多级直流放大电路中存在的最主要问题是零点漂移，尤其是第一级的影响最为严重。抑制零漂的方法有多种，如采用温度补偿电路、稳压电源、精选电路元件等，其中最有效、且广泛采用的方法是输入级采用差分放大电路。

3.2.1 基本差分放大电路

1. 电路组成

图 3.2.1 所示为基本差分放大电路。电路构成特点如下。

（1）由两个完全相同的单管共射放大电路组成。两个输入端，两个输出端。

（2）要求电路对称，即 VT_1 和 VT_2 的特性相同，外接电阻对称相等，各元件的温度特性相同。

（3）双电源供电。

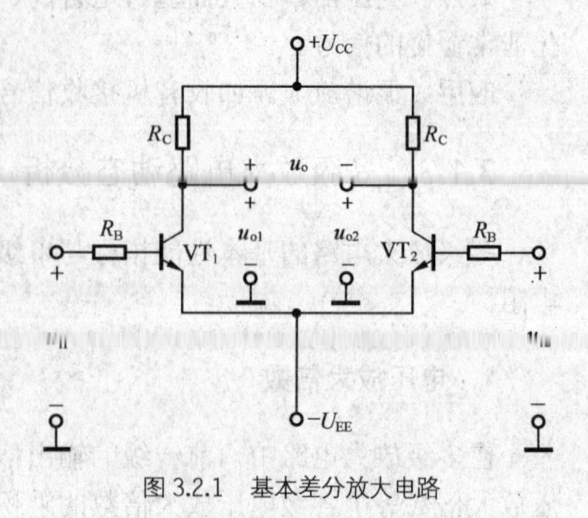

图 3.2.1 基本差分放大电路

2. 抑制零漂的原理

由图 3.2.1 可知

$$u_i = u_{i1} - u_{i2}$$
$$u_o = u_{o1} - u_{o2}$$

静态时：$u_{i1}=u_{i2}=0$，此时由于负电源 U_{EE} 和正电源 U_{CC} 的存在，VT_1 和 VT_2 管仍能保证发射极正偏，集电极反偏而导通。由于电路的对称性，两管的集电极电流相等，集电极电位也相等，即 $I_{C1}= I_{C2}$，$V_{C1}= V_{C2}$，故输出电压

$$u_o=V_{C1}-V_{C2}=0$$

温度变化时：温度变化，将引起集电极电流变化，由于两管对称，所以两管的集电极电流、电位的变化量均相等。即：$\Delta I_{C1}=\Delta I_{C2}$，$\Delta V_{C1}=\Delta V_{C2}$，故输出电压

$$u_o=(V_{C1}+\Delta V_{C1})-(V_{C2}+\Delta V_{C2})=0$$

虽然每个管子的电流和电位随温度变化，产生了漂移，但是输出电压仍为零。可见，对称差分放大电路对两管所产生的同向变化量具有相互抵消作用，即可以消除零漂。这是它的突出特点。

这里要注意，基本差分放大电路是基于理想对称的前提下，能够很好的抑制零漂。但在实际中完全对称是做不到的，所以说零漂不可能完全消除，只是能够被抑制到很小。另外，上述差分电路每个管子的漂移情况并未抑制，如果是在其中一个管子的集电极与“地”之间取输出，则输出电压仍存在零漂。所以基本差分电路的应用是有前提条件的，还需要对它做进一步的改进。这就是改进型差分放大电路——长尾式差分放大电路。

3.2.2 改进型差分放大电路——长尾式差分放大电路

1. 电路组成

在基本差分电路的基础上，两个三极管通过射极电阻 R_E 和$-U_{EE}$ 耦合，称为长尾式差分放大电路，又被称为射极耦合差分放大电路，如图 3.2.2 所示。

2. 抑制零漂的原理

静态时：$u_{i1}=u_{i2}=0$，由于电路的对称性，两管的集电极电流相等，集电极电位也相等，

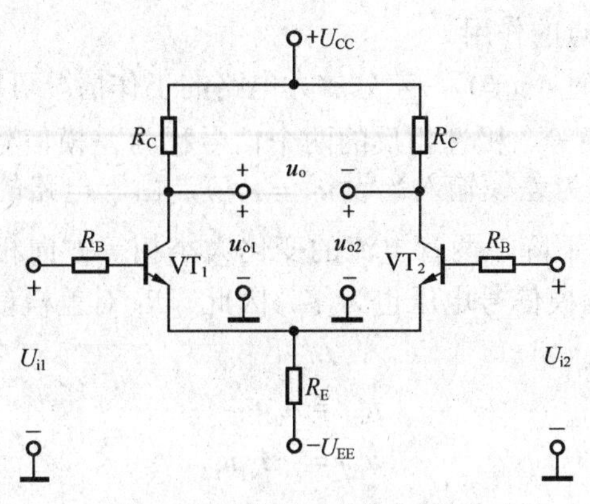

图 3.2.2 长尾式差分放大电路

输出电压为零，流过 R_E 电阻中的电流为两管射极电流之和。

温度变化时：如当温度升高，使两管集电极电流 I_{C1} 与 I_{C2} 均增加时，则有如下的抑制漂移过程：

$$T(℃)\uparrow \to \begin{cases} I_{CQ1}\uparrow \to I_{EQ1}\uparrow \\ I_{CQ2}\uparrow \to I_{EQ2}\uparrow \end{cases} \to I_{REQ}\uparrow \to U_{RE}\uparrow \to U_{EQ}\uparrow \to \begin{cases} U_{BEQ1}\downarrow \to I_{BQ1}\downarrow \to I_{CQ1}\downarrow \\ U_{BEQ2}\downarrow \to I_{BQ2}\downarrow \to I_{CQ2}\downarrow \end{cases}$$

可见，通过发射极电阻 R_E 的作用，牵制了每个管 I_{CQ} 的变化，使每个管子的零漂问题也得到了一定程度的抑制。显然，R_E 阻值越大，R_E 上的压降就越大，抑制零漂的能力就越强，电路稳定性越好。

3．工作原理分析与计算

（1）静态分析。静态时，$u_{i1}=u_{i2}=0$，由地、R_B、发射结、R_E 和负电源$-U_{EE}$ 构成基极直流回路。在理想对称条件下，$I_{BQ1}=I_{BQ2}=I_{BQ}$，$I_{CQ1}=I_{CQ2}=I_{CQ}$，$I_{EQ1}=I_{EQ2}=I_{EQ}$，$U_{BEQ1}=U_{BEQ2}=U_{BEQ}$，$\beta_1=\beta_2=\beta$，由于流过电阻 R_E 的电流为 I_{EQ1} 和 I_{EQ2} 之和，所以基极回路电压方程为

$$U_{EE}=I_{BQ}R_B+U_{BEQ}+2I_{EQ}R_E$$

因此

$$I_{EQ1}=I_{EQ2}=\frac{U_{EE}-U_{BEQ}}{2R_E+\dfrac{R_B}{1+\beta}} \tag{3.2.1}$$

通常情况下，R_B 阻值很小（很多情况下 R_B 为信号源内阻），I_{BQ} 也很小，故 R_B 上的压降可忽略不计，则发射极的静态电流为

$$I_{EQ1}=I_{EQ2}=\frac{U_{EE}-U_{BEQ}}{2R_E} \tag{3.2.2}$$

由式（3.2.2）可知，就静态而言，对于每只三极管，发射极相当于接入一个 $2R_E$ 的电阻，

具有很好的稳定静态工作点的作用。

（2）动态分析。动态时（$u_i \neq 0$），差分放大电路的工作情况可以分为如下 3 种情况讨论。

① 差模输入。大小相等、极性相反的两个信号称为差模信号。在差分放大电路的两个输入端加上差模信号，称为差模输入。设 $u_{i1} = -u_{i2}$，由于电路的对称性，差模信号引起一管电流上升，另一管电流下降，两管电流的变化大小相等方向相反，所以流过发射极电阻 R_E 的电流为零，R_E 上的差模信号电压也为零，因此，R_E 对差模信号不产生影响，相当于对地短路。

$$u_{o1} = A_{u1} u_{i1}$$

$$u_{o2} = -A_{u1} u_{i2}$$

$$A_{ud} = \frac{u_{od}}{u_{id}} = \frac{u_{o1} - u_{o2}}{u_{i1} - u_{i2}} = \frac{A_{u1}(u_{i1} - u_{i2})}{u_{i1} - u_{i2}} = A_{u1} \tag{3.2.3}$$

式中，A_{ud} 称为差模电压放大倍数；u_{od} 为差模输出电压；u_{id} 为差模输入电压。因为 R_E 对差模信号不产生影响，相当于对地短路。所以，这时的电路相当于是基本差分电路，由图 3.2.1 不难得到

$$A_{ud} = A_{ud1} = \frac{u_{o1}}{u_{i1}} = -\beta \frac{R_C}{R_B + r_{be}} \tag{3.2.4}$$

式（3.2.4）说明在每个输入端所加信号的幅度和单管放大电路的幅度相同时，差分放大电路的差模电压放大倍数等于单管放大电路的电压放大倍数。可见，差分放大电路虽然多用了一只三极管，但是差模电压放大倍数与单管共射放大电路相比没有变化，只是起到了抑制零漂的作用。

当在两管的集电极之间接有负载 R_L 时，由于电路的对称性，R_L 的中点始终为零电位，相当于接地。因此，对于单边电路来说，单边的负载是 R_L 的一半，即带负载的双端输出差动放大电路的差模电压放大倍数为

$$A_{ud} = -\beta \frac{R_C // \dfrac{R_L}{2}}{R_B + r_{be}} = -\beta \frac{R'_L}{R_B + r_{be}} \tag{3.2.5}$$

式中，$R'_L = R_C // (R_L / 2)$。可见，该电路对差模信号有一定的放大作用。

从差分放大电路两个输入端看进去的等效电阻，称为差模输入电阻 r_{id}，即

$$r_{id} = 2(R_B + r_{be}) \tag{3.2.6}$$

差分放大电路两管集电极之间对差模信号所呈现的电阻称为差模输出电阻 r_{od}，即

$$r_{od} \approx 2R_C \tag{3.2.7}$$

② 共模输入。大小相等、极性相同的两个信号称为共模信号。在差分放大电路的两个输入端加上共模信号，称为共模输入。设 $u_{i1} = u_{i2} = u_{ic}$，由于电路的对称性，共模信号引起两边管子中的射极电流同向变化，因此流过 R_E 的共模信号电流是 $I_{E1}+I_{E2}=2I_E$，对每一管来说，可视为在发射极接入电阻为 $2R_E$，它的共模放大倍数为

$$A_{uc1} = A_{uc2} = -\frac{\beta R'_L}{R_B + r_{be} + (1+\beta)2R_E} \quad \text{（是单管的）} \tag{3.2.8}$$

由此式我们可以看出 R_E 的接入，使每个管子的共模放大倍数下降了很多，对零漂具有很强的抑制作用。但如果是双端共模输出电压，$u_{oc}=u_{o1}-u_{o2}=0$，所以双端输出差动放大电路的共模电压放大倍数为

$$A_{uc}=\frac{u_{oc}}{u_{ic}}=0 \tag{3.2.9}$$

可见，因为 R_E 的接入，差分电路在两个管子的集电极取输出时，对共模信号的抑制作用进一步增强，故称 R_E 为共模反馈电阻。

③ 共模抑制比 K_{CMR}。为了衡量差分放大电路放大差模信号、抑制共模信号的能力，引入了一个指标参数，叫做共模抑制比，用 K_{CMR} 表示。它的定义是差模电压放大倍数 A_{ud} 与共模电压放大倍数 A_{uc} 之比的绝对值，即

$$K_{CMR}=\left|\frac{A_{ud}}{A_{uc}}\right| \text{ 或 } K_{CMR}=20\lg\left|\frac{A_{ud}}{A_{uc}}\right| \text{（dB）} \tag{3.2.10}$$

可见，共模抑制比越大，表示电路放大差模信号和抑制共模信号的能力越强。理想情况下，双端输出时，差分电路的共模抑制比趋于无穷大。当差分电路不完全对称时，只要共模反馈电阻 R_E 足够大，则 K_{CMR} 是很高的。而对于单端输出时，K_{CMR} 的大小也与 R_E 有关，R_E 大，则 K_{CMR} 高。

④ 比较输入。当两个输入信号电压的大小和相对极性是任意的、既非共模，又非差模，这样的输入信号称为比较输入。比较输入信号可以分解为是由一对共模信号和一对差模信号的组合，即

$$u_{i1}=u_c+u_d，\quad u_{i2}=u_c-u_d \tag{3.2.11}$$

式中，u_c 为共模信号，u_d 为差模信号，则

$$\begin{aligned}&\text{共模信号}\quad u_{ic}=\frac{1}{2}(u_{i1}+u_{i2})\\&\text{差模信号}\quad u_{id}=\frac{1}{2}(u_{i1}-u_{i2})\end{aligned} \tag{3.2.12}$$

当两个输入端中有一个直接接地，称为单端输入。对于单端输入的差分放大电路可以看成是任意信号输入的一个特例，即 $u_{i1}=u_i$，$u_{i2}=0$。

例如 $u_{i1}=5\text{mV}$，$u_{i2}=-7\text{mV}$，根据式（3.2.12），可求出 $u_{ic}=-1\text{mV}$，$u_{id}=6\text{mV}$，则两个输入信号可分解为 $u_{i1}=-1+6\text{ mV}$，$u_{i2}=-1-6\text{ 1mV}$。

对于线性差分放大电路，可用叠加定理求得输出电压

$$\begin{aligned}u_{o1}&=A_{uc}u_{ic}+A_{ud}u_{id}\\u_{o2}&=A_{uc}u_{ic}-A_{ud}u_{id}\\u_o&=u_{o1}-u_{o2}=2A_{ud}u_{id}=A_{ud}\left(u_{i1}-u_{i2}\right)\end{aligned}$$

所以

$$A_{ud}=\frac{u_{o1}-u_{o2}}{u_{i1}-u_{i2}} \tag{3.2.13}$$

式（3.2.13）说明，在任意输入方式下，被放大的实质上是输入信号 u_{i1} 和 u_{i2} 的差值，这也正是该电路名称的由来，差分放大电路又称为差动放大电路。

4．长尾式差分放大电路中 R_E 的作用

长尾式差分放大电路中 R_E 的作用主要有以下几点：稳定静态工作点；对差模信号无影响；对共模信号有很强的抑制作用：R_E 越大，对共模信号的抑制作用越强，但过大将使电路的放大能力变差。

由于温度变化、电源电压波动等原因所引起的零漂，以及外界干扰信号等对两管的影响是相同的，所以可等效地看成是作用在两个输入端上的共模信号，使得在输出端被抑制掉，而对差模输入的有用信号得到了放大。正是由于这一突出特点，使得差分放大电路在直接耦合的放大电路中，被广泛应用于输入级。

3.2.3 恒流源式差分放大电路

抑制零漂的效果和 R_E 有密切的关系，R_E 愈大，效果愈好，但维持同样的工作电流所需的负电源 U_{EE} 就愈高，因而 R_E 的增大将受到限制。既要使 R_E 较大，又要使负电源 U_{EE} 不致增加，可以用恒流源（理想情况下内阻为无穷大）来替代 R_E。因为恒流源的内阻很大，这样对共模信号有很强的抑制效果，同时利用恒流源的恒流特性，可以给晶体管提供更稳定的静态偏置电流。

图 3.2.3 所示是由恒流源构成的差分放大电路，其中，图 3.2.3（a）中的恒流源是由晶体管 VT_3 构成的单管恒流源。为了使 VT_3 管的集电极电流更加稳定，采用了由 R_1，R_2 和 R_E 构成的分压式偏置电路。当基极电流 I_B 一定时，工作在放大区的晶体管的集电极电流 I_C 基本上是个恒定的数值。所以，固定偏流的晶体管从集电极看进去就相当于一个恒流源，这个恒流源的交流等效电阻为 $r_{ce}=\dfrac{\Delta U_{CE}}{\Delta I_C}$，数值相当大。恒流源构成的差分放大电路简化表示法如图 3.2.3（b）所示。

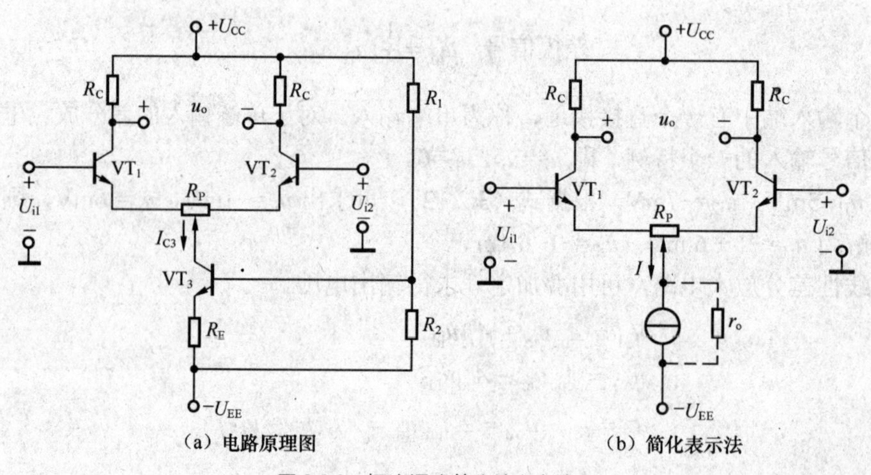

（a）电路原理图　　（b）简化表示法

图 3.2.3　恒流源式差分放大电路

图中电位器 R_P 是调平衡用的，又叫做调零电位器。因为实际的差分放大电路不可能完全对称，当输入电压为零时（可以将两个输入端接地），输出电压不一定为零。这时为了使输出电压为零，可以通过调节 R_P 来改变两管的初始状态，进行微调。但由于 R_P 也参与了

负反馈作用，故不能取得太大，一般为几十欧姆～几百欧姆。

图 3.2.4 所示是在恒流源式差分放大电路的基础上，又加上了一个晶体管 VT_4，三极管 VT_4 叫温度补偿晶体管（BC 短接相当于二极管），能够更好地抑制温漂。

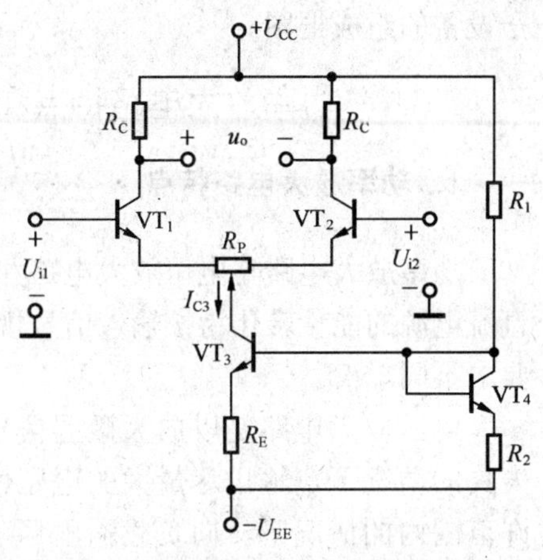

图 3.2.4　加温度补偿恒流源式差分放大电路

3.2.4　差分放大电路的输入输出方式

因为差分放大电路有两个输入端，两个输出端，所以可以组成 4 种输入输出方式。前面所讨论的均采用双端输入、双端输出方式。表 3.2.1 列出了差分放大电路的 4 种连接形式及其性能比较。

表 3.2.1　　差分放大电路的 4 种连接形式及其性能比较

连接方法	双端输入 双端输出	单端输入 双端输出	双端输入 单端输出	单端输入 单端输出
电路形式				
差模电压放大倍数	$A_{ud}=-\dfrac{\beta R_L'}{R_B+r_{be}}$	$A_{ud}=-\dfrac{\beta R_L'}{R_B+r_{be}}$	$A_{ud}=-\dfrac{1}{2}\dfrac{\beta R_L'}{R_B+r_{be}}$	$A_{ud}=-\dfrac{1}{2}\dfrac{\beta R_L'}{R_B+r_{be}}$
差模输入电阻	$r_i=2(R_B+r_{be})$	$r_i=2(R_B+r_{be})$	$r_i=2(R_B+r_{be})$	$r_i=2(R_B+r_{be})$
差模输出电阻	$r_{od}=2R_c$	$r_{od}=2R_c$	$r_{od}=R_c$	$r_{od}=R_c$
应用	适用于输入、输出均不接地的场合	适用于将单端输入转换为双端输出的场合	适用于将双端输入转换为单端输出的场合	选择不同的输出端，u_o 与 u_i 可以反相或同相。适用于输入、输出均需接地的场合

3.3　功率放大电路

在电子设备中，最后一级放大电路一定要带动一定的负载，如使扬声器发出声音，使电动机旋转等。要完成这些要求，末级放大电路不但要输出大幅度的电压，还要给出大幅度的电流，即向负载提供足够大的功率，这种放大电路称为功率放大电路。图 3.3.1 所示为一般电

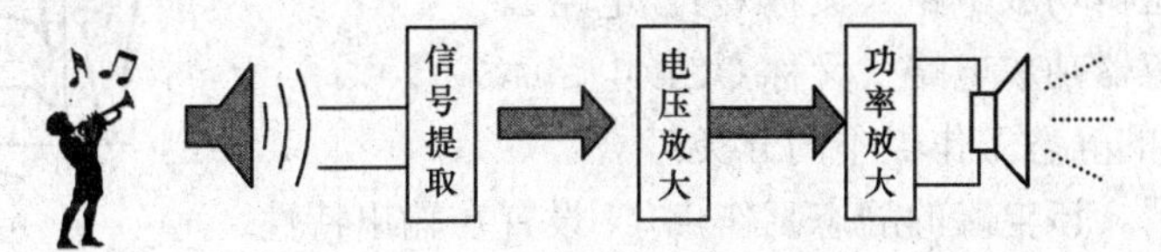

图 3.3.1　电子设备的组成框图

子设备的组成框图。

3.3.1 功率放大电路特点和分类

1．功率放大电路特点

功率放大电路与电压放大电路并没有本质上的区别，都是利用放大器件的控制作用，把直流电源的能量转化为按输入信号规律变化的交变能量输出给负载，只是两者所完成的任务要求不同。

电压放大电路是以放大微弱信号电压为主要目的，通常工作在小信号状态，要求在不失真的情况下，输出尽量大的电压信号。而功率放大电路，它的任务是在不失真或失真允许范围内的情况下，向负载输出尽可能大的信号功率和尽可能高的效率，通常是工作在大信号状态。

电压放大电路讨论的主要指标是电压增益、输入电阻、输出电阻等。而功率放大电路讨论的主要指标是最大输出功率、效率、非线性失真情况等。

电压放大电路工作在小信号状态，可以用微变等效电路法。而功率放大电路通常工作在大信号状态，不能用微变等效电路法，需用图解法。

在功率放大电路中，功放管既要流过大电流，又要承受高电压，为了使功率放大电路安全工作，常加保护措施，以防止功放管过电压、过电流和过功耗。

2．对功率放大电路的基本要求

功率放大电路通常是在大信号状态下工作，是以输出较大功率为目的的放大电路。所以要求：

（1）输出功率足够大；

（2）效率要高；

（3）非线性失真要小；

（4）散热条件要好。

3．功率放大器的分类

（1）按电路放大信号的频率分类：

① 低频功率放大电路：放大音频范围内的信号。

② 高频功率放大电路：放大射频范围内的信号，信号频率在几百千赫兹～几十兆赫兹以上。（在此只介绍低频功率放大电路）

（2）功率放大电路按输出端特点分类：

① 输出变压器功放电路。

② 无输出变压器功放电路（又称 OTL 电路）。

③ 无输出电容器功放电路（又称 OCL 电路）。

（3）按晶体管的静态工作点不同分类：

① 甲类放大器。该电路的静态工作点 Q 设置在输出特性曲线的放大区的中间，如图 3.3.2 所示。

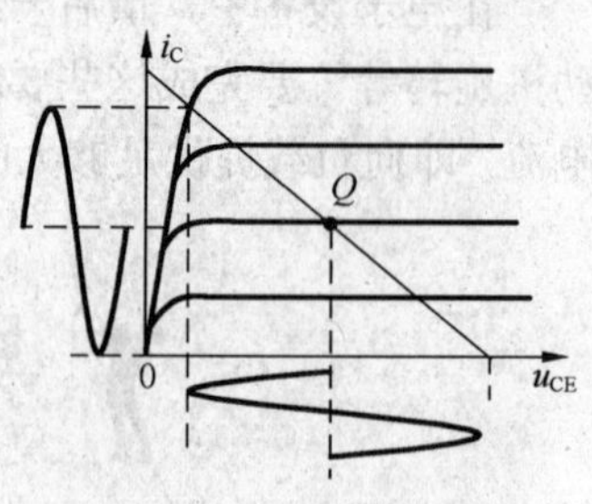

图 3.3.2 甲类放大器输出特性曲线

优点：三极管在输入信号的整个周期内都导通，输出信号的失真较小。

缺点：晶体管有较大的静态电流 I_{CQ}，管耗 P_C 大，电路的输出功率和效率均较低，最高转换效率只能达到50%。

② 乙类放大器。该电路的静态工作点 Q 点设置在截止区，如图 3.3.3 所示。

优点：晶体管仅在输入信号的半个周期内导通。这时，晶体管的静态电流 $I_{CQ}=0$，管耗 P_C 小，能量转换效率高，最高可达到78% 。

缺点：只能对半个周期的输入信号进行放大，非线性失真大。

③ 甲乙类放大器。该电路的静态工作点 Q 点设置在放大区靠近截止区处，如图 3.3.4 所示。

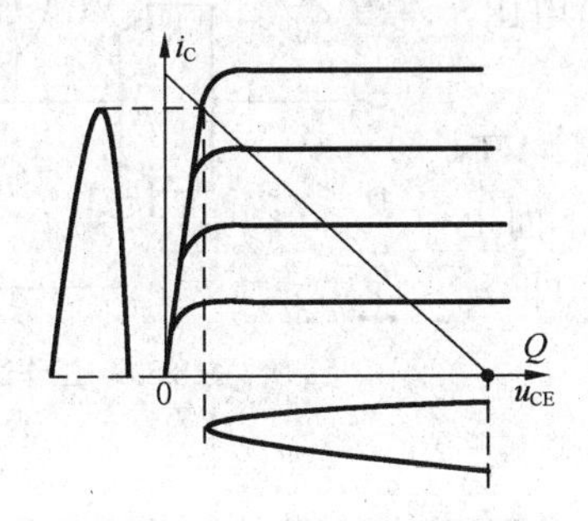

图 3.3.3 乙类放大器输出特性曲线

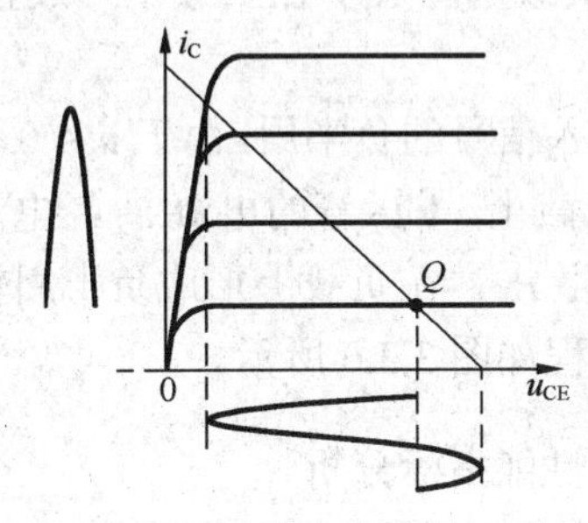

图 3.3.4 甲乙类放大器输出特性曲线

优点：静态时晶体管处于微导通状态。晶体管的导通时间大于信号的半个周期而小于信号的一个周期，这样可以有效地克服放大电路的失真问题，而且能量转换效率也较高。

提高效率对于功率放大电路来说非常重要，那么，怎样才能最大限度地提高效率呢？

甲类放大电路，由于 U_{CEQ} 和 I_{CQ} 较大，在无输入信号（$u_i=0$）时，电路就已经有功率损耗，所以甲类放大电路效率低，但波形不失真。小信号放大电路中，在保证输出信号不失真的情况下，应尽可能地降低放大电路的工作点，以便减小静态工作点电流，降低静态功率损耗。损耗小了，电路的效率自然就提高了。所以，在电压放大电路中，常采用这种工作状态。

乙类放大电路，由于 $I_{CQ}=0$，在无输入信号（$u_i=0$）时，电路没有损耗，有输入信号时，在管子处于导通的半周，有输出才有损耗，所以乙类放大失真严重，但效率高。

如何解决即要保证信号不失真，又能提高效率这个矛盾，是功率放大器需要研究、解决的主要问题。

3.3.2 乙类互补对称功率放大电路

1. OCL 电路组成

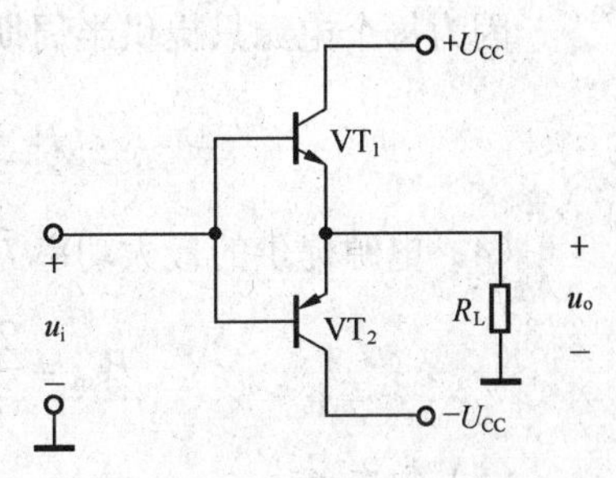

图 3.3.5 乙类互补对称功率放大电路

图 3.3.5 所示为乙类互补对称 OCL 功率放大电路。电路采用正、负两个直流电源供电，两个电压大小相同，极性相反。有两个互补的晶体管——NPN 管 VT_1 和 PNP 管 VT_2，VT_1 和 VT_2 的特性尽可能相同，两个管子接成基极相连、发射极相连的对称的射极输出器形式。电路在有信号时，VT_1 和 VT_2 轮流导电，交替工作，使流过负载 R_L 的电流为一完

整的正弦信号。由于两个不同极性的管子互补对方的不足，工作性能对称，所以这种电路通常称为互补对称式功率放大电路。

2．工作原理

（1）静态分析。当输入信号 $u_i=0$ 时，因两个管子无偏置而截止，此时 $I_{CQ1}=I_{CQ2}=0$，负载上无电流，故输出电压 $u_o=0$，$U_{CEQ1}=-U_{CEQ2}=U_{CC}$ 。

（2）动态分析。设外加输入信号为单一频率的正弦波信号。

① 在输入信号的正半周，由于 $u_i>0$，因此晶体管 VT_1 导通、VT_2 管截止，VT_1 管的电流 i_{c1} 经电源 $+U_{CC}$ 自上而下流过负载电阻 R_L，在负载上形成正半周输出电压，即 $u_o>0$。

② 在输入信号的负半周，由于 $u_i<0$，因此晶体管 VT_2 导通、VT_1 管截止，VT_2 管的电流 i_{c2} 经电源 $-U_{CC}$ 自下而上流过负载电阻 R_L，在负载上形成负半周输出电压，即 $u_o<0$。工作过程如图 3.3.6 所示。

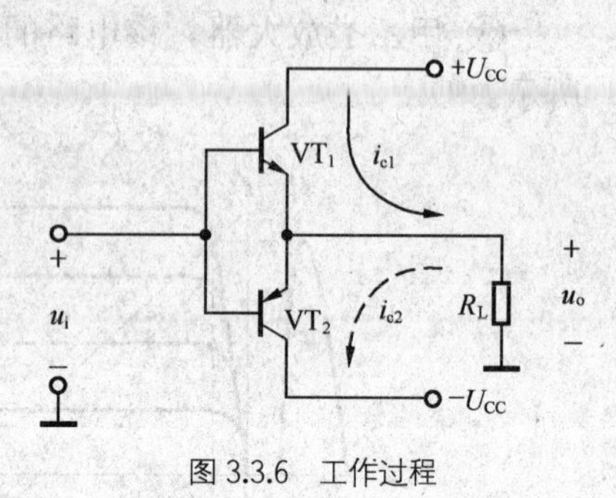

图 3.3.6　工作过程

3．主要性能指标分析

（1）输出功率 P_o：

$$P_o=\frac{U_{om}}{\sqrt{2}}\times\frac{I_{cm}}{\sqrt{2}}=\frac{1}{2}I_{Cm}U_{om}=\frac{1}{2}\frac{U_{om}^2}{R_L} \tag{3.3.1}$$

（2）最大输出功率 P_{om}：

$$P_{om}=\frac{1}{2}\frac{U_{om}}{R_L}=\frac{1}{2}\frac{\left(U_{CC}-U_{CES}\right)^2}{R_L} \tag{3.3.2}$$

如果忽略管子的饱和压降，则

$$P_{om}=\frac{1}{2}\frac{U_{om}}{R_L}=\frac{U_{CC}^2}{2R_L} \tag{3.3.3}$$

（3）直流电源提供的功率 P_E：由于两个管子轮流工作半个周期，每个管子的集电极电流平均值为

$$I_{C1}=I_{C2}=\frac{1}{2\pi}\int_0^{\pi}I_{cm}\sin\omega t\,d(\omega t)=\frac{I_{cm}}{\pi}$$

因为每个电源只提供半周期的电流，所以两个电源提供的总功率 P_E 为

$$P_E=P_{E1}+P_{E2}=2U_{om}\frac{I_{cm}}{\pi}=\frac{2U_{om}U_{CC}}{\pi R_L} \tag{3.3.4}$$

（4）电源提供的最大功率 P_{Em}：

$$P_{Em}=\frac{2U_{om}}{\pi R_L}U_{CC}=\frac{2}{\pi}\frac{U_{CC}-U_{CES}}{R_L}V_{CC}\approx\frac{2}{\pi}\frac{U_{CC}^2}{R_L} \tag{3.3.5}$$

（5）效率 η：

$$\eta = \frac{P_o}{P_E} \times 100\% = \frac{\pi}{4} \frac{U_{om}}{V_{CC}} \times 100\% \tag{3.3.6}$$

（6）理想情况下的最高效率 η：

$$\eta = \frac{\pi}{4} \frac{V_{CC} - U_{CES}}{V_{CC}} \times 100\% \approx \frac{\pi}{4} \times 100\% = 78.5\% \tag{3.3.7}$$

（7）集电极的损耗功率 P_C：集电极的损耗功率，简称管耗，是 VT_1 和 VT_2 两个功放管消耗的功率，显然

$$P_C = P_E - P_o = \frac{2U_{om}U_{CC}}{\pi R_L} - \frac{1}{2}\frac{U_{om}^2}{R_L} \tag{3.3.8}$$

（8）集电极最大损耗功率 P_{Cm}：由式（3.3.8）可见，管耗 P_C 与输出信号幅度有关。可以证明，当 $U_{om} = \frac{2U_{CC}}{\pi} \approx 0.6U_{CC}$ 时，管耗最大，即

$$P_{Cm} = \frac{2}{\pi^2}\frac{U_{CC}^2}{R_L} \tag{3.3.9}$$

由式（3.3.9）每个管子的管耗为

$$P_{C1m} = P_{C2m} = \frac{U_{CC}^2}{\pi^2 R_L}$$

4．乙类功放的交越失真

分析图 3.3.7 所示的乙类互补对称功率放大电路的信号传输过程，不难发现，因为互补对称功放的两个功放管在正、负半周是交替工作的，这样在输入信号很小时，达不到功放管的开启电压，晶体管不导电。因此在正、负半周交替过零处会出现一些非线性失真，这种失真称为交越失真，如图 3.3.8 所示。

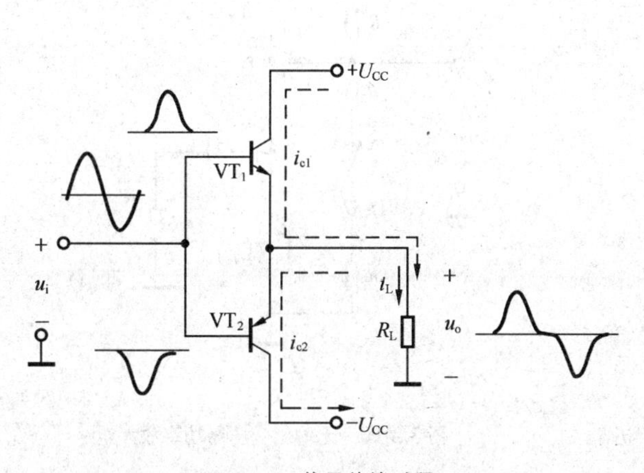

图 3.3.7 信号传输过程

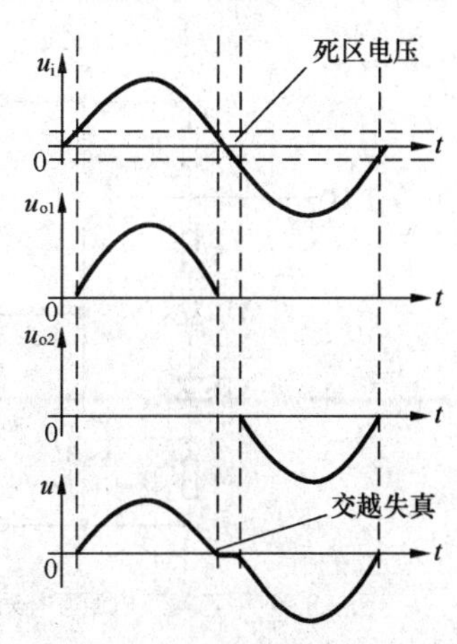

图 3.3.8 交越失真的产生

为了克服交越失真，可以利用 PN 结压降、电阻压降或其他元器件压降给两个晶体管的发射结加上正向偏置电压，使两个晶体管在没有信号输入时处于微导通的状态。由于此时电路的静态工作点已经上移进入了放大区（为了降低损耗，一般将静态工作点设置在刚刚进入

放大区的位置），因此功率放大电路的工作状态由乙类变成了甲乙类。

3.3.3 甲乙类互补对称电路

1．双电源互补对称电路

（1）电路组成和工作原理。如图 3.3.9 所示，由 VT_1 和 VT_2 构成的双电源互补对称（OCL）功率放大电路中，增加了两个二极管 VD_1 和 VD_2，由 $+U_{CC}$ 和 $-U_{CC}$ 双电源供电。

静态时，VD_1，VD_2 上产生静态压降，给 VT_1 和 VT_2 发射结提供静态偏置，使 VT_1 和 VT_2 处于微导通状态，静态集电极电流不为 0。所以 VT_1 和 VT_2 处于甲乙类放大状态。由于电路结构对称，静态时 $I_{C1}=I_{C2}$，因此 R_L 中无静态电流过，输出电压仍然为零。静态工作点提高了，没有了死区电压，克服了交越失真。

（2）性能指标分析。为了提高功率放大电路的效率，在保证消除交越失真的同时，甲乙类电路的静态工作点位置仅比截止区稍高一点，集电极电流依然是一个相当小的数值，因此功率损耗只是略有增加，效率仍接近于原来的乙类互补对称电路，乙类功放的计算公式完全适用于此甲乙类电路。

甲乙类双电源互补对称功率放大电路具有低频响应好、输出功率大、便于集成等优点，但需要双电源供电，使用起来会感到不便。如果采用单电源供电，只需在两个管子的发射极与负载之间接入一个大容量的耦合电容 C 即可。这种电路通常又称为无输出变压器的功率放大电路，简称 OTL 功率放大电路。

2．无输出变压器的功率放大电路

（1）电路组成。无输出变压器的功率放大电路（OTL 电路）如图 3.3.10 所示，电路由 $+U_{CC}$ 单电源供电，在输出端加一个大电容 C。

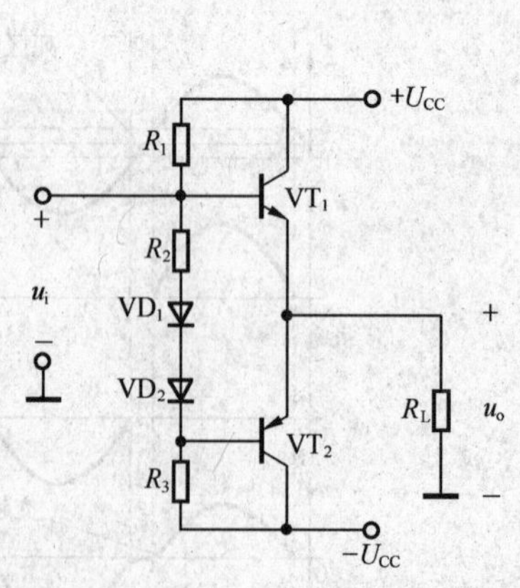

图 3.3.9 甲乙类双电源互补对称（OCL）电路

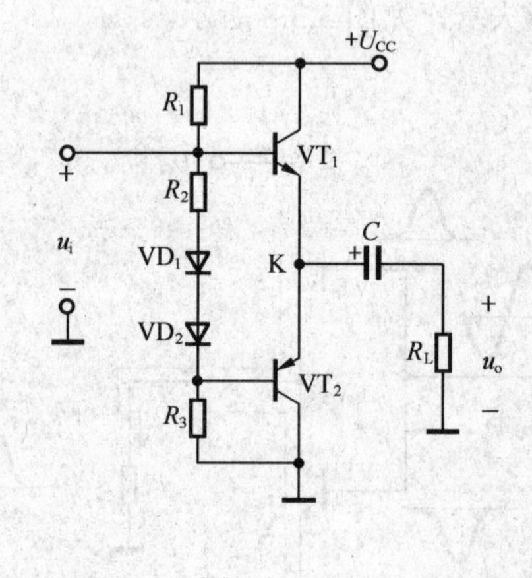

图 3.3.10 无输出变压器功率放大电路

（2）工作原理。

① 静态时，由于 VT_1 和 VT_2 功率管参数对称，输出端 K 点电位为电源电压的一半，即 $V_K=\dfrac{U_{CC}}{2}$，耦合电容 C 两端的电压也为 $U_C=\dfrac{U_{CC}}{2}$，负载电阻 R_L 两端的电压 u_o=0。

② 在电路输入端加上信号后，通过 VT_1 和 VT_2 的跟随与电流放大作用，K 点有交流电压信号输出经过耦合电容 C，到达负载 R_L 成为输出电压 u_o。

在输入信号正半周时，VT_1 管导通，VT_2 管截止。VT_1 管以射极输出器的形式将正向信号传送给负载，同时对电容 C 充电。

在输入信号负半周时，VT_1 管截止，VT_2 管导通。电容 C 放电，充当 VT_2 管的直流工作电源，使 VT_2 管也以射极输出器形式将输入信号传送给负载。这样，负载上得到一个完整的信号波形。只要 C 容量足够大，放电时间常数 R_LC 远远大于输入信号最低工作频率所对应的周期，则 C 两端的电压可认为近似不变，始终保持为 $U_C=\frac{U_{CC}}{2}$。因此，VT_1 和 VT_2 的电源电压都是 $\frac{U_{CC}}{2}$。

（3）性能指标估算。在 OCL 电路中推导的公式，在这里依然成立，只要将 OCL 电路指标估算公式中的 U_{CC}，用 $\frac{U_{CC}}{2}$ 代替即可。如：

最大输出功率为

$$P_{om}=\frac{1}{2}\frac{\left(\frac{1}{2}U_{CC}-U_{CES}\right)}{R_L}\approx\frac{U_{CC}^2}{8R_L} \tag{3.3.10}$$

电源提供的最大功率为

$$P_{Em}\approx\frac{U_{CC}^2}{2\pi R_L} \tag{3.3.11}$$

效率 η 为

$$\eta=\frac{P_o}{P_E}\times 100\% \tag{3.3.12}$$

集电极的损耗功率为

$$P_C=P_E-P_o=\frac{U_{om}}{\pi R_L}U_{CC}-\frac{U_{om}^2}{2R_L} \tag{3.3.13}$$

（4）功率管元件参数的选择。

$$\begin{aligned}&I_{CM}\geqslant I_{om}=\frac{U_{CC}}{2R_L}\\&P_{CM}\geqslant 0.2P_{om}\\&U_{(BR)CEO}\geqslant U_{CC}\end{aligned} \tag{3.3.14}$$

3. 采用复合管的互补对称功率放大电路

在功率放大电路中，如果负载电阻较小，并要求得到较大的功率，则电路必须为负载提供很大的电流。这种情况，通常在电路中采用复合管。复合管又称为达林顿管。

所谓复合管就是把两只或两只以上的晶体管适当地连接起来等效成一只晶体管。连接时，应遵守两条规则：①在串联点，必须保证电流的连续性；②在并接点，必须保证总电流为两个管子电流的代数和。图 3.3.11 所示为由两只晶体管组成复合管的 4 种情况，图 3.3.11（a）和图 3.3.11（b）为同型复合管，图 3.3.11（c）和图 3.3.11（d）为异型复合管。

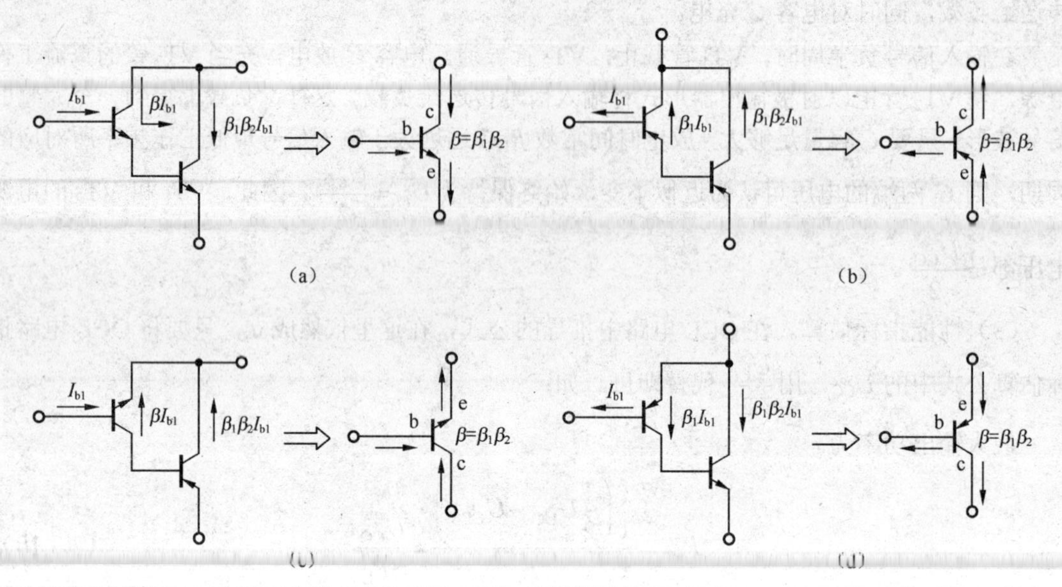

图 3.3.11 复合管的接法

复合管具有如下的特点。

① 复合管的管型取决于第一个管的管型。即若 VT_1 为 NPN 型，则复合管就为 NPN 型。

② 输出功率的大小取决于输出管 VT_2。

③ 电流放大系数近似为各管电流放大系数的乘积。即若 VT_1 和 VT_2 管的电流放大系数为 β_1 和 β_2，则复合管的电流放大系数 $\beta\approx\beta_1\beta_2$。

④ 同型复合管的输入电阻 $r_{be}=r_{be1}+(1+\beta_1)r_{be2}$，异型复合管的输入电阻 $r_{be}=r_{be1}$ 。

图 3.3.12 所示为利用复合管组成的互补对称 OCL 功率放大电路。

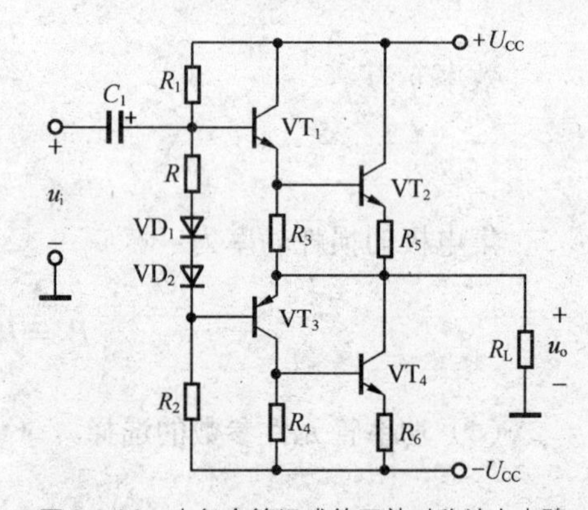

图 3.3.12 由复合管组成的互补对称放大电路

3.3.4 集成功率放大电路

1. 集成功率放大电路简介

集成功率放大电路大多工作在音频范围，除了具有输出功率大、可靠性高、外围连接元件少、使用方便、性能好、重量轻、造价低等集成电路的一般特点外，还具有功耗小、非线性失真小和温度稳定性好等优点，并且还将各种过流、过压、过热保护等也集成在芯片内部，使用更加安全、方便。其中很多新型功率放大器具有通用模块化的特点，因此在收音机、电视机、收录机、开关功率电路、伺服放大电路中广泛采用各类专用集成功率放大器（简称集成功放或功放)。

随着电子工业的发展，目前已经生产出品种繁多输出功率从几十毫瓦～几百瓦、多种不同型号的集成功率放大器。有些集成功放既可以双电源供电，又可以单电源供电。从输出功率上分（输出功率由几百毫瓦～几十瓦），可分为小、中、大功率放大器。从用途上分，有通用型和专用型功放，通用型是指可以用于多种场合的电路，专用型是指用于某种特定场合。

集成功放的电路结构和后面将要介绍的集成运算放大器的结构基本相同或相似，如 LM 380，LM 384 及 LM 386 等集成功率放大器都由输入级、中间级、偏置电路、输出级以及稳压、过流过压保护等附属电路组成。输入级是复合管差动放大电路，它有同相和反相两个输入端，它的单端输出信号传送到中间级共发射极放大级，以提高电压放大倍数。输出级是甲乙类互补对称的放大电路。

2. 小功率通用型集成功率放大器—LM 386

（1）特点。LM 386 是目前应用较为广泛的一种小功率集成音频功放，具有电路简单、通用型强等特点。它的电源电压范围宽（4～10 V）、功耗低（常温下为 660 mW）、频带宽（300 kHz），输出功率可达 0.3～0.7 W，最大可达 2 W。另外，电路的外接元件少，不必外加散热片，使用方便。适用于收音机、对讲机、函数发生器等。

（2）电路组成。图 3.3.13 所示是集成功放 LM386 电路原理图。它的输入级由 VT_2 和 VT_4 组成双入单出差动放大器，VT_3 和 VT_5 构成有源负载，VT_1 和 VT_6 为射极跟随形式，可以提高输入阻抗，差放的输出取自 VT_4 的集电极。VT_7 为共射极放大形式，是 LM386 的主增益级，恒流源 I_o 作为其有源负载。VT_8 和 VT_{10} 复合成 PNP 管，与 VT_9 组成准互补对称输出级。VD_1 和 VD_2 为输出管提供偏置电压，使输出级工作于甲乙类状态。图 3.3.14 所示为 LM386 外引线排列图。

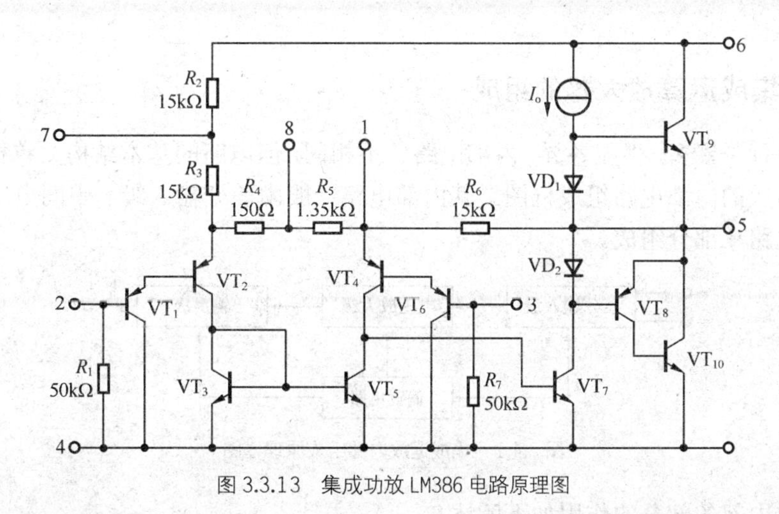

图 3.3.13　集成功放 LM386 电路原理图

（3）集成功放的应用电路。图 3.3.15 所示为 LM386 的典型接线。交流输入信号加在 LM386 的同相输入端，而反相输入端接地，输出端通过一个 220μF 的大电容接到 8Ω的扬声器。

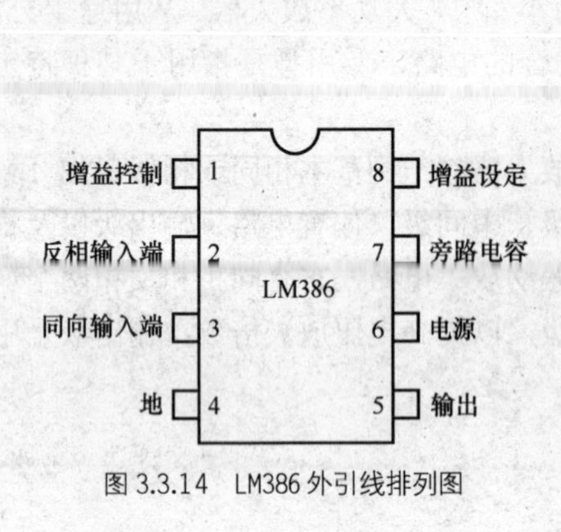

图 3.3.14　LM386 外引线排列图

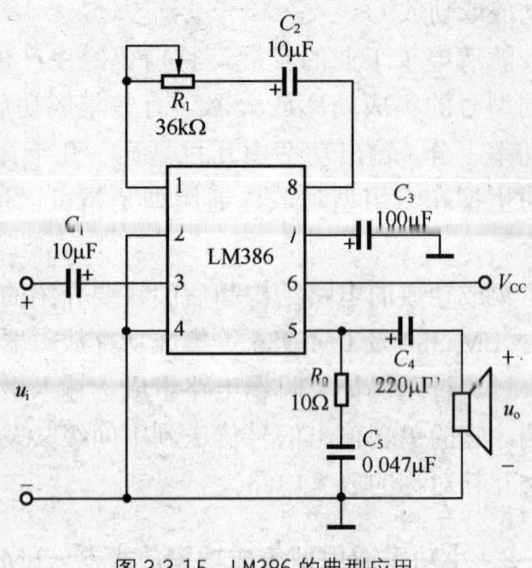

图 3.3.15　LM386 的典型应用

3.4　集成运算放大器简介

集成电路按其功能分类，可分为模拟集成电路和数字集成电路两大类。集成运算放大器是模拟集成电路中的一种，它是一种高电压增益、高输入电阻和低输出电阻的多级直接耦合放大电路。由于它最初是用于数学运算、放大的，所以称为集成运算放大器（简称集成运放）。集成运放是模拟电子技术领域中的核心器件，是应用极其广泛的模拟集成电路。

集成运放是利用集成工艺，将运算放大器的所有元件集成在同一块硅片上，封装在管壳内。与分立元件放大器相比，除了体积小、元件高度集中之外，集成运放还具有温度均一性好，容易制造对称性较高的电路。在自动控制、仪表、测量等领域，集成运放都发挥着十分重要的作用。

3.4.1　集成运算放大器的组成

集成运放种类繁多，性能各异，内部电路各不相同，但电路的基本结构大致相同。图 3.4.1 所示为集成运放的内部电路组成框图。其内部电路一般由差分输入级、中间电压放大级、输出级与偏置电路 4 部分组成。

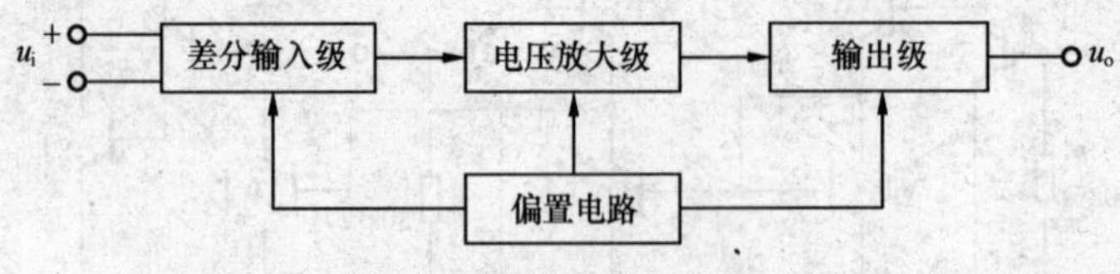

图 3.4.1　集成运放内部组成原理框图

集成运放内部各部分的作用如下所述。

1．差分输入级

对于高增益的集成运放来说，要求温度漂移要小、共模抑制比要高、输入电阻要大。减小零漂的关键在输入级，因此运放的输入级一般由晶体管或场效应管构成的差分放大电路组成。并且通常工作在低电流状态，以获得较高的输入电阻。利用差分电路作为输入级可以提高整个电路的共模抑制比，它的两个输入端就成为集成电路的反相输入端和同相输入端。

2．中间电压放大级

运算放大器的高增益主要由中间级提供，中间电压放大级一般由带有恒流源负载的放大电路组成，中间级的主要作用是提高电压增益。

3．输出级

输出级应具有较大的电压输出幅度、较高的输出功率与较低的输出电阻，并有过载保护。一般由互补电压跟随器组成，以降低输出电阻，提高带负载的能力。

4．偏置电路

偏置电路的作用是为各级提供合适的静态偏置电流，确定各级静态工作点，它由各种电流源电路组成。

集成电路常见的外形封装有 3 种，即双列直插式、扁平式和圆壳式。图 3.4.2 所示为这 3 种封装的外形图。双列直插式有 8，10，12，14，16，18 管脚等种类。金属圆壳封装有 8，10，12 管脚等种类。集成运放是应用最为广泛的器件。

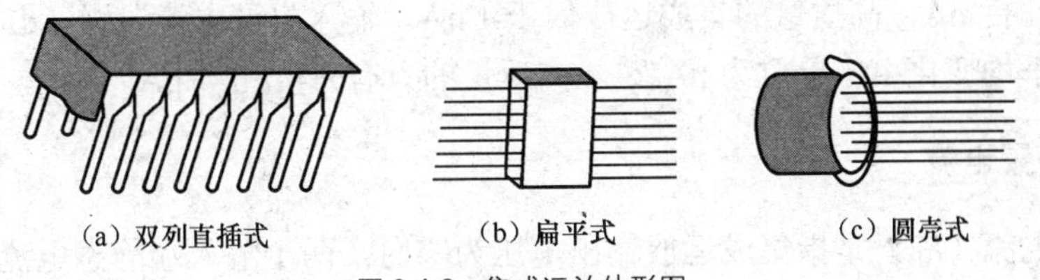

(a) 双列直插式　(b) 扁平式　(c) 圆壳式

图 3.4.2　集成运放外形图

集成运放的电路符号如图 3.4.3 所示。它有一个输出端，在图中用"+"表示。两个输入端：一个为同相输入端，另一个为反相输入端，在符号图中分别用"+"、"−"表示。所谓同相输入端是指将反相输入端接地，输入信号加到同相输入端与地之间时，输出信号与输入信号的相位始终相同，用 u_+表示同相输入端的电位，即同相端对地的电压；所谓反相输入端是指将同相输入端接地，输入信号加到反相输入端与地之间时，输出信号与输入信号的相位相反，用 u_-表示反相输入端的电位，即反相端对地的电压。符号图中，用"▷"表示信号的传递方向，用"A_{od}"表示开环差模电压放大倍数。

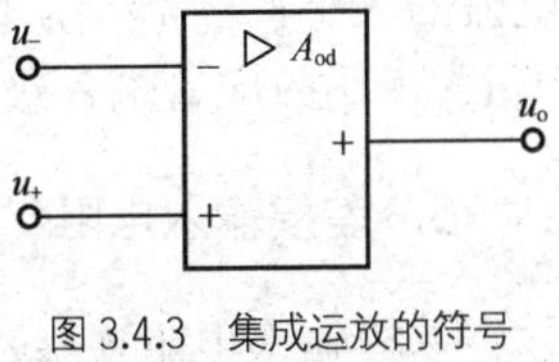

图 3.4.3　集成运放的符号

3.4.2　集成运算放大器的主要技术指标

为了描述集成运放的性能，提出了许多项技术指标，了解这些技术指标的含义有助于正确选择和使用各种不同类型的集成运放。现将常用的几项技术指标介绍如下。

1．开环差模电压增益

开环差模电压增益（A_{od}）是集成运放在开环状态（输出端和输入端之间没有相互联系的

元件，即没有通路），输出电压与输入差模信号电压之比，常用分贝（dB）表示。这个值越大，所构成的运放电路就越稳定，运算精度也就越高。一般的集成运放 A_{od} 在 100～140dB，即电压放大倍数为 10^5～10^7。

2．输入失调电压及其温漂

一个理想的集成运放，当输入电压为零时，输出电压也应为零。但实际上它的差分输入级很难做到完全对称，当输入电压为零时输出电压并不为零，若在输入端外加一个适当的补偿电压使输出电压为零，则外加的这个补偿电压称为输入失调电压（U_{IO}）。U_{IO} 的值越小越好。高质量的集成运放可达 1mV 以下。

另外，输入失调电压 U_{IO} 是随温度、电源电压或时间而变化的，通常将输入失调电压对温度的平均变化率称为输入失调电压温漂（dU_{IO}/dT），用以表征 U_{IO} 受温度变化影响的程度。单位为 μV/℃。一般约为 1～50μV/℃。高质量的集成运放可达 0.5μV/℃以下。显然，这项指标值越小越好。

U_{IO} 可以通过调零电位器进行补偿，但不能使 dU_{IO}/dT 为零。

3．输入失调电流及其温漂

输入失调电流（I_{IO}）是指当输出电压为零时，放大器两个输入端的静态基极电流之差，即 $I_{IO}=|I_{B1}-I_{B2}|$。它反映了输入级差分对管输入电流的不对称程度，希望 I_{IO} 愈小愈好，一般约为几十～几百 nA，高质量的集成运放低于 1 nA。输入失调电流温漂（dI_{IO}/dT）是指 I_{IO} 随温度变化的平均变化率，单位为 nA/℃。高质量的只有每度几十 pA。

4．输入偏置电流

输入偏置电流（I_{IB}）是指集成运放输出电压为零时，两个输入端静态电流的平均值，即

$$I_{IB}=\frac{1}{2}\left(I_{B1}+I_{B2}\right)$$

它是衡量差分对管输入偏置电流大小的标志。I_{IB} 的大小反映了放大器的输入电阻和输入失调电流的大小，I_{IB} 越小，集成运放的输入电阻越高，输入失调电流越小。一般约为几十纳安～1 μA，场效应管输入级的集成运放，输入偏置电流在 1nA 以下。

5．差模输入电阻

差模输入电阻（r_{id}）是集成运放两个输入端之间的动态电阻，它的定义是差模输入电压 U_{id} 与相应的输入电流 I_{id} 的变化量之比，即

$$r_{id}=\frac{\Delta U_{id}}{\Delta I_{id}}$$

用以衡量集成运放向信号源索取电流的大小。一般集成运放的差模输入电阻为几兆欧姆，以场效应管作为输入级的集成运放，r_{id} 可达 10^6MΩ。

3.4.3 理想集成运算放大器及其分析依据

在分析集成运放组成的各种应用电路时，为了使分析、估算的过程简化，常常将其中的

集成运放看成是一个理想的运算放大器。所谓理想运算放大器就是将集成运放的各项技术指标理想化，给分析应用电路带来方便。

1．集成运放理想化的条件

（1）开环差模电压放大倍数 $A_{od}\to\infty$。

（2）差模输入电阻 $r_{id}\to\infty$。

（3）输出电阻 $r_o\to 0$。

（4）共模抑制比 $K_{CMR}\to\infty$。

实际的集成运放当然不可能达到上述理想化的技术指标。但是，随着集成运放工艺水平的不断改进，集成运放产品的各项性能指标愈来愈好。实际集成运放的各项技术指标与理想运放的指标非常接近，因此，在分析估算集成运放的应用电路时，将集成运放理想化，按理想运放进行分析和估算，其结果十分符合实际情况。而将实际的集成运放视为理想的集成运放所造成的误差，在工程上是允许的。在后续章节的分析中，若无特别说明，则均将实际的集成运放作为理想的集成运放来考虑。

2．理想的集成运放的图形符号及其电压传输特性

图 3.4.4 所示为理想化的集成运放电路符号。方框内右上角的“∞”表示开环差模电压放大倍数为理想化条件。图 3.4.5 所示为集成运放的电压传输特性，即两个输入端的电位差与输出电压的特性曲线。在特性曲线上，我们把集成运放的电压传输特性分为线性区和非线性区两个区域。

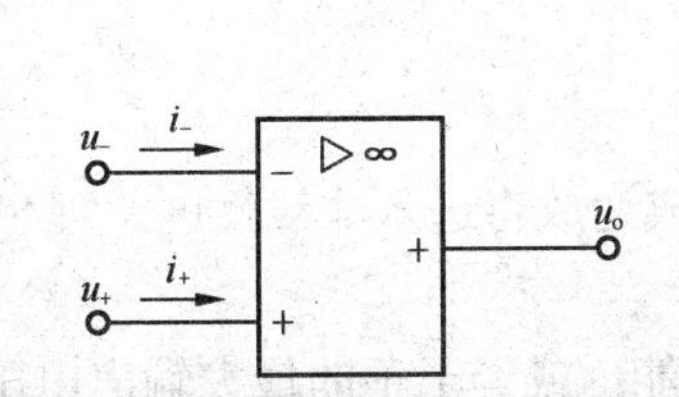

图 3.4.4　理想化的集成运放电路符号

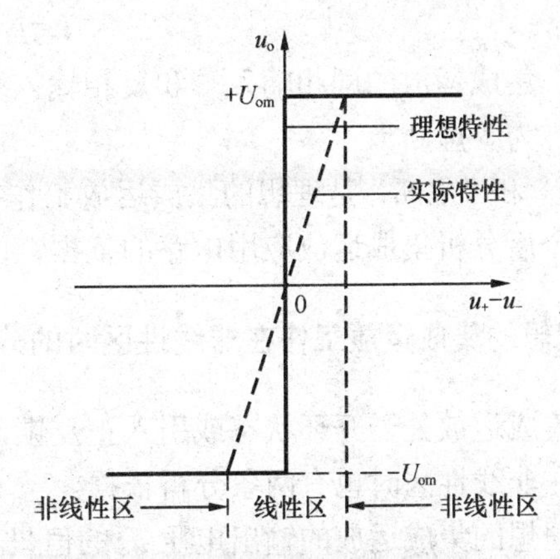

图 3.4.5　集成运放的电压传输特性

3．理想的集成运放工作在线性区时的分析依据

根据集成运放应用电路的不同，集成运放可以工作在线性区，也可以工作在非线性区。如果在集成运放应用电路中引入适当的深度负反馈，运放就可以工作在线性区。当集成运放工作在线性区时，它的输出电压与其两个输入端的电压之间存在着线性放大关系，即

$$u_o = A_{od}\left(u_+ - u_-\right) \tag{3.4.1}$$

式中：u_o是集成运放的输出电压；u_+和u_-分别是同相输入端电压和反相输入端电压；A_{od}是开环差模电压放大倍数。

理想的集成运放工作在线性区时有以下两条分析依据。

（1）理想的集成运放的差模输入电压等于零。由于理想的集成运放工作在线性区，故输出、输入之间符合式（3.4.1）所示的关系。而且，由于理想的集成运放的 $A_{od}\to\infty$，所以由式（3.4.1）可得

$$u_+ - u_- = \frac{U_o}{A_{od}} = 0$$

即

$$u_+ = u_- \qquad (3.4.2)$$

式（3.4.2）表明集成运放同相输入端与反相输入端两点的电压相等，如同将该两点短路一样。但是该两点实际上并未真正短路，所以将这种现象称为“虚短”。

实际的集成运放$A_{od}\neq\infty$，因此u_+和u_-不可能完全相等。但是当A_{od}足够大时，集成运放的差模输入电压（$u_+ - u_-$）的值很小，与电路中其他电压相比，可以忽略不计。例如，在线性区内，当u_o=10V时，若$A_{od}=10^5$，则（$u_+ - u_-$）=0.1mV；若$A_{od}=10^7$，则（$u_+ - u_-$）=0.1μV。可见在一定的u_o值下，集成运放的A_{od}越大，则u_+与u_-的差值越小，因此将两点视为“短路”所带来的误差也越小。

（2）理想的集成运放的输入电流等于零

由于理想的集成运放的差模输入电阻$r_{id}\to\infty$，因此，流入集成运放两个输入端的电流均为零，即在图3.4.4中，

$$i_+ = i_- = 0 \qquad (3.4.3)$$

此时，集成运放的同相输入端和反相输入端的电流都等于零，如同该两点被断开一样，这种现象称为“虚断”。

“虚短”和“虚断”是理想的集成运放工作在线性区时的两点重要结论。这两点重要结论常常作为今后分析集成运放应用电路的依据，因此必须牢牢掌握。

4．理想的集成运放工作在非线性区时的分析依据

如果集成运放处于开环状态或引入正反馈，这时集成运放将进入非线性区。理想的集成运放工作在非线性区时也有两条分析依据。

（1）理想的集成运放的输出电压u_o的值只有两种可能：或等于正的最大输出电压$+U_{om}$，或等于负的最大输出电压$-U_{om}$，$+U_{om}$或$-U_{om}$在数值上接近运放的正负电源值。即

当$u_+ > u_-$时，$u_o=+U_{om}$

当$u_+ < u_-$时，$u_o=-U_{om}$

而$u_+=u_-$时刻，正是输出电压u_o的跃变时刻。由于集成运放的开环电压放大倍数极高，当接通集成运放的工作电源后，无论输入端有多么小的输入电压，输出电压立刻就会达到饱和值（正的饱和值或负的饱和值）。

在非线性区内，集成运放的差模输入电压可能很大，即$u_+\neq u_-$。也就是说，此时，“虚短”现象不复存在。

（2）理想的集成运放的输入电流等于零

在非线性区，虽然集成运放两个输入端的电压不等，即 $u_+ \neq u_-$，但因为理想的集成运放的 $r_{id} \to \infty$，故仍认为此时的输入电流等于零，即

$$i_+ = i_- = 0$$

可见，“虚断”在非线性区仍然成立。

总之，关于集成运放工作在线性区和非线性区的特点，是后续学习集成运放应用电路的分析依据，必须要很好地理解它和掌握它。

小　结

1. 多级放大电路是由单级放大电路连接而成，应用较为普遍的级间耦合方式是阻容耦合或直接耦合。阻容耦合由于电容隔断了级间的直流通路，所以它只能用于放大交流信号，但各级静态工作点彼此独立。直接耦合既能放大直流信号，也能放大交流信号，适于集成化。但直接耦合存在各级静态工作点相互影响和零点漂移问题。多级放大电路的电压放大倍数等于各级电压放大倍数的乘积，但在计算前级的电压放大倍数时必须把后级的输入电阻考虑到前级的负载电阻之中。输入电阻是第一级的输入电阻。输出电阻是最后一级的输出电阻。

2. 在直接耦合放大电路中零点漂移变得异常突出，差分放大电路可有效地抑制零点漂移。差分放大电路的输入、输出方式有4种，可根据输入信号源和负载电路灵活应用。典型的差分放大电路为双端输入、双端输出方式。为了和一端接地的信号源连接，亦可采用单端输入。而为了和一端接地的负载连接，亦可采用单端输出。其中双端输入单端输出方式通常用作集成运算放大器的输入级。共模抑制比、差模电压放大倍数，差模输入和输出电阻是差分电路的主要性能指标。

3. 功率放大电路电路的主要任务是在不失真或失真允许范围内的，向负载输出尽可能大的信号功率和尽可能高的效率，通常是工作在大信号状态。功率放大电路中的晶体管工作在大信号极限运用状态，为了减小晶体管的损耗和提高电源的利用率，通常晶体管工作在乙类或甲乙类状态。

4. 集成运算放大器是一种高电压增益、高输入电阻和低输出电阻的多级直接耦合放大电路。它一般由输入级、中间级、输出级、偏置电路等组成。集成运放常采用差分电路作为输入级，用以提高整个电路的共模抑制比，输出级一般由互补电压跟随器组成，以降低输出电阻，提高带负载的能力。

5. 理想的集成运放工作在线性区的分析依据有两条：① $u_+ = u_-$；② $i_+ = i_- = 0$，即“虚断”和“虚短”。工作在非线性区的分析依据也有两条：①当 $u_+ > u_-$时，$u_o = +U_{om}$、当 $u_+ < u_-$时，$u_o = -U_{om}$；② $i_+ = i_- = 0$。

习　题

习题 3.1　填空题

（1）多级放大电路的耦合方式有________、________和________。

（2）多级放大电路的输入电阻就是________的输入电阻，输出电阻就是________的输出

电阻。

（3）放大器由三级放大电路组成，已知电压放大倍数为−54，0.98，−20，总的放大倍数为________，输出电压与输入电压相位________。

（4）在差分放大电路中，大小相等、极性或相位一致的两个输入信号称为________信号；大小相等，极性或相位相反的两个输入信号称为________信号。

（5）差分放大电路具有抑制________信号和放大________信号的能力。

（6）差分式放大电路的输入输出方式有________、________、________和________。

（7）差分放大电路的共模抑制比定义为________（用文字或数学式子描述均可），其单位是________，在电路理想对称情况下，双端输出差分放大电路的共模抑制比等于________。

（8）若 u_{i1}=+1 500μV，u_{i2}=+500μV，则差模输入电压 u_{id} 为________μV，共模输入信号，u_{ic} 为________μV。

（9）集成电路按功能可分为________和________两大类。

（10）集成运算放大电路由________、________、________、________组成。对输入级的主要要求是________；对中间级的主要要求是________；对输出级的主要要求是________。

（11）集成运算放大电路有两个输入端，分别称为________输入端和________输入端，前者表示输出电压与输入电压相位________，后者表示输出电压与输入电压相位________。

习题 3.2　选择题

1．关于多级放大电路下列说法中错误的是（　　）。

A．A_u 等于各级电压放大倍数之积　　B．r_i 等于输入级的输入电阻

C．r_o 等于输出级的输出电阻　　D．A_u 等于各级电压放大倍数之和

2．差分放大电路用恒流源代替 R_E 是为了（　　）。

A．提高差模电压放大倍数　　B．提高共模电压放大倍数

C．提高共模抑制比　　D．提高差模输入电阻

3．在长尾式差分放大电路中，R_E 的主要作用是（　　）。

A．提高差模电压放大倍数　　B．抑制零点漂移

C．增加差动放大电路的输入电阻　　D．减小差分放大电路的输出电阻

4．如果电路参数完全对称，则差分放大电路的共模抑制比为（　　）。

A．0　　B．1　　C．∞　　D．不确定

5．乙类双电源互补对称功率放大电路中，出现交越失真的原因是（　　）。

A．两个晶体管不对称　　B．输入信号过大

C．输出信号过大　　D．两个晶体管的发射结偏置为零

6．在 OTL 功放电路中，若将电源电压减小一倍，则最大输出功率是原来最大输出功率的（　　）倍。

A．$\frac{1}{2}$　　B．$\frac{1}{4}$　　C．$\frac{1}{8}$　　D．$\frac{1}{16}$

7．要使功率放大电路输出功率大，效率高，还要不产生交越失真，晶体管应工作在（　　）状态。

A．甲类　　B．乙类　　C．甲乙类

8．理想集成运算放大电路的开环电压放大倍数为（　　），输入电阻为（　　），输出电阻为（　　）。

A．∞　　B．0　　C．不定

9．理想集成运算放大电路工作在线性区的两个重要结论是（　　）。

A．虚地与反相　　B．虚短与虚地　　C．虚短与虚断　　D．短路与断路

10．为了工作在线性工作区，应使集成运算放大电路处于（　　）状态；为了工作在非线性工作区，应使集成运算放大电路处于（　　）状态。

A．正反馈　　B．负反馈

C．正反馈或无反馈　　D．负反馈或无反馈

习题 3.3　简答题

（1）耦合电路的基本目的是什么？

（2）什么是功率放大器？与一般放大器相比，对功率放大器有何特殊要求？

（3）对功率放大电路的主要技术性能有哪些要求？

（4）什么是 OCL 电路？OCL 电路有什么优缺点？

（5）什么是 OTL 电路？OTL 电路有什么优缺点？

（6）在选择功率放大电路中的晶体管时，应当特别注意的参数有哪些？

（7）什么是共模抑制比？

（8）什么是集成运算放大器的“虚断”和“虚短”？

习题 3.4　如题图 3.1 所示为两级阻容耦合放大电路，已知 U_{CC}=12V，R_{B1}=R_{B3}=20kΩ，R_{B2}=R_{B4}=10kΩ，R_{C1}=R_{C2}=2kΩ，R_{E1}=R_{E2}=2kΩ，R_L=2kΩ，β_1=β_2=50，$U_{BE1}=U_{BE2}=0.6\,V$。

（1）求前、后级放大电路的静态值。

（2）画出微变等效电路。

（3）求各级电压放大倍数 $\dot{A}_{u1}$、$\dot{A}_{u2}$ 和总电压放大倍数 $\dot{A}_u$。

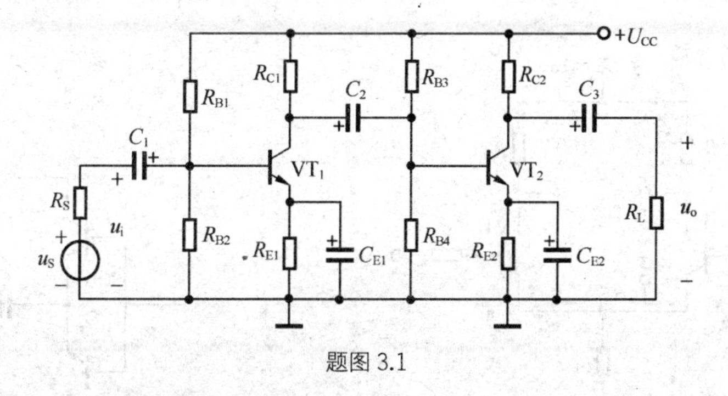

题图 3.1

习题 3.5　在题图 3.2 所示的两级阻容耦合放大电路中，已知$U_{CC}=12V$，R_{B1}=30kΩ，R_{B1}=20kΩ，$R_{C1}=R_{E1}=4\,k\Omega$，R_{B3}=130kΩ，R_{E2}=3kΩ，R_L=1.5kΩ，$\beta_1=\beta_2=50$，$U_{BE1}=U_{BE2}=0.8\,V$。

（1）求前、后级放大电路的静态值。

（2）画出微变等效电路。

（3）求各级电压放大倍数 $\dot{A}_{u1}$、$\dot{A}_{u2}$ 和总电

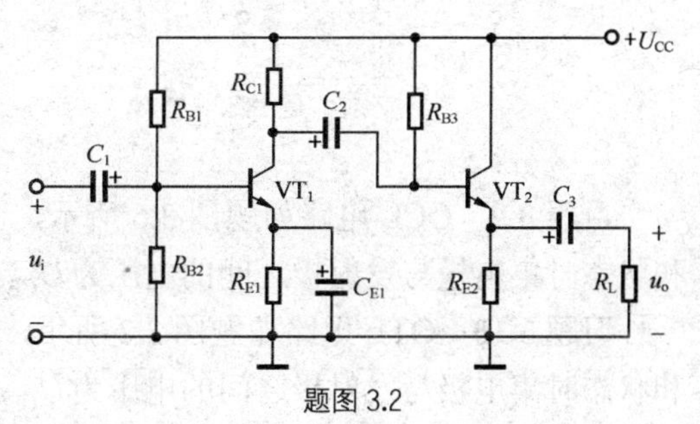

题图 3.2

压放大倍数 $\dot{A}_u$。

（4）后级采用射极输出器有何好处？

习题 3.6 在题图 3.3 所示的两级阻容耦合放大电路中，已知 $U_{CC}=24\text{ V}$，$R_{B1}=1\text{ M}\Omega$，$R_{E1}=27\text{ k}\Omega$，R_{B2}=82kΩ，R_{B3}=43kΩ，$R_{C2}=10\text{ k}\Omega$，$R_{E2}=8.2\text{ k}\Omega$，$R_L=10\text{ k}\Omega$，$\beta_1=\beta_2=50$。

（1）求前、后级放大电路的静态值。

（2）画出微变等效电路。

（3）求各级电压放大倍数 $\dot{A}_{u1}$、$\dot{A}_{u2}$ 和总电压放大倍数 $\dot{A}_u$。

（4）前级采用射极输出器有何好处？

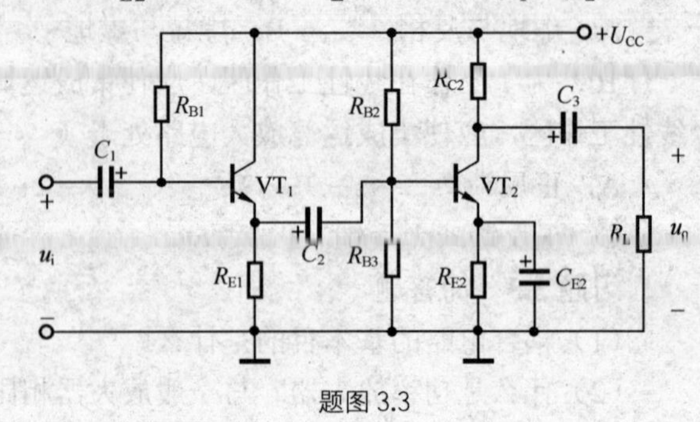

题图 3.3

习题 3.7 在题图 3.4 所示双端输入双端输出差分放大电路，$U_{CC}=12\text{ V}$，$U_{EE}=12\text{ V}$，$R_C=12\text{ k}\Omega$，$R_E=12\text{ k}\Omega$，$\beta=50$，$U_{BE}=0\text{ V}$，输入电压 $u_{i1}=9\text{ mV}$，$u_{i2}=3\text{ mV}$。

（1）计算放大电路的静态值 I_B、I_C 及 U_C。

（2）把输入电压 u_{i1}、u_{i2} 分解为共模分量 u_{ic} 和差模分量 u_{id}。

（3）求单端共模输出 u_{oc1} 和 u_{oc2}（共摸电压放大倍数为 $A_c \approx -\dfrac{R_C}{2R_E}$）。

（4）求单端差模输出 u_{od1} 和 u_{od2}。

（5）求单端总输出 u_{o1} 和 u_{o2}。

（6）求双端共摸输出 u_{oc}、双端差模输出 u_{od} 和双端总输出 u_o。

习题 3.8 电路如题图 3.5 所示。已知：V_{CC}=40V，R_L=8Ω，输入电压 u_i=20+$10\sqrt{2}\sin\omega t$(V)，电容器 C 的电容量足够大。试求 u_o、输出功率 P_o、电源消耗功率 P_V 及能量转换效率 η。

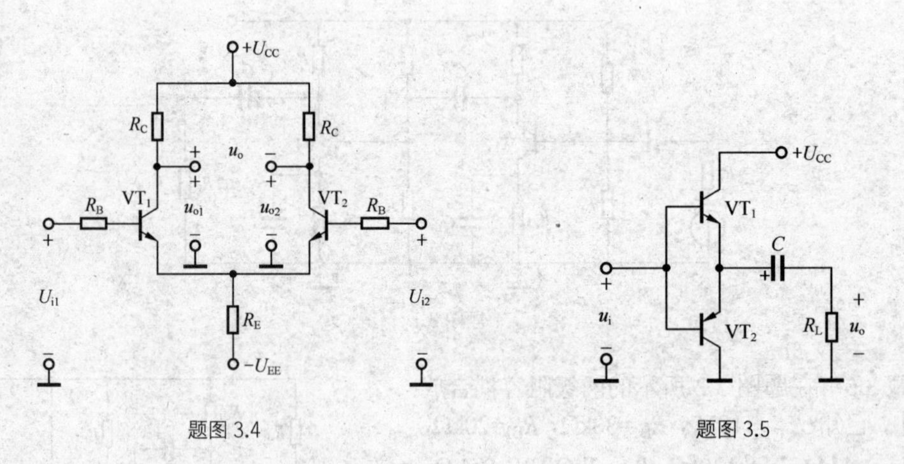

题图 3.4　　　　题图 3.5

习题 3.9 OCL 电路如题图 3.6 所示，已知 $U_{CC}=12\text{ V}$，$R_L=8\,\Omega$，若晶体管处于临界饱和状态时集电极与发射极之间的电压为 $U_{CES}=2\text{ V}$，求电路可能的最大输出功率。

习题 3.10 OTL 电路如题图 3.7 所示，已知 $U_{CC}=12\text{ V}$，$R_L=8\,\Omega$，若晶体管处于临界饱和状态时集电极与发射极之间的电压为 $U_{CES}=2\text{ V}$，求电路可能的最大输出功率。

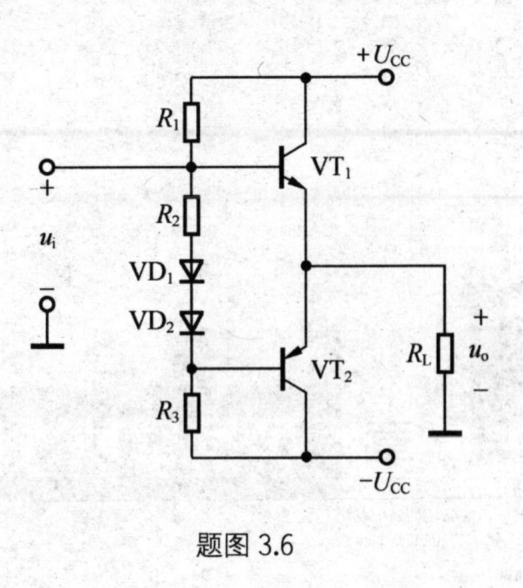

+UCC
R1
VT1
+
ui
R2
VD1
VD2
VT2
RL
+
uo
−
R3
−UCC

题图 3.6

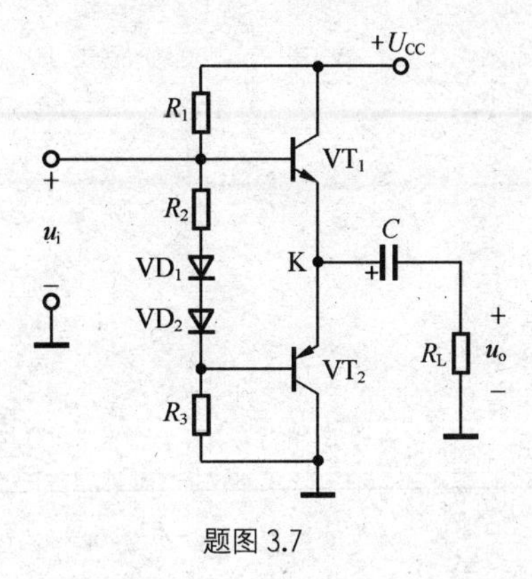

+UCC
R1
VT1
+
ui
R2
C
VD1
K
+
VD2
VT2
RL
+
uo
−
R3

题图 3.7

第4章 负反馈放大电路

反馈在电子技术中是一个非常重要的概念。反馈分为正反馈和负反馈，正反馈常用于波形发生器中，负反馈能够改善放大电路的性能指标，在实用的电子电路中，几乎都要引入各种形式的负反馈。

本章首先介绍反馈的一些基本概念、负反馈的基本类型及其判别方法，然后重点讨论负反馈对放大电路性能的影响及其引入负反馈的一般原则。

4.1 反馈的基本概念

4.1.1 放大电路中的反馈

凡是将放大电路输出信号（电压或电流）的一部分或全部，通过一定的电路形式（称为反馈网络）引回到放大电路的输入端，并对输入信号（电压或电流）产生影响的过程称为反馈。

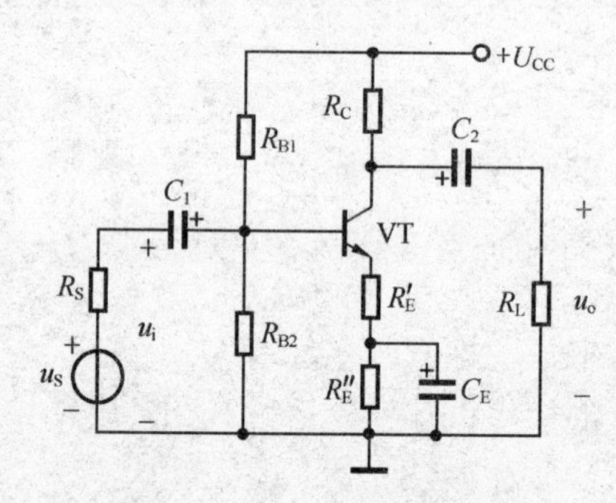

图4.1.1 存在反馈的放大电路

要判断一个电路是否存在反馈，只要分析放大电路的输出回路与输入回路之间是否存在相互联系的电路元件，即是否存在反馈网络即可。反馈网络中的元件称为反馈元件。图4.1.1所示的稳定静态工作点电路中，射极电阻R_E'和R_E''及C_E即存在于输入回路，又存在于输出回路，故它们是反馈元件，该电路存在反馈。

4.1.2 反馈的分类

从不同的角度出发，反馈可以有不同的分类方法。

1．正反馈和负反馈

根据反馈极性的不同，反馈可以分为正反馈和负反馈。若引入的反馈信号削弱了外加输入信号的作用，从而使输出信号减弱的，称为负反馈。若引入的反馈信号增强了外加输入信号的作用，从而使放大电路的输出信号增强的，则称为正反馈。正反馈往往会使放大电路的工作状态不稳定，常用于波形发生器中。负反馈能够改善放大电路的性能指标，在电子电路中被广泛采用。本章重点介绍负反馈。

判断引入的是正反馈还是负反馈，通常采用瞬时极性法。即先假定输入信号为某一瞬时极性，然后根据各级电路输入与输出电压的相位关系，逐级推出其他相关各点的瞬时极性，最后判断反馈到输入端的信号是增强了还是减弱了净输入信号。为了便于说明问题，在电路中用符号⊕和⊖分别表示瞬时极性的正和负，以表示该点电位在该瞬时是上升或者是下降。

以图 4.1.2 所示放大电路为例，说明瞬时极性法判别正、负反馈的方法。在图 4.1.2 所示放大电路中，假设加上一个瞬时极性为⊕的输入信号 u_i，通过 C_1 电容的耦合，则晶体管的基极和发射极对地电位的瞬时极性也为⊕，因此引入反馈以后，晶体管的净输入电压 $u_{BE}=v_B-v_E=u_i-u_{RE}$ 比没有射极电阻时减小了，可见该电路引入的是负反馈。

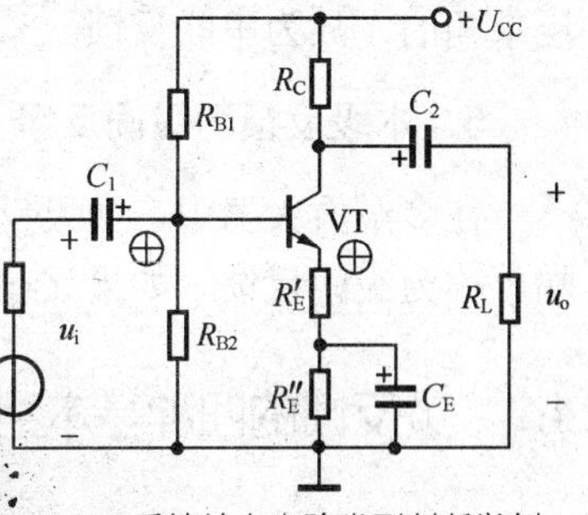

图 4.1.2　反馈放大电路类型判断举例

2．直流反馈和交流反馈

根据反馈信号本身的交流、直流性质不同，反馈可以分为直流反馈和交流反馈。

如果反馈信号中只包含直流成分，则称为直流反馈；若反馈信号中只有交流成分，则称为交流反馈。在很多情况下，反馈信号中同时存在直流信号和交流信号，则交、直流反馈并存。

判断是直流反馈还是交流反馈，可根据反馈网络中是否有动态元件（通常为电容）进行判断。若反馈网络与电容串联，则为交流反馈；若反馈网络与电容并联，则为直流反馈。若反馈网络不串联又不并联电容时，则交、直流反馈并存。

在图 4.1.2 所示放大电路中，R'_E 无论是在直流通路中还是在交流通路中它都存在，说明该元件产生的反馈信号中，同时存在直流成分和交流成分，即交、直流反馈并存。电阻 R''_E 在直流通路中存在，在交流通路中，旁路电容 C_E 足够大，它被旁路掉了，所以该元件产生的反馈信号中只有直流成分，无交流成分，属于直流反馈。

3．电压反馈和电流反馈

根据反馈信号在放大电路输出端采样方式的不同，反馈可以分为电压反馈和电流反馈。

如果反馈信号取自输出电压，或者说与输出电压成正比，则称为电压反馈；如果反馈信号取自输出电流，或者说与输出电流成正比，则称为电流反馈。

判断是电压反馈还是电流反馈，可采用负载短路法。假设将放大电路的负载 R_L 短路，则输出电压为零（作为一种方法介绍，实际不宜短路），此时若反馈信号也为零，则说明反馈信号与输出电压成正比，因而属于电压反馈；反之如果反馈信号依然存在，则表示反馈信号与输出电压无关，属于电流反馈。

仍以图 4.1.2 所示放大电路为例，假设将负载 R_L 短路，则输出电压 u_o 为零，但反馈元件 R'_E 和 R''_E 上的电压仍存在（注意：只要 $i_B\neq0$，$i_E\approx i_C$ 就不等于零），即反馈信号不为零，说明反馈信号与输出电压无关，是电流反馈。

4．串联反馈和并联反馈

根据反馈信号与输入信号在放大电路输入端的连接方式，反馈可以分为串联反馈和并联反馈。

如果反馈信号与输入信号在输入端是串联连接方式，即反馈信号与输入信号在输入端以电压形式求和，则称为串联反馈。如果反馈信号与输入信号在输入端是并联连接方式，即反馈信号与输入信号在输入端以电流形式求和，则称为并联反馈。

仍以图 4.1.2 所示放大电路为例，因为晶体管的净输入电压 $u_{be}=v_b-v_e=u_i-u_{RE}$，是进行电压求和的，故为串联反馈。

5. 本级反馈和级间反馈

在多级放大器中，如果反馈信号是从后级放大器的输出端取出，加到前级放大器的输入端，称为级间反馈。如果只在一级放大器内部的反馈，叫做本级反馈或称为局部反馈。

4.2 负反馈的四种基本组态

实际放大电路中的反馈形式是多种多样的，将输入端和输出端的连接方式综合起来，负反馈放大电路可以有 4 种基本类型（或称为 4 种基本组态），它们分别是：电压串联负反馈；电压并联负反馈；电流串联负反馈；电流并联负反馈。

判断反馈组态，一般可按以下顺序进行。

（1）找出联系放大电路的输出回路与输入回路的反馈网络，并用瞬时极性法判别电路引入的是正反馈还是负反馈。

（2）从放大电路的输出回路来分析，反馈网络是取样输出电压还是取样输出电流，确定为电压反馈还是电流反馈。

（3）从放大电路的输入回路来分析，反馈信号与输入信号是电压求和，还是电流求和，确定为串联反馈还是并联反馈。

4.2.1 电压串联负反馈

图 4.2.1（a）所示射极输出器电路，就是具有电压串联负反馈的电路。图 4.2.1（b）所示为它的交流通路。

由 4.2.1（b）可清楚看出，R_E 和 R_L 两个并联电阻上的电压即是输出信号也是反送到输入回路的反馈信号，$u_o=u_f$，所以 R_E 是具有反馈作用的反馈元件。利用瞬时极性法，假定放大器输入端 u_i 瞬时极性对地为⊕，则晶体管集电极对地电位为⊖，发射极对地电位为⊕。由于 $u_i=u_{be}+u_f$，三个电压的瞬时极性和参考方向一致，所以 $u_{be}=u_i-u_f$，净输入信号因反馈电压而被削弱，故为负反馈。

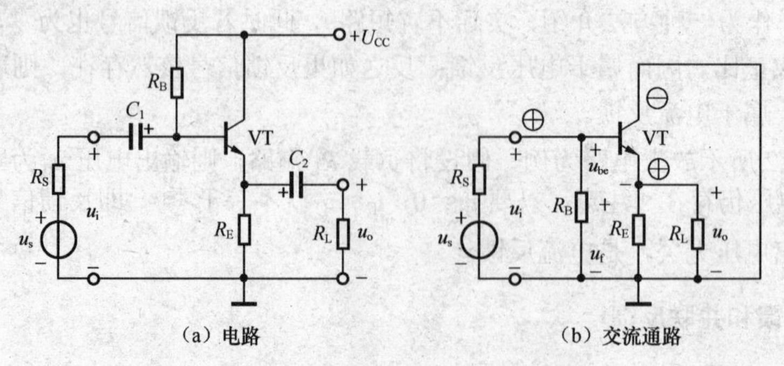

图 4.2.1 电压串联负反馈放大电路

在输出回路，将负载 R_L 短路，则 u_o=0，因为 u_f=u_o，所以 u_f 也随之为零，反馈信号消失，故为电压反馈。

在输入回路，u_{be}，u_i 和 u_f 三者以电压形式比较，故为串联反馈。

所以射极输出器是电压串联负反馈电路。

电压串联负反馈可以使电路的输出电压保持稳定，即具有稳定输出电压的作用。例如，当输入信号电压一定的情况下，假如负载电阻 R_L 值突然减小，而使输出电压 u_o 下降，则通过以下负反馈过程

$$\begin{array}{l} u_o\downarrow \rightarrow u_f\downarrow \rightarrow u_{be}\uparrow \\ u_o\uparrow \leftarrow i_o\uparrow \leftarrow i_b\uparrow \end{array}$$

使 u_o 趋于稳定。相反，若由于某种原因使 u_o 上升，则通过负反馈的自动调节作用，同样可以使升高的 u_o 会自动地降下来，起到稳定输出电压的作用。

4.2.2　电压并联负反馈

图 4.2.2 所示为由集成运放构成的电压并联负反馈电路。可清楚地看出，R_3 是联系输出回路和输入回路的反馈电阻，所以 R_3 是具有反馈作用的反馈元件。利用瞬时极性法，假设输入端 u_i 的瞬时极性对地为⊕，则输入电流 i_1 的瞬时流向如图 4.2.2 所示，根据集成运放反相输入时输出电压与输入电压反相，可确定集成运放输出电压 u_o 的瞬时极性对地为⊖，因此 R_3 中的反馈电流 i_3 的瞬时流向如图 4.2.2 所示。可见集成运放反相输入端的节点处的电流方程为 $i'=i_1-i_3$，反馈电流 i_3 削弱了净输入电流 i'，故为负反馈。在输出回路，反馈信号取自输出电压，故为电压反馈。在输入回路，反馈信号与输入信号以电流形式作比较，故为并联反馈。所以该电路是电压并联负反馈。

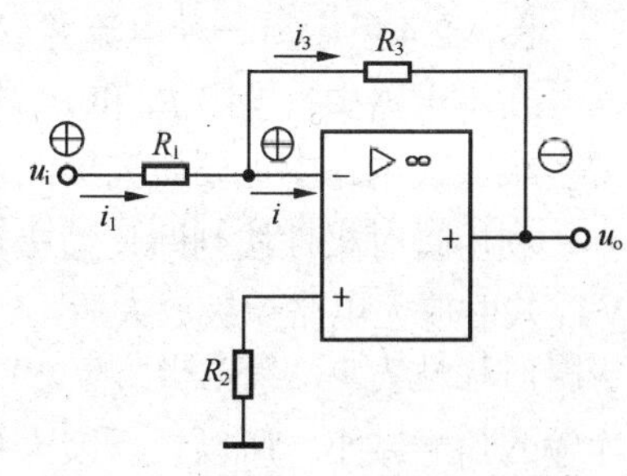

图 4.2.2　电压并联负反馈放大电路

电压并联负反馈同样具有稳定输出电压的作用。由图 4.2.2 可知，集成运放同相端接地，根据理想的集成运放的条件，$u_+=u_-=0$，所以 $i_1=u_i/R_1$，$i_3=-u_o/R_3$，进入集成运放的净输入电流

$$i'=i_1-i_3=\frac{u_i}{R_1}-(-\frac{u_o}{R_3})=\frac{u_i}{R_1}+\frac{u_o}{R_3}$$

由于信号是从反相端加的，所以 u_o 与 u_i 的极性总是相反的。当输入信号电流 i_1 一定的情况下，如果因为某种原因导致输出电压 u_o 上升，则通过以下负反馈过程

$$\begin{array}{l} |u_o|\uparrow \rightarrow |i_3|=|-u_o/R_3|\uparrow \rightarrow |i'|\downarrow \\ u_o|\downarrow \leftarrow \end{array}$$

使 u_o 趋于稳定。

4.2.3　电流串联负反馈

图 4.2.3 所示为由集成运放构成的电流串联负反馈电路。假设在同相输入端加上一个瞬时极性对地为⊕的输入信号 u_i，则集成运放的输出端对地电位的瞬时极性也为⊕，反馈电压 u_f 的瞬时极性也为⊕，由此可判断出反馈电压增大，则净输入电压 $u_i'=u_i-u_f$ 减小，所以说该反

馈是负反馈。在输入回路，反馈信号与输入信号以电压形式作比较，故为串联反馈。在输出端，根据理想集成运放的条件，$i_+=i_-=0$，所以 R_L 与 R 相串联，将负载 R_L 短路，反馈信号 u_f 依然存在，即反馈信号取自输出电流，所以是电流反馈。由此可判断该电路所引入的反馈是电流串联负反馈。

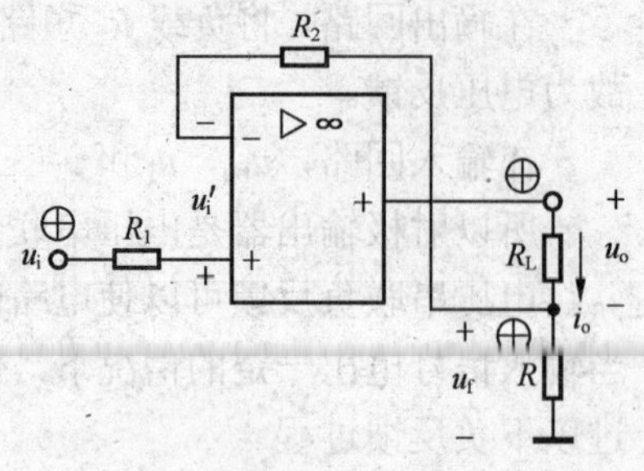

图 4.2.3　电流串联负反馈放大电路

电流串联负反馈可以使电路的输出电流保持稳定，即具有稳定输出电流的作用。例如，当输入信号一定的情况下，如果某种原因导致输出电流 i_o 减小，则通过以下负反馈过程

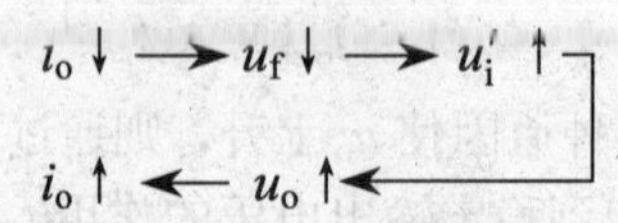
$$i_o\downarrow \rightarrow u_f\downarrow \rightarrow u_i'\uparrow \rightarrow u_o\uparrow \rightarrow i_o\uparrow$$

使 i_o 趋于稳定。

4.2.4　电流并联负反馈

图 4.2.4 所示为一种电流并联负反馈电路。

在本电路中，电阻 R_F 和 R_{E2} 构成了级间反馈，由于级间反馈强度比本级反馈大得多，通常多级放大电路中主要研究级间反馈。

利用瞬时极性法判断反馈极性，设放大器输入端瞬时对地极性如图 4.2.4 所示为⊕，经 VT_1 共射放大电路一级放大后，VT_1 管集电极输出为⊖，再经 VT_2 管二级放大，VT_2 管的发射极瞬时极性为⊖，集电极为⊕。VT_1 管基极按瞬时极性及参考方向有 $i_i=i_f+i_i'$，由于 $i_i'=i_i-i_f$，净输入信号减小，所以该反馈为负反馈。

在输出回路，假想输出端短路，输出电流仍然流动，经 R_F 和 R_{E2} 分流后，R_F 上的电流对放大器输入端产生作用，故是电流反馈。在输入回路，反馈信号与输入信号以电流形式作比较，故为并联反馈。

综上所述，该电路级间反馈类型是电流并联负反馈。

与电流串联负反馈一样，电流并联负反馈电路也具有稳定输出电流的作用。

【例 4.2.1】在图 4.2.5 所示的两级放大电路中，（1）哪些是直流负反馈？（2）哪些是交流负反馈？并说明反馈组态；（3）如果 R_F 不接在 C_3 与 R_L 之间，而是接在 VT_2 管的集电极，两者有何不同？（4）如果在图 4.2.5 所示电路中，R_F 的另一端不是接在 VT_1 管的发射极，而是接在它的基极，这时构成的是何种类型的反馈？

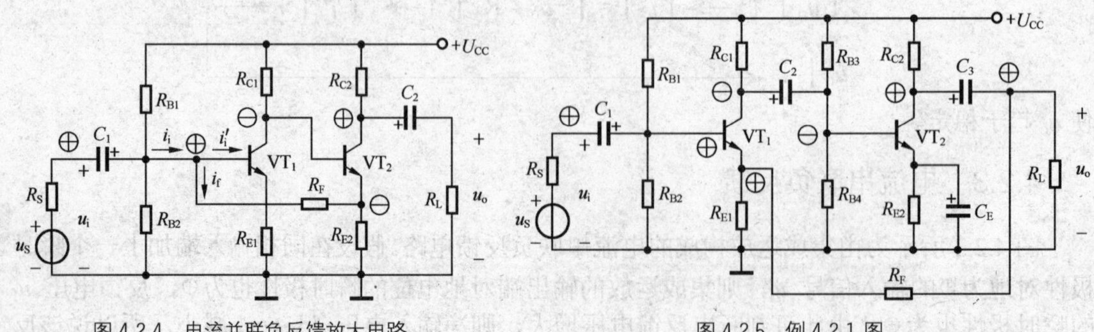

图 4.2.4　电流并联负反馈放大电路　　图 4.2.5　例 4.2.1 图

解：首先观察电路中哪些元件能够把输出端和输入端连接起来，即找出反馈元件。R_{E1}即无电容串联，也无电容并联，故交直流反馈并存；R_{E2}有电容相并联，故只有直流反馈，无交流反馈，

（1）R_{E1}上有本级电流I_{E1}产生的直流负反馈；R_{E2}上有本级电流I_{E2}产生的直流负反馈。

（2）R_{E1}上有两种交流反馈：一种是本级电流的交流分量i_{e1}产生的交流电流串联负反馈（分析过程略）；二是由输出端交流信号经R_F和R_{E1}分压而产生的级间反馈，反馈组态为交流电压串联负反馈。关于第二种反馈分析过程如下。

假定放大器输入端电位瞬时上升为⊕，如图4.2.5中所示，经共射一级放大，VT_1管集电极输出为⊖，VT_2管集电极为⊕，反馈到VT_1管发射极为⊕，可见反馈提高了VT_1管的发射极电位，使得u_{be1}减小，故为负反馈。

将负载R_L假想短路，R_F右端接地，就不能把输出信号反馈到输入端去，反馈作用消失，故本电路是电压反馈。

放大器输入端的净输入信号是以电压的形式相比较，即$u'_i\,(u_{be1})=u_i-u_f$，所以是串联反馈。

故整个电路的级间反馈是交流电压串联负反馈。

（3）如果R_F不接在C_3与R_L之间，而是接在VT_2管的集电极，这时级间反馈的类型是交直流电压串联负反馈。

（4）如果在图4.2.5所示电路中，R_F的另一端改接在VT_1的基极，则反馈提高了VT_1管的基极电位，使得u_{be1}增大，这时构成的是交流电压并联正反馈。

4.3　反馈放大电路的方块图和一般表达式

4.3.1　反馈放大电路的方块图

为了便于深入研究引入反馈后对放大电路有何影响，可以将不同极性、不同组态的反馈。用统一的方块图来表示，如图4.3.1所示。

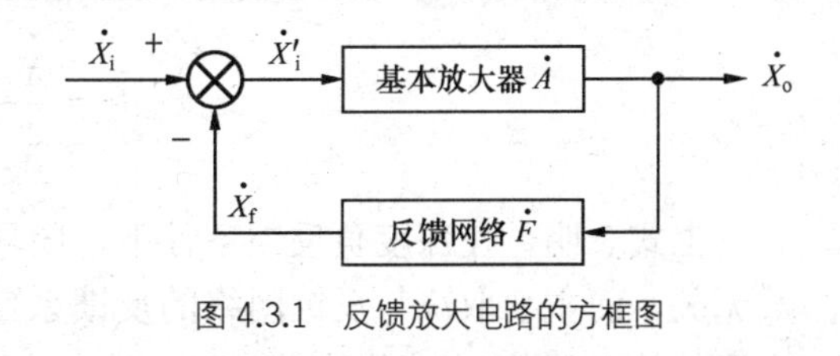

图4.3.1　反馈放大电路的方框图

为了表示一般情况，方框图中的输入信号、输出信号和反馈信号分别用正弦相量$\dot{X}_i$，$\dot{X}_o$和$\dot{X}_f$表示。“⊗”是求和符号，外加输入信号与反馈信号经过求和环节后得到净输入信号$\dot{X}'_i$，再送到基本放大电路，即

$$\dot{X}'_i=\dot{X}_i-\dot{X}_f \tag{4.3.1}$$

可见，引入反馈后，基本放大器的输入端同时受输入信号和反馈信号的作用。有反馈的放大电路称为反馈放大电路，或称为闭环放大器。没有反馈的放大电路称为开环放大器。

4.3.2　负反馈放大电路的一般表达式

由图4.3.1所示的反馈放大器方框图可得各信号量之间的基本关系式如下：

基本放大电路的放大倍数，也称为开环放大倍数为$\dot{A}=\dot{X}_o/\dot{X}'_i$

反馈放大电路的放大倍数，也称为闭环放大倍数为 $\dot{A}_f = \dot{X}_o / \dot{X}_i$

反馈网络的反馈系数为 $\dot{F} = \dot{X}_f / \dot{X}_o$

负反馈时，$\dot{X}_i' = \dot{X}_i - \dot{X}_f$

所以有 $\dot{X}_o = \dot{A}\dot{X}_i' = \dot{A}(\dot{X}_i - \dot{X}_f) = \dot{A}(\dot{X}_i - \dot{F}\dot{X}_o) = \dot{A}\dot{X}_i - \dot{A}\dot{F}\dot{X}_o$

可以得到，反馈放大器的放大倍数为

$$\dot{A}_f = \frac{\dot{X}_o}{\dot{X}_i} = \frac{\dot{X}_o}{\dot{X}_i' + \dot{X}_f} = \frac{\dot{X}_o}{\dot{X}_i'(1 + \frac{\dot{X}_f}{\dot{X}_i'})} = \frac{\dot{X}_o}{\dot{X}_i'(1 + \frac{\dot{X}_f \dot{X}_o}{\dot{X}_o \dot{X}_i'})} = \frac{\dot{A}}{1 + \dot{A}\dot{F}} \tag{4.3.2}$$

式（4.3.2）称为反馈放大器放大倍数的一般表达式。该式表明，电路引入负反馈后，闭环放大倍数 $|\dot{A}_f|$ 是开环放大倍数 $|\dot{A}|$ 的 $1/|1+\dot{A}\dot{F}|$ 倍。$|1+\dot{A}\dot{F}|$ 称为反馈深度，是描述反馈强弱的物理量。随着 $|1+\dot{A}\dot{F}|$ 值的不同，电路引入反馈后有以下 3 种情况。

（1）$|1+\dot{A}\dot{F}|>1$：这种情况下 $|\dot{A}_f|<|\dot{A}|$，电路引入的是负反馈，放大器的放大倍数较没有引入反馈时下降，但可以改善放大电路的动态性能指标。

（2）$0<|1+\dot{A}\dot{F}|<1$：这种情况下 $|\dot{A}_f|>|\dot{A}|$，电路引入的是正反馈，放大器的放大倍数较没有引入反馈时提高了，但正反馈过强容易产生振荡，使电路工作不稳定。

（3）$|1+\dot{A}\dot{F}|=1$：这种情况下 $|\dot{A}_f|$ 趋近∞，说明这时电路即使没有输入信号也可以产生一定的输出信号，放大电路的这种情况称为自激振荡。当反馈放大电路发生自激振荡时，输出信号将不受输入信号控制，也就是说，放大电路失去放大作用。所以在放大电路中这种情况应避免发生。自激振荡多用于信号发生器中。

在负反馈的情况下，如果反馈深度 $|1+\dot{A}\dot{F}|>>1$，则称为深度负反馈，这时式（4.3.2）可简化为

$$\dot{A}_f = \frac{\dot{X}_o}{\dot{X}_i} = \frac{\dot{A}}{1+\dot{A}\dot{F}} \approx \frac{1}{\dot{F}} \tag{4.3.3}$$

上式表明，在深度负反馈条件下，闭环放大器的放大倍数基本上与基本放大器的放大倍数无关，而主要取决与反馈网络的反馈系数。只要保证反馈网络元件的参数稳定，则闭环放大器的放大倍数 $\dot{A}_f$ 就能稳定。

4.4 负反馈对放大电路性能的影响

4.4.1 负反馈对放大电路性能的影响

1. 降低了放大倍数

由式（4.3.2）可知，引入反馈以后，放大电路的闭环放大倍数为 $\dot{A}_f = \frac{\dot{A}}{1+\dot{A}\dot{F}}$。如果放大电路工作在中频段，且反馈网络为纯电阻性，则 $\dot{A}$ 和 $\dot{F}$ 均为实数，上式可表示为

$$A_f = \frac{A}{1+AF} \tag{4.4.1}$$

由式（4.4.1）可知，引入负反馈后，放大电路的闭环放大倍数 A_f 下降为开环放大倍数的 1/（1+AF）倍。

2. 提高了放大倍数的稳定性

当外界条件变化时（如环境温度变化、元件参数变化、管子老化或电源电压波动），即使在输入信号一定的情况下，仍将引起输出信号的变化，也就是放大倍数受外界影响而改变。如果引入了负反馈，这种相对变化将大大减小，说明放大倍数的稳定性较高了。由式（4.3.2）对变量 A 求导数，可得

$$\frac{dA_f}{dA} = \frac{1}{1+AF} - \frac{AF}{(1+AF)^2} = \frac{1}{(1+AF)^2}$$

将上式等号的两边都除以式（4.4.1），则可得

$$\frac{dA_f}{A_f} = \frac{1}{1+AF} \times \frac{dA}{A} \tag{4.4.2}$$

dA/A 和 dA_f/A_f 分别表示开环和闭环放大倍数的相对变化量，可见式（4.4.2）表明引入负反馈后，放大倍数的稳定性提高了（1+AF）倍。

【例 4.4.1】 有一个负反馈放大电路的 $A=10^4$，反馈系数 $F=0.01$。如果由于某些原因，使 A 产生了±10%的变化，问 A_f 的相对变化量多大？并求出此时的反馈深度和 A_f 的变化范围。

解：由式（4.4.2）可求 A_f 的相对变化量为

$$\frac{dA_f}{A_f} = \frac{1}{1+AF} \cdot \frac{dA}{A} = \frac{1}{1+10^4 \times 0.01} \times (\pm 10\%) \approx \pm 0.1\%$$

反馈深度 $1+AF=1+10\,000 \times 0.01 \approx 100$

这说明引入反馈深度为 100 的负反馈以后，在 A 变化±10%的情况下，A_f 只变化了±0.1%。可见放大倍数的稳定性提高了 100 倍。

由式（4.4.1）得

$$A_f = \frac{A}{1+AF} = \frac{10^4}{1+10^4 \times 0.01} \approx 100$$

在 A 产生±10%的变化，即 A 可低到 9 000，高达 11 000。而 A_f 的相对变化量为±0.1%，A_f 将会低到 99.9，高到 100.1。

3. 减小非线性失真和抑制干扰

由于放大电路中存在着晶体管等非线性器件，当输入信号为正弦波时，输出信号的波形可能不再是一个真正的正弦波，而将产生或多或少的非线性失真。如图 4.4.1（a）所示，如果输入的正弦波信号 x_i 在输出端输出时，变成了正半周幅度大、负半周幅度小的失真波形 x_o。引入负反馈后，若反馈网络为纯电阻网络，则反馈信号 x_f 也是正半周大、负半周小，如图 4.4.1（b）所示，输入信号 x_i 和反馈信号 x_f 相减后得到净输入信号 x_i' 的波形为正半周小，负半周大，这个失真的净输入信号经基本放大电路失真放大后，正好补偿了非线性失真，使输出信号正、负半周的大小趋于对称，减小了输出波

形的失真程度。

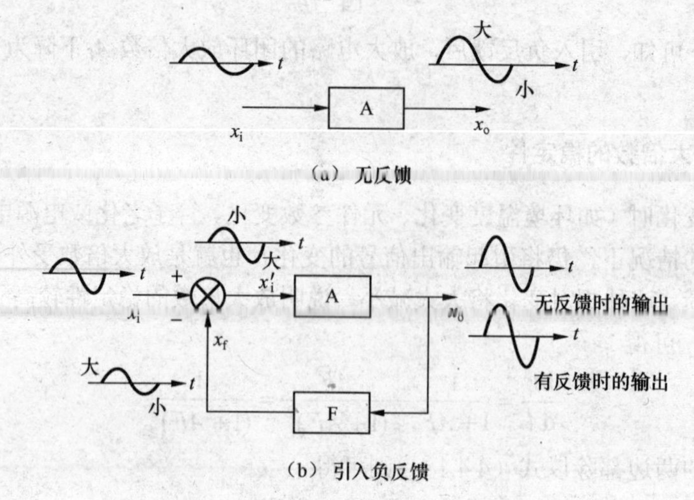

图 4.4.1　利用负反馈减小非线性失真

这里要注意，负反馈只能减小放大器自身的非线性失真，对输入信号本身的失真，负反馈放大器则无法克服。负反馈是利用失真的波形改善波形失真，因此负反馈只能减小失真，不能消除失真。

4．展宽通频带

通频带（简称带宽）是反映放大电路对输入信号频率变化适应能力的一个动态指标，用 BW 表示。

前面在分析交流放大电路时，为了简化分析，并没有考虑信号频率对放大电路的影响，采用的方法是把输入信号看做是单一频率的正弦波信号，并且在这一频率下，电路中的电容元件（耦合电容、旁路电容等）视为短路，晶体管的极间电容和连接导线的分布电容等也都没有考虑它们对电路动态性能的影响。实际上，只要放大电路中有电抗元件，当频率不同的信号通过它时，输出信号在幅度上和相位上也是不同的。也就是说放大电路的放大倍数 A 以及输出信号相对于输入信号的相位差ϕ都是信号频率 f 的函数，我们把这种函数关系称为放大电路的频率特性。

频率特性分为幅频特性和相频特性。前者表示电压放大倍数的模 $|A_u|$ 与频率f的关系；后者表示输出信号相对于输入信号的相位差ϕ与频率 f 的关系。

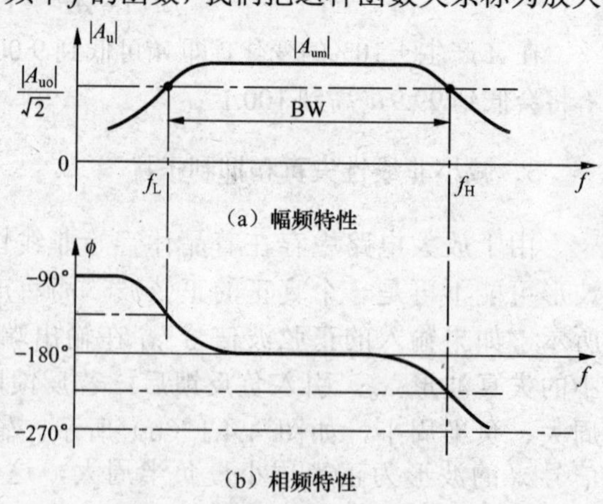

图 4.4.2　单管共射极放大电路的频率特性

图 4.4.2 所示为单管共射放大电路的幅频特性和相频特性，其中 f_L 和 f_H 分别称为下限截止频率（简称下限频率）和上限截止频率（简称上限频率），它们是放大倍数下降到 $|A_{um}|$（称中频放大倍数）的$1/\sqrt{2}$倍时所确定的两个频率。介于 f_L 和 f_H 之间的频率范围称为中频区，

通常又称为放大电路的通频带，BW=f_H−f_L。

观察特性可知，放大电路在中频区的电压放大倍数｜A_{um}｜与频率无关，输出电压相对于输入电压的相位差ϕ=−180°；在放大器的低频区（$f < f_L$），由于耦合电容阻抗增大等原因，使放大器放大倍数下降，相位差变化；在高频区（$f > f_H$），由于分布电容、晶体管极间电容的容抗减小等原因，使放大器放大倍数下降，相位差变化。

引入负反馈以后，当高、低频端的放大倍数下降时，反馈信号跟着减小，对输入信号的削弱作用减弱，使放大倍数的下降变得缓慢，因而能够展宽通频带，如图 4.4.3 所示。图中 A 和 A_F 分别表示负反馈引入前后的放大倍数，f_L 和 f_H 分别表示没引入负反馈时的下限频率和上限频率，f_{LF} 和 f_{HF} 分别表示引入负反馈后的下限频率和上限频率。

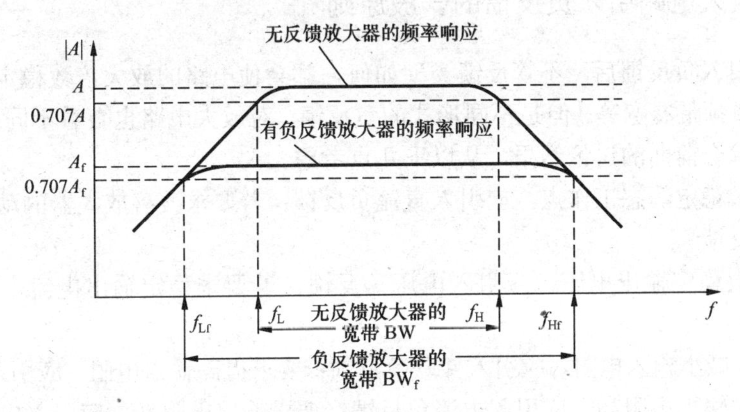

图 4.4.3 负反馈展宽放大电路通频带

引入负反馈后放大电路的通频带为

$$BW_f = f_{Hf} - f_{Lf}$$

由图 4.4.3 可见，BW_f>BW，频带展宽。可以证明引入负反馈后的通频带为

$$BW_f \approx (1+AF)BW \tag{4.4.3}$$

即频带展宽了（1+AF）倍。

5．负反馈对输入电阻的影响

放大电路中引入负反馈后能使输入电阻 r_{if} 提高还是降低，与是串联反馈还是并联反馈有关，而与是电压反馈还是电流反馈无关。

（1）串联负反馈使输入电阻提高。r_i 为开环时基本放大电路的输入电阻，r_{if} 为闭环时负反馈放大电路的输入电阻。可以证明。

$$r_{if} = (1+AF)r_i \tag{4.4.4}$$

即串联负反馈放大电路的输入电阻 r_{if} 为开环时输入电阻 r_i 的(1+AF)倍。

（2）并联负反馈使输入电阻下降。同样可以证明，并联反馈使输入电阻下降。

$$r_{if} = r_i/(1+AF) \tag{4.4.5}$$

即并联负反馈放大电路的输入电阻 r_{if} 为开环时输入电阻 r_i 的 1/(1+AF)倍。

6．负反馈对输出电阻的影响

放大电路中引入负反馈后能使输入电阻r_{of} 提高还是降低，与是电压反馈还是电流反馈有关，而与是串联反馈还是并联反馈无关。

（1）电压负反馈使输出电阻降低。r_o为开环时基本放大电路的输出电阻，r_{of}为闭环时负反馈放大电路的输出电阻。可以证明。

$$r_{of}=r_o/(1+AF) \tag{4.4.6}$$

即电压负反馈放大电路的输出电阻r_o为开环时输出电阻r_o的$1/(1+AF)$倍。

（2）电流负反馈使输出电阻提高。同样可以证明，电流负反馈使输出电阻提高。

$$r_{of}=(1+AF)r_o \tag{4.4.7}$$

即电流负反馈放大电路的输出电阻r_{of}为开环时输出电阻r_o的（$1+AF$）倍。

4.4.2 放大电路引入负反馈的一般原则

放大电路引入负反馈后，不管反馈类型如何，都会使电路的放大倍数稳定性提高、非线性失真减小、通频带展宽等。但是不同形式的负反馈，对放大电路也有着不同的影响。所以，可根据需要，综合前面的讨论结果，从以下几点考虑。

（1）若要求稳定静态工作点，应引入直流负反馈；若要求改善放大器的动态性能指标，应引入交流负反馈。

（2）若要求稳定输出电压，应引入电压负反馈；若要求稳定输出电流，应引入电流负反馈。

（3）若要求减小输入电阻，应引入并联负反馈；要求提高输入电阻，应引入串联负反馈。

（4）若要求输出电阻高，应引入电流负反馈；要求输出电阻低，应引入电压负反馈。

（5）当输入信号源为高内阻的电流源时，应引入并联负反馈；当输入信号源为低内阻的电压源时，应引入串联负反馈。

（6）当要求放大电路带负载能力强时，应引用电压负反馈；当要求恒流源输出时，应引用电流负反馈。

小　　结

在实际应用的放大电路中，往往要引入不同类型的负反馈。本章主要介绍了反馈的基本概念、负反馈放大电路的方块图及负反馈对放大电路性能的影响等问题，阐明了反馈类型的判断方法、根据需要正确引入负反馈的方法等。主要内容如下。

1．反馈的概念

在电子电路中，将输出信号（输出电压或输出电流）的一部分或全部通过一定的电路形式作用到放大电路的输入端，并对输入信号（电压或电流）产生影响的过程称为反馈。若引回的反馈信号削弱了输入信号，称为负反馈。若反馈信号增强了输入信号，则称为正反馈。若反馈存在于直流通路，则称为直流反馈；若反馈存在于交流通路，则称为交流反馈。本章重点研究交流负反馈。

2．负反馈放大电路放大倍数的一般表达式为$\dot{A}_f=\dfrac{\dot{A}}{1+\dot{A}\dot{F}}$，$|1+\dot{A}\dot{F}|$称为反馈深度，是描述反馈强弱的物理量。若$|1+\dot{A}\dot{F}|>>1$，称为深度负反馈，在深度负反馈条件下，

$\dot{A}_f = \dfrac{\dot{X}_o}{\dot{X}_i} = \dfrac{\dot{A}}{1+\dot{A}\dot{F}} \approx \dfrac{1}{\dot{F}}$，即 $\dot{X}_i \approx \dot{X}_f$ 。

3．负反馈的4种组态

交流负反馈有四种组态：电压串联负反馈，电压并联负反馈，电流串联负反馈，电流并联负反馈。若反馈量取自输出电压，则称之为电压反馈；若反馈量取自输出电流，则称之为电流反馈；输入量 $\dot{X}_i$ 、反馈量 $\dot{X}_f$ 和净输入量 $\dot{X}'_i$ ，以电压形式相叠加，即 $\dot{U}_i = \dot{U}'_i + \dot{U}_f$ ，称为串联反馈；以电流形式相叠加，即 $\dot{I}_i = \dot{I}'_i + \dot{I}_f$ ，称为并联反馈。

4．反馈类型的判断

电路中是否存在反馈决定于输出回路和输入回路之间是否存在反馈通路。

是直流反馈还是交流反馈决定于反馈通路存在于直流通路中还是交流通路中。

是正反馈还是负反馈可以采用瞬时极性法，反馈的结果使净输入量减小的为负反馈；使净输入量增大的为正反馈。

是电压反馈还是电流反馈，分析输出端：令输出电压等于零，若反馈量随之为零，则为电压反馈；若反馈量依然存在，则为电流反馈。

是串联反馈还是并联反馈，分析输入端：如果反馈信号与输入信号在输入端以电压形式求和，则称为串联反馈；如果反馈信号与输入信号在输入端以电流形式求和，则称为并联反馈。

5．引入负反馈后对放大电路性能的影响

引入直流负反馈可以稳定静态工作点，引入交流负反馈后可以改善放大电路多方面的性能。例如，可以提高放大倍数的稳定性、改变输入电阻和输出电阻、展宽频带、减小非线性失真等。在具体应用中，应根据需求引入合适的反馈。

习　题

习题 4.1　填空题

（1）根据反馈极性的不同，反馈可以分为________和________。根据反馈信号本身的交、直流性质不同，反馈可以分为________和________。根据反馈信号在放大电路输出端采样方式的不同，反馈可以分为________和________。根据反馈信号与输入信号在放大电路输入端的连接方式不同，反馈可以分为________和________。

（2）在放大电路中，若只需要稳定静态工作点，而不影响交流参数，应引入________负反馈。

（3）题图4.1所示电路的反馈组态为________。

（4）放大器的开环放大倍数 A=50，反馈系数 F=0.1，若 A 产生±20%的变化，则 A_f 的相对变化是________。

（5）需要一个电流控制的电压源，应选________负反馈；若需要一个电压控制的电压源，应引入________负反馈。

（6）若 $|1+\dot{A}\dot{F}|$ >>1，则称为________负反馈，这时的闭环放大倍数只与________有关。

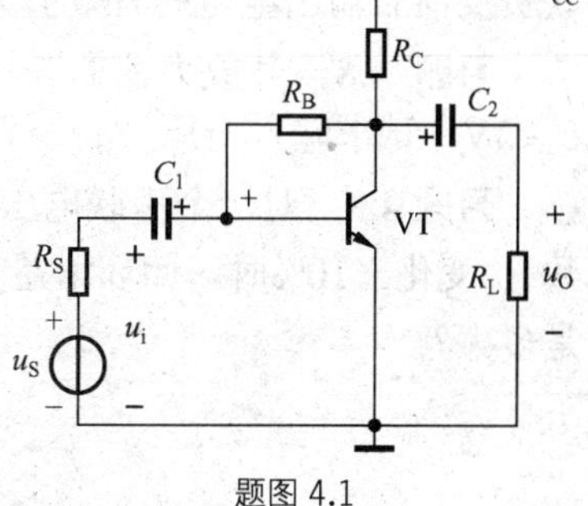

题图 4.1

（7）负反馈的引入，可使放大器的通频带________，并改善波形的________。

习题 4.2 选择题

（1）若反馈信号使基本放大器的（　　）减小，则说明电路中引入了（　　）。

A．输入信号　　B．净输入信号　　C．负反馈　　D．正反馈

（2）为了稳定静态工作点，应该引入（　　）。为了改善放大器性能，应该引入（　　）。为了稳定输出电压，应该引入（　　）。为了稳定输出电流，应该引入（　　）。

A．直流负反馈　　B．交流负反馈　　C．电压负反馈

D．电流负反馈　　E．串联负反馈　　F．并联负反馈

（3）为了减小输入电阻，应该引入（　　）。为了增大输入电阻，应该引入（　　）。为了减小输出电阻，应该引入（　　）。为了增大输出电阻，应该引入（　　）。

A．电压负反馈　　B．电流负反馈　　C．串联负反馈　　D．并联负反馈

（4）负反馈所能够抑制的干扰和噪声是（　　）。

A．外界对输入信号的干扰和噪声　　B．外界对输出信号的干扰和噪声

C．反馈环内的干扰和噪声　　D．反馈环外的干扰和噪声

（5）为了稳定输出电压，并提高输入电阻，应选择（　　）放大电路。

A．电压串联负反馈　　B．电压并联负反馈

C．电流串联负反馈　　D．电流并联负反馈

（6）负反馈放大器的 $A=10^3$，若要 $A_f=10^2$，则反馈系数 F 为（　　）。

A．0.009　　B．0.09　　C．0.9　　D．9

（7）为了增大从电流源索取的电流并增大带负载的能力，应选择（　　）放大电路。为了减小从电压源索取的电流并增大带负载的能力，应选择（　　）放大电路。

A．电压串联负反馈　　B．电压并联负反馈

C．电流串联负反馈　　D．电流并联负反馈

习题 4.3 什么是反馈？什么是正反馈和负反馈？什么是直流反馈和交流反馈？为改善放大电路的动态性能指标，应引入什么反馈？

习题 4.4 引入负反馈后，对放大电路的性能指标有什么影响？

习题 4.5 分别判断题图 4.2 所示各电路中反馈的极性和反馈的组态。

习题 4.6 在题图 4.3 所示各电路中，指明反馈网络是由哪些元件组成的，并判断所引入的反馈是直流反馈还是交流反馈，是正反馈还是负反馈，是电压反馈还是电流反馈，是串联反馈还是并联反馈。（设所有电容对交流信号均可视为短路）

习题 4.7 某放大电路输入的正弦波电压有效值为 10mV，引入反馈系数为 0.01 的电压串联负反馈后输出电压的有效值为 0.9V，试求开环电压放大倍数。

习题 4.8 某放大器的开环电压放大倍数 A_u=1 000，反馈系数 F_u=0.049，若输出电压 U_o=3V，试求输入电压 U_i；反馈电压 U_f；净输入电压 U_i'。

习题 4.9 对一个串联电压负反馈放大电路，若要求 A_{uf}=100，当基本放大电路的放大倍数 A_u 变化±10%时，闭环增益变化不超过±0.5%。试求 A_u 至少应是多大？这时反馈系数 F_u 是多大？

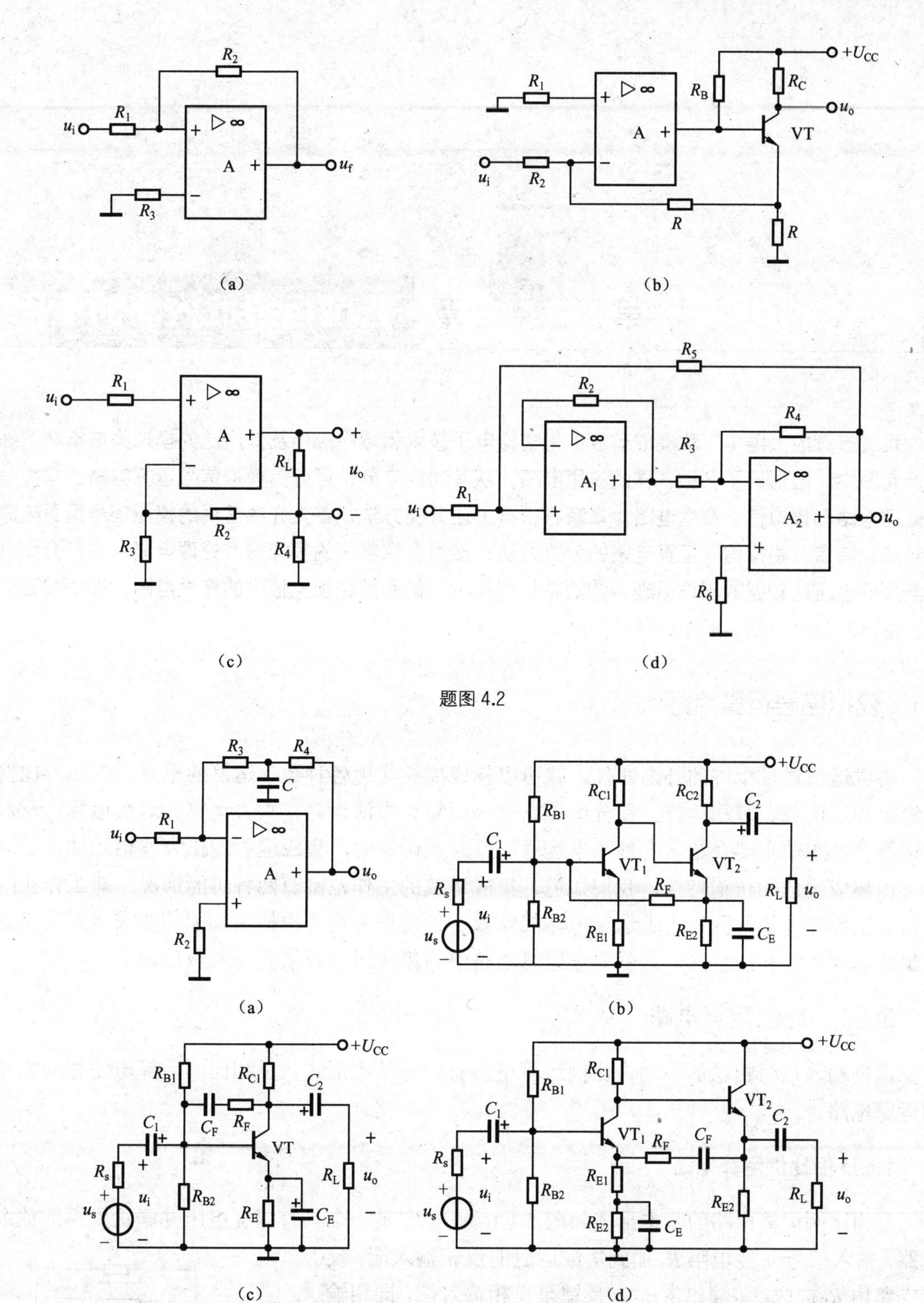
(a)
(b)
(c)
(d)
u_i
u_f
u_o
R_1
R_2
R_3
R_4
R_5
R_6
R_L
R_B
R_C
R
VT
A
A_1
A_2
$+U_{CC}$
C
C_1
C_2
C_E
C_F
R_F
R_s
u_s
R_{B1}
R_{B2}
R_{C1}
R_{C2}
R_{E}
R_{E1}
R_{E2}
VT_1
VT_2

题图 4.2

题图 4.3

第5章 集成运算放大器的应用

集成运算放大器（下称集成运放）是模拟电子技术领域中应用及其广泛的模拟集成电路。在生产实践中，已形成了各种各样的应用电路，从其功能来分，可分为模拟信号运算电路、模拟信号处理电路和模拟信号产生电路。本章将根据上述分类方法，首先介绍常用的模拟信号运算电路的组成、特点及模拟信号运算电路的分析方法；然后介绍常用的模拟信号处理电路，主要介绍几种典型的电压比较器的工作原理、传输特性和用途；最后简介模拟信号的产生电路，即 *RC* 正弦波发生器的电路构成、频率计算等问题。

5.1 模拟信号运算电路

集成运放通过少许的外围器件，就可以构成能够实现各种数学运算的电路。例如，比例运算、加法运算、减法运算、积分运算、微分运算、乘法运算、乘方运算、对数运算、反对数运算等。本节主要介绍前 5 种基本运算电路。在讨论中，集成运放均作为理想元件。

由集成运放的传输特性，我们知道，集成运放的工作范围有两种可能情况，即工作在线性区或工作在非线性区。由于运算电路的输入、输出信号均为模拟量，因此要求运算电路中的集成运放工作在线性区，这就要求运算电路中的集成运放必须要引入负反馈。

5.1.1 比例运算电路

根据输入信号接法的不同，比例运算电路有二种基本形式：反相比例运算电路和同相比例运算电路。

1．反相比例运算电路

反相比例运算电路的基本形式如图 5.1.1 所示，它是一个具有深度电压并联负反馈的放大电路，输入信号 u_i 经电阻 R_1 加到集成运放的反相输入端，反馈支路由 R_f 构成，将输出电压 u_o 反馈至反相输入端，同相输入端通过电阻 R_2 接地。因为集成运放的反相输入端和同相输入端实际上是运放内部输入级两个差分对管的基极，为了使差分电路的参数对称，应使两个差分对管基极对地的电阻尽量一致，以免静态基极电流流过这两个电阻时，在集成运放

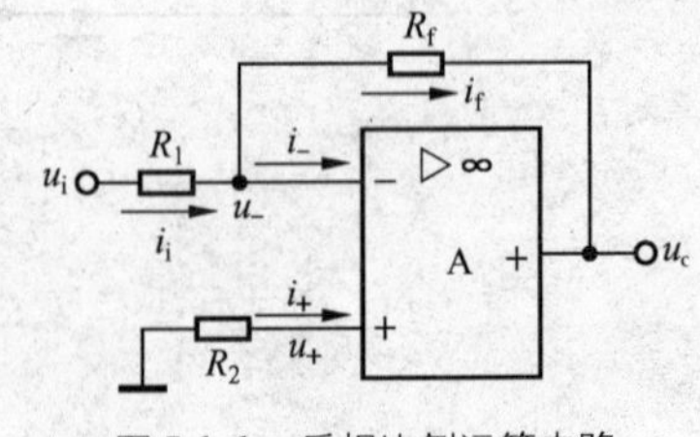

图 5.1.1　反相比例运算电路

输入端产生附加的偏差电压，因此，称 R_2 为平衡电阻。通常选择 R_2 的阻值为

$$R_2 = R_1 /\!/ R_f$$

由于集成运放的开环差模电压放大倍数很高，因此容易满足深度负反馈的条件，可以认为集成运放工作在线性区，可以利用理想运放工作在线性区时“虚断”和“虚短”的特点来分析反相比例运算电路的电压放大倍数。

在图 5.1.1 中，由于“虚断”，故 $i_+ = 0$，即 R_2 上没有压降，则 $u_+ = 0$。又因为“虚短”，可得

$$u_- = u_+ = 0 \tag{5.1.1}$$

式（5.1.1）说明在反相比例运算电路中，集成运放的反相输入端与同相输入端两点的电位相等，且均等于零，如同该两点接地一样，这种现象称为“虚地”。“虚地”是反相比例运算电路的一个重要特点。

由图 5.1.1，根据式（5.1.1），可得

$$i_i = \frac{u_i - u_-}{R_1} \approx \frac{u_i}{R_1}$$

$$i_f = \frac{u_- - u_o}{R_f} \approx \frac{-u_o}{R_f}$$

由于 $i_+ = i_- = 0$，所以，$i_i = i_f$，因此有

$$\frac{u_i}{R_1} = \frac{-u_o}{R_f}$$

求解上式，可得出反相比例运算电路的输出电压表达式为

$$u_o = -\frac{R_f}{R_1} u_i \tag{5.1.2}$$

闭环电压放大倍数（比例系数）为

$$A_{uf} = \frac{u_o}{u_i} = -\frac{R_f}{R_1} \tag{5.1.3}$$

因为反相输入端“虚地”，所以，电路的输入电阻为

$$R_{if} = R_1 \tag{5.1.4}$$

综上所述，对反相比例运算电路可得到以下几点结论。

（1）反相比例运算电路实际上是一个深度的电压并联负反馈电路。在理想情况下，反相输入端的电位等丁零，称为“虚地”。

（2）式（5.1.3）说明，反相比例运算电路的输出电压与输入电压之间成比例关系，比例系数（即电压放大倍数）仅决定于反馈网络的电阻 R_f 和 R_1 之比，而与集成运放本身的参数无关。当选用不同的 R_f 和 R_1 电阻值时，就可以方便地改变这个电路的电压放大倍数。放大倍数表达式中的负号表示输出电压与输入电压反相。当选取 $R_f = R_1$ 时，$A_{uf} = -1$，即输出电压与输入电压大小相等，相位相反，这种电路称为反相器。

（3）由于引入了深度电压并联负反馈，因此电路的输入电阻不高，输出电阻很低。

【例 5.1.1】在图 5.1.1 电路中，已知 $R_1 = 10\text{k}\Omega$，$R_f = 400\text{k}\Omega$。求电压放大倍数 A_{uf}，输入电阻 R_{if}，平衡电阻 R_2。

解：

$$A_{\mathrm{uf}} = -\frac{R_\mathrm{f}}{R_1} = -\frac{400}{10} = -40$$

$$R_{\mathrm{if}} = R_1 = 10\ \mathrm{k\Omega}$$

$$R_2 = R_1 // R_\mathrm{f} = \frac{10 \times 400}{10 + 400} = 9.8\mathrm{k\Omega}$$

2．同相比例运算电路

同相比例运算电路的基本形式如图 5.1.2 所示，输入电压 u_i 经 R_2 加到同相输入端，为保证引入的是负反馈，电阻 R_f 支路将输出电压 u_o 反馈至反相输入端，同时，反相输入端通过电阻 R_1 接地。为使集成运放反相输入端和同相输入端对地的直流等效电阻相等，R_2 的阻值应为

$$R_2 = R_1 // R_\mathrm{f}$$

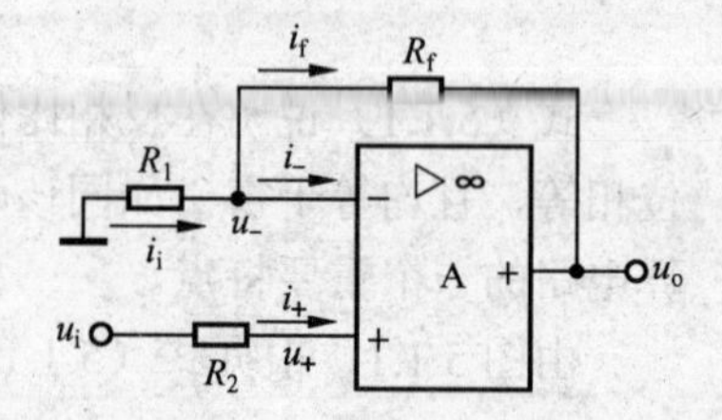

图 5.1.2　同相比例运算电路

同相比例运算电路中的反馈组态为电压串联负反馈，同样可以利用理想运放工作在线性区的两个特点来分析其电压放大倍数。

由图 5.1.2 可得

$$i_\mathrm{i} = \frac{0 - u_-}{R_1} = -\frac{u_-}{R_1}$$

$$i_\mathrm{f} = \frac{u_- - u_\mathrm{o}}{R_\mathrm{f}}$$

由于"虚断"，$i_+ = i_- = 0$，所以 $i_\mathrm{i} = i_\mathrm{f}$，因此有

$$-\frac{u_-}{R_1} = \frac{u_- - u_\mathrm{o}}{R_\mathrm{f}} \qquad (5.1.5)$$

因为"虚短"，$u_+ = u_-$，代入式（5.1.5），求解得出

$$u_\mathrm{o} = \left(1 + \frac{R_\mathrm{f}}{R_1}\right) u_+ \qquad (5.1.6)$$

因为 $i_+ = i_- = 0$，所以 $u_+ = u_\mathrm{i}$，代入式（5.1.6）得出同相比例运算电路的输出电压表达式为

$$u_\mathrm{o} = \left(1 + \frac{R_\mathrm{f}}{R_1}\right) u_\mathrm{i} \qquad (5.1.7)$$

根据式（5.1.7），可得闭环电压放大倍数（比例系数）为

$$A_{\mathrm{uf}} = \frac{u_\mathrm{o}}{u_\mathrm{i}} = 1 + \frac{R_\mathrm{f}}{R_1} \qquad (5.1.8)$$

观察式（5.1.6），发现对于在同相端加输入信号，输出电压是与 u_+ 成比例关系。所以式（5.1.6）更具有普遍意义，因为不管同相输入端的电路是怎样的连接形式，只要我们能够求出 u_+，代入式（5.1.6）中，就可以求出 u_o 的最后结果。

由式（5.1.8）可知，同相比例运算电路的电压放大倍数总是大于或等于 1 。当 $R_\mathrm{f} = 0$ 或 $R_1 \to \infty$ 时，此时电压放大倍数为

$$A_{uf}=\frac{u_o}{u_i}=1$$

即$u_o=u_i$。这时电路如图5.1.3所示。可见，图5.1.3这种电路的输出电压与输入电压相等，且相位相同，两者之间是一种“跟随”关系，所以称该电路为“电压跟随器”。

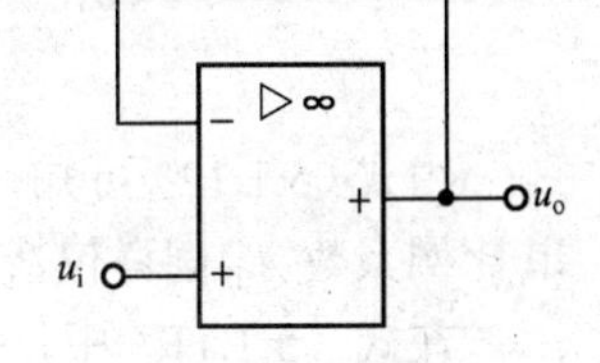

图5.1.3 电压跟随器

由于该电路引入了电压串联负反馈，因此能够提高输入电阻。在理想的集成运放条件下，可认为$A_{od}\to\infty$，$R_{id}\to\infty$。

综上所述，对同相比例运算电路可得到以下几点结论。

（1）同相比例运算放大电路是一个深度电压串联负反馈电路。因为$u_-=u_+=u_i$，所以不存在“虚地”现象，在选用集成运放时要考虑到其输入端可能具有较高的共模输入电压。

（2）式（5.1.8）说明，同相比例运算电路的输出电压与输入电压之间仍成比例关系，比例系数（即电压放大倍数）仅决定于反馈网络的电阻R_f和R_1的值，而与运放本身的参数无关。

A_{uf}为正值表明输出电压与输入电压同相。一般情况下，A_{uf}值恒大于1。当$R_f=0$或$R_1=\infty$时，$A_{uf}=1$，这种电路称为“电压跟随器”。

（3）由于引入了深度电压串联负反馈，因此，电路的输入电阻很高，输出电阻很低。

5.1.2 减法运算电路

减法运算（也称为差分比例运算）电路的基本形式如图5.1.4所示，输入电压u_{i1}和u_{i2}分别加在集成运放的反相输入端和同相输入端，为使集成运放工作在线性区，从输出端通过反馈电阻R_f接回到反相输入端。为了保证运放两个输入端对地的直流电阻平衡，同时为了避免降低共模抑制比，通常要求

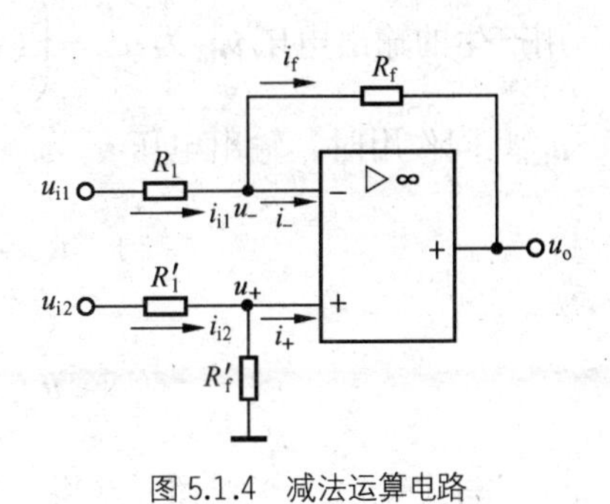

图5.1.4 减法运算电路

$$R_1=R_1'$$
$$R_f=R_f'$$

由图5.1.4可知

$$i_{i1}=\frac{u_{i1}-u_-}{R_1}$$

$$i_f=\frac{u_--u_o}{R_f}$$

对于反相输入端，有$i_{i1}=i_f+i_-$。因为$i_+=i_-=0$，所以$i_{i1}=i_f$，则有

$$\frac{u_{i1}-u_-}{R_1}=\frac{u_--u_0}{R_f} \tag{5.1.9}$$

对于同相端，因为$i_+=i_-=0$，所以，电阻R_1'和R_f'近似为串联关系，则有

$$u_+=\frac{R_f'}{R_1'+R_f'}u_{i2} \tag{5.1.10}$$

因为“虚短”，$u_+=u_-$，联立求解式（5.1.9）和式（5.1.10），整理后可得到减法运算电路的输出电压表达式为

$$u_o = \left(1+\frac{R_f}{R_1}\right)\times\frac{R_f'}{R_1'+R_f'}u_{i2} - \frac{R_f}{R_1}u_{i1} \tag{5.1.11}$$

在式（5.1.11）中，当满足条件 $R_1 = R_1'$，$R_f = R_f'$ 时，整理后得

$$u_o = \frac{R_f}{R_1}(u_{i2} - u_{i1}) \tag{5.1.12}$$

由式（5.1.12）可知，输出电压与两输入端的输入电压之差成正比，实现了减法比例运算，其比例系数 A_{uf} 同样仅决定于电阻 R_f 与 R_1 之比，而与集成运放内部参数无关。

在式（5.1.11）中，当满足条件 $R_1 = R_1' = R_f = R_f'$ 时，整理后得

$$u_o = u_{i2} - u_{i1} \tag{5.1.13}$$

通过上面的分析可知，当输入信号较多时，求解过程比较麻烦，能否有比较简单的方法求解呢？因为集成运放工作在线性区，所以，对于有两个以上的输入信号共同作用时，可以利用线性叠加原理求解输出表达式，更为方便。

例如，此电路当反相端输入信号 u_{i1} 单独作用时，令 u_{i2}=0，此时电路为反相比例运算电路，由此产生的输出电压 u_{o1} 为 $u_{o1} = -\frac{R_f}{R_1}u_{i1}$。当同相端输入信号 u_{i2} 单独作用时，令 u_{i1}=0，此时电路为同相比例运算电路。由图可得 $u_+ = \frac{R_f'}{R_1'+R_f'}u_{i2}$，故根据式（5.1.6），由 u_{i2} 单独作用产生的输出电压 u_{o2} 为 $u_{o2} = \left(1+\frac{R_f}{R_1}\right)u_+ = \left(1+\frac{R_f}{R_1}\right)\frac{R_f'}{R_1'+R_f'}u_{i2}$。利用线性叠加定理，当 u_{i1} 和 u_{i2} 共同作用时，输出电压 u_o 为

$$u_o = u_{o1} + u_{o2} = -\frac{R_f}{R_1}u_{i1} + \left(1+\frac{R_f}{R_1}\right)u_+$$

$$u_o = -\frac{R_f}{R_1}u_{i1} + \left(1+\frac{R_f}{R_1}\right)\times\frac{R_f'}{R_f'+R_1'}u_{i2}$$

与式（5.1.11）对照，结果一致。由此可知，只要记住了同相比例运算和反相比例运算这两个基本的运算公式，利用此法求解是比较简单的。

减法运算电路的缺点是对元件对称性要求较高，如果元件失配，不仅在计算中带来附加误差，而且将产生共模电压输出。该电路的另一个缺点是输入电阻不够高。

【例 5.1.2】图 5.1.5 所示为运算放大器构成的两级放大电路，试求输出电压 u_o 表达式。

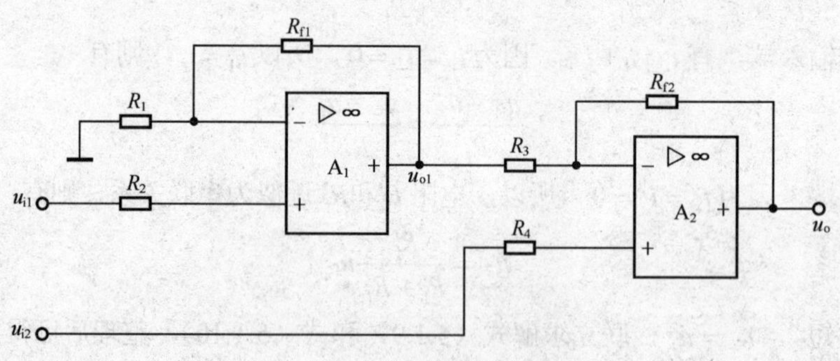

图 5.1.5　例 5.1.2 电路图

解：分析电路，A_1是同相比例运算，因此

$$u_{o1}=\left(1+\frac{R_{f1}}{R_1}\right)u_{i1}$$

A_2是减法运算电路，因此有

$$u_o=\left(1+\frac{R_{f2}}{R_3}\right)u_{i2}-\frac{R_{f2}}{R_3}u_{o1}=\left(1+\frac{R_{f2}}{R_3}\right)u_{i2}-\frac{R_{f2}}{R_3}(1+\frac{R_{f1}}{R_1})u_{i1}$$

5.1.3　求和运算电路

如果要将多个模拟电压相加，可采用求和运算电路来实现。用集成运放实现求和运算时，可以采用反相输入方式，也可以采用同相输入方式。

1. 反相输入求和运算电路

图5.1.6所示为将3个输入模拟信号相加的反相求和电路。为了使集成运放工作在线性区，通过R_f引入了深度电压并联负反馈。可以看出，此求和运算电路实际上是在反相比例运算电路的基础上加以扩展而得到的。

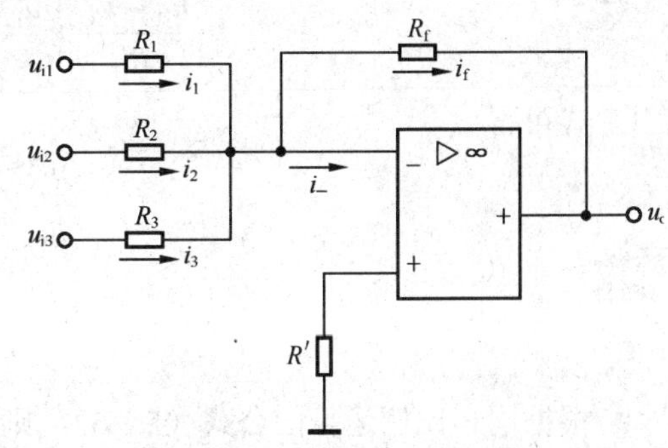

图5.1.6　反相输入求和电路

为了保证集成运放两个输入端对地的电阻平衡，同相输入端电阻R'的阻值应为

$$R'=R_1\,//\,R_2\,//\,R_3\,//\,R_f$$

由于“虚断”，$i_-=0$，因此

$$i_1+i_2+i_3=i_f$$

又因为集成运放的反相输入端“虚地”，故上式可写为

$$\frac{u_{i1}}{R_1}+\frac{u_{i2}}{R_2}+\frac{u_{i3}}{R_3}=-\frac{u_o}{R_f}$$

求解上式，得出反相求和电路的输出电压为

$$u_o=-(\frac{R_f}{R_1}u_{i1}+\frac{R_f}{R_2}u_{i2}+\frac{R_f}{R_3}u_{i3})\tag{5.1.14}$$

可见，电路的输出电压u_o反映了输入电压u_{i1}，u_{i2}和u_{i3}相加的结果，即电路能够实现求和运算。同时在求和运算时，还可改变R_1,R_2或R_3的阻值来改变3个输入信号在输出信号中所占的比例大小。如果电路中电阻的阻值满足关系$R_1=R_2=R_3=R$，则式（5.1.14）成为

$$u_o=-\frac{R_f}{R}(u_{i1}+u_{i2}+u_{i3})\tag{5.1.15}$$

同理，可以将求和电路的输入端扩充到3个以上，电路的分析方法是相同的。

由以上分析可知，反相输入求和电路的实质是利用“虚短”和“虚地”的特点，通过各路输入电流相加的方法来实现输入电压的相加。这种反相输入电路的优点是，当改变某一输入回路电阻时，仅仅改变输出电压与该路输入电压之间的比例关系，对其他各路没有影响，

因此调节比较方便。另外，由于“虚地”存在，因此加在集成运放输入端的共模电压很小。在实际工作中，反相输入方式的求和电路应用比较广泛。

2. 同相输入求和电路

为了实现同相求和，可将各输入电压加在集成运放的同相输入端，为使集成运放工作在线性区，反馈电阻 R_f 仍需接到反相输入端，如图 5.1.7 所示。由于“虚断”，$i_+=0$，故对运放的同相输入端可列出如下节点电流方程

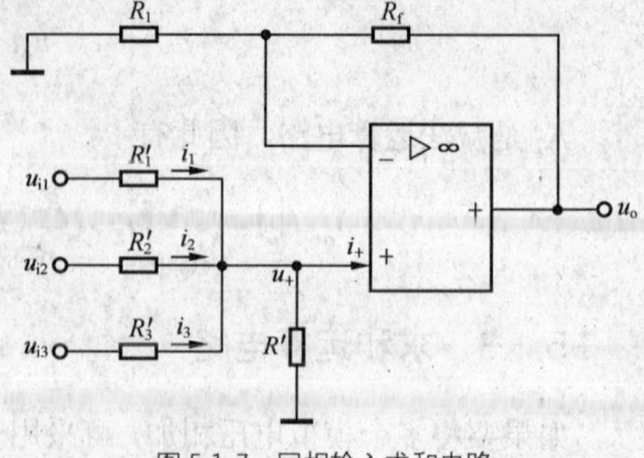

图 5.1.7 同相输入求和电路

$$\frac{u_{i1}-u_+}{R_1'}+\frac{u_{i2}-u_+}{R_2'}+\frac{u_{i3}-u_+}{R_3'}=\frac{u_+}{R'}$$

由上式可得

$$u_+=\frac{R_+}{R_1'}u_{i1}+\frac{R_+}{R_2'}u_{i2}+\frac{R_+}{R_3'}u_{i3}$$

其中

$$R_+=R_1'//R_2'//R_3'//R'$$

根据同相比例运算的公式（5.1.6），则有

$$u_o=(1+\frac{R_f}{R_1})u_+=(1+\frac{R_f}{R_1})(\frac{R_+}{R_1'}u_1+\frac{R_+}{R_2'}u_2+\frac{R_+}{R_3'}u_3) \tag{5.1.16}$$

式（5.1.16）与式（5.1.14）形式上相似，但前面没有负号，可见能够实现同相求和运算。但在式（5.1.16）中的 R_+ 与各输入回路的电阻都有关，因此当调节某一回路的电阻以达到给定的关系时，其他各路输入电压与输出电压之间的比值也将随之变化，常常需要反复调整才能将参数值最后确定，调试的过程比较麻烦。此外，由于不存在“虚地”现象，集成运放承受的共模输入电压也比较高。在实际工作中，同相求和电路使用较少。

【例 5.1.3】 用集成运放实现如下运算

$$u_o=0.5u_{i1}+5u_{i2}-1.5u_{i3}$$

解：要设计这种同时进行加减运算的电路时，可用两级反相求和电路来解决问题。电路如图 5.1.8 所示。

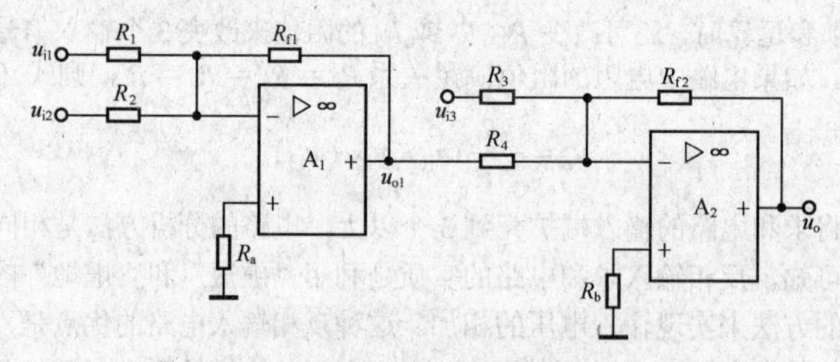

图 5.1.8 例 5.1.3 电路图

由图可知，集成运放 A_1 首先将 u_{i1} 和 u_{i2} 进行反相求和，使

$$u_{o1}=-(0.5u_{i1}+5u_{i2})$$

再将 u_{o1} 作为集成运放 A_2 的输入信号与 u_{i3} 进行反相求和，使

$$u_o=-(u_{o1}+1.5u_{i3})=-\left[-(0.5u_{i1}+5u_{i2})+1.5u_{i3}\right]=0.5u_{i1}+5u_{i2}-1.5u_{i3}$$

即可满足集成运算要求。

由反相求和的比例关系式，应有 $u_{o1}=-(\frac{R_{f1}}{R_1}u_{i1}+\frac{R_{f1}}{R_2}u_{i2})=-(0.5u_{i1}+5u_{i2})$，$u_o=-(\frac{R_{f2}}{R_3}u_{i3}+\frac{R_{f2}}{R_4}u_{o1})=-(1.5u_{i3}+u_{o1})$。如果设 $R_{f1}=R_{f2}=50\text{k}\Omega$，可求出

$$R_1=\frac{R_{f1}}{0.5}=\frac{50}{0.5}=100\text{k}\Omega$$

$$R_2=\frac{R_{f1}}{5}=\frac{50}{5}=10\text{k}\Omega$$

$$R_3=\frac{R_{f2}}{1.5}=\frac{50}{1.5}=33.3\text{k}\Omega$$

$$R_4=\frac{R_{f2}}{1}=\frac{50}{1}=50\text{k}\Omega$$

对于平衡电阻，可以求得

$$R_a=R_1//R_2//R_{f1}=8.0\ \text{k}\Omega$$

$$R_b=R_3//R_4//R_{f2}=14.3\ \text{k}\Omega$$

5.1.4 积分运算电路和微分运算电路

1. 积分运算电路

积分运算电路是一种应用比较广泛的模拟信号运算电路。它是组成模拟计算机的基本单元，用以实现对微分方程的模拟。同时，积分电路也是控制和测量系统中常用的重要单元，利用其充放电过程可以实现延时、定时及各种波形的产生。

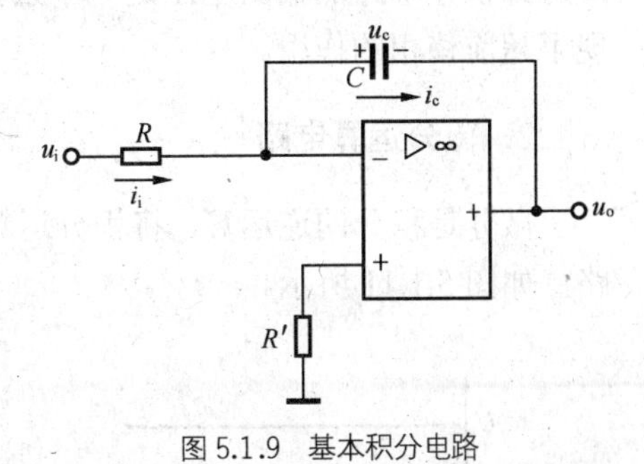

图 5.1.9 基本积分电路

在图 5.1.9 中，输入电压通过电阻 R 加在集成运放的反相输入端，并在输出端和反相输入端之间通过电容 C 引回一个深度负反馈，即可组成基本积分电路。为使集成运放两个输入端对地的电阻平衡，通常使同相输入端的电阻为

$$R'=R$$

可以看出，这种反相输入基本积分电路实际上是在反相比例电路的基础上，将反馈回路中的电阻 R_f 改为电容 C 而得到的。

因为电容两端的电压 u_c 与流过电容的电流 i_c 之间存在着积分关系，即

$$u_c=\frac{1}{C}\int i_c\text{d}t$$

又因为集成运放的反相输入端“虚地”，故

$$u_o = -u_c$$

可见输出电压与电容两端电压成正比。

因为“虚断”，运放反相输入端的电流为零，即 $i_i = i_c$，所以

$$u_i = i_i R = i_c R$$

输入电压与流过电容的电流成正比。由此可得

$$u_o = -u_c = -\frac{1}{C}\int i_c \mathrm{d}t = -\frac{1}{RC}\int u_i \mathrm{d}t \tag{5.1.17}$$

式（5.1.17）表明 u_o 与 u_i 的积分成比例，式中的负号表示两者反相。电阻与电容的乘积称为积分时间常数，通常用 τ 表示，即

$$\tau = RC$$

如果在开始积分之前，电容两端已经存在一个初始电压，则积分电路将有一个初始的输出电压 $U_o(0)$，此时

$$u_o = -\frac{1}{RC}\int u_i \mathrm{d}t + U_o(0) \tag{5.1.18}$$

当输入电压为从 0 开始正阶跃时，如图 5.1.10（a）所示，则

$$u_o = -\frac{1}{RC}\int u_i \mathrm{d}t = -\frac{U_i}{RC}t \tag{5.1.19}$$

可见，输出电压 u_o 与积分时间 t 近似成线性关系，且是一条起始电压为零，终点电压为 $-U_{om}$ 的斜率为 $-\frac{U_i}{RC}$ 的直线，输出波形如图 5.1.10（b）所示。

不难想象，当输入信号为方波信号时，输出为三角波。若输入电压为正弦波 $u_i = U_m \sin\omega t$，则由式（5.1.17）可得

$$u_o = -\frac{1}{RC}\int U_m \sin\omega \mathrm{d}t = \frac{U_m}{\omega RC}\cos\omega t$$

此时，积分电路的输出电压是一个余弦波。输出电压 u_o 的相位比输入电压 u_i 超前 90°，实现了超前移相的作用。

2. 微分运算电路

微分是积分的逆运算。将积分运算电路中 R 和 C 的位置互换，即可组成基本微分运算电路，如图 5.1.11 所示。

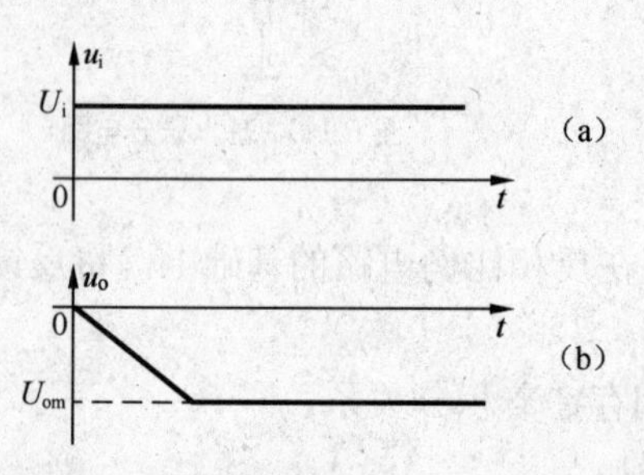

图 5.1.10　u_i 为正阶跃时，积分电路的 u_i、u_o 波形

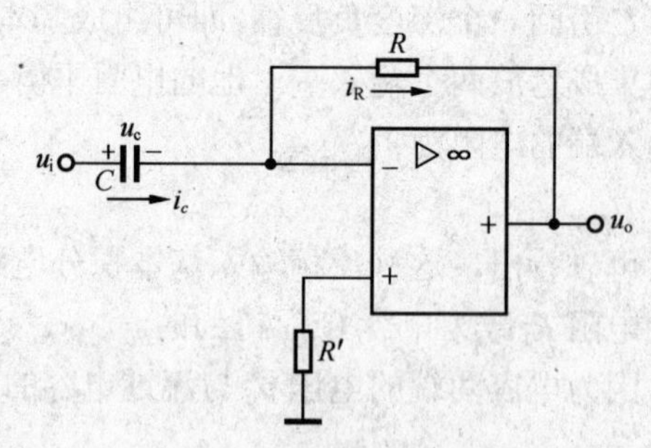

图 5.1.11　基本微分电路

由于“虚断”，流入运放反相输入端的电流为零，则

$$i_c = i_R$$

又因反相输入端“虚地”，可得

$$u_o = -i_R R = -i_c R = -RC\frac{du_c}{dt} = -RC\frac{du_i}{dt} \tag{5.1.20}$$

可见，输出电压正比于输入电压对时间的微分。

利用微分电路可以实现波形变换，如将矩形波变换为尖脉冲。此外，微分电路也具有移相功能，如当输入电压为正弦波时，即 $u_i = U_m \sin\omega t$，则微分电路的输出电压为

$$u_o = -RC\frac{du_i}{dt} = -U_m\omega RC\cos\omega t$$

u_o 成为负的余弦波，它的波形将比 u_i 滞后 90°，微分电路实现了滞后移相的作用。

5.2　电压比较器

电压比较器是一种常用的模拟信号处理电路。比较器的功能是将输入的模拟信号与已知参考电压进行比较，并用输出电压的高低电平（输出电压不同的两种状态）来表示比较结果，所以比较器中的集成运放常常工作在非线性区。从电路结构来看，集成运放经常处于开环状态，有时为了使比较器输出状态的转换过程加快，以提高比较精度，还在电路中引入正反馈。主要用来检测输入信号是否到达某一数值或在某一范围之内。在自动控制及自动测量系统中，通常将比较器应用于越限报警、信号大小范围检测、各种非正弦波形的产生和变换等场合。

分析比较器的关键是找出比较器输出发生跃变时的门限电压。门限电压是指输入电压 u_i 与已知参考电压 U_R 在比较时使比较器的 $u_+=u_-$，从而使比较器输出发生越变的 u_i 值。门限电压用 U_T 表示。

根据比较器的传输特性来分类，常用的比较器有：过零比较器、单限比较器、滞回比较器及双限比较器。

5.2.1　过零比较器

处于开环工作状态的集成运放是一个最简单的单门限比较器，其电路如图 5.2.1（a）所示。被比较的模拟输入电压 u_i 接在运放的反相输入端，集成运放的同相端接地，即参考电压等于零，因此也称为过零比较器。

由图可见，因为 $u_-=u_i$，$u_+=0$，所以门限电压（当 $u_+=u_-$ 时的 u_i）为 $U_T=0$，此时比较器的输出电压发生跃变。

当 $u_i>0$ 时，　$u_o=-U_{om}$；

当 $u_i<0$ 时，　$u_o=+U_{om}$

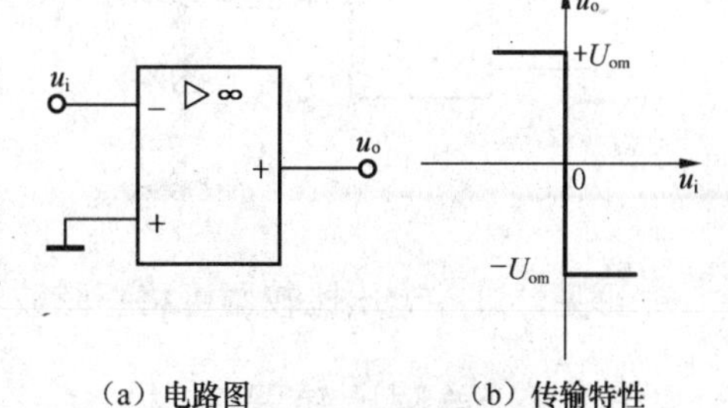

（a）电路图　　（b）传输特性

图 5.2.1　简单过零比较

其中，U_{om} 是集成运放的最大输出电压。传输特性如图 5.2.1（b）所示。

同理，也可以将运放的反相端接地，输入 u_i 接在同相输入端，这样就构成了同相过零比较器。

只用一个集成运放的过零比较器电路简单，但其输出电压幅度较高，$u_o=U_{om}$。有时希望

将比较器的输出幅度限制在一定的范围内，如要求与 TTL 数字电路的逻辑电平兼容，此时需要加上限幅措施。

利用两个背靠背的稳压管实现限幅的过零比较器如图 5.2.2（a）所示。当 $u_i<0$ 时，若不接稳压管，则 u_o 将等于 $+U_{om}$，接入两个稳压管后，左边的稳压管将被反向击穿，而右边的稳压管正向导通，于是引入一个深度负反馈，使集成运放的反相输入端“虚地”，若忽略稳压管正向导通压降，$u_o=+U_Z$；若 $u_i>0$，则右边稳压管被反向击穿，而左边稳压管正向导通，$u_o=-U_Z$。比较器的传输特性如图 5.2.2（b）所示。

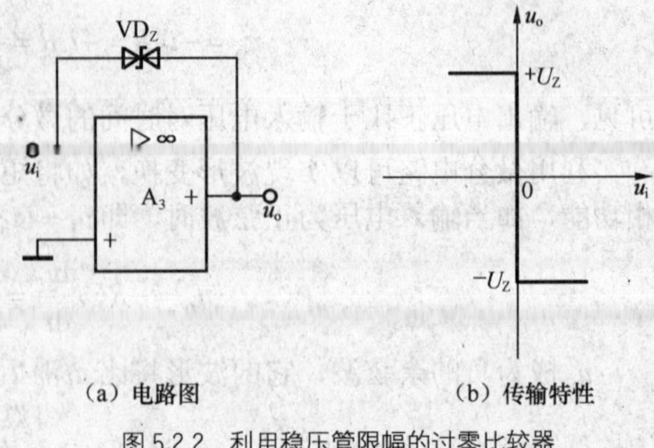

图 5.2.2　利用稳压管限幅的过零比较器

也可以在集成运放的输出端接一个电阻 R 和两个稳压管来实现限幅，如图 5.2.3 所示。不难看出，此过零比较器的传输特性仍与图 5.2.2（b）相同。这两个电路的不同之处在于，图 5.2.2（a）电路中当稳压管反向击穿时引入一个深度负反馈，因此集成运放工作在线性区；而图 5.2.3 所示的电路中，集成运放始终工作在非线性区。

【例 5.2.1】 电路如图 5.2.3 所示，已知集成运放的电源电压为±15V，稳压管的稳定电压 $U_Z=6V$，正向导通压降可忽略不计。输入正弦电压 $u_i=12\sin 314t$，求输出电压的幅度，并画出 u_o 波形图。

解：u_i 与零比较，输出电压被限制在＋6V 或－6V。输出波形如图 5.2.4 所示。

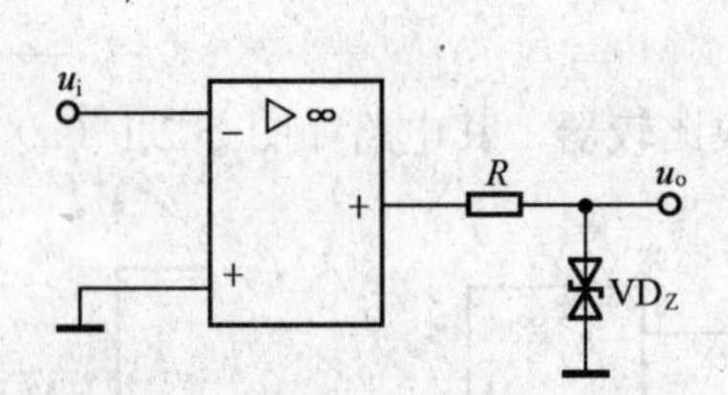

图 5.2.3　输出端接稳压管的比较器

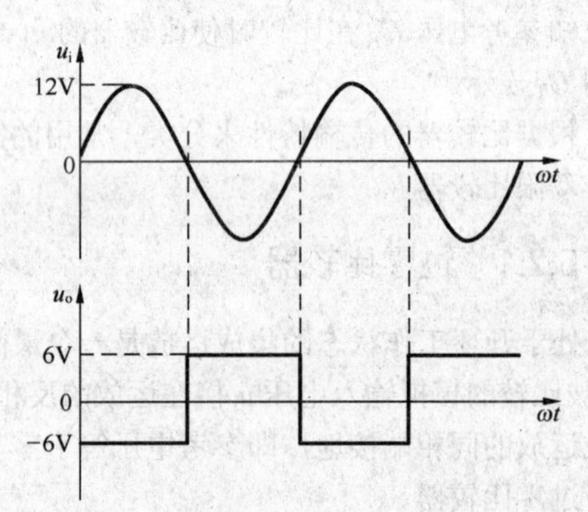

图 5.2.4　例 5.2.1 图

可见，过零电压比较器可将正弦波转化为方波。

5.2.2　单限比较器

所谓单限比较器是指只有一个门限电平的比较器，又称电平检测器。一般的单限比较器电路如图 5.2.5（a）所示。它是在过零比较器的基础上，将参考电压 U_{REF} 接在运放的同相输入端，被比较电压 u_i 接在反相输入端，可见这种比较器的门限电压 $U_T=U_{REF}$。当输入电压达到 U_T 时，输出端的状态立即发生跳变。单限比较器可用于检测输入的模拟信号是否达到某

"给定的电压值"。

若 $U_{REF}>0$，当 $u_i>U_{REF}$ 时，运放输出达到负饱和值 $-U_{om}$。电路的电压传输特性如图 5.2.5（b）所示，也可以将运放的反相端接 U_{REF}，在同相端输入 u_i。

可见，过零比较器是单限比较器的一种特殊情况。若希望比较器的输出幅度限制在一定的范围内，同样可在输出端接上背靠背的稳压管实现限幅。

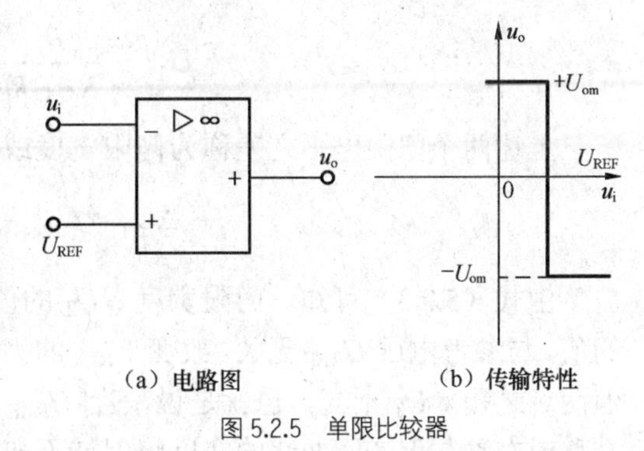

（a）电路图　（b）传输特性

图 5.2.5　单限比较器

5.2.3　滞回比较器

单限比较器具有电路简单、灵敏度高等优点，但存在的主要问题是抗干扰能力差。如果输入电压受到干扰或噪声的影响，在门限电平上下波动，则输出电压将在高、低两个电平之间反复地跳变。如果在控制系统中发生这种情况，将对执行机构产生不利的影响。

为了克服单限比较器抗干扰能力差的缺陷，可以采用具有滞回特性的比较器。滞回比器又称为施密特触发器，其电路如图 5.2.6（a）所示。由图 5.2.6（a）可看出，滞回比较器其输出电压 u_o 经反馈电阻 R_f 引回到同相端，从而成了正反馈，参考电压 U_{REF} 经电阻 R_2 接在同相输入端，即同相输入端的电位由输出电压与参考电压 U_{REF} 共同决定。被比较电压 u_i 接在运放的反相输入端，输出端双向限幅。

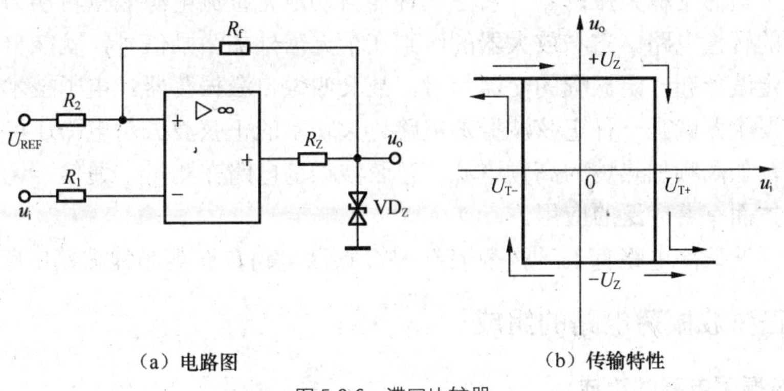

（a）电路图　（b）传输特性

图 5.2.6　滞回比较器

这种比较器的特点是当输入信号 u_i 由小变大或由大变小时，门限电压不同。主要原因就在于同相输入端电位是由输出电压 u_o 和参考电压 U_{REF} 共同决定的。而 u_o 有两种可能的状态，即 $+U_Z$ 和 $-U_Z$。由此可见，使输出电压由 $+U_Z$ 跳变为 $-U_Z$，以及由 $-U_Z$ 跳变为 $+U_Z$ 所需的输入电压值是不同的。也就是说，这种比较器有两个不同的门限电平，故传输特性呈滞回形状，如图 5.2.6（b）所示。

利用叠加原理来估算滞回比较器两个门限电平的值，若原来 $u_o=+U_Z$，当 u_i 逐渐增大使 u_o 从 $+U_Z$ 跳变为 $-U_Z$ 所需的门限电平用 U_{T+} 表示，则

$$U_{T+}=\frac{R_f}{R_2+R_f}U_{REF}+\frac{R_2}{R_2+R_f}U_Z \tag{5.2.1}$$

若原来 $u_o=-U_Z$，当 u_i 逐渐减小，使 u_o 从 $-U_Z$ 跳变为 $+U_Z$ 所需的门限电平用 U_{T-} 表示，

则

$$U_{T-}=\frac{R_f}{R_2+R_f}U_{REF}-\frac{R_2}{R_2+R_f}U_Z \tag{5.2.2}$$

上述两个门限电平之差称为门限宽度或回差，用符号 ΔU_T 表示，由以上两式可求得

$$\Delta U_T=U_{T+}-U_{T-}=\frac{2R_2}{R_2+R_f}U_Z \tag{5.2.3}$$

由式（5.2.3）可知，门限宽度 ΔU_T 的值取决于稳压管的稳定电压 U_Z 以及电阻 R_2 和 R_f 的值，与参考电压 U_{REF} 无关。改变 U_{REF} 的大小可以同时调节两个门限电平 U_{T+}和 U_{T-}的大小，但两者之差 ΔU_T 不变。也就是说，当 U_{REF} 增大或减小时，滞回比较器的传输特性将平行地右移或左移，但滞回曲线的宽度将保持不变。

滞回比较器可用于矩形波、三角波、锯齿波等各种非正弦波信号产生电路，也可用于波形变换电路。用于控制系统时，滞回比较器的主要优点是抗干扰能力强。在输入信号上升和下降的过程中，有两个不同的阈值电压。当输入信号受干扰或噪声的影响而上下波动时，只要根据干扰或噪声电平适当调整两个阈值电压 U_{T-}和 U_{T+}的值，就可以避免比较器的输出电压在高、低电平之间反复跳变。

5.3 波形产生电路

波形产生电路通常称为振荡器，它是一种能自动地将直流电源能量转换为正弦波或非正弦波信号能量的转换电路。它与放大器的区别在于无需外加激励信号，就能自动地产生具有一定频率、一定波形和一定振幅的交流信号，故又叫做自激振荡器。电子技术实验中经常使用的低频信号发生器就是一种正弦波振荡电路。大功率的正弦波振荡电路还可以直接为工业生产提供能源，如高频加热炉的高频电源。正弦波振荡电路在测量、通信、无线电、自动控制、热加工等方面有着广泛的应用。

常用的正弦波振荡电路有 *LC* 振荡电路、*RC* 振荡电路、石英晶体振荡电路等。

5.3.1 正弦波振荡电路的组成

1. 正弦波振荡电路的组成

反馈型振荡器是由放大器和反馈网络等组成，其电路原理框图如图 5.3.1 所示。假如将开关 S 合在“2”端，放大电路加入输入信号 u_i 经放大后输出。若将输出信号的一部分通过反馈网络反馈至输入端，而反馈电压的大小和相位又完全与原有输入信号一致。这样，当开关 S 由“2”端合向“1”端时，即使输入信号撤消，输出电压仍将保持不变，这时的放大电路就转变成了自激振荡电路。可见，反馈型振荡器必须要有正反馈，并且保证 $\dot{U}_f=\dot{U}_i$。

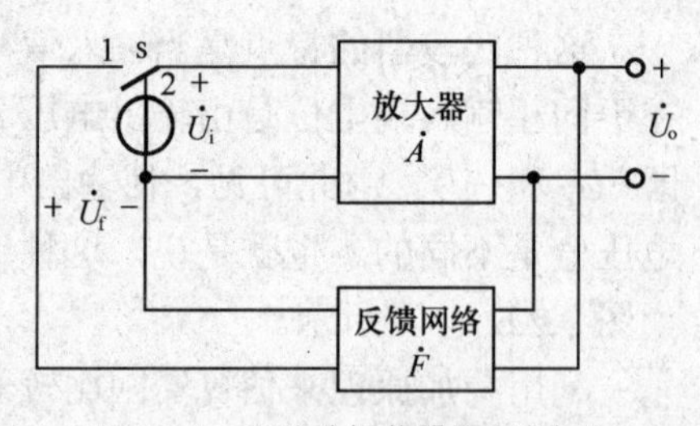

图 5.3.1　正弦波振荡器原理方框图

一般来说，正弦波振荡电路除了应具有放大电路和反馈网络外，还应包含有选频和稳幅环节，前者是为了获得单一频率的正弦波振荡，后者是为了达到稳幅振荡。

正弦波振荡电路的选频若由电阻和电容元件组成，称为 RC 正弦波振荡电路，这种电路的选频一般是在反馈网络中，RC 正弦波振荡电路用于产生 1MHz 以下的低频正弦波信号；选频若由电感和电容元件组成，则称为 LC 正弦波振荡电路，这种振荡电路用于产生高频正弦波信号。

2．产生正弦波振荡的条件

因为要产生自激振荡，必须满足 $\dot{U}_{\mathrm{f}}=\dot{U}_{\mathrm{i}}$。因此，产生正弦波振荡的条件是

$$\dot{A}\dot{F}=1 \tag{5.3.1}$$

式（5.3.1）可以分别用幅度平衡条件和相位平衡条件来表示，即

$$\left|\dot{A}\dot{F}\right|=1 \tag{5.3.2}$$

$$\varphi_{\mathrm{A}}+\varphi_{\mathrm{F}}=2n\pi \qquad (n=0,1,2,\cdots) \tag{5.3.3}$$

5.3.2　桥式 RC 正弦波振荡电路

图 5.3.2 所示为由集成运放构成的桥式 RC 正弦波振荡电路。其中 A 为同相比例放大电路，它的选频环节是一个由 R、C 元件组成的串并联网络，R_{f} 和 R' 支路引入一个负反馈。由图可见，串并联网络中的 R_1 和 C_1 与 R_2 和 C_2 及负反馈支路中的 R_{f} 和 R' 正好组成一个电桥的 4 个桥臂，因此，这种电路又称为“文氏电桥振荡电路”。

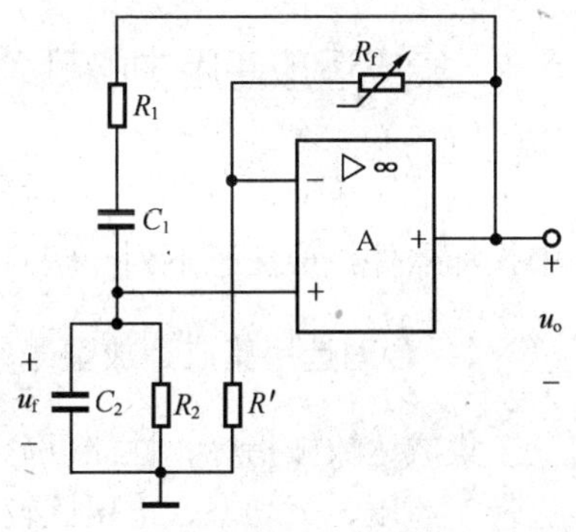

图 5.3.2　RC 串并联网络振荡电路

1．振荡条件及振荡频率

可以证明，当 RC 串并联网络中的 $R_1=R_2=R$，$C_1=C_2=C$，$f=f_{\mathrm{o}}=\dfrac{1}{2\pi RC}$ 时，u_{f} 与 u_{o} 同相位，并且 $|F|=U_{\mathrm{f}}/U_{\mathrm{o}}=1/3$ 最大，相角 $\phi_{\mathrm{A}}+\phi_{\mathrm{F}}=0°$。所以，桥式 RC 正弦波振荡器利用 RC 串并联网络的这一特点作为选频网络，同时起到正反馈作用。

在接通电源瞬间，电路中会同时产生微小的不规则的噪声或扰动信号，它们包含有各种频率的谐波分量，只有频率为 f_{o} 的信号满足相位平衡条件（正反馈），使得该频率的信号得以放大，而其他频率的谐波分量均不满足振荡的相位平衡条件。故该振荡器的振荡频率为

$$f_{\mathrm{o}}=\frac{1}{2\pi RC} \tag{5.3.4}$$

调节 R 或 C 或同时调节 R 和 C 的数值，可以改变振荡频率。

因为产生正弦波振荡的幅度条件是 $\dot{A}\dot{F}=1$，即保持等幅振荡状态。而桥式 RC 正弦波振荡器，在 $f=f_{\mathrm{o}}$ 处，$|\dot{F}|=U_{\mathrm{f}}/U_{\mathrm{o}}=1/3$，所以，$|\dot{A}|=1/|\dot{F}|=3$，即同相比例运算电路的电压放大倍数应保证

$$A=1+\frac{R_{\mathrm{f}}}{R'}=3 \tag{5.3.5}$$

即 $\dfrac{R_{\mathrm{f}}}{R'}=2$，这样就满足了幅度平衡条件。

2．起振条件

起振时，应使 $\dot{A}\dot{F}>1$，即增幅振荡，所以$|\dot{A}|>3$。随着振荡幅度的增大，应使$|\dot{A}|$自动减小，直到满足$|\dot{A}|=3$，振荡幅度达到稳定以后并保证能够自动稳幅。

在图 5.4.1 中，若只依靠晶体管的非线性来稳幅，波形顶部容易失真。所以为了改善输出波形，电路中引入了由热敏电阻 R_f 和 R' 组成的具有自动调整作用的负反馈电路。热敏电阻的温度系数是负的，它的阻值随温度的升高而减少。起振时，由于 u_o 很小，流过 R_f 的电流也很小，于是发热少，阻值高，使 $R_f>2R'$，即$|\dot{A}\dot{F}|>1$。当输出电压的幅度增大时，流过热敏电阻的电流增加，温度跟着上升，热敏电阻的阻值下降，负反馈的强度随着增大，直到 $R_f=2R'$，振幅稳定。

桥式 *RC* 正弦波振荡器的优点是频率调整方便，且可调节范围大；频率和振幅稳定度较高；波形失真小；不需要电感，装置紧凑，价格低廉，重量轻。该电路被广泛用作宽频带的音频振荡器。

5.4 集成运放使用中的几个实际问题

集成运放应用很广，在选择、使用和调试时，为达到使用要求及精度，并避免调试过程中损坏器件，应注意下列一些问题。

1．合理选用集成运放型号

集成运放按指标、性能可分为高增益的通用型、高输入阻抗、低漂移、低功耗、高速、宽带、高压、大功率、电压比较器等专用型集成运放。在结构上还有单片多运放型运放。在选型时除了满足主要技术指标外，还应考虑必要的经济性。一般指标性能高的运放，价格也相应较高。在无特殊要求的场合，可选用通用型、多运放型运放。

2．使用集成运放时应了解引脚的功能

集成运放类型很多，而每一种集成运放的管脚数，每一管脚的功能和作用均不相同。因此，在使用前必须充分查阅该型号器件的资料，以了解其指标参数和使用方法。

3．自激振荡的消除

集成运放工作时很容易产生自激振荡，所谓自激振荡是指当输入信号为零时，输出端有稳定的交流信号输出。为了消除自激振荡，有些集成运放在内部已做了消振电路，有些集成运放则引出消振端子，需外接 *RC* 消振网络消除自激振荡。在实际应用中，为了使电路稳定，有些电路分别在运放的正、负电源端与地之间并接上几十微法与 0.01～0.1μF 的电容，有些电路在反馈电阻两端并联电容，而有些电路则在输入端并联一个 *RC* 支路。

4．电路的调零

由于集成运放失调电压、失调电流的存在，使得实际运放当输入信号为零时，输出不为零。因此，集成运放在线性应用（反相输入端与输出端之间有反馈通路）时必须设法调零。

有些运放在引脚中设有调零端子，接上调零电位器即可进行调零。电位器应选用精密的线绕电位器。调零时，将电路的输入端接地，调整电位器 RP，用最低直流电压挡测输出电压，使输出电压为零时即可。

有些集成运放没有调零端，如双运放、四运放就不设调零端。可采用辅助调零的方法，在此不作详细介绍。

5. 集成运放的保护措施

（1）输入保护。当集成运放的差模或共模输入信号电压过大时，可能使输入级的发射结被反向击穿而损坏，或使集成运放的技术指标恶化。输入信号幅度过大还可能使集成运放发生“堵塞”现象，使电路不能正常工作。

常见的输入保护措施如图 5.4.1 所示。图 5.4.1（a）是反相输入保护，限制集成运放两个输入端之间的差模信号电压不超过二极管 VD_1 和 VD_2 的正向导通电压。图 5.4.1（b）是同相输入保护，限制集成运放的共模输入电压不超过 $+U$～$-U$ 的范围。

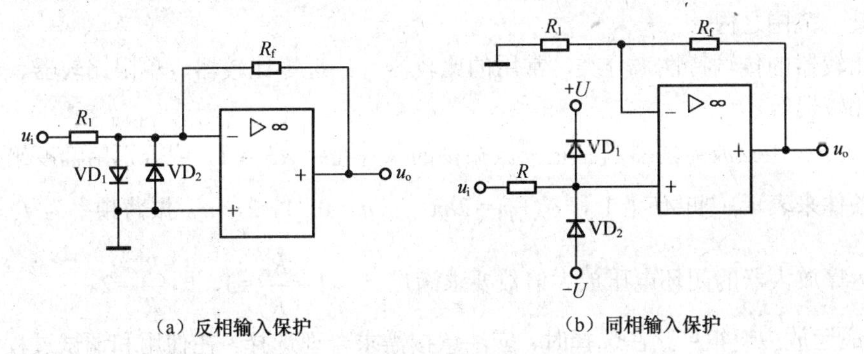

图 5.4.1 输入保护

（2）输出保护。为防止输出端触及外部高电压引起过电流或过电压的保护，可在输出端采用如图 5.4.2 所示的稳压管限幅保护电路。若输出端的电压过高，稳压管 VD_{Z1} 或 VD_{Z2} 将被反向击穿，使集成运放的输出电压被限制在 VD_{Z1} 或 VD_{Z2} 的稳压值，从而避免了损坏。集成运放的输出端绝对不允许短路，否则使器件损坏。

（3）电源极性错接保护。图 5.4.3 所示为防止正、负电源的极性接反的保护电路。由图 5.4.3 可见，若电源极性接错，则二极管 VD_1 和 VD_2 截止，电源被断开，从而保护了集成运放。

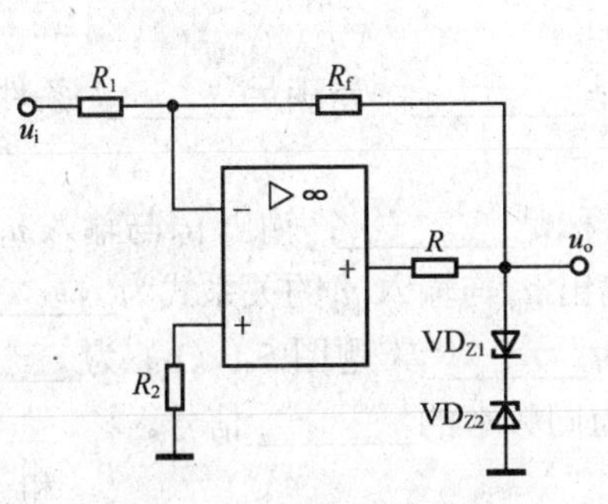

图 5.4.2 集成运放输出保护

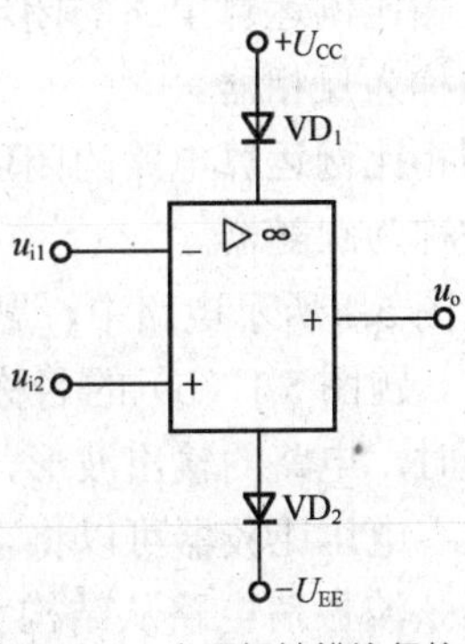

图 5.4.3 电源极性错接保护

（4）输出电流与输出功率的扩展。为了获得较大的输出电流或输出功率，除了采用大电流、大功率的专用型运放以外，对一般运放在输出端外接晶体管组成的电压跟随器或外接互补型功率放大电路。

小　结

集成运放是用集成工艺制成的、具有高增益的直接耦合多级放大电路。它一般由输入级、中间级、输出级和偏置电路 4 部分组成。

1．模拟信号的运算是集成运放典型的应用领域，在各种运算电路中，都引入了深度负反馈。在分析各种运算电路时，基本方法是利用集成运放工作在线性区时“虚短”和“虚断”的两个特点，来推导出输入、输出之间的运算关系。

2．电压比较器的功能是将输入的模拟信号与已知参考电压进行比较，并用输出电压的高低电平（输出电压不同的两种状态）来表示比较结果，主要用来检测输入信号是否到达某一数值或在某一范围之内。

根据比较器的传输特性来分类，常用的比较器有：过零比较器、单限比较器、滞回比较器、双限比较器等。

3．桥式 RC 正弦波振荡器产生正弦波振荡的条件是：$\dot{A}\dot{F}=1$，或分别用幅度平衡条件和相位平衡条件来表示，即$|\dot{A}\dot{F}|=1$ 和 $\varphi_A+\varphi_F=2n\pi$　　$n=0$，1，2，…。振荡频率为 $f_o=\dfrac{1}{2\pi RC}$，同相比例运算放大器的闭环电压放大倍数要求满足 $A=1+\dfrac{R_f}{R'}=3$，即 $\dfrac{R_f}{R'}=2$。

4．集成运放应用很广，在选择时、应注意按需求合理选择。在使用和调试过程中，要注意避免损坏器件。

习　题

习题 5.1　填空题

（1）集成运放在________时存在虚地。

（2）集成运放的输入方式有________、________和________。

（3）反相比例运算电路的闭环电压放大倍数是________，当满足________条件时，反相比例运算被称为反相器。

（4）同相比例运算电路的闭环电压放大倍数是________，当满足________条件时，同相比例运算被称为跟随器。

（5）题图 5.1 所示电路中，题图 5.1（a）的名称是________；输出 u_o 与输入 u_i 的关系式为________。题图 5.1（b）的名称是________；输出 u_o 与输入 u_i 的关系式为________。当输入方波信号时，电路的输出波形，题图 5.1（a）为________，题图 5.1（b）为________。

（6）过零电压比较器可以将正弦波信号变换为同频率的________信号。

（7）正弦波振荡电路从结构上看，主要由________、________、________和________4 部分构成。

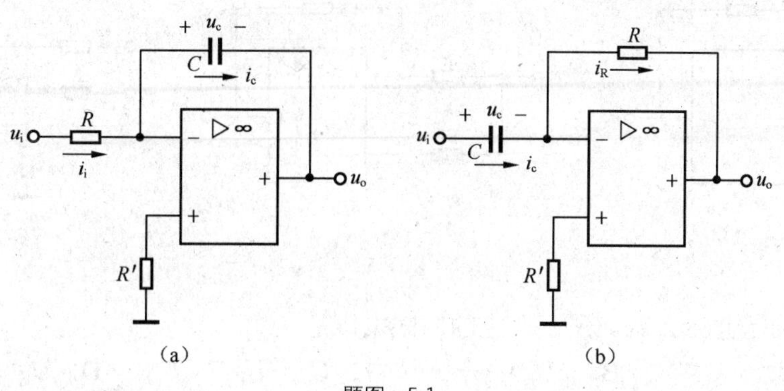

题图 5.1

(8) 在 RC 桥式振荡电路中，若 RC 串并联网络的电阻为 R，电容为 C，则振荡电路的输出频率为________。

习题 5.2 选择题

(1) 由理想集成运放构成的比例运算电路，其电路增益与运放本身的参数（ ）。

A．有关　　B．无关　　C．有无关系不确定

(2) 理想集成运放的线性应用电路存在（ ）现象，非线性应用电路存在（ ）现象。

A．虚短　　B．虚断　　C．虚短与虚断

(3) 在由单个集成运放构成的运算电路中，选择合适的方式填空。

① 为给集成运放引入电压串联负反馈，应采用（ ）方式。

② 为给集成运放引入电压并联负反馈，应采用（ ）方式。

③ 要求向输入信号电压源索取的电流尽量小，应采用（ ）方式。

A．同相输入　　B．反相输入　　C．差动输入

(4) 下面关于比例运算电路的说法，不正确的是（ ）。

A．同相比例运算电路存在共模信号

B．反相比例运算电路不存在共模信号，即共模信号为零

C．同相和反相比例运算电路都可用叠加定理求输出

D．同相和反相比例运算电路都存在虚地

(5) 下列关于比较器的说法，不正确的是（ ）。

A．比较器完成两个电压大小的比较，将模拟量转换为数字量

B．构成比较器的集成运放工作在非线性区

C．比较器电路一定外加了正反馈

D．比较器的输出电压只有两种可能，即正的最大值或负的最大值

(6) 电路如题图 5.2（a）所示，u_o 与 u_i 的关系为（ ）。

A．$u_o=2u_i$　　B．$u_o=u_i$　　C．$u_o=-2u_i$　　D．$u_o=u_i$

(7) 电路如题图 5.2（b）所示，u_o 与 u_i 的关系为（ ）。

A．$u_o=-u_i$　　B．$u_o=u_i$　　C．$u_o=-\frac{R_f}{R_1}u_i$　　D．$u_o=(1+\frac{R_f}{R_1})u_i$

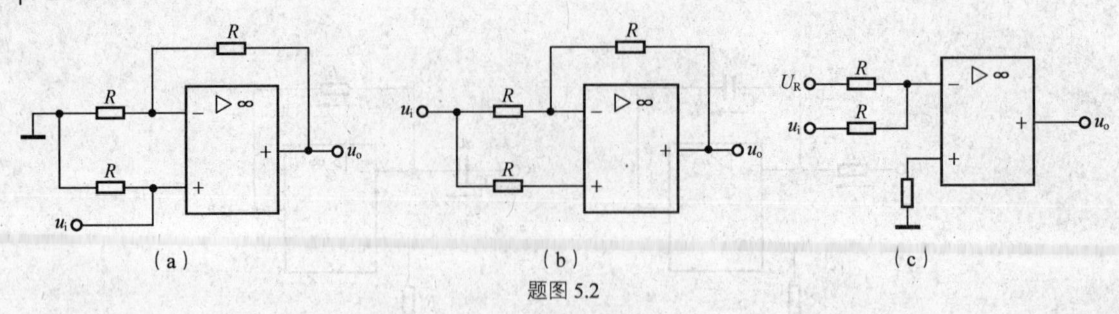

题图 5.2

（8）电路如题图 5.2（c）所示，它的门限电压是（　　）。

A．$U_R/2$　　B．$2U_R$　　C．$-U_R$　　D．U_R

（9）正弦波振荡电路利用正反馈产生振荡的条件是（　　）。

A．$\dot{A}\dot{F}=1$　　B．$\dot{A}\dot{F}=-1$　　C．$1+\dot{A}\dot{F}>>1$

（10）正弦波振荡电路起振的幅值条件是（　　）。

A．$\left|\dot{A}\dot{F}\right|<1$　　B．$\left|\dot{A}\dot{F}\right|>1$　　C．$\left|\dot{A}\dot{F}\right|=1$

习题 5.3　试求题图 5.3 中各电路的输出电压值。

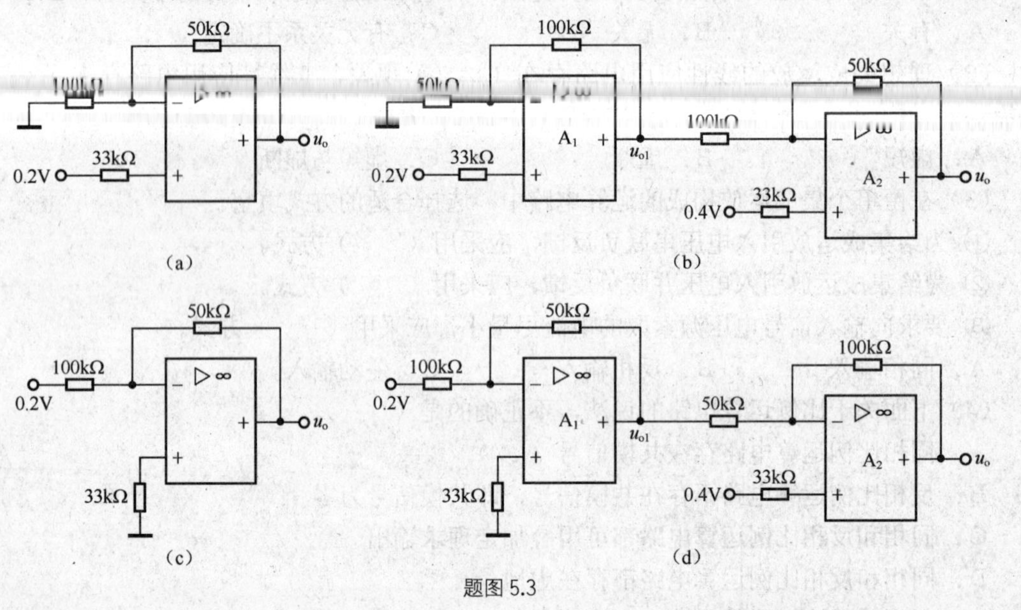

题图 5.3

习题 5.4　由理想集成运放构成的电路如题图 5.4 所示，试计算输出电压 u_o 的值。

习题 5.5　在题图 5.5 中，已知 R_1=2kΩ，R_f=10kΩ，R_2=2kΩ，R_3=18kΩ，u_i=1V，求 u_o 值。

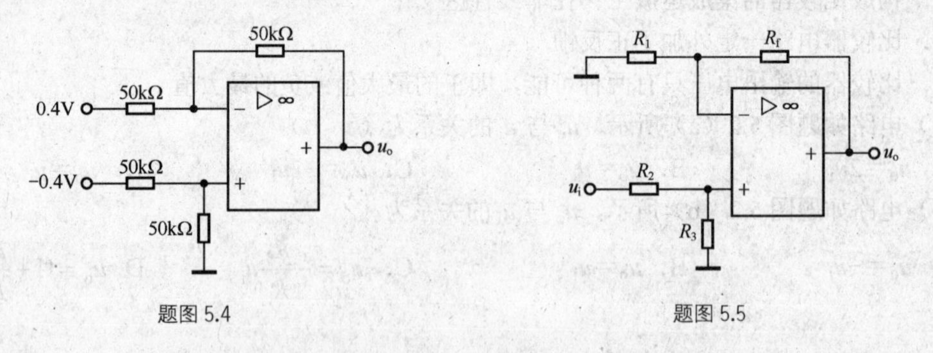

题图 5.4　　题图 5.5

习题 5.6 电路如题图 5.6 所示，求 u_o 的值。

习题 5.7 在题图 5.7 所示电路中：（1）试写出输出电压 u_o 与输入电压 u_{i1} 和 u_{i2} 的函数关系；（2）若 $u_{i1}=+1.25\text{V}$，$u_{i2}=-0.5\text{V}$，则 u_o 为多少？

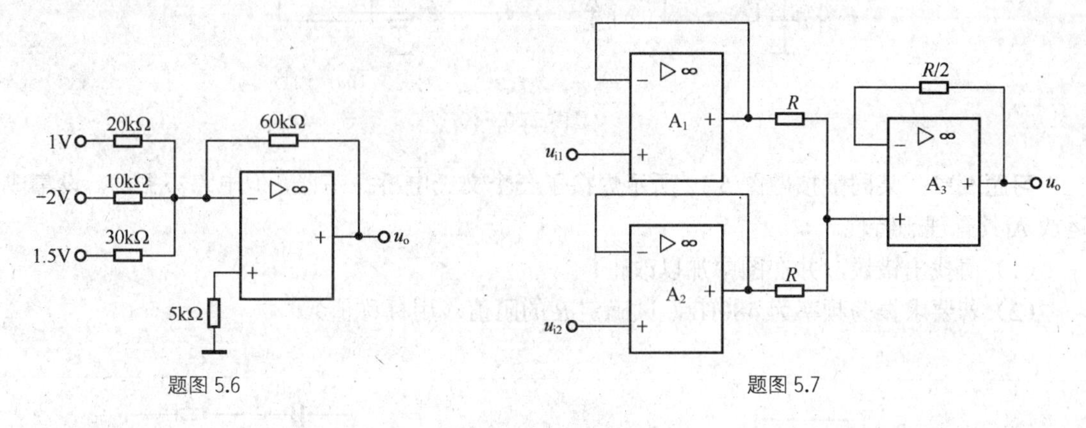

题图 5.6　　题图 5.7

习题 5.8 积分电路和微分电路如题图 5.8（a）和题图 5.8（b）所示，已知输入电压如题图 5.8（c）所示，且 t=0 时，u_c=0，试分别画出电路输出电压波形。

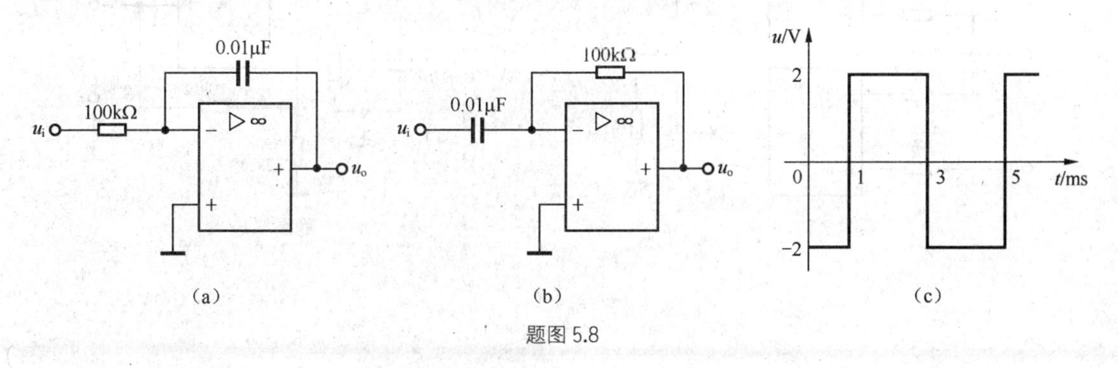

题图 5.8

习题 5.9 题图 5.9 所示电路是一个具有高输入阻抗，低输出阻抗的 3 个集成运放组成的通用数据放大器，常用于自动控制系统和非电量电测系统中。设集成运放均是理想的，试证明输出电压 u_o 的表达式为

$$u_o=-\frac{R_4}{R_3}(1+\frac{2R_2}{R_1})(u_{i1}-u_{i2})$$

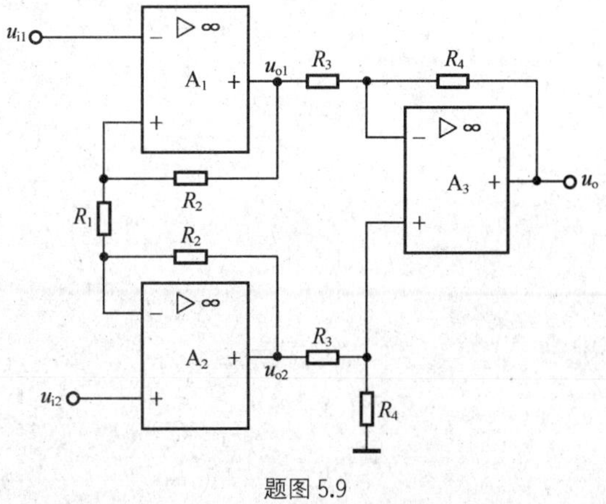

题图 5.9

习题 5.10 电路如题图 5.10 所示，已知集成运放的工作电压为 15V，稳压管的稳压值 $U_Z=\pm5\text{V}$。

（1）画出电压传输特性 $u_o=f(u_i)$。

（2）若电路的输入信号为正弦信号 $u_i=4\sin\omega t\,(\text{V})$，画出对应的输出电压波形。

习题 5.11 题图 5.11 所示电路是一个双限电压比较器电路，用于需要检测输入模拟信号的电压是否处在给定的两个电压之间的场合。设 U_{REF1}=4V，U_{REF2}=1V，试分析该电路的工作原理，画出传输特性。

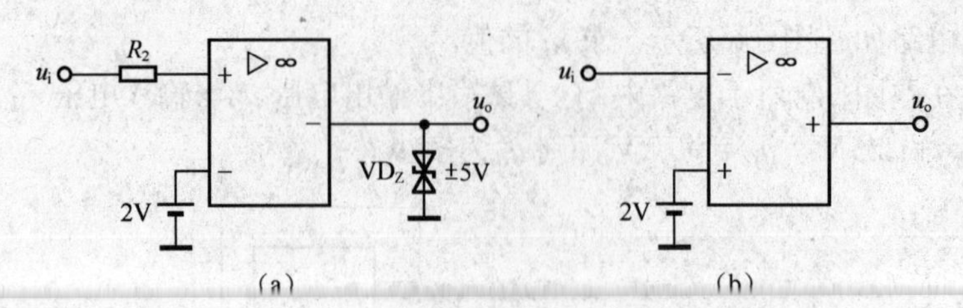

题图 5.10

习题 5.12 某同学按题图 5.12 所示焊接了一个文氏电桥振荡器，但电路不振荡。设集成运放 A 具有理想特性。

（1）请找出错误，并在图中加以改正；

（2）若要求振荡频率为 480Hz，试确定 R 的阻值（用标称值）。

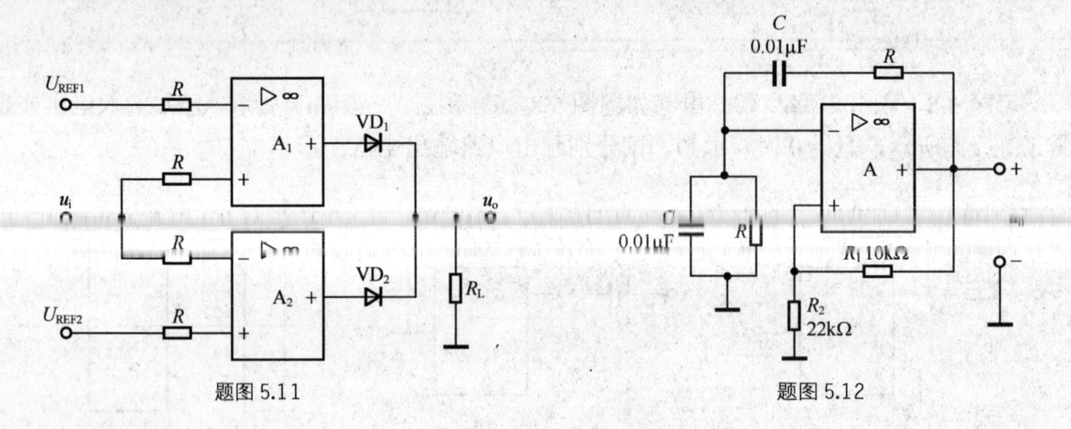

题图 5.11　　题图 5.12

第6章 直流稳压电源

在工农业生产和科学试验中，主要采用交流电源。但是在某些场合，例如电解、电镀、蓄电池充电、直流电动机等都需要直流电源。此外，大部分电子仪器设备、家用电器、计算机装置中需要用的都是功率较小、但电压非常稳定的直流稳压电源。电池因使用费用高，一般只用于低功耗便携式的仪器设备中，更多的是采用各种半导体直流稳压电源。

本章根据直流稳压电源的组成，首先介绍小功率直流稳压电源中单相整流及滤波电路的工作原理，然后介绍硅稳压管稳压电路以及串联型直流稳压电路，重点介绍集成稳压器的应用电路。为了适应电力电子技术发展的要求，在本章的最后，还将介绍由晶闸管组成的可控整流电路。

6.1 单相整流电路

6.1.1 直流稳压电源的组成

半导体直流稳压电源一般由交流电源、整流变压器、整流电路、滤波电路和稳压电路几部分组成，其组成框图如图 6.1.1 所示。图中各环节的功能如下。

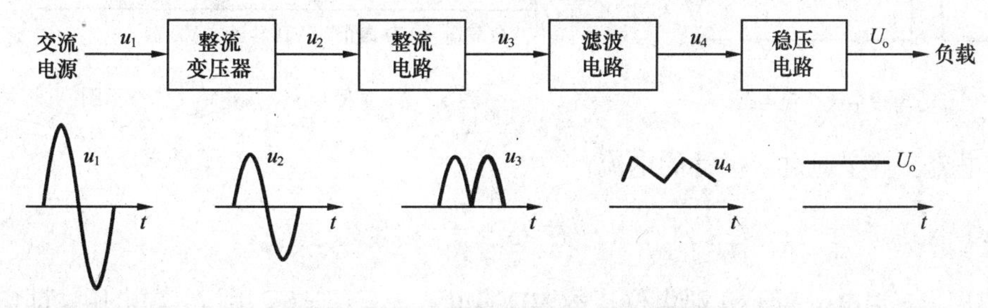

图 6.1.1 直流稳压电源组成方框图

（1）整流变压器：将常规的交流电压（220V，380V）变换成整流所需要的交流电压。

（2）整流电路：将具有正负两个极性的交流电压变换成只有一个极性的脉动直流电。

（3）滤波电路：将单方向脉动的直流电中所含的大部分交流成分滤掉，得到一个较平滑的直流电。

（4）稳压电路：用来消除由于电网电压波动、负载改变对稳压电源输出产生的影响，从而使输出电压稳定。

整流电路的种类较多，按整流元件的类型分，可分为二极管整流和可控硅整流；按交流电源的相数分，可分为单相和多相整流；按流过负载的电流波形分，可分为半波和全波整流；按输出电压相对于电源变压器次级电压的倍数，又分一倍压、二倍压及多倍压整流等。

中小型电源一般以单相交流电能为能源，因此本节只讨论单相整流电路。

6.1.2 单相半波整流电路

1. 电路组成及工作原理

图 6.1.2 所示是单相半波整流电路。它是最简单的整流电路，由整流变压器、整流二极管 VD 及负载电阻 R_L 组成。

交流电网电压经整流变压器降压后，得到整流电路所需要的交流电压为

$$u_2 = \sqrt{2}U_2 \sin \omega t$$

u_2 波形如图 6.1.3（a）所示。设二极管 VD 为理想二极管，R_L 为纯电阻负载。在 u_2 正半周，a 端电位高于 b 端电位，故 VD 导通。电流流经的路径为 a 端→VD→R_L→b 端，若忽略变压器次级内阻，则 R_L 端电压、即电路的输出电压为

$$u_o = u_2 = \sqrt{2}U_2 \sin \omega t$$

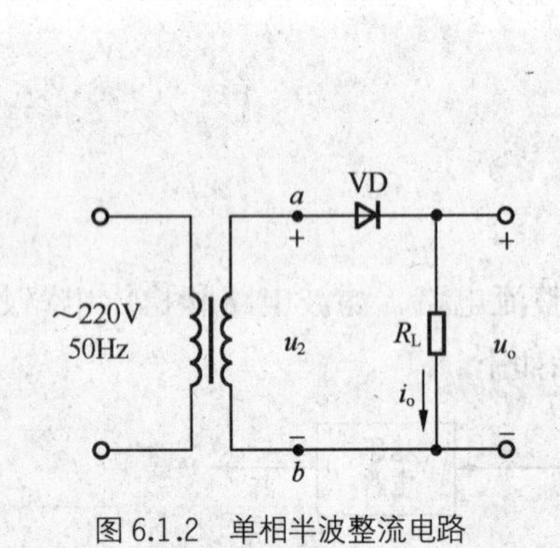

图 6.1.2 单相半波整流电路

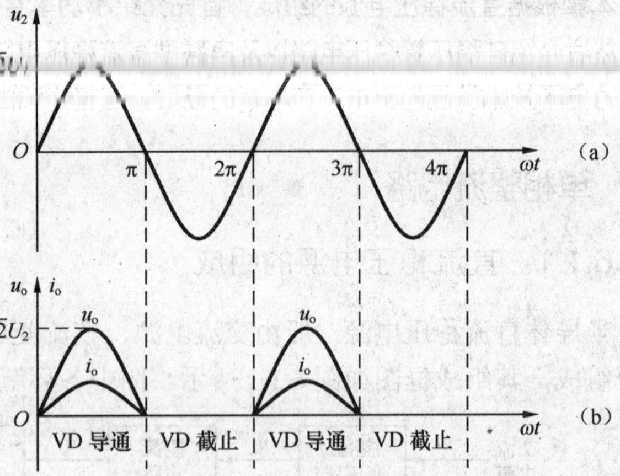

图 6.1.3 单相半波整流电路工作波形图

此时负载电流就等于通过二极管的电流

$$i_o = i_D = \frac{u_2}{R_L}$$

在 u_2 负半周，b 端电位高于 a 端电位，故 VD 截止，$i_o = i_D = 0$，则 R_L 端电压、即电路的输出电压为

$$u_o = 0$$

u_o、i_o 波形如图 6.1.3 所示。可见，这种电路在 u_2 的整个周期内，只在半个周期内才有电流流过负载，R_L 上获得的是极性不变、大小变化的脉动直流电压，所以称为半波整流电路。

2. 主要参数的计算

（1）输出电压平均值

为了说明 u_o 这种脉动直流电压的大小，常用一个周期的平均值来衡量它。若忽略变压器次

级内阻，二极管VD视为理想二极管，R_L为纯电阻负载，单相半波整流输出电压的平均值为

$$U_o = \frac{1}{2\pi}\int_0^{\pi} \sqrt{2}U_2 \sin\omega t \mathrm{d}(\omega t) = \frac{\sqrt{2}U_2}{\pi} = 0.45U_2 \tag{6.1.1}$$

（2）直流电流（I_o）及通过二极管的平均电流（I_D）

$$I_o = I_D = \frac{U_o}{R_L} = 0.45\frac{U_2}{R_L} \tag{6.1.2}$$

（3）二极管承受的最高反向电压

在二极管不导通期间，所承受的反向电压最大值（U_{RM}）就是变压器次级电压u_2的最大值，即

$$U_{RM} = U_{2m} = \sqrt{2}U_2 \tag{6.1.3}$$

在实际应用中，需要根据U_o, I_o和U_{RM}选择合适的整流元件，以保证电路能够正常工作，一般二极管的反向工作峰值电压要选得比U_{RM}大一倍左右。

半波整流电路的优点是结构简单，使用的元件少。缺点是输出波形脉动大、直流成分比较低、变压器的利用率低、变压器电流含有直流成分，容易饱和。所以半波整流电路一般只用在输出电流较小，要求不高的场合。

6.1.3 单相桥式全波整流电路

1. 电路组成及工作原理

为了克服半波整流电路的缺点，实际应用中常采用全波整流电路，最常用的形式是桥式整流电路。它由4个二极管接成电桥形式，如图6.1.4（a）所示，图6.1.4（b）所示是简化电路。

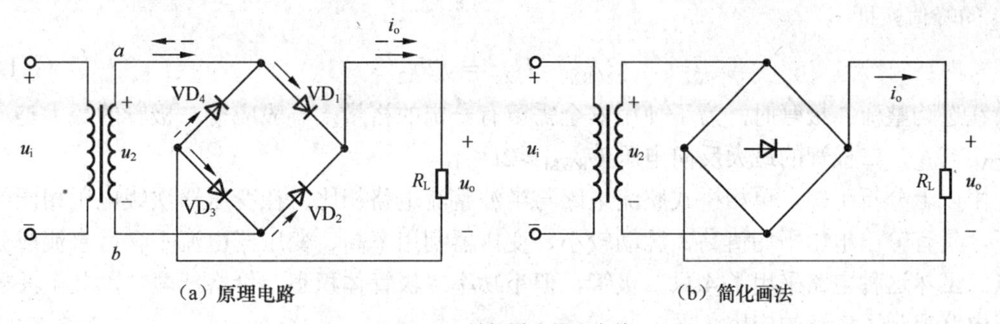

图6.1.4 单相桥式整流电路

设变压器二次侧电压$u_2 = \sqrt{2}U_2 \sin\omega t$，波形如图6.1.5（a）所示。在$u_2$为正半周时，$a$点电位高于$b$点电位，二极管$VD_1$，$VD_3$承受正向电压而导通，$VD_2$，$VD_4$承受反向电压而截止。此时有电流流过负载$R_L$，电流$i_{D1}(i_{D3})$的路径沿图6.1.4（a）中实线箭头所指方向流过$R_L$为$a \to VD_1 \to R_L \to VD_3 \to b$。则负载$R_L$端得到一个正弦半波电压，如图6.1.5（d）中的0~π段所示。

在u_2为负半周时，b点电位高于a点电位，二极管VD_2，VD_4承受正向电压而导通，VD_1，VD_3承受反向电压而截止。此时电流$i_{D2}(i_{D4})$的路径沿图6.1.4（a）中虚线箭头所指方向流过R_L为$b \to VD_2 \to R_L \to VD_4 \to a$，同样在负载$R_L$端得到一个正弦半波电压，如图6.1.5（d）中的π～2π段所示。可见，在u_2的两个半周中，负载R_L中都有电流流过，并且电流方向不

变。所以这种电路叫做全波整流电路。

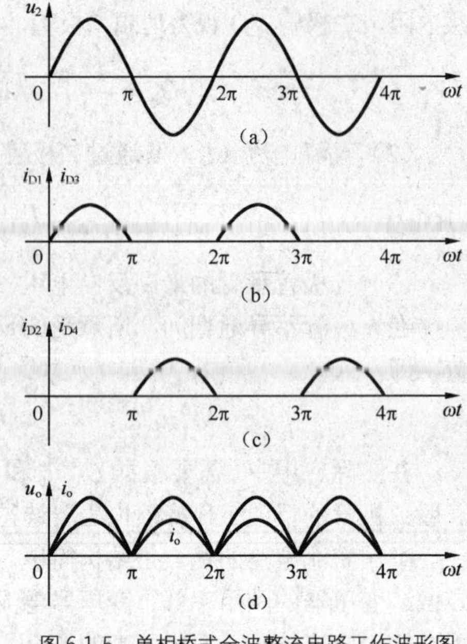

图 6.1.5 单相桥式全波整流电路工作波形图

2．主要参数的计算

（1）输出电压平均值

此时整流电压平均值 U_o 比半波整流时增加了一倍，即

$$U_o = \frac{1}{\pi}\int_0^{\pi}\sqrt{2}U_2\sin\omega t\mathrm{d}(\omega t) = \frac{2\sqrt{2}U_2}{\pi} = 0.9U_2 \quad (6.1.4)$$

（2）直流电流

桥式整流电路通过负载电阻的直流电流为

$$I_o = \frac{U_o}{R_L} = 0.9\frac{U_2}{R_L} \quad (6.1.5)$$

（3）二极管的平均电流

因为每两个二极管串联轮换导通半个周期，因此，每个二极管中流过的平均电流只有负载电流的一半，即

$$I_D = \frac{1}{2}I_o = 0.45\frac{U_2}{R_L} \quad (6.1.6)$$

（4）二极管承受的最高反向电压 U_{RM}

由图 6.1.4（a）可以看出，当 VD_1 和 VD_3 导通时，如果忽略二极管正向压降，此时，VD_2 和 VD_4 的阴极接近于 a 点，阳极接近于 b 点，二极管由于承受反压而截止，其最高反压为 u_2 的峰值，即

$$U_{RM} = U_{2m} = \sqrt{2}U_2 \quad (6.1.7)$$

在选购整流二极管时，为了使用安全需留有一定的裕量，一般应使二极管的最大整流电流 $I_{OM} \geqslant 2I_D$，二极管的最大反向电压 $U_{RWM} \geqslant 2U_{RM}$。

由以上分析可知，单相桥式整流电路与半波整流电路相比，在变压器次级电压相同的情况下，具有输出电压平均值高、脉动较小、变压器利用率高、变压器电流不含有直流成分等优点。虽然这种电路采用了 4 只二极管，但小功率二极管体积小，价格低廉，因此全波桥式整流电路得到了广泛的应用。

目前，已广泛使用硅整流桥堆产品来替代由 4 个二极管焊接起来的整流桥。它是利用集成技术，将 4 个二极管（PN 结）集成在一个硅片上，外形如图 6.1.6 所示。在 4 个接线端中，两个接交流电源，两个接负载，使用起来非常方便。在应用中，可根据需要在手册中选用不同型号及规格的硅桥堆。

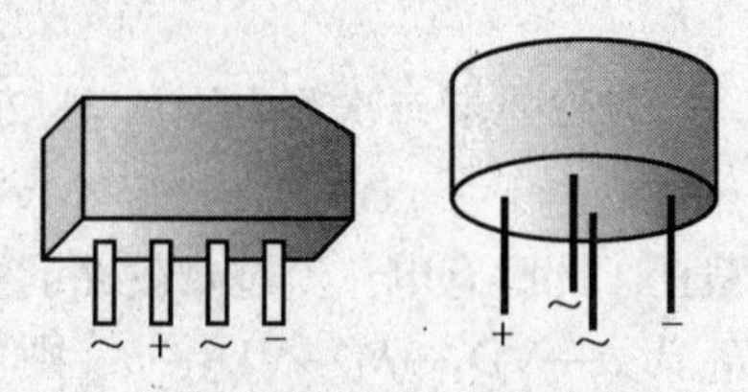

图 6.1.6 硅整流桥堆

【例 6.1.1】采用单相桥式全波整流电路设计一台输出电压为 30V，输出电流为 1A 的直流电源，试确定变压器二次侧绕组的电压和电流的有效值并选则整流二极管。

解：变压器副端电压

$$U_2 = \frac{U_o}{0.9} = \frac{30}{0.9} = 33.33\,\text{V}$$

考虑到变压器二次侧绕组及管子上的压降，确定二次侧电压时要留有裕量，一般应高出10%，即 33.33×1.1=43.33V，取 45V。

整流二极管承受的最高反向电压为

$$U_{RM} = U_{2m} = \sqrt{2}U_2 = \sqrt{2} \times 45 = 63.64\,\text{V}$$

流过整流二极管的平均电流为

$$I_D = \frac{1}{2}I_o = 0.5\,\text{A}$$

因此查常用半导体器件手册（如附录Ⅱ），可选用 4 只 1N4003 整流二极管，其最大整流电流为 1A，最高反向工作电压为 200V。

6.2 滤波电路

经过整流电路之后，我们得到的电压是一个单方向的脉动电压，这其中不仅包含有用的直流分量，还包含有害的交流分量，通常称为波纹。在有些设备中（如电镀和蓄电池充电等设备）这种电压的脉动是允许的，但是在大多数电子设备中，需要的是非常平稳的直流电源，就不允许存在这种电压的脉动了。所以，为了改善电压的脉动程度，我们还要在整流之后再加入滤波电路滤去交流分量，取出直流分量，以改善输出电压的脉动程度。

常用的滤波电路有电容滤波、电感滤波和复式滤波等，其中电容滤波电路是小功率整流电路中的主要滤波形式。由于采用滤波电路的目的只是为了得到一个平滑的直流，故滤波电路又称为平滑滤波器，简称滤波器。

6.2.1 电容滤波电路

1. 电路组成及工作原理

电容滤波主要是利用电容两端电压不能突变的特性，使负载电压波形平滑的，故电容应与负载并联。图 6.2.1（a）所示为单相桥全波整流、电容滤波电路。

这种电路的滤波原理可以理解为频率愈高，电容容抗越小，所以整流电路输出电压的交流成分绝大部分通过电容旁路掉，而直流成分通过负载，达到了滤波目的。可见电容的容量愈大，滤波效果愈好。

滤波过程及波形如图 6.2.1（b）所示。设 t=0 时电路接通电源，如果不接电容，在 u_2 正半周时二极管 VD_1 和 VD_3 导通，负半周时二极管 VD_2 和 VD_4 导通，输出电压波形如图 6.2.1（b）中虚线所示。并接电容以后，由图 6.2.1（a）可见，在 u_2 的正半周，当 VD_1 和 VD_3 导通时，除了有一个电流 i_o 流向负载外，同时还有一个电流 i_c 向电容充电，电容电压 u_c 的极性为上正下负。若忽略二极管正向导通压降，则 $u_c=u_o=u_2$，图中 Oa 段，当 u_2 达到峰值后，开始下降，此时电容上的电压 u_c 也将由于放电而逐渐下降，当 $u_2<u_c$ 时，4 只二极管均反偏截止，如图 6.2.1（b）中的 a 点之后，电容 C 以一定的时间常数 $\tau=R_LC$ 按指数规律经 R_L 放电，u_c 按放电曲线下降，直至下一个半周 $|u_2|=u_c$ 时，图中 ab 段。当 $|u_2|>u_c$ 段，二极管 VD_2 和

VD_4导通，电容电压u_c又随$|u_2|$的增大被充电到峰值，随后$|u_2|$开始下降，u_c也由于放电而下降，图中bc段，当$|u_2|<u_c$时，二极管VD_2和VD_4截止，如图6.2.1（b）中的c点之后，电容C又以时间常数$\tau=R_LC$按指数规律经R_L放电，u_c按放电曲线下降，图中cd段。如此周而复始，得到电容电压即输出电压的波形。

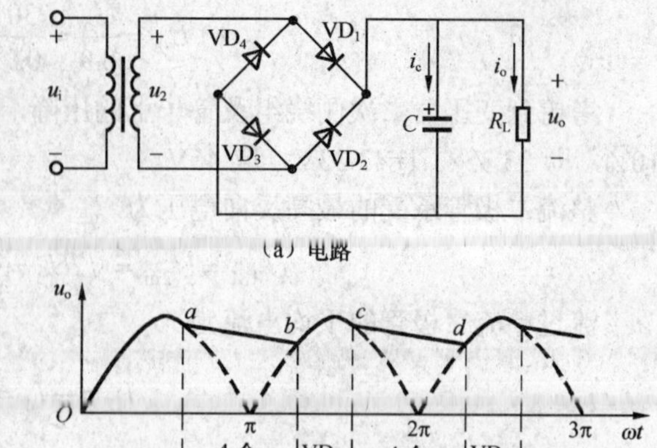

图6.2.1 单相桥式整流电容滤波电路及工作波形

从上述的分析中可知，电容滤波桥式整流电路的输出电压平均值U_o的大小，与R_L、C的大小有关，放电时间常数R_LC越大，电容放电越慢，u_o的下降部分越平缓，Uo就越高。放电时间常数R_LC减小，放电加快，甚至与u_2同步下降。当$R_L=\infty$，即负载开路时，电容无放电回路，因此$U_o=U_C=\sqrt{2}\,U_2\approx1.4U_2$。当$C=0$，也就是电路不接滤波电容时，输出电压为桥式整流后的电压，$U_o=0.9U_2$。因此输出电压U_O的范围是在$0.9U_2$～$1.4U_2$之间。

2．主要参数的计算

（1）滤波电容容量的确定

实际工作中，为了获得较平滑的输出电压，通常根据下式确定滤波电容的容量

$$\tau = R_L C > (3\sim5)\frac{T}{2} \tag{6.2.1}$$

式中，T为交流电的周期。

（2）输出电压平均值

当满足式（6.2.1）时，输出电压的平均值为

$$\left.\begin{aligned} U_o &= U_2(\text{半波}) \\ U_o &= 1.2U_2(\text{全波}) \end{aligned}\right\} \tag{6.2.2}$$

（3）二极管承受的最高反向电压U_{RM}

对于桥式整流、电容滤波电路，最高反向电压$U_{RM}=\sqrt{2}\,U_2$，和没有滤波电容时一样。对于单相半波整流、电容滤波电路，当负载开路时，$U_{RM}=2\sqrt{2}\,U_2$（最高）。

（4）二极管的平均电流

桥式整流、电容滤波电路中流过二极管的平均电流是负载电流的一半，即

$$I_D = \frac{1}{2}I_o = \frac{1}{2}\frac{U_o}{R_L} = \frac{0.6U_2}{R_L} \tag{6.2.3}$$

由图6.2.1（b）可见，只有在$|u_2|>u_C$时二极管才导通，将会有很大的电流通过二极管，形成冲击电流。放电时间常数越大，二极管的导通时间就越短，冲击电流就越大。在接通电源的瞬间，由于电容C上的电压为零，电源经整流二极管给C充电，该瞬间二极管流过的近

似是短路电流，一般是正常工作电流 I_o 的（5～7）倍，因此在选择二极管时必须注意，应选择最大整流电流较大的管子。

【例 6.2.1】 已知单相桥式整流电容滤波电路，负载为电阻性。现采用 220V、50Hz 交流供电。要求输出直流电压 U_o＝30V，负载电流 I_o＝150mA。试求电源变压器副边电压 u_2 的有效值，选择整流二极管及滤波电容器。

解：（1）变压器二次侧电压的有效值

整流二极管的选择

根据式（6.2.2），$U_o = 1.2U_2$(全波)，所以

$$U_2 = \frac{U_o}{1.2} = 25\text{ V}$$

（2）选择整流二极管

根据式（6.2.3），流过整流二极管的电流

$$I_D = \frac{1}{2}I_o = \frac{1}{2}\frac{U_o}{R_L} = 0.5\times 150 = 75\text{ mA}$$

每个整流二极管所承受的最高反向电压

$$U_{RM} = \sqrt{2}U_2 = \sqrt{2}\times 25 = 35\text{ V}$$

因此根据 I_D 和 U_{RM}，可选用 4 只 2CZ52C 整流二极管，其最大整流电流为 100mA，最大反向工作电压为 100V。

（3）选择滤波电容

根据式（6.2.1），取 $\tau=R_LC=5\times\frac{T}{2}$，所以

$$\tau = R_LC = 5\times\frac{1/50}{2}\text{S} = 0.05\text{S}$$

由已知，U_o＝30V，I_o＝150mA，可求得负载电阻

$$R_L = \frac{U_o}{I_o} = \frac{30\text{ V}}{150\text{ mA}} = 200\ \Omega$$

所以

$$C = \frac{0.05S}{R_L} = \frac{0.05}{200}\text{F} = 250\times 10^{-6}\text{F} = 250\mu\text{F}$$

若考虑电网电压波动±10%，则电容器承受的最高电压为

$$U_{CM} = \sqrt{2}U_2\times 1.1 = 38.5\text{V}$$

故选用电容器标称值为 250μF/50V 的电解电容器。

电容滤波电路的优点是结构简单，输出电压较高。它的缺点是负载 R_L 变化时，电容放电的时间常数也变化，输出电压随之变化。另外，由于电容容量的限制，为取得较平滑输出电压，R_L 应取较大的值，这样，负载电流 $I_o=U_o/R_L$ 就较小。因此电容滤波电路一般用于要求输出电压较高，负载电流较小并且变化也较小的场合。

如果在大电流负载情况，也就是负载电阻 R_L 很小的情况下，若采用电容滤波电路，则电容的容量势必很大，且整流二极管的冲击电流也非常大，这时可采用电感滤波电路。

6.2.2 电感滤波及复式滤波电路

1. 电感滤波电路

电感滤波主要是利用电感中电流不能突变的特性，使负载电压波形平滑的，故电感应与负载串联。因为通过负载的电流平滑了，输出电压的波形也就平稳了。图 6.2.2 所示为单相桥全波整流、电感滤波电路。

在这种电路中，输出电压 U_o 是整流电路的输出电压经 X_L 和 R_L 分压的结果。因为频率愈高，感抗越大，所以整流电路输出电压的交流成分绝大部分降到了电感上，直流均落在负载上，达到了滤波目的。可见 ωL 比 R_L 大得愈多，滤波效果愈好。

由于 L 上的直流压降很小，可以忽略，故电感滤波电路的输出电压平均值与桥式整流电路相同，即

$$U_o \approx 0.9U_2 \tag{6.2.4}$$

电感滤波电路适用于负载电流比较大以及负载变化较大的场合。它对整流二极管没有电流冲击，但是输出电压的平均值 U_o 较低。为了达到好的滤波效果，L 值需要很大，使得铁芯电感体积大、笨重、成本较电容滤波高，在小型电子设备中很少采用。

2. 复式滤波电路

为了进一步减小输出电压的脉动程度，可以用电容和铁芯电感组成各种形式的复式滤波电路。电感型 LC 滤波电路如图 6.2.3 所示。整流输出电压中的交流成分绝大部分降落在电感上，电容 C 又对交流接近于短路，故输出电压中交流成分很少，几乎是一个平滑的直流电压。由于整流后先经电感 L 滤波，总特性与电感滤波电路相近，故称为电感型 LC 滤波电路，若将电容 C 平移到电感 L 之前，则为电容型 LC 滤波电路。

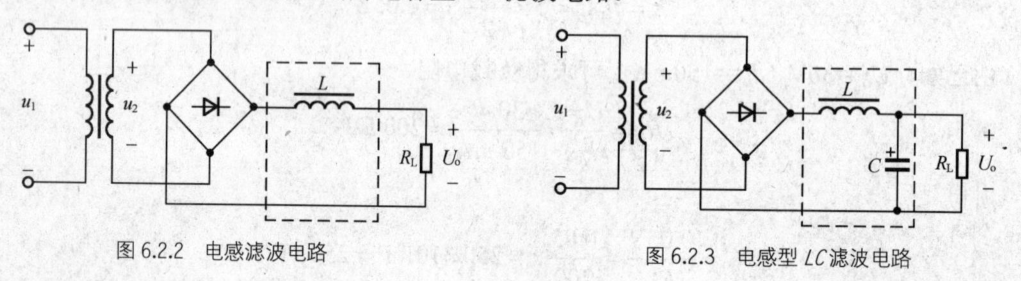

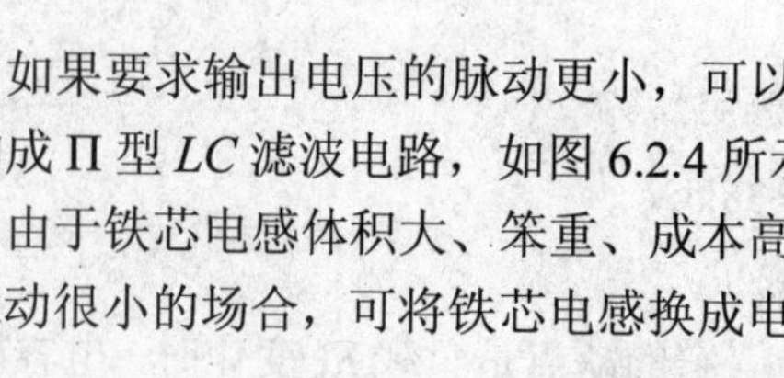

图 6.2.2 电感滤波电路

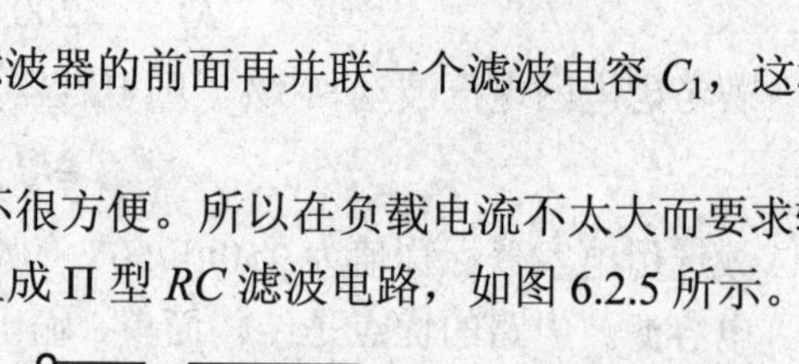

图 6.2.3 电感型 LC 滤波电路

如果要求输出电压的脉动更小，可以在 LC 滤波器的前面再并联一个滤波电容 C_1，这样便构成 Π 型 LC 滤波电路，如图 6.2.4 所示。

由于铁芯电感体积大、笨重、成本高、使用不很方便。所以在负载电流不太大而要求输出脉动很小的场合，可将铁芯电感换成电阻 R，组成 Π 型 RC 滤波电路，如图 6.2.5 所示。

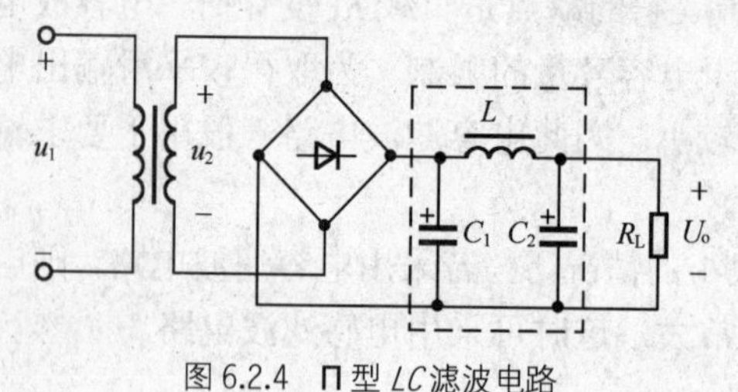

图 6.2.4 Π 型 LC 滤波电路

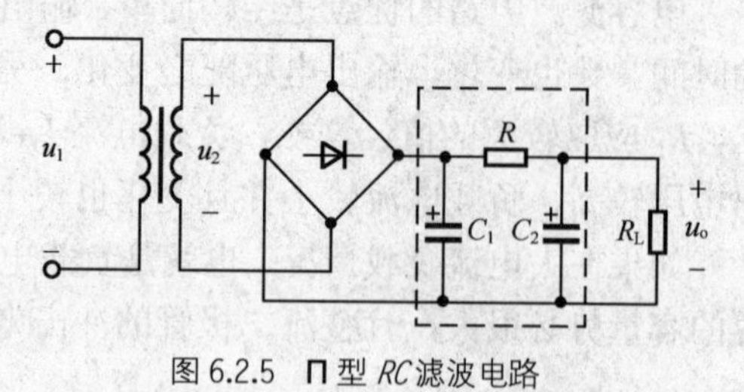

图 6.2.5 Π 型 RC 滤波电路

上面我们介绍了电容滤波、电感滤波和复式滤波电路，在实际电路中常以电容滤波的应用最为广泛，它适用于负载电流较小且变化不大的场合。虽然电感滤波和 LC 滤波的输出特性较好，带负载能力强，适用于大电流或负载变化大的场合，但因电感滤波器体积大，十分笨重，故通常只用于工频大功率整流或高频电源中。

6.3 直流稳压电路

通过整流滤波电路所获得的直流电源电压是比较稳定的，但是当电网电压波动时，输出电压会随之改变。另外，由于整流电路存在一定的内阻，当负载变化时，输出直流电压也将随负载电流的变化（或负载阻值 R_L 的变化）而变化。电子设备一般都需要稳定的电源电压。如果电源电压不稳定，将会引起直流放大器的零点漂移，交流噪声增大，测量仪表的测量精度降低等。因此，为了获得稳定直流电压输出，必须在整流滤波电路之后接入稳压电路。目前，中小功率设备中广泛采用的稳压电源有并联型稳压电路、串联型稳压电路、集成稳压电路及开关型稳压电路。

6.3.1 并联型稳压电路

1. 电路组成及稳压原理

硅稳压管组成的并联型稳压电路如图 6.3.1 所示，经整流滤波后得到的直流电压作为稳压电路的输入电压 U_i，限流电阻 R 和稳压管 VD_Z 组成稳压电路，因为稳压管与负载并联故名并联型稳压电路。

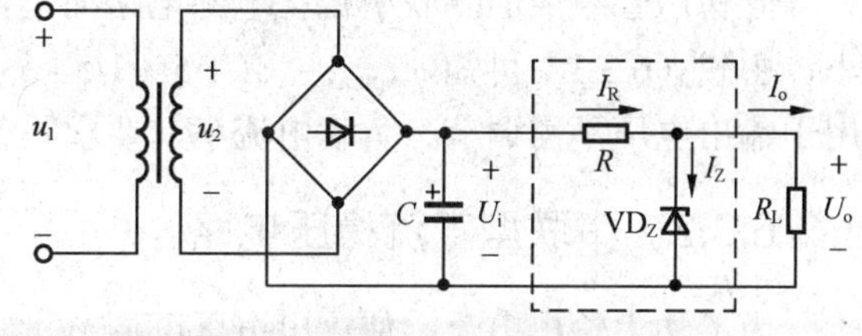

图 6.3.1 稳压管组成的并联型稳压电路

在这种电路中，不论是电网电压波动还是负载电阻 R_L 的变化，稳压管稳压电路都能起到稳压作用，下面从两个方面来分析其稳压原理。

（1）设 R_L 不变，若电网电压升高使 U_i 升高，导致 U_o 升高，而 $U_o=U_Z$。根据稳压管的特性，当 U_Z 升高一点时，I_Z 将会显著增加，这样必然使电阻 R 上的压降增大（$I_R=I_Z+I_o$），吸收了 U_i 的增加部分，从而保持 U_o 不变（$U_o=U_i-U_R$）。稳压过程可表示为

$$U_i\uparrow \rightarrow U_o\uparrow \rightarrow I_Z\uparrow \rightarrow I_R\uparrow \rightarrow U_R\uparrow \rightarrow U_o\downarrow$$

反之亦然。

（2）设电网电压不变，当负载电阻 R_L 阻值减小时，I_o 将增加，限流电阻 R 上压降 U_R 将会增加。由于 $U_o=U_Z=U_i-U_R$，所以导致 U_o 减小，即 U_Z 减小，这样必然使 I_Z 显著减小。由于流过限流电阻 R 的电流为 $I_R=I_Z+I_o$，这样可以使流过 R 上的电流基本不变，导致压降 U_R 基本不变，则 U_o 也就保持不变。稳压过程可表示为

$$R_L\downarrow\rightarrow I_o\uparrow\rightarrow I_R\uparrow\rightarrow U_R\downarrow\rightarrow U_o\downarrow \rightarrow I_z\downarrow\rightarrow I_R\downarrow\rightarrow U_R\downarrow\rightarrow U_o\uparrow$$

反之亦然。

在实际使用中，上述两个过程是同时存在的，而两种调整也同样存在。因而无论电网电压波动或负载变化，负载两端的电压经过稳压管的自动调节（与限流电阻 R 配合）都能基本上维持稳定。

2．稳压电路参数确定

（1）确定稳压管参数，一般取

$$\left.\begin{aligned} &U_Z = U_o \\ &I_{Zmax} = (1.5\sim5)I_{omax} \\ &U_i = (2\sim3)U_o \end{aligned}\right\} \tag{6.3.1}$$

（2）确定限流电阻

限流电阻 R 的主要作用就是当电网电压波动（通常电网电压允许有±10%的波动）或负载电阻变化时，稳压管能够始终工作在稳压区内，因此必须正确地选择限流电阻 R 的大小。

设稳压管允许的最大工作电流为 I_{Zmax}，最小工作电流为 I_{Zmin}；电网电压最高时的整流输出电压为 U_{imax}，最低时为 U_{imin}；负载电流的最小值为 I_{omin}，最大值为 I_{omax}；则要使稳压管能正常工作，必须满足下列关系：

$$\frac{U_{imax}-U_Z}{I_{Zmax}+I_{omin}} < R < \frac{U_{imin}-U_Z}{I_{Zmin}+I_{omax}} \tag{6.3.2}$$

硅稳压管组成的并联型稳压电源电路简单，但输出电压不能随意调节，而且输出电流很小，由式（6.3.1）可知，I_{omax}=（1/1.5～1/5）I_{Zmax}，而 I_{Zmax} 一般只有 20～40mA。所以只适用于输出电压不需调节，负载电流小，要求不甚高的场合。

6.3.2　串联型直流稳压电路

为了加大输出电流，使输出电压可调节，常采用串联型直流稳压电路。

1．电路组成及稳压原理

串联型直流稳压电路如图 6.3.2 所示，其中，U_i 是经整流滤波后的不稳定输入电压，U_o 为可调节大小的稳定输出电压，电路包括 4 个组成部分。

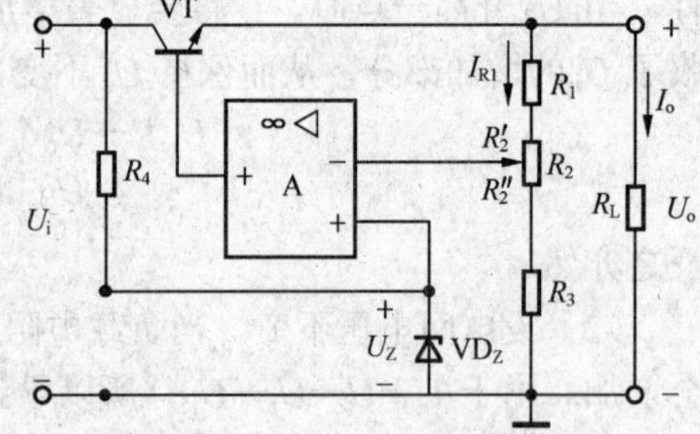

图 6.3.2　串联型直流稳压电路

（1）采样电路。由电阻 R_1，R_2 和 R_3 构成，其作用是采集输出电压的变化量，并传送到放大电路的反相输入端。

（2）基准电压源。基准电压源由限流电阻 R_4 和稳压管 VD_Z 构成，其作用是提供一个稳定性较高的直流基准电压 U_Z，接在放大电路的同相输入端。采样电压与基准电压进行比较，得到的差值再由放大电路进行放大。

（3）放大电路。放大电路可分别由单级放大电路、差动放大电路、集成运算放大电路等构成。图 6.3.2 所示为由运算放大器 A 构成的比较放大电路，其作用是将采样电压与基准电压比较后的差值进行放大，然后传送到调整管的基极。

（4）调整管。三极管 VT 称为调整管，其工作点必须设置在放大区，才能起到电压调整作用。由于采样电路电流 I_{R1} 远远小于负载电流 I_o，调整管 VT 与负载 R_L 近似串联，故称串联型稳压电路。

下面分析串联型直流稳压电路的稳压原理。假设放大电路 A 是理想运放，且工作在线性区，则可以认为其两个输入端“虚断”，即 $I_+=I_-=0$，由图 6.3.2 可见，

$$U_-=U_F=\frac{R_2''+R_3}{R_1+R_2+R_3}U_o$$

假如由于某种原因（如电网电压波动或负载电流变化等）使输出电压 U_o 增大时，则 U_- 也随之增大，但同相输入端的基准电压 U_Z 保持不变，故放大电路的差模输入电压 $U_{id}=U_Z-U_-$ 将减小，于是放大电路的输出电压减小，使调整管 VT 的基极输入电压 U_{BE} 减小，则调整管的基极电流 I_B 和集电极电流 I_C 随之减小，导致 U_{CE} 增大，最后使输出电压 U_o 基本保持不变。整个过程可概括为

$$U_o\uparrow\rightarrow u_-\uparrow\rightarrow U_{id}\downarrow\rightarrow U_{BE}\downarrow\rightarrow I_C\downarrow\rightarrow U_{CE}\uparrow$$
$$\rightarrow U_o\downarrow$$

反之亦然。

由上述分析可知，串联型稳压电路的稳压过程实质上是通过电压串联负反馈实现的，调整管 VT 在稳压过程中起到了关键作用。

2．输出电压的调节范围

该电路通过调节电位器 R_2 的滑动触点位置，便可在一定范围内调节输出电压 U_o 大小。

在图 6.3.2 中，因为 $U_-=U_F=\frac{R_2''+R_3}{R_1+R_2+R_3}U_o$，$U_+=U_Z$，又因为“虚短”，即 $U_+=U_-$，所以有

$$U_Z=U_F=\frac{R_2''+R_3}{R_1+R_2+R_3}U_o$$

则

$$U_o=\frac{R_1+R_2+R_3}{R_2''+R_3}U_Z \tag{6.3.3}$$

当 R_2 的滑动触点调至最上端时，$R_2'=0$，$R_2''=R_2$，U_o 达到最小值，此时

$$U_{omin}=\frac{R_1+R_2+R_3}{R_2+R_3}U_Z \tag{6.3.4}$$

而当 R_2 的滑动触点调至最下端时，$R_2'=R_2$，$R_2''=0$，U_o 达到最大值，此时

$$U_{omax}=\frac{R_1+R_2+R_3}{R_3}U_Z \tag{6.3.5}$$

【例 6.3.1】 电路如图 6.3.2。设稳压管工作电压 U_Z=6V，采样电路中 $R_1=R_2=R_3$，估算稳压电路输出电压 U_o 的调节范围。

解：根据式（6.3.4）得

$$U_{omin}=\frac{R_1+R_2+R_3}{R_2+R_3}U_Z=\frac{3}{2}\times 6=9\text{V}$$

根据式（6.3.5）得

$$U_{\text{omax}} = \frac{R_1 + R_2 + R_3}{R_3} U_{\text{Z}} = 3 \times 6 = 18\,\text{V}$$

所以该电路的输出电压能在 9～18V 之间调节。

6.3.3 三端集成稳压器及其应用

集成稳压器与一般分立元件的稳压器相比，具有体积小、稳压性能好、可靠性高、组装和调试方便、价格低廉等优点。目前，集成稳压器已经成为模拟集成电路中的一个重要组成部分，特别是三端集成稳压器，将取样、基准、比较放大、调整及保护环节集成于一个芯片内，芯片只引出三个接线端子，基本上不需外接元件，便可稳定工作，因此在实际使用中得到了广泛应用。三端集成稳压器有固定输出和可调输出两种不同的类型。

1. 三端固定式集成稳压器

（1）型号及封装形式

常用的三端固定集成稳压器有 W7800 系列（输出固定正电压）和 W7900 系列（输出固定负电压），其外型如图 6.3.3 所示。型号中 78 表示输出为正电压值，79 表示输出为负电压值，00 表示输出电压的稳定值，输出电压等级主要有±5V、±6V、±9V、±12V、±15V、±18V 和±24V。输出电流有三个等级：最大输出电流 1.5A（W7800 和 W7900 系列）、最大输出电流 500mA（W78M00 和 W79M00 系列）以及最大输出电流 100mA（W78L00 和 W79L00 系列）。例如 CW7815，表明输出＋15V 电压，输出电流可达 1.5A，CW79M12，表明输出−12V 电压，输出电流为−0.5A。

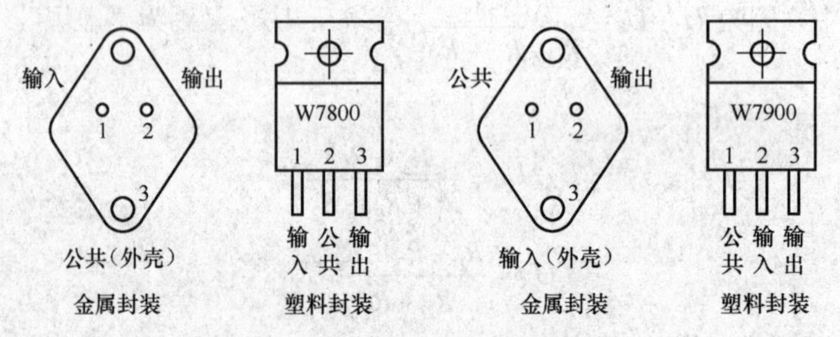

图 6.3.3 三端固定式集成稳压器外形图

（2）三端固定式集成稳压器典型应用

① 基本应用电路

三端固定式集成稳压器最基本的应用电路如图 6.3.4 所示。整流滤波后得到的直流电压 U_{i} 接在输入端和公共端之间，在输出端即可得到稳定的输出电压 U_{o}。为使三端稳压器能正常工作，U_{i} 与 U_{o} 之差应大于 2～3V，且 $U_{\text{i}} \leqslant 35\text{V}$。

输入端电容 C_1 用以抵消输入引线较长时的电感效应，以防止产生自激，接线不长时也可不用；C_1 的容量一般在 0.1~1μF 之间。C_2 是为了瞬时增减负载电流时不致引起输出电压有较大的波动，C_2 的容量可用 0.1μF。C_1、C_2 最好选用漏电流小的钽电容，两个电容均应直接接在集成稳压器的引脚处。若输出电压 U_{o} 较高且 C_2 容量较大时，输入端和输出端之间应跨接一个保护二极管 VD，如图 6.3.4 中的虚线所示。它的作用是在输入端一旦短路时，使 C_2 通过二极管 VD 放电，来保护稳压器内部的调整管。

W7900 系列接线与 W7800 系列基本相同。

在使用中必须注意防止稳压器的公共接地端开路，因为当接地端断开时，输出电压接近于不稳定的输入电压，即 $U_o=U_i$，可能导致负载过压受损。

② 提高输出电压的电路

图 6.3.5 所示电路能够使输出电压高于固定输出电压。图中 $U_{××}$ 为 W78××稳压器的固定输出电压，显然输出电压

$$U_o=U_{××}+U_Z \tag{6.3.6}$$

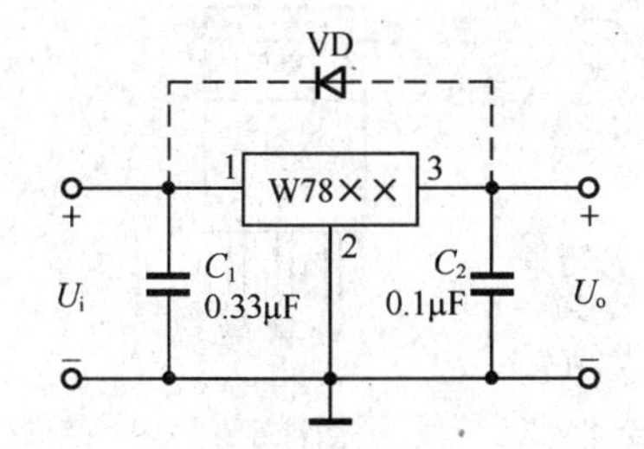

图 6.3.4 三端集成稳压器基本应用电路

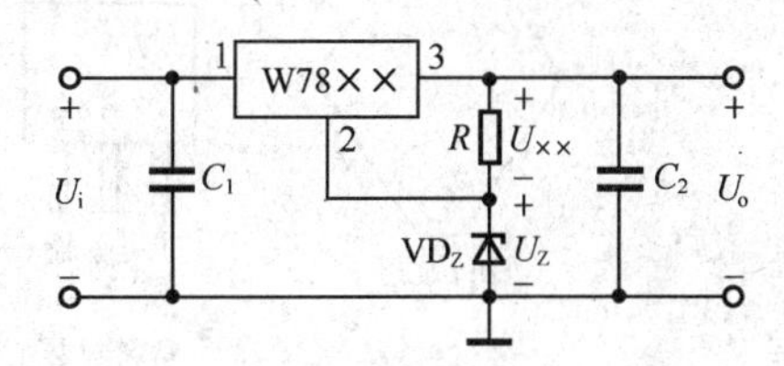

图 6.3.5 提高输出电压的电路

③ 能同时输出正、负电压的电路

当用电设备需要用正、负两组电压供电时，可将正电压输出稳压器 W7800 系列和同规模的负电压输出稳压器 W7900 系列配合使用，如图 6.3.6 所示，输出端便可以得到大小相等、极性相反的两组电压。

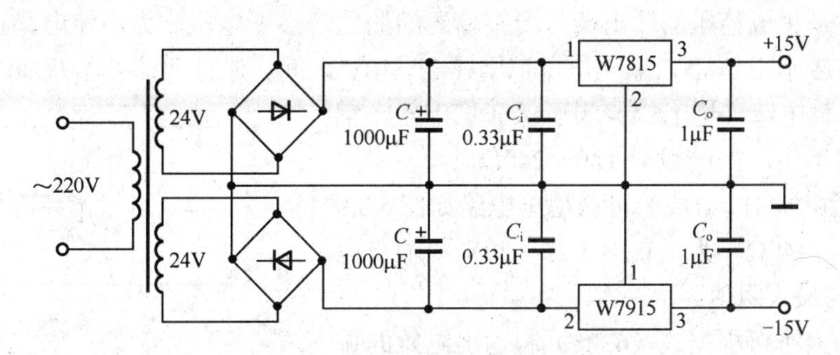

图 6.3.6 正负电压同时输出的电路

④ 扩大输出电流的电路

三端式集成稳压器对输出电流有一定限制，如果希望进一步扩大输出电流，可以通过外接功率管 VT 的方法实现。在图 6.3.7 中，I_3 为稳压器公共端电流，其值一般很小，可以忽略不计，所以 $I_1 \approx I_2$，则可得出

$$I_o = I_2 + I_C = I_2 + \beta I_B = I_2 + \beta(I_1 - I_R)$$

$$I_o \approx (1+\beta)I_2 + \beta\frac{U_{BE}}{R} \tag{6.3.7}$$

式中，β 为三极管的电流放大系数，I_2 为稳压器的输出电流。

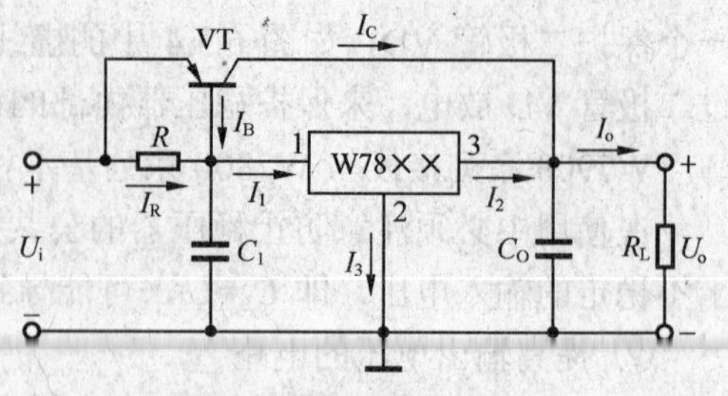

图 6.3.7　扩大输出电流的电路

2．三端可调集成稳压器

（1）型号及封装形式

常用的三端可调集成稳压器 W317 和 W337，外形如图 6.3.8 所示。型号中第一位数字为 3 时，表示为民品（1 为军品，2 为工业、半军品），第二位和第三位数字 17 表示输出为正电压值，37 表示输出为负电压值。输出电流有三个等级：最大输出电流 1.5A（W317 和 W337）、最大输出电流 500mA（W317M 和 W337M）以及最大输出电流 100mA（W317L 和 W337L）。

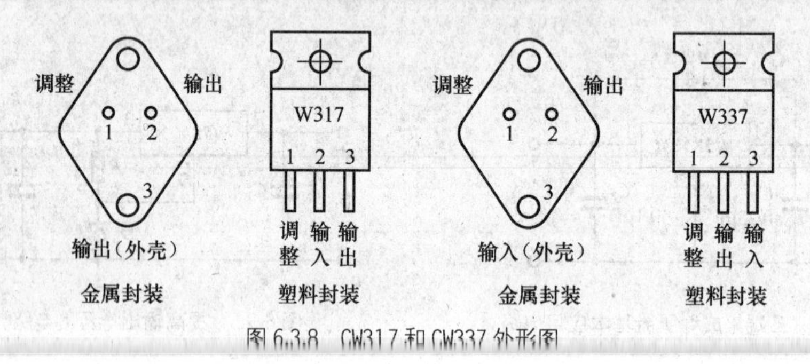

图 6.3.8　CW317 和 CW337 外形图

（2）基本应用电路

三端可调集成稳压器的基本应用电路如图 6.3.9 所示，输出电压近似由下式决定

$$U_o \approx (1+\frac{R_P}{R_1})\times 1.25\text{V} \tag{6.3.8}$$

式中，1.25V 是集成稳压器输出端与调整端之间的固定参考电压。为了使电路正常工作，一般输出电流不应小于 5mA，输入电压范围在 2～40V 之间。通过调节 R_P，U_o 可在 1.25～37V 之间调整，负载电流可达 1.5A。为了保证稳压器在空载时也能正常工作，R_1 一般取 120～240Ω。

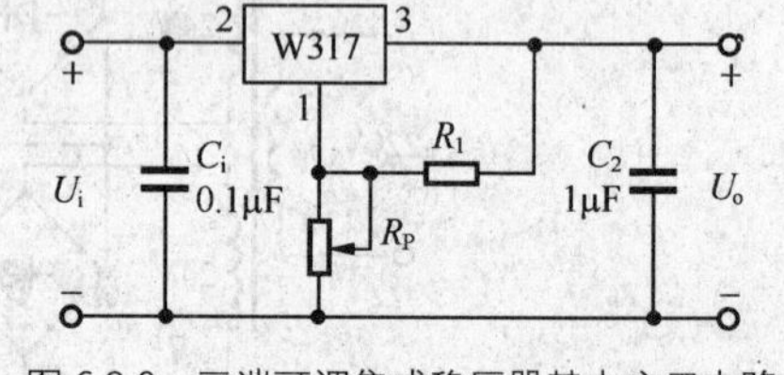

图 6.3.9　三端可调集成稳压器基本应用电路

【例 6.3.2】由 W317 组成的可调稳压电路如图 6.3.9 所示。已知 R_1=240Ω。为了获得 1.25～37V 的输出电压，试求 R_P 的最大阻值。

解：R_P 的大小可根据式（6.3.8）和输出电压的调节范围来确定

当滑动端位于最下方时，R_P=0，U_o=1.25V；当滑动端位于最上方时，R_P 最大，此时 U_o=37V，则有

$$U_{o\max} \approx (1+\frac{R_P}{R_1})\times 1.25\text{V} = (1+\frac{R_P}{240})\times 1.25 = 37\text{V}$$

解得

$$R_P \approx 6.86\text{k}\Omega$$

6.3.4　稳压电源的质量指标

稳压电源的技术指标分为两种：一种是特性指标，包括允许的输入电压及其变化范围、

输出电压及输出电压调节范围、额定输出电流等；另一种是质量指标，用来衡量输出直流电压的稳定程度，主要的有一下几项。

1．电压调整率

电压调整率 S_V 是指当负载电流 I_o 及温度 T 不变而输入电压 U_I 变化时，输出电压 U_o 的性对变化量 $\Delta U_o/U_o$ 与输入电压变化量 ΔU_i 之比，即

$$S_V = \frac{\Delta U_o / U_o}{\Delta U_i} \times 100\% \Bigg|_{\substack{I_O=\text{常数} \\ T=\text{常数}}} \tag{6.3.9}$$

S_V 越小，输出电压受电网电压波动的影响就越小，稳压性能越好。

2．电流调整率

电流调整率 S_i 是指当输入电压 U_i 及温度 T 不变时，输出电流 I_o 从零变到最大时，输出电压的相对变化量，即

$$S_i = (\Delta U_o / U_o) \times 100\% \Big|_{\substack{\Delta I_o = I_{o\max} \\ T=\text{常数}、U_i=\text{常数}}} \tag{6.3.10}$$

S_i 或 ΔU_o 越小，输出电压受负载电流的影响就越小。

3．输出电阻

输出电阻 R_o 是指当输入电压 U_i 及温度 T 不变时，因 R_L 变化，导致负载电流变化了 ΔI_o，相应的输出电压变化了 ΔU_o，两者比值的绝对值，即

$$R_o = -\frac{\Delta U_o}{\Delta I_o} \Bigg|_{\substack{\Delta U_I=\text{常数} \\ T=\text{常数}}} \tag{6.3.11}$$

R_o 的大小反应直流电源带负载能力的大小，其值越小，负载能力越强。

4．温度系数

温度系数 S_T 是指当输入电压 U_i 及负载电流 I_o 不变时，温度变化所引起的输出电压相对变化量 $\Delta U_o/U_o$ 与温度变化量 ΔT 之比，即，

$$S_T = \frac{\Delta U_o / U_o}{\Delta T} \Bigg|_{\substack{I_o=\text{常数} \\ U_I=\text{常数}}} \tag{6.3.12}$$

6.3.5 开关稳压电源简介

1．开关稳压电源的特点和分类

前面两节介绍的稳压电路，包括串联型直流稳压电路和三端集成稳压器，均属于线性稳压电路，这是由于稳压电路中的调整管总是工作在线性区。线性稳压电源的优点是结构简单，调整方便，输出电压脉动较小。但是这种电源的主要缺点是效率低，一般只有 20%～40%。另外，由于调整管消耗的功率较大，有时需要在调整管上安装散热器，故电源的体积和重量

大。开关型稳压电路克服了上述缺点，因为在这种电路中，调整管工作在开关状态，本身的功耗很小，故散热器可随之减小甚至取消。在输出功率相同条件下，开关稳压电源与线性稳压电源相比具有效率高（一般可达到65%～90%）、体积小、重量轻、对电网电压要求不高等突出优点。目前开关稳压电源已广泛应用在计算机、广播电视、通信及空间技术等领域。

开关型稳压电源的不足之处，主要表现在输出电压波纹较线性电源大，调整管不断导通与截止的高频开关信号（可达几百千赫兹）对电子设备造成一定干扰，控制电路复杂，对元器件要求高，价格较线性型稳压电源高。

随着微电子技术的迅猛发展，大规模集成技术日臻完善，近年来已陆续生产出开关电源专用的集成控制器及单片集成开关稳压电源，这对提高开关电源的性能，降低成本，使用维护等方面起到了明显效果。

开关型稳压电源种类很多，可以按不同的方法分类。例如，按开关信号产生的方式可分自激式、它激式和同步式三种；按所用器件可分双极型晶体管、功率 MOS、场效应管、晶闸管等开关电源；按控制方式可分脉宽调制（PWM）、脉频调制（PFM）和混合调制三种方式；按开关电路的结构形式可分为降压型、反相型、升压型和变压器型等；按开关调整管与负载 R_L 的连接方式可分串联型和并联型。下面以串联它激式单端降压型开关稳压电源为例介绍开关电源的特点、电路构成、工作原理及稳压过程。

2．串联型开关稳压电源

（1）电路组成

图 6.3.10 所示为串联它激式单端降压型开关稳压电源的基本组成框图。图中 VT 为开关调整管，它与负载 R_L 串联；VD 为续流二极管，L 和 C 构成滤波器；R_1 和 R_2 组成取样电路，A_1 为误差放大器，A_2 为电压比较器，它们与基准电压源、三角波发生器组成开关调整管的控制电路。

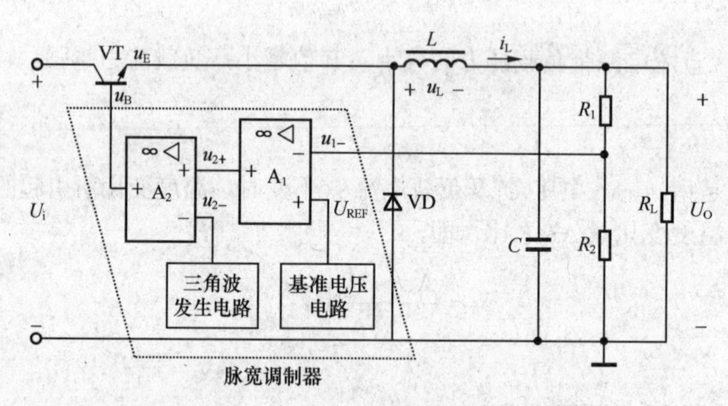

图 6.3.10　串联型开关稳压电源的原理框图

（2）工作原理

① 基准电压电路产生稳定电压 U_{REF}，取样电压 u_{1-}与 U_{REF} 的差值经 A_1 放大后输入 A_2 同相端，设为 u_{2+}。u_{2+}与 A_2 反相端的三角波信号 u_{2-}相比较，得到矩形波控制信号 u_B。u_B 控制调整管 VT，使 VT 处于开关状态。

② 当 u_B 为高电平（电位有时亦称电平）时，VT 饱和导通（设导通时间为 t_{on}），其饱和

管压降 U_{CES} 很小，故 VT 的发射极、集电极之间近似短路，发射极电位 $u_E=U_i-U_{CES}\approx U_i$。此时二极管 VD 因反偏而截止，电感 L 存储能量同时向电容 C 充电，负载 R_L 中有电流流过。

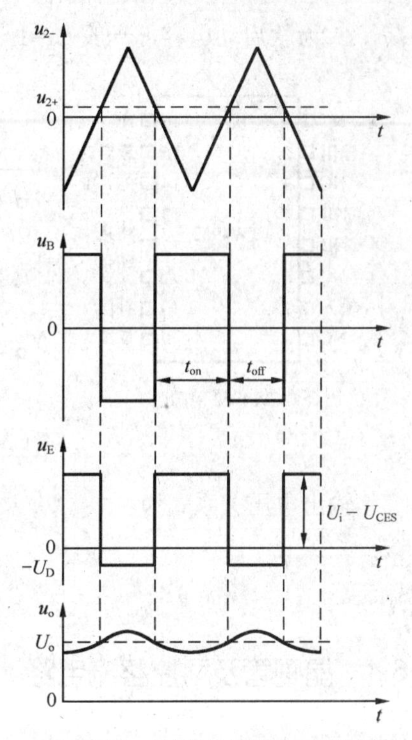

图 6.3.11 开关稳压电源的电压波形

③ 当 u_B 为低电平时，VT 截止（设截止时间为 t_{off}，），电感 L 产生的自感电动势使二极管 VD 导通，$u_E=-U_D\approx 0$。L 中存储的能量通过 VD 向 R_L 释放，使 R_L 上继续有同方向的电流流过（故 VD 称为续流二极管），同时电容 C 放电。

u_{2-}，u_B，u_E 和 u_o 的波形如图 6.3.11 所示。由图可见，电路利用 A_2 的输出信号 u_B 控制调整管 VT，从而将连续的输入电压 U_i 变成断续的矩形波电压 u_E，再经续流滤波环节加以平滑后，变为平稳的直流输出电压 U_o。

由于 R_L 变化时会影响 LC 滤波环节的滤波效果，因此，开关型稳压电路适用于负载固定、输出电压调节范围不大的场合。

若忽略 L 中的直流压降，则 U_o 即为 u_E 的直流分量，即

$$\begin{aligned} U_o &= \frac{1}{T}\int_0^T u_E \mathrm{d}t = \frac{t_{on}}{T}(U_i - U_{CES}) + \frac{t_{off}}{T}(-U_D) \\ &\approx \frac{t_{on}}{T}U_i = qU_i \end{aligned} \tag{6.3.13}$$

式中，T 为周期，它由三角波发生器输出电压的周期决定。$T=t_{on}+t_{off}$，t_{on} 为 u_B 高电平时的脉宽，也是调整管导通时间；t_{off} 为 u_B 低电平时的脉宽，也是调整管截止时间；q 称为占空比，它等于调整管导通时间 t_{on} 与开关周期 T 之比。可见，改变 q 即可改变输出电压 U_o。

（3）稳压原理

当输出电压 U_o 由于某种原因增大时，有如下调节过程：

$U_o\uparrow\rightarrow U_{1-}\uparrow$（$U_{1+}$不变）$\rightarrow u_{2+}\downarrow$（$u_{2-}$三角波形不变）$\rightarrow q\downarrow\rightarrow U_o\downarrow$

维持了输出电压的稳定。反之亦然。

3. 集成开关稳压器

常用的集成开关稳压器通常分为两类。一类是单片的脉宽调制器，这类脉宽调制器在使用时需要外接开关功率调整管。另一类是把脉宽调制器和开关功率管制作在同一芯片上，构成了单片集成开关稳压器，使用更为方便。

例如，图 6.3.12 所示是集成开关稳压器 CW4962 的外形图和典型接线图。它的最大输入电压 50V，输出电压范围为 5.1～40V 连续可调，额定输出电流为 1.5A。该器件具有软启动、过流、过热保护功能，工作频率高达 100kHz，过电流保护电流 2.5～3.5A。

其中，VD 为续流二极管，R_T 和 C_T 为定时元件，其取值决定了片内振荡器的振荡频率 f。$f=1/(R_TC_T)$，一般 R_T 取 1～27kΩ，C_T 取 1～3.3μF。R_P 和 C_P 频率补偿电路，用以防止寄生振

荡，C_3为软启动电容，一般C_3=1～4.7μF。R_1和R_2为取样电阻，取值范围为500Ω～10kΩ。

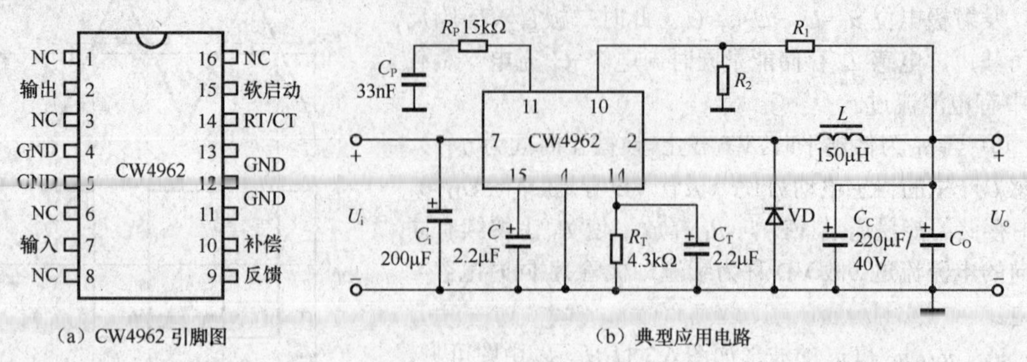

图 6.3.12　CW4962 引脚图及典型应用电路

输出电压关系式为

$$U_{\mathrm{O}}=5.1(1+\frac{R_1}{R_2}) \tag{6.3.14}$$

6.4　晶闸管及可控整流电路

本章前几节介绍的由半导体二极管组成的整流电路中，当输入的交流电压不变时，整流电路输出的直流电压也是固定的，不能任意控制和改变，故称为不可控整流电路。然而在实际工作中，有时希望在输入的交流电压不变时，输出的直流电压能够根据需要进行调节，例如，交、直流电动机的调速、随动系统和变频电源等。在这种情况下，就需要采用可控整流电路，而晶闸管正是可以实现这一要求的可控整流元件。

晶闸管又称可控硅（VS），是一种大功率半导体可控元件。它主要用于整流、逆变、调压、开关四个方面，应用最多的是晶闸管整流。晶闸管的种类很多，有普通单向和双向晶闸管、可关断晶闸管、光控晶闸管等。下面主要介绍普通晶闸管的工作原理、特性参数及简单的应用电路。

6.4.1　晶闸管的基本特性

1．晶闸管的结构和符号

晶闸管是具有三个 PN 结的四层 PNPN 结构，如图 6.4.1（a）所示。引出的 3 个电极分别称为阳极 A、阴极 K 和控制极（或称门极）G，电路符号见图 6.4.1（b）。常见晶闸管的外形有三种形式：螺栓式、平板式和塑封式，分别如图 6.4.2（a）、图 6.4.2（b）和图 6.4.2（c）所示。

2．晶闸管的工作特点

为了说明晶闸管的工作原理，可把四层 PNPN 半导体分成两部分，如图 6.4.3（a）所示。P_1，N_1和P_2组成 PNP 型管，N_1，P_2，N_2组成 NPN 型管，这样晶闸管就好像是由 PNP 型和 NPN 型两个晶体管组合而成的，其等效电路如图 6.4.3（b）所示。

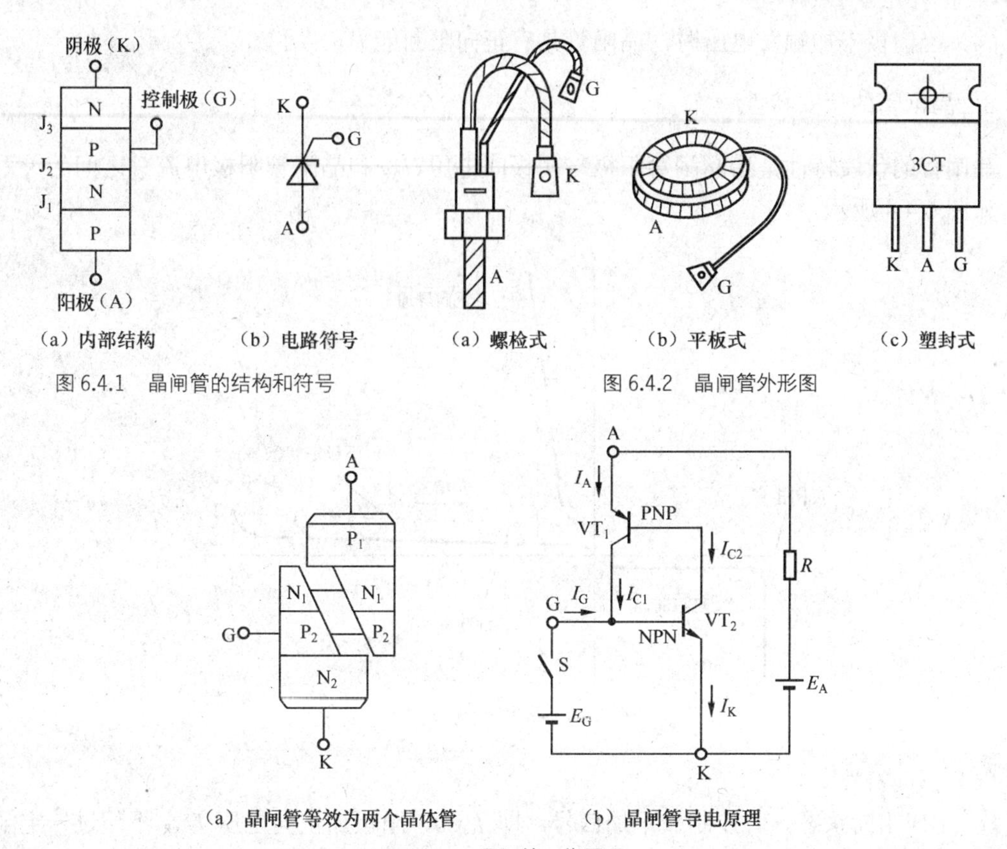

（a）内部结构　（b）电路符号

图 6.4.1　晶闸管的结构和符号

（a）螺栓式　（b）平板式　（c）塑封式

图 6.4.2　晶闸管外形图

（a）晶闸管等效为两个晶体管　（b）晶闸管导电原理

图 6.4.3　晶闸管工作原理

如果在控制极不加电压，无论在阳极与阴极之间加上何种极性的电压，管内的 3 个 PN 结中，至少有一个结是反偏的，因而晶闸管不导通，阳极没有电流产生。

如果在 A、K 两极间加上正向电压 U_A，在控制极上加一正向控制电压 U_G 后，VT_2 管基极便产生控制电流 I_G，流入 VT_2 管的基极，经 VT_2 管放大，形成集电极电流 $I_{C2}=\beta_2 I_G$。又因为 $I_{C2}=I_{B1}$，所以 $I_{C1}=\beta_1\beta_2 I_G$，$I_{C1}$ 又流入 VT_2 管的基极再经放大形成正反馈，如此循环往复，形成正反馈过程，晶闸管的电流越来越大，内阻急剧下降，管压降减小，直至晶闸管完全导通。这时晶闸管 A、K 之间的正向压降约为 0.6～1.2V。因此流过晶闸管的电流 I_A 由外加电源 U_A 和负载电阻 R 决定，即 $I_A \approx U_A/R$。由于管内的正反馈，使管子导通过程极短，一般不超过几微秒。这就是晶闸管导通的原理。

当晶闸管导通后，由于存在正反馈过程，若去掉 U_G，晶闸管仍能维持导通。

晶闸管的工作特点如下：

（1）欲使晶闸管导通需具备两个条件：

① 应在晶闸管的阳极与阴极之间加上正向电压；

② 应在晶闸管的控制极与阴极之间也加上正向电压和电流。

（2）晶闸管一旦导通，控制极便失去控制作用，故晶闸管为半控型器件，控制极只需加一个正的触发脉冲。

（3）为使导通后的晶闸管关断，必须使其阳极电流减小到一定数值（维持电流 I_H）以下，这只有用使阳极电压减小到零或反向的方法来实现。

（4）当门极未加触发电压时，晶闸管具有正向阻断能力。

3．晶闸管的伏安特性

晶闸管的伏安特性是指晶闸管阳极与阴极间电压 U_{AK} 和晶闸管阳极电流 I_A 之间的关系曲线，如图 6.4.4 所示。

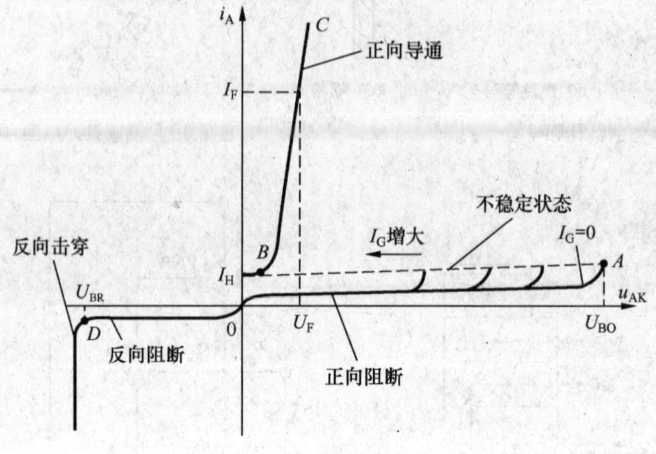

图 6.4.4　晶闸管的伏安特性

（1）正向特性

① 正向阻断状态。若控制极不加信号，即 I_G=0，阳极加正向电压 U_{AK} 不超过一定限度时，晶闸管呈现很大电阻，处于正向阻断状态，管子中只有很小的正向漏电流。图中 *OA* 段。

② 负阻状态。当正向阳极电压进一步增加到某一值后，J_2 结发生击穿，正向导通电压迅速下降，阳极电流急剧上升，特性曲线突然从 *A* 点跳到 *B* 点，出现了负阻特性，见曲线 *AB* 段，此时的正向阳极电压称之为正向转折电压，用 U_{BO} 表示。这种不是由控制极控制的导通称为误导通。晶闸管使用中应避免误导通产生。在晶闸管阳极与阴极之间加上正向电压的同时，控制极所加正向触发电流 I_G 越大，晶闸管由阻断状态转为导通所需的正向转折电压就越小，伏安特性曲线向左移。

③ 触发导通状态。晶闸管导通后的正向特性如图中 *BC* 段，与二极管的正向特性相似，即通过晶闸管的电流很大，而导通压降却很小，约为 1V 左右。晶闸管导通以后，如果减小阳极电流，则当 I_A 小到 *B* 点时，为最小维持电流 I_H；此时，如果达到 $I_A < I_H$，晶闸管将由导通状态转为阻断状态。

（2）反向特性

① 反向阻断状态。晶闸管的反向电压不大时，只有很小的反向漏电流，处于反向阻断状态，如图中 *OD* 段，与二极管的反向特性相似。

② 反向击穿状态。当反向电压增加到 U_{BR} 时，*PN* 结被击穿，反向电流急剧增加，造成永久性损坏。U_{BR} 称为反向击穿电压。

4．晶闸管的主要参数

（1）额定电压

① 断态重复峰值电压 U_{DRM}。当控制极开路，可以重复加在晶闸管两端的正向峰值电压。

通常规定该电压比正向转折电压 U_{BO} 小 100V 左右。

② 反向重复峰值电压 U_{RRM}。当控制极开路，可以重复加在晶闸管元件上的反向重复峰值电压。通常规定该电压比反向击穿电压 U_{BR} 小 100V 左右。

通常把断态重复峰值电压 U_{DRM} 和反向重复峰值电压 U_{RRM} 中较小的那个数值标作器件型号上的额定电压，其范围为 100～300V。选用晶闸管时，额定电压应为正常工作时峰值电压的 2～3 倍，作为安全裕量。

（2）额定通态平均电流

在环境温度为+40℃和规定冷却条件下，器件所允许连续通过的工频正弦半波电流的平均值，定义为额定通态平均电流 I_T。通常所说的多少安的晶闸管，就是指这个电流，其范围为 1～1000A。

如晶闸管流过正弦半波电流波形如图 6.4.5 所示。

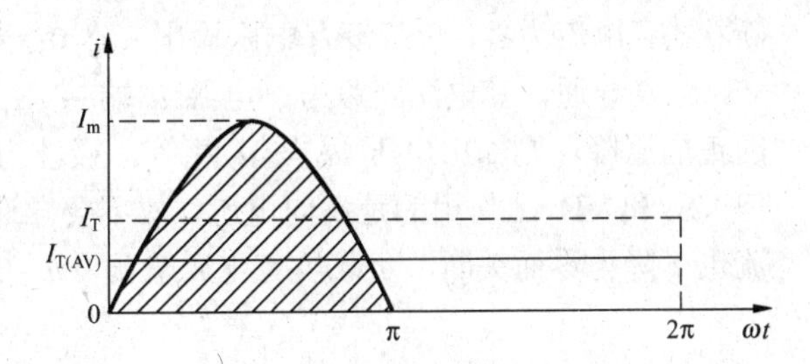

图 6.4.5 晶闸管通态平均电流示意图

晶闸管的通态平均电流 I_T 和正弦电流最大值 I_m 之间的关系表示为

$$I_T = \frac{1}{2\pi}\int_0^{\pi} I_m \sin\omega t \mathrm{d}\omega t = \frac{I_m}{\pi} \tag{6.4.1}$$

实际应用中，流过晶闸管的电流波形不同，其电流平均值和有效值也不同。在选用晶闸管时，应根据电流有效值相同的原则进行换算，电流选择应取 1.5～2 倍的安全裕量。

（3）通态平均电压

晶闸管通过额定通态平均电流，在稳定的额定结温时，晶闸管阳极与阴极之间的电压平均值，定义为通态平均电压 V_T。其范围为 0.6～1V。

（4）维持电流

在室温下，当门极断路时，晶闸管被触发导通后，维持导通状态所必须的最小阳极电流，定义为维持电流 I_H，一般为几十～一百多 mA。

（5）门极触发电流

在室温且阳极电压为 6V 直流电压时，使晶闸管从阻断到完全开通所必需的最小门极直流电流，定义为门极触发电流 I_G。通态电流较小的晶闸管所需 I_G 较小，约几 mA～几十 mA；通态电流较大的晶闸管 I_G 约几十 mA～几百 mA。

（6）门极触发电压

门极触发电压 U_G 是指对应于门极触发电流时的门极直流触发电压，一般为 1～5V。

实际应用中，加到控制极的触发电压和电流应略大于器件的额定值，以保证可靠触发。

6.4.2 单相半控桥式可控整流电路

晶闸管可控整流电路是由两部分组成的，一部分是整流电路（又称主电路），另一部分是控制电路（又称触发电路）。可控整流也有多种电路形式，如单相半波或单相桥式可控整流电路等。当功率较大时，常常采用三相半波或三相桥式可控整流电路。本节以单相半控桥式电阻性负载电路为例讨论可控整流电路的工作原理。

1．电路组成和工作原理

单相半控桥式电阻性负载整流电路的主电路如图 6.4.6 所示，其中有两个桥臂用二极管，另两个桥臂用晶闸管，故称为半控桥（若 4 个桥壁均采用晶闸管，则称为全控桥）。两个晶闸管的控制极接在一起，由一个触发电路提供触发脉冲，负载电阻为 R_L。

单相半控桥电阻性负载整流电路的工作情况波形如图 6.4.7 所示。在 u_2 的正半周，a 端电位高于 b 端电位，VS_1 和 VD_2 承受正向电压。在 0～t_1 期间，VS_1 没有触发脉冲，处于正向阻断状态，电流为零，负载没有电压输出，u_o=0；当在 t_1 时刻触发晶闸管 VS_1，则在$\omega t_1=\alpha$ 时刻，VS_1 触发导通，其电流回路为，电源 a 端→VS_1→R_L→VD_2→电源 b 端。若忽略 VS_1 和 VD_2 的正向压降，则输出电压 u_O 与 u_2 相等，极性为上正下负，这时 VS_2 管虽然也有触发脉冲，但 VS_2 和 VD_1 上作用的是反向电压，故不会导通。在电源电压 u_2 过零时，VS_1 和 VD_2 阳极电流也下降为零而关断，负载没有电压输出，u_o=0。

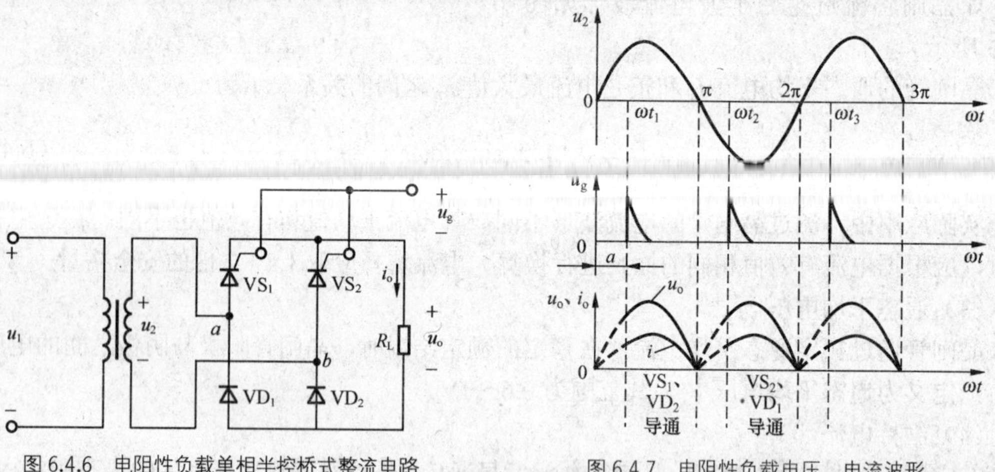

图 6.4.6　电阻性负载单相半控桥式整流电路

图 6.4.7　电阻性负载电压、电流波形

在 u_2 的负半周，b 端电位高于 a 端电位，VS_2 和 VD_1 承受正向电压。在 π～π+α 区间，VS_2 没有触发脉冲，处于正向阻断状态，电流为零，负载没有电压输出。当在 t_2 时刻触发 VS_2，使之导通，其电流回路为：电源 b 端→VS_2→R_L→VD_1→电源 a 端，负载电压大小和极性与 u_2 在正半周时相同，这时 VS_1 和 VD_2 均承受反向电压而阻断。当 u_2 由负值过零时，VS_2 和 VD_1 阳极电流也下降为零而关断，负载没有电压输出，u_o=0。

从波形图 6.4.7 可以看出，改变控制角 α 的大小，可以改变输出电压平均值的大小。当 $\alpha=0°$ 时，输出电压最高，与二极管构成的桥式全波整流电路相同；当 $\alpha=180°$时，输出电压最小，u_o=0。可见单相半控桥式整流电路电阻性负载时 α 的调整范围，即移相范围是 0°～180°。

2．基本的数量关系

（1）输出电压平均值与输出电流平均值

输出电压平均值 U_o 为

$$U_o=\frac{1}{\pi}\int_{\alpha}^{\pi}\sqrt{2}U_2\sin\omega t\mathrm{d}\omega t=(\frac{2\sqrt{2}U_2}{\pi})\frac{1+\cos\alpha}{2}=0.9U_2\frac{1+\cos\alpha}{2} \tag{6.4.2}$$

输出电流平均值I_o为

$$I_o=\frac{U_o}{R}=0.9\frac{U_2}{R}(\frac{1+\cos\alpha}{2}) \qquad (6.4.3)$$

（2）晶闸管的电压和电流

由工作原理分析可知，晶闸管所承受的最高正向电压U_{FM}、最高反向电压U_{RM}和二极管所承受的最高反向电压均等于电源电压的最大值，即

$$\begin{aligned}U_{FM}&=\sqrt{2}U_2\\U_{RM}&=\sqrt{2}U_2\end{aligned} \qquad (6.4.4)$$

流过每个晶闸管的电流平均值I_{dT}和二极管的电流平均值I_{dD}都等于负载电流平均值的一半，即

$$I_{dT}=I_{dD}=\frac{I_o}{2}=0.45\frac{U_2}{R}(\frac{1+\cos\alpha}{2}) \qquad (6.4.5)$$

6.4.3 单结晶体管触发电路

要使晶闸管导通，除了在阳极和阴极间加正向电压外，在控制极与阴极间还必须加正向的触发信号。产生和控制触发信号的电路称为触发电路。触发电路的种类很多，在此仅介绍常用的单结晶体管触发电路。

1. 单结晶体管的结构和特性

单结晶体管也称为双基极晶体管，因为它有一个发射极和两个基极。它的外形和普通三极管相似，内部结构如图6.4.8（a）所示。在一块N型硅片的上、下两端各引出一个电极，下面的称为第一基极b_1，上面的称为第二基极b_2，故称为双基极晶体管。在硅片的另一侧靠近b_2处掺入P型杂质，引出电极，称为发射极e。发射极与N型硅片之间构成一个PN结，故称为单结管。图6.4.8（b）所示为单结晶体管的符号。

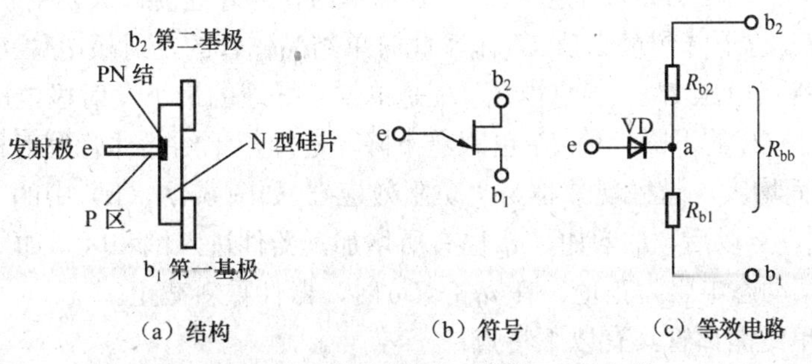

图6.4.8 单结晶体管的结构、符号及等效电路

单结晶体管发射极和两基极间的PN结具有单向导电性，可等效成一个二极管VD；两基极b_1、b_2之间的电阻（包括硅片本身的电阻和基极与硅片之间的接触电阻）为R_{bb}，约在2~15kΩ之间，b_1到PN结之间的硅片电阻为R_{b1}；b_2到PN结之间的硅片电阻用R_{b2}表示；其等效电路如图6.4.8（c）所示。

用实验的方法可以得出单结管的伏安特性，如图6.4.9所示。在图6.4.9（a）中，两个基

极 b_1 与 b_2 之间加一个电压 U_{BB}（b_1 接负，b_2 接正），则此电压在 b_1～a 与 b_2～a 之间按一定比例 η 分配，b_1～a 之间的电压用 U_A 表示为

$$U_A=\frac{R_{b1}U_{BB}}{R_{b2}+R_{b1}}=\eta U_{BB} \tag{6.4.6}$$

式中，$\eta=R_{b1}/(R_{b1}+R_{b2})$，称为分压比，与管子结构有关，一般在 0.3～0.9 之间。

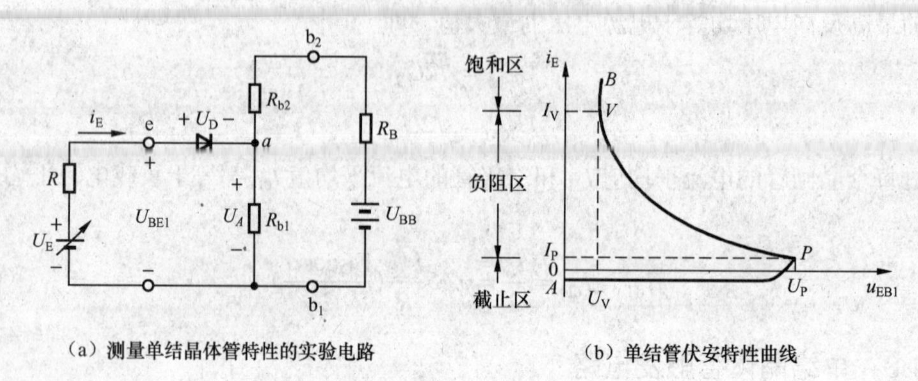

（a）测量单结晶体管特性的实验电路　　（b）单结管伏安特性曲线

图 6.4.9　单结管实验电路及特性曲线

设单结晶体管中 PN 结的导通压降为 U_D，当发射极电位 $U_E<U_D+\eta U_{BB}$ 时，单结晶体管因 PN 结反偏而截止，e 与 b_1 之间呈现很大的电阻，$I_E\approx 0$。这段特性区称为截止区。如图 6.4.9（b）中的 AP 段。

如果调节发射极电位 U_E，使 $U_E>U_D+\eta U_{BB}$，单结晶体管中PN结导通，有电流 I_E 流进发射极，流过电阻 R_{b1}。因为 R_{b1} 随电流增加而阻值减小，所以这个电流使 η 下降，u_A 也下降，PN结正偏电压增加，造成 I_E 进一步增大，使 R_{b1} 进一步减小，这个连锁正反馈过程，很快使 R_{b1} 减小到最小值。上述电压值 $U_D+\eta U_{BB}$ 称作单结晶体管的峰点电压，用 U_P 表示，即

$$U_P=U_D+\eta U_{BB} \tag{6.4.7}$$

峰点电压是单结管的一个很重要的参数，它表示单结管未导通前最大发射极电压。当 R_{b1} 减小到最小值时，U_A 也下降到最小值 U_{Amin}，此时单结晶体管的发射极电位 $U_E=U_D+U_{Amin}$，称为单结晶体管的谷点电压 U_V，谷点电压 U_V 是单结管导通的最小发射极电压。在上述 R_{b1} 减小的过程中，由于 U_A 的下降，使 U_E 也跟着下降。这样，单结晶体管发射极电位 U_E 下降，发射极电流 I_E 反而增大，这种现象称为“负阻效应”。如图 6.4.9（b）中的 PV 段曲线。

当 u_E 降低到谷点以后，i_E 增加，u_E 也有所增加，器件进入饱和区，如图 6.4.9（b）所示的 VB 段曲线。其动态电阻为正值。在 $u_{EB1}<U_V$ 时，器件重新截止。

综上所述，单结晶体管具有以下特点：

（1）当发射极电压 u_{EB1} 等于峰点电压 U_P 时，单结晶体管导通。导通之后，当发射极电压 U_{EB1} 小于谷点电压 U_V 时，单结晶体管恢复截止。

（2）从式（6.4.7）可以看出，单结管的峰点电压 U_P 与外加固定电压 U_{BB} 及其分压比 η 有关。

（3）不同单结管的谷点电压 U_V 和谷点电流 I_V 都不一样。谷点电压大约在 2～5V 之间。触发电路中，常选用 η 稍大一些、U_V 低一些和 I_V 大一些的单结管，以增大输出脉冲幅度和移

相范围。

2．单结晶体管触发电路

利用单结晶体管的负阻特性并配以 RC 充放电回路，就可以构成一个晶闸管触发脉冲产生电路，电路如图 6.4.10 所示。这种电路是一个非正弦振荡电路，也称为弛张振荡电路。

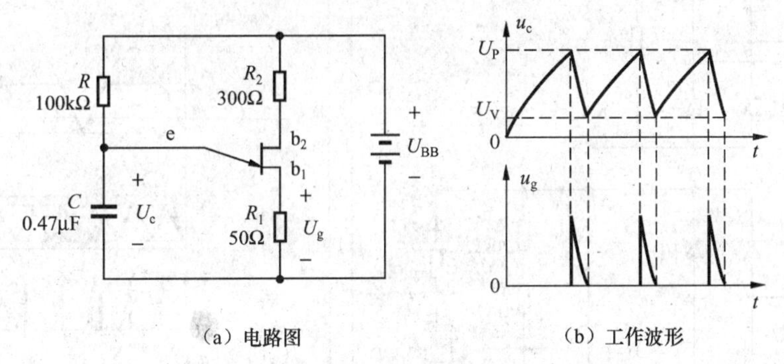

（a）电路图　　（b）工作波形

图 6.4.10　单结晶体管弛张振荡电路

假如在接通电源之前 U_C=0，接通电源后，电源电压 U_{BB} 通过电阻 R 向 C 充电，当 U_C 上升到峰点电压 U_P 时，即 U_C=U_P，单结晶体管导通，电容器 C 即通过单结管向 R_1 放电。由于单结管内部 R_{b1} 的负阻特性，使 R_{b1} 的阻值在单结管导通后迅速下降，又因为外接电阻 R_1 的阻值很小，故放电很快，使 U_C 迅速下降，当 U_C 放电达到谷点电压 U_V 时，电源经过电阻 R 供给的电流小于单结晶体管的谷点电流，于是单结晶体管截止。电源又通过电阻 R 向 C 充电，使 U_C 再次等于 U_P，上述过程又重复进行。这样在电阻 R_1 上就得到了一个又一个由电容器放电产生的脉冲电压 U_g，因 C 放电很快，故 U_g 为尖脉冲电压。

3．单结晶体管同步触发电路

在图 6.4.10 所示电路中，R_1 上产生的脉冲电压 U_g 不一定能触发晶闸管，因为触发脉冲与被触发的晶闸管可控整流电路还存在一个同步问题，为了解决这一问题，通常采用单结晶体管同步触发电路，如图 6.4.11 所示。

图中 T_r 为同步变压器，它的初级与主电路接在同一电源上，与之同频率的次级电压经桥式整流、稳压，得到一个幅值为 U_{bo} 的梯形电压，如图 6.4.12（a）所示，此电压作为单结晶体管的工作电压。

当 U_{bo} 梯形电压由 0 上升时，电容器 C 开始充电。电容器 C 充电到单结晶体管峰点电压 U_p 时，单结晶体管进入负阻区，电容器 C 放电，在 R_1 上产生触发脉冲。电容器 C 放电到单结晶体管的谷点电压 U_V，电源经过电阻（R+R_P）供给的电流小于单结晶体管的谷点电流，于是单结晶体管截止。电容又通过电阻 R 充电，使 U_C 再次等于 U_P，单结晶体管恢复截止。电容 C 又通过电阻 R 充电，使 U_C 再次等于 U_P，上述过程又重复进行。

当主电路电源过零时，梯形波 U_{bo} 也过零点，也就是单结晶体管的电源电压 U_{BB}=0，由式（6.4.7）可知，此时峰点电压 U_P 也接近于零，因此单结晶体管的 e−b_1 结导通，电容 C 迅速将电荷放掉，然后在下一个半周期重新从零开始充电，从而保证了每半周产生第一个脉冲的时间保持不变，达到了触发电路和主电路的同步目的。

该电路在主电路交流电源的半个周期内，可能产生多个触发脉冲，但是其中只有第一个脉冲将加有正向电压的那个晶闸管触发，随后的一系列脉冲对已导通的晶闸管不起作用。电路中各点电压的波形如图 6.4.12 所示。

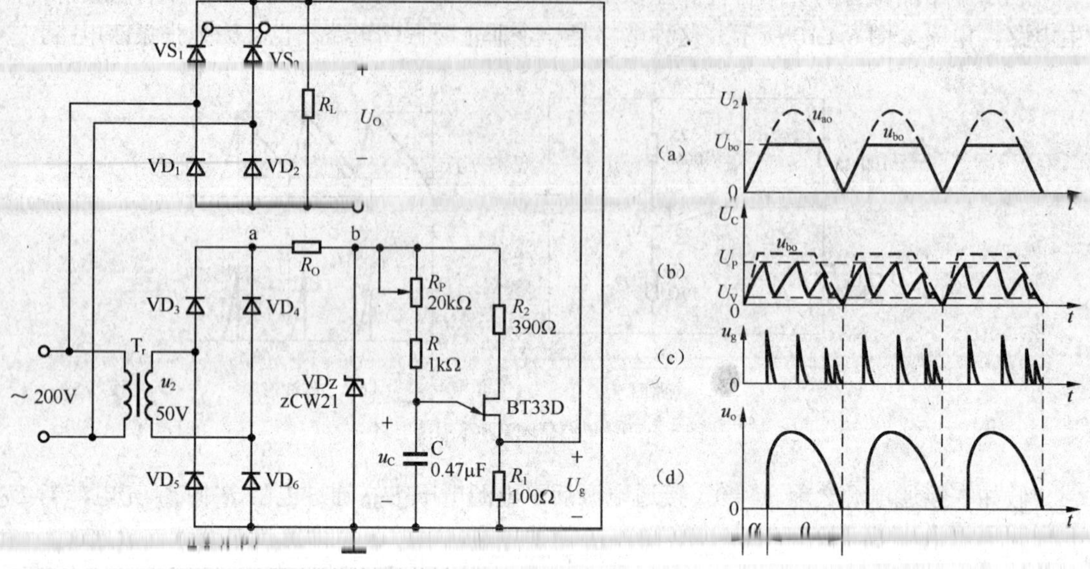

图6.4.11　由单结晶体管触发的单相半控桥式整流电路　　图6.4.12　单结晶体管同步触发电路的电压波形

改变电位器 R_P 的阻值，就改变了电容 C 的充电时间常数，从而改变了第一个脉冲的输出时间，达到了改变控制角 α 的大小，触发脉冲移相的目的。一般 R_P 愈小，α 愈小，导通角 θ 愈大，输出平均值电压愈高。一般（$R+R_P$）在几千欧姆～几十千欧姆。

小　结

各种电子设备通常都需要直流电源供电。比较经济实用地获得直流电源的方法，是利用电网提供的交流电，经过整流、滤波和稳压以后得到的。

1．直流电源由变压器、整流电路、滤波电路、稳压电路 4 个部分组成。

2．利用二极管的单相导电性可以组成整流电路。与单相半波电路相比，单相桥式整流电路的输出电压较高，输出波形的脉动成分相对较低，而变压器的利用率较高，并且变压器二次侧电流无滞留分量，因而得到广范的应用。

3．滤波电路简称滤波器。常用的滤波电路有电容滤波、电感滤波和复式滤波等。电容滤波一般用于要求输出电压较高，负载电流较小并且变化也较小的场合，而电感滤波适用于大负载电流。在实际工作中常常将两者结合起来，构成复式滤波，以便进一步降低脉动程度。

4．稳压电路的任务是当电网电压波动或负载变化时，使输出电压保持基本不变。

硅稳压管组成的并联型稳压电路结构最为简单，适用于输出电压不需调节，负载电流小，要求不甚高的场合。

为了加大输出电流，使输出电压可调节，常采用串联型直流稳压电路。串联型稳压电路主要包括 4 个组成部分：采样电路、基准电压、放大电路和调整管。

三端集成稳压器具有稳压性能好、可靠性高、组装和调试方便、价格低廉等优点，得到广泛的应用。

与线性型稳压电路相比，开关型稳压电路的特点是调整管工作在开关状态，因而具有效率高，体积小、重量轻以及对电网电压要求不高等突出优点。

5. 在实际工作中，有时希望在变压器二次侧电压不变的条件下，使输出的直流电压能够在一定的范围内进行调节。这时可以利用晶闸管组成可控整流电路，并利用单结晶体管构成结构较为简单的同步触发电路，通过改变触发角，达到调节输出直流电压的目的。

习　题

习题 6.1　填空题

（1）直流稳压电源一般由交流电源、________、________、________和________几部分组成。

（2）整流电路按整流元件的类型分，可分为________和________；按交流电源的相数分，可分为________和________整流；按流过负载的电流波形分，可分为________和________整流。

（3）单相整流电路输出电压的平均值为________，若加上电容滤波后，输出电压平均值为________。

（4）桥式整流滤波电路如题图 6.1 所示，已知 $u_2 = 20\sqrt{2}\sin\omega t$ V。①电容 C 因虚焊未接上，输出的直流电压平均值 u_o 为________V；②有电容 C，但 $R_L=\infty$（负载 R_L 开路），输出的直流电压平均值 u_o 为________V；③整流桥中有一个二极管因虚焊开路，有电容 C，$R_L=\infty$，输出的直流电压平均值 u_o 为________V；④有电容 C，但 $R_L\neq\infty$，输出的直流电压平均值 u_o 为________V。

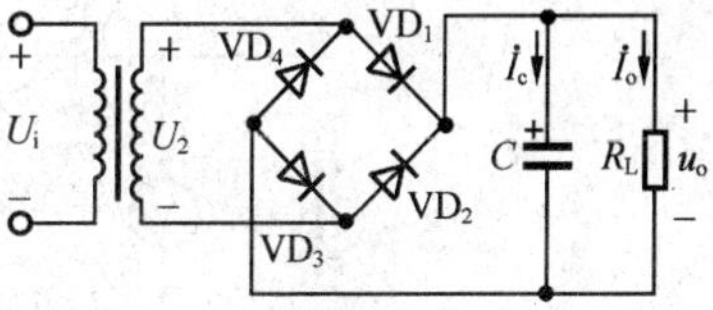

题图 6.1

（5）串联型直流稳压电路由________、________、________和________四部分组成。

（6）开关型稳压电源的调整管工作在________状态。

（7）晶闸管在其阳极与阴极之间加上________电压的同时，门极加上________电压，晶闸管才能导通。只有当阳极电流小于________电流时，晶闸管才会由导通转为截止。

习题 6.2　选择题

（1）电容滤波全波整流电路的变压器二次侧电压为 10V，则滤波后的输出直流电压为（　　）。

A．4.5V　　B．9V　　C．20V　　D．12V

（2）单相桥式全波整流电路的变压器次级电压为 20V，则每个整流二极管所承受的最高反压为（　　）。

A．20V　　B．40V　　C．28.28V　　D．56.56V

（3）串联型稳压电路是利用（　　）使输出电压保持稳定。

A．电压串联负反馈　　B．电流串联负反馈

C．电压并联负反馈　　D．电流并联负反馈

（4）题图 6.2 所示电路中，已知稳压管的稳压值 U_Z=3V，则稳压器的固定输出电压为（　　）。

A．3V　　B．6V　　C．9V　　D．12V

（5）串联它激式脉宽调制降压型开关稳压电源，当输出电压 U_o 由于某种原因降低时，调整管的导通时间（　　）。

A．减小　　B．增加

C．不确定　　D．概念错误

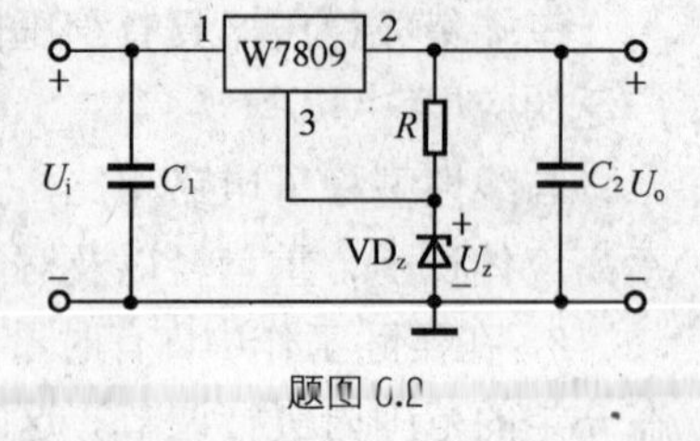

题图 6.2

（6）当晶闸管承受反向阳极电压时，不论门极加何种极性触发电压，管子都将工作在（　　）。

A．导通状态　　B．关断状态

C．饱和状态　　D．不定

（7）单相半波可控整流电阻性负载电路中，控制角α的最大移相范围是（　　）。

A．90°　　B．120°　　C．150°　　D．180°

（8）单相全控桥电阻性负载电路中，晶闸管可能承受的最大正向电压为（　　）V。

A．$\sqrt{2}u_2$　　B．$2\sqrt{2}u_2$　　C．$\frac{1}{2}\sqrt{2}u_2$　　D．1

习题 6.3　在题图 6.3 中，已知 R_L=80Ω，直流电压表Ⓥ的读数为 110V，试求：（1）直流电流表Ⓐ的读数；（2）整流电流的最大值；（3）交流电压表Ⓥ的读数。二极管的正向压降忽略不计。

习题 6.4　桥式全波整流电路如题图 6.4 所示，若电路中二极管分别出现下述各情况，将会出现什么问题？

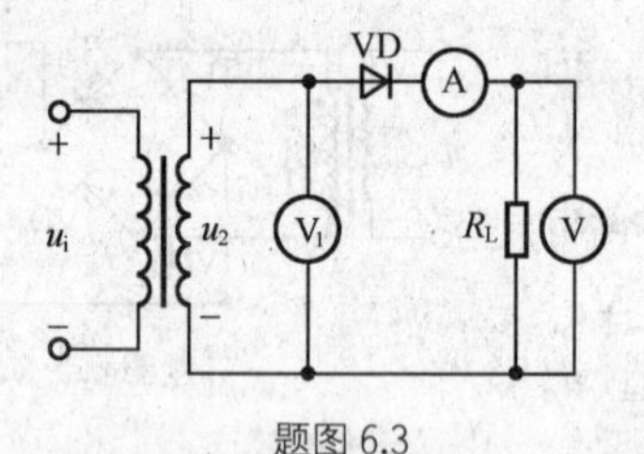

题图 6.3

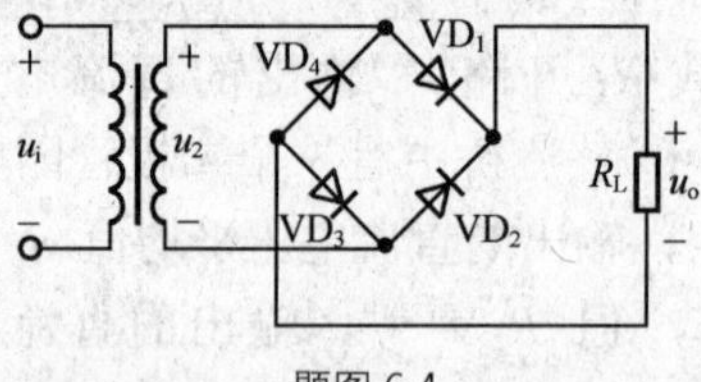

题图 6.4

（1）因过电压 VD_1 被击穿短路；（2）VD_2 因虚焊而开路；（3）VD_3 极性接反；（4）VD_1 和 VD_2 极性都接反；（5）VD_3 短路，VD_4 开路。

习题 6.5　在题图 6.1 所示的单相桥式整流电容滤波电路中，交流电源频率 f= 50Hz，U_2=15V，R_L=300 Ω。试求：（1）负载直流电压和直流电流；（2）选择整流元件和滤波电容。

习题 6.6　桥式整流电容滤波电路如题图 6.5 所示。试问（1）输出电压 u_o 对地的极性？在电路中，电解电容 C 的极性应如何连接？（2）当电路参数满足 $R_L C >> (3\sim5)\frac{T}{2}$ 关系时，若要求输出电压 U_o 为 25V，u_2 的有效值应为多少？（3）如果负载电流为 200mA，试求每个二极管流过的电流和最大反向电压 U_{RM}。（4）电容 C 开路或短路时，试问电路会产生什么后果？

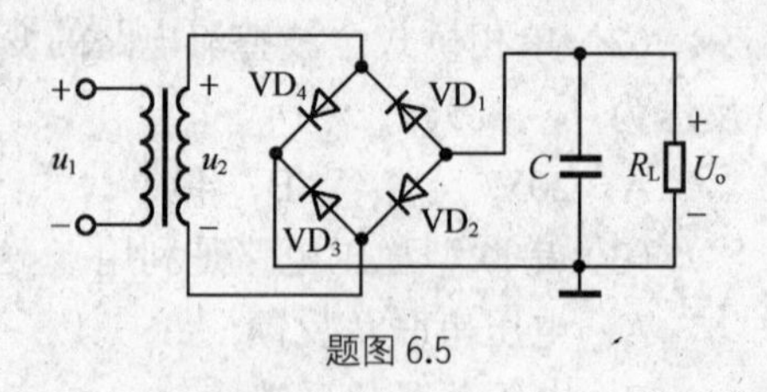

题图 6.5

习题 6.7　题图 6.6 所示电路是能输出两种极性电压的桥式整流电路。（1）试分析各个二极管的导电情况，在图上标出直流输出电压 U_{o1}、U_{o2} 对地极性。（2）当 U_{2a}=U_{2b}=20V（有效值）时，U_{o1}、U_{o2} 各是多少伏？

习题 6.8 稳压管稳压电路如题图 6.7 所示。已知 U_I=20V，变化范围±20%，稳压管稳压值 U_Z=+10V，负载电阻 R_L 变化范围为 1～2kΩ，稳压管的电流范围 I_Z 为 10～60mA。试确定限流电阻 R 的取值范围。

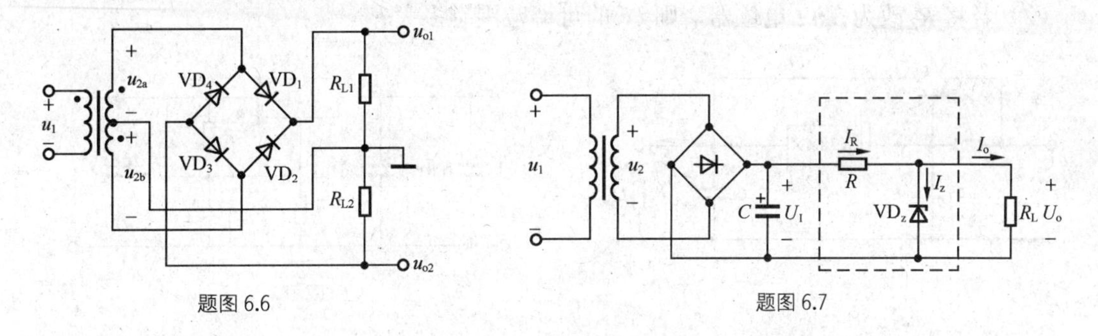

题图 6.6　　题图 6.7

习题 6.9 用集成运放构成的串联型稳压电路如题图 6.8 所示。

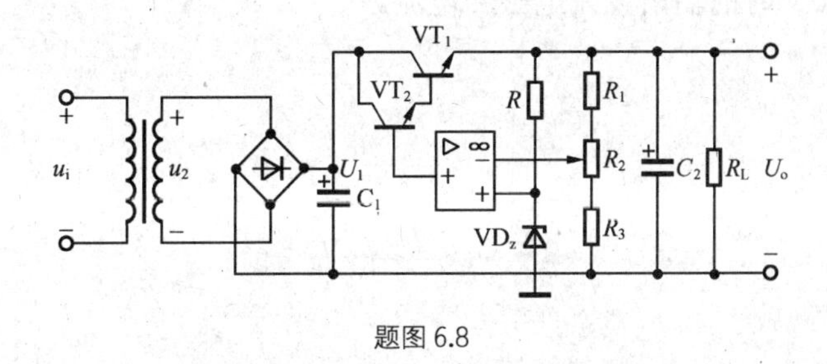

题图 6.8

（1）该图电路中，若测得 U_I=24V，则变压器副边电压 u_2 的有效值 U_2 应为多少伏？

（2）在 U_I= 30V，VD_Z 的稳压值 U_Z=+6V，R_1=2kΩ，R_2=1kΩ，R_3=1kΩ 条件下，输出电压 U_o 的范围为多大？

习题 6.10 输出端可调的稳压电路如题图 6.9 所示，已知 R_1=R_2 =3.3kΩ，R_P =5.1kΩ。试求输出电压 U_o 的可调范围是多少？

习题 6.11 题图 6.10 所示是输出端可调的稳压电路，设 $U_{32} = U_X$，试证明输出电压 U_o 的表达式为

$$U_o = U_X\left(\frac{R_3}{R_3 + R_4}\right)\left(1 + \frac{R_2}{R_1}\right)$$

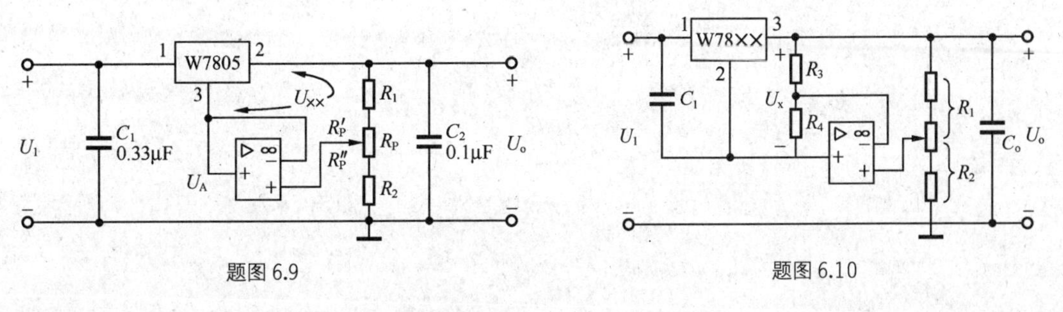

题图 6.9　　题图 6.10

习题 6.12 三端稳压器构成的稳压电路如题图 6.11 所示。已知功率三极管 VT 的 β =10，U_{BE}=−0.3V，电阻 R=0.5Ω，稳压器输出电流为 1A，试求负载电流 I_o。

习题 6.13 三端可调式集成稳压器 W317 组成题图 6.12 所示的稳压电路。已知 W317 调整端电流 I_W=50μA，输出端 3 和调整端 1 间的电压 U_{REF}=1.25V。

（1）求 R_1=200Ω，R_2=500Ω 时，输出电压 U_o 的值。

（2）若将 R_2 改为 3kΩ 电位器，则 U_o 的可调范围有多大？

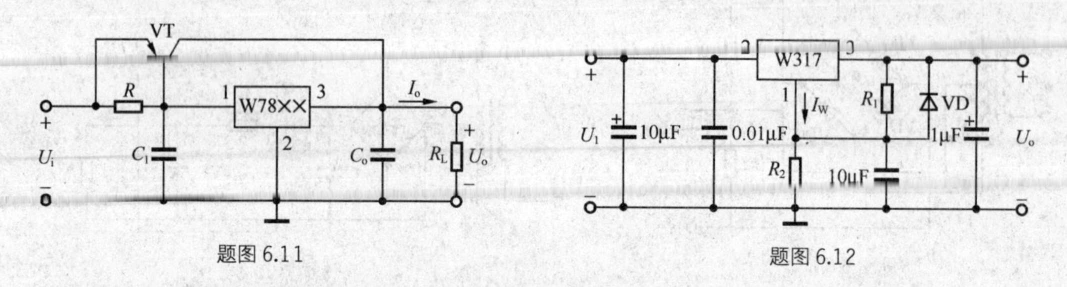

题图 6.11　　　　题图 6.12

习题 6.14 在图 6.4.6 所示单相桥式半控整流电路中，R_L=5Ω，输入交流电压 U_2=100V，求 α 分别为 0° 和 60° 时的输出直流电压和电流。

第7章 逻辑代数与逻辑门电路

电子电路按处理信号的不同，可以分为模拟电路和数字电路，前6章介绍的都是模拟电路涉及到的内容，从这一章开始，将讨论数字电路。数字电子技术是当前发展最快的学科之一，在现代科学技术领域中占很重要的地位，应用也非常广泛。

本章首先介绍数字电路的特点和分类，然后讨论各种数制、数制之间的转换、编码、逻辑运算及逻辑函数的代数和卡诺图化简方法，最后讲述 TTL 和 CMOS 集成逻辑门的工作原理、传输特性、主要参数和在使用中应注意的问题。

7.1 数字电路概述

7.1.1 数字信号与数字电路

1. 什么是数字信号

电子电路所处理的电信号可以分为两大类，一类是在时间和数值上都是连续变化的信号，称为模拟信号，例如，电流、电压等，如图 7.1.1（a）所示。另一类是在时间和数值上都是断续变化的信号，它们的变化总是发生在一系列离散的瞬间，数值大小和每次的增减变化都是某一最小数量单位的整数倍，这类物理量称为数字量，用来表示数字量的信号称为数字信号，如图 7.1.1（b）所示。

数字信号通常取二值信息，它用两个有一定数值范围的高或低电平来表示，也可用两个不同状态的逻辑符号如“1”和“0”来表示。典型的数字信号波形是具有一定幅值的矩形波，当它作用在某些电子电路上时，其半导体器件就会在截止与导通（或饱和）状态下工作，这和模拟信号作用于电路时器件工作在线性放大状态相比有根本的不同。

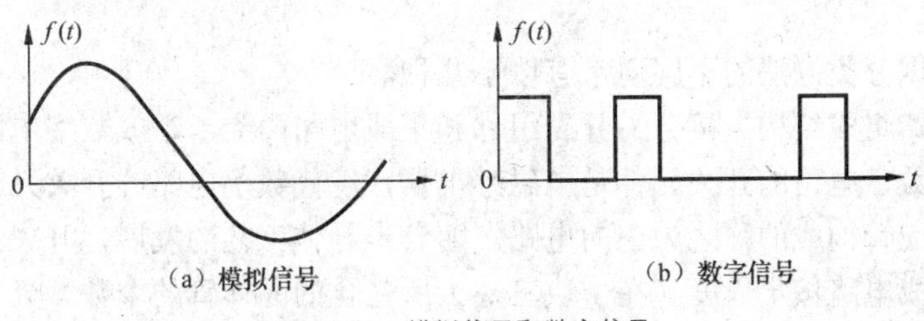

图 7.1.1 模拟信号和数字信号

2．什么是数字电路

传送和处理数字信号的电路，称为数字电路，组成框图如图 7.1.2 所示。在图 7.1.2 电路中，含有对数字信号进行传送、逻辑运算、控制、计数、显示或信号的产生、整形、变换等不同功能的元器件，其输入与输出的数据以及控制与操作的变量都是数字信号。

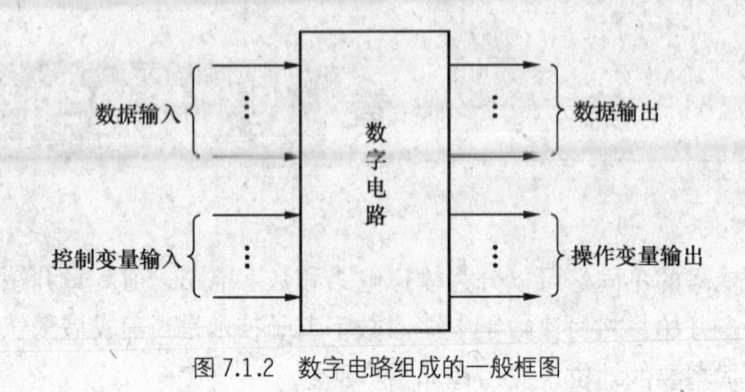

图 7.1.2　数字电路组成的一般框图

3．数字电路的特点

（1）数字信号是二值量信号，可以用电平的高低来表示，也可以用脉冲的有无来表示，只要能区分出两个相反的状态即可。

（2）构成数字电路的基本单元电路结构比较简单，容易制造，便于集成、系列化生产，成本低廉，使用方便，应用广泛。

（3）数字电路的抗干扰能力很强，对元件的精度要求不高，允许有一定的误差，由数字电路组成的数字系统，工作准确可靠，精度高。

（4）不仅能完成数值运算，还可以进行逻辑运算与判断，在控制系统中是不可少的，因此，又把它称为“数字逻辑电路”。

（5）数字电路的发展与电子元件的发展紧密相连的，集成电路工艺的高速发展，使数字逻辑电路设计技术不断地进行变革和更新。用户可以自己编程设计的可编程逻辑器件（Programmable Logic Device，PLD）为数字系统设计带来了更大的发展空间，在系统可编程技术实现了电子设计自动化（Electronic Design Automation，EDA），使计算机已成为逻辑设计的重要工具。因此，在学习数字电路时，既要打好基础，掌握数字电路的基本原理和基本方法，又要关注学习新知识、新技术。

4．数字电路的分类

数字电路依据分类方法的不同通常有以下几种。

（1）根据电路组成结构，可分为分立组件和集成电路两类。组成数字电路的基本元件是开关元件，早期数字电路的开关元件是电磁继电器，现代数字电路的开关元件主要是由半导体三极管或场效应管构成的称之为门的电路。随着半导体工艺的发展，开关元件的集成化程度越来越高。集成电路按集成度（在一块芯片上所包含的晶体管的个数）分为小规模、中规模、大规模、超大规模和甚大规模五类，如表 7.1.1 所示。

（2）根据所用器件，可以分为双极性（如 DTL、TTL、ECL、IIL、HTL）和单极型（如 NMOS、PMOS、CMOS）电路。

（3）根据逻辑功能，可分为组合逻辑电路和时序逻辑电路。

表 7.1.1　数字集成电路器件的分类

分　类	晶体管的个数	典型集成电路
小规模（SSI）	≤10	逻辑门、触发器
中规模（MSI）	10～100	计数器、加法器、编码器、译码器和寄存器等
大规模（LSI）	100～1000	小型存储器、门阵列
超大规模（VLSI）	1000～10^6	大型存储器、微处理器
甚大规模（ULSI）	10^6 以上	可编程逻辑器件、多功能集成电路

7.1.2　数制及其转换

数字电路经常遇到计数问题，数制（Number System）是计数的方法，人们在日常生活中习惯于用十进制，而在数字系统中，例如在计算机中，多使用二进制，也使用八进制或十六进制。

1．数制

（1）十进制数

十进制数（Decimal）采用 0，1，2，3，4，5，6，7，8 和 9 十个基本数码，任何一个十进制数都可以用上述十个数码按一定规律排列起来表示，其计数规律是“逢十进一”。

例如，3 位十进制数 853 可表示为$[853]_{10}=8\times10^2+5\times10^1+3\times10^0$

（2）二进制数

数字电路和计算机中经常采用二进制数（Binary）。二进制只有两个数码 0 和 1，各位的权为 2 的幂，计数规律是“逢二进一”。

例如，5 位二进制数 10111 可以表示为 $[10110]_2=1\times2^4+0\times2^3+1\times2^2+1\times2^1+1\times2^0=[23]_{10}$

（3）八进制数

八进制数（Octal）的基数是 8，采用 8 个数码 0，1，2，3，4，5，6 和 7，各位的位权是 8 的幂，计数规律是“逢八进一”。

例如，3 位八进制数 157 可以表示为 $[157]_8=1\times8^2+5\times8^1+7\times8^0=[111]_{10}$

（4）十六进制数

十六进制数（Hexadecimal）的基数是 16，采用 16 个数码 0，1，2，3，4，5，6，7，8，9，A，B，C，D，E 和 F，其中 10～15 分别用 A～F 表示，各位的位权是 16 的幂，计数规律是“逢十六进一”。

例如，2 位 16 进制数 8A 可以表示为$[8A]_{16}=8\times16^1+10\times16^0=[138]_{10}$

表示数制的下角标 2，8，10 和 16 也可分别用字母 B，O，D 和 H 来代替，不同计数体制对照如表 7.1.2 所示。

表 7.1.2　　几种计数体制对照表

十进制数	二进制数	八进制数	十六进制数
0	0	0	0
1	1	1	1
2	10	2	2
3	11	3	3
4	100	4	4
5	101	5	5
6	110	6	6
7	111	7	7
8	1000	10	8
9	1001	11	9
10	1010	12	A
11	1011	13	B
12	1100	14	C
13	1101	15	D
14	1110	16	E
15	1111	17	F
16	10000	20	10

2．不同进制数之间的相互转换

（1）二进制、八进制、十六进制数转换为十进制数

若将 R 进制数转化为等值的十进制数，只要将 R 进制数按位权展开，再按十进制运算即可得到十进制数，即按照幂级数展开。

（2）十进制数转换为二进制数、八进制、十六进制数

将十进制正整数转换为二进制、八进制、十六进制数可以采用除 R 取余法，R 代表所要转换成的数制的基数。转换步骤如下。

第 1 步：把给定的十进制数$[N]_{10}$除以 R，取出余数，即为最低位数的数码 K_0。

第 2 步：将前一步得到的商再除以 R，再取出余数，即得到次低位数的数码 K_1。

以下各步类推，直到商为 0 为止，最后得到的余数即为最高位数的数码 K_{n-1}。

【例 7.1.1】将$[23]_{10}$转换成二进制数。

解：采用“除 2 取余法”

除数	被除数	余数	
2	23	...余1...K_0=1	低位 ↑
2	11	...余1...K_1=1	
2	5	...余0...K_2=1	
2	2	...余0...K_3=0	
2	1	...余0...K_4=1	高位
	0		

最后商为 0。于是得$(23)_{10}=(K_4\,K_3\,K_2\,K_1\,K_0)_2=(10111)_2$

【例 7.1.2】 将$[86]_{10}$转换成八进制数。

解：采用“除 8 取余法”

$$\begin{array}{r|l} 8 & 86 \quad \cdots\text{余}6\cdots K_0=6 \quad \text{低位} \\ \hline 8 & 10 \quad \cdots\text{余}2\cdots K_1=2 \\ \hline 8 & 1 \quad \cdots\text{余}1\cdots K_2=1 \quad \text{高位} \\ \hline & 0 \end{array}$$

最后商为 0。于是得$(86)_{10}=(K_2\ K_1\ K_0)_2=(126)_8$

【例 7.1.3】 将$[79]_{10}$转换成十六进制数。

解：采用“除 16 取余法”

$$\begin{array}{r|l} 16 & 79 \quad \cdots\text{余}15\cdots K_0=\text{F} \quad \text{低位} \\ \hline 16 & 4 \quad \cdots\text{余}4\ \cdots K_1=4 \quad \text{高位} \\ \hline & 0 \end{array}$$

最后商为 0。于是得$(79)_{10}=(K_1\ K_0)_2=(4\text{F})_{16}$

（3）二进制数与八进制数之间的转换

因为二进制数与八进制数之间正好满足 2^3 关系，所以可将 3 位二进制数看作 1 位八进制数，或者把 1 位八进制数看作 3 位二进制数。

将二进制数从小数点开始，分别向两侧每 3 位分为一组，若整数最高位不足一组，在左边加 0 补足一组，然后将每组二进制数都相应转换为 1 位八进制数。

【例 7.1.4】 将二进制数$[11011001]_2$转换为八进制数。

解：二进制数　　011　011　001

　　八进制数　　 3　　3　　1

$[11011001]_2=[331]_8$

八进制数转换为二进制数，将每位八进制数用 3 位二进制数表示。

【例 7.1.5】 将八进制数[753]8 转换为二进制数。

解：八进制数　　 7　　5　　3

　　二进制数　　111　101　011

$[753]_8=[111101011]_2$

（4）二进制数与十六进制数的相互转换

因为二进制数与十六进制数之间正好满足 2^4 关系，所以可将 4 位二进制数看作 1 位十六进制数，或把 1 位十六进制数看作 4 位二进制数。

【例 7.1.6】 将二进制数$[1011011001]_2$转换为十六进制数。

解：二进制数　　0010　1101　1001

　　十六进制数　 2　　 D　　 9

$[1011011001]_2=[2\text{D}9]_{16}$

将十六进制数的每一位转换为相应的 4 位二进制数即可。

【例 7.1.7】 将$[7\text{A}5]_{16}$转换为二进制数。

解：十六进制数　 7　　 A　　 5

　　二进制数　　0111　1010　0101

$$[7A5]_{16}=[11110100101]_2$$ （最高位为 0 可舍去）

7.1.3 编码

在数字电路中涉及到的计数问题，可以采用二进制。但除了计数，数字电路还要处理一些具有特定意义的信息。例如，电子计算机就是一个超大规模的数字系统，键盘键入的字符键或控制键，在数字系统中，怎样识别？数字系统怎样区别色彩、声音等，这就涉及到编码问题。所谓编码，就是将一定位数的数码按一定规则排列起来表示特定的对象，则称其为代码或编码，将形成这种代码所遵循的规则称为码制。如在二进制数字系统中，常用若干位二进制数码来表示数字、文字符号等，我们称这种二进制码为代码，赋予每个代码以固定的含义的过程，就称为编码，下面仅介绍比较常用的几种编码。

1．二—十进制码

所谓二—十进制码（BCD 码），指的是用 4 位二进制数来表示 1 位十进制数的编码方式，称为二进制编码的十进制数（Binary Coded Decimal，BCD）。由于 4 位二进制数码有 16 种不同的组合状态，若从中取出 10 种组合用以表示十进制数中 0～9 的十个数码时，其余 6 种组合则不使用（又称为无效组合）。

在二—十进制编码中，一般分为有权码和无权码。所谓有权码指的是每位都有固定的权，各组代码按权相加对应于各自代表的十进制数，无权码每位没有固定的权，各组代码与十进制数之间的关系是人为规定的。表 7.1.3 中列出了几种常见的 BCD 码，8421BCD 码是一种最基本的，应用十分普遍的 BCD 码，它是一种有权码。另外，5421BCD 码、2421BCD 码也属于有权码，均为四位代码，它们的位权自高到低分别是 5，4，2 和 1 及 2，4，2 和 1。余 3 码是一种较为常用的无权码，若把余 3 码的每组代码视为 4 位二进制数，那么每组代码总是比它们所表示的十进制数多 3，故称为余 3 码。格雷码是另一种较为常用的无权码，其特点是任意两组相邻代码之间只有一位不同，这种编码可靠性高，出现错误的机会少。

表 7.1.3　　常见的几种编码形式

十进制数	有权码			无权码	
	8421 码	5421 码	2421 码	余 3 码	格雷码
0	0000	0000	0000	0011	0000
1	0001	0001	0001	0100	0001
2	0010	0010	0010	0101	0011
3	0011	0011	0011	0110	0010
4	0100	0100	0100	0111	0110
5	0101	1000	1011	1000	0111
6	0110	1001	1100	1001	0101
7	0111	1010	1101	1010	0100
8	1000	1011	1110	1011	1100
9	1001	1100	1111	1100	1000

2．ASCII 码

ASCII 码是美国信息交换标准代码（American Standard Code for Information Interchange）

的简称，是目前国际上最通用的一种字符码，如计算机输出到打印机的字符码就采用 ASCII 码。ASCII 码采用 7 位二进制编码表示十进制符号、英文大小写字母、运算符、控制符以及特殊符号，如表 7.1.4 所示。

表 7.1.4　　ASCII 码

$b_6b_5b_4$ / $b_3b_2b_1b_0$	000	001	010	011	100	101	110	111
0000	NUL	DLE	SP	0	@	P	、	p
0001	SOH	DC1	!	1	A	Q	a	q
0010	STX	DC2	"	2	B	R	b	r
0011	ETX	DC3	#	3	C	S	c	s
0100	EOT	DC4	$	4	D	T	d	t
0101	EOQ	NAK	%	5	E	U	e	u
0110	ACK	SYN	&	6	F	V	f	v
0111	BEL	ETB	`	7	G	W	g	w
1000	BS	CAN	(	8	H	X	h	x
1001	HT	EM	)	9	I	Y	i	y
1010	LF	SUB	*	:	J	Z	j	z
1011	VT	ESC	+	;	K	[	k	{
1100	FF	FS	,	<	L	\	l	|
1101	CR	GS	-	=	M	]	m	}
1110	SO	RS	.	>	N	^	n	~
1111	SI	US	/	?	O	_	o	del

读码时，先读列码 $b_6b_5b_4$，再读行码 $b_3b_2b_1b_0$，则 $b_6b_5b_4$ $b_3b_2b_1b_0$ 即为某字符的七位 ASCII 码。例如字母 M 的列码是 100，行码是 1101，所以 M 的七位 ASCII 码是 1001101。表 7.1.4 中一些控制符的含义如下。

SP：空格；CR：回车；LF：换行；DEL：删除；BS：退格。

3．奇偶检验码

数据在传输过程中，由于噪声的存在，使得到达接收端的数据有可能出现错误，因此，要采取某种特殊的编码措施检测并纠正这些错误。只能检测错误的代码称为检错码（Error Detection Code）；不仅能够检测出错误，还能纠正错误的代码称为纠错码（Correction Code）。检错码和纠错码统称为可靠性编码，采用这类编码可以提高信息传输的可靠性。

奇偶校验码（Party Check Code）是最简单也是比较常用的一种检错码，这种编码方法是在信息码组中增加 1 位奇偶校验位，使得增加校验位后的整个码组具有奇数个“1”或偶数个“1”。如果每个码组中“1”的个数为奇数，则称为奇校验码；如果每个码组中“1”的个数为偶数，则称为偶校验码。例如，对 8 位一组的二进制码来说，若低 7 位为信息位，最高位为检测位，码组 1011001 的奇校验码为 11011001，而偶校验码为 01011001。在代码传送的接收端，对所收到的码组中“1”的个数进行计算，如“1”的个数与预定的不同，则可判定已经产生了误码。表 7.1.5 列出了 8421BCD 码的奇校验和偶校验码。

表 7.1.5　　奇偶校验码

带奇校验的 8421BCD 码		带偶校验的 8421BCD 码	
信息位	校验位	信息位	校验位
0000	1	0000	0
0001	0	0001	1
0010	0	0010	1
0011	1	0011	0
0100	0	0100	1
0101	1	0101	0
0110	1	0110	0
0111	0	0111	1
1000	0	1000	1
1001	1	1001	0

7.2 逻辑代数基础

在客观世界中，事物的发展变化通常都有一定的因果关系，我们把这种因果关系称为逻辑关系。逻辑代数（又称布尔代数）就是研究事物的因果关系所遵循的规律的一门应用数学，是英国数学家乔治·布尔在 1847 年首先创立的。在数字电路中，利用输入信号表示“条件”，用输出信号代表“结果”，则输入和输出之间就存在一定的因果关系。所以学习逻辑代数是学习数字电路的基础，逻辑代数是分析和设计数字电路的数学工具。

7.2.1 基本逻辑运算

在逻辑代数中，有与逻辑、或逻辑、非逻辑三种基本逻辑关系，相应的基本逻辑运算为与运算、或运算和非运算。

1. 与逻辑关系及与运算

只有当决定某一种结果的所有条件都具备时，这个结果才能发生，将这种因果关系称为与逻辑关系，简称与逻辑。

在图 7.2.1 所示电路中，A，B 是两个串联开关，Y 是灯，可以列出关于两个开关状态和电灯状态所对应的关系表格，如表 7.2.1 所示。不难发现，只有当开关 A 与开关 B 都闭合时，灯才亮，其中只要有一个开关断开灯就灭。若把开关闭合作为条件，灯亮作为结果，则图 7.2.1 所示电路表示了与逻辑关系。二输入与逻辑的逻辑符号如图 7.2.2 所示。

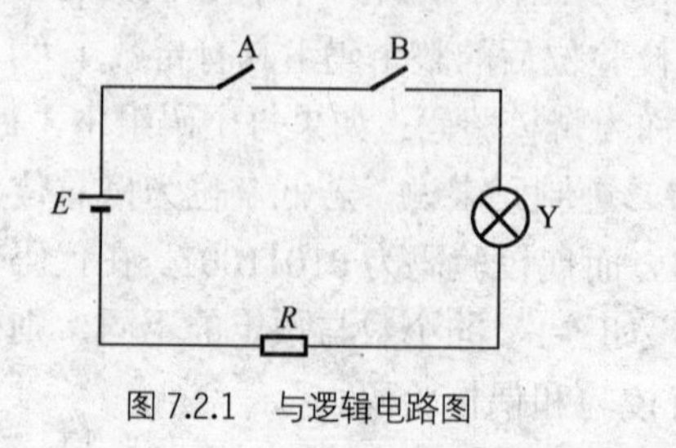

图 7.2.1　与逻辑电路图

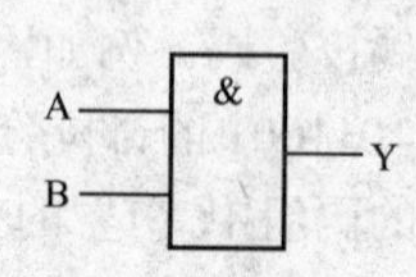

图 7.2.2　与逻辑符号

如果将表 7.2.1 中灯亮和开关接通用 1 表示，灯灭和开关断开用 0 表示。则表 7.2.1 可以转换为表 7.2.2，称这种表格又称为真值表。从表中可以看出，只有当输入 A 和 B 都是 1 时，输出 Y 才为 1，只要输入 A 或 B 中有一个 0，输出 Y 就为 0。将这种与逻辑关系用表达式表示为

$$Y = A \cdot B \quad 或 \quad Y = AB \tag{7.2.1}$$

表 7.2.1　与逻辑关系表

输　入		输　出
A	B	Y
断	断	灭
断	通	灭
通	断	灭
通	通	亮

表 7.2.2　与逻辑关系真值表

输　入		输　出
A	B	Y
0	0	0
0	1	0
1	0	0
1	1	1

相应地将这种运算称为与运算，与运算也称逻辑乘。

运算规则：$0 \cdot 0 = 0$，$0 \cdot 1 = 0$，$1 \cdot 0 = 0$，$1 \cdot 1 = 1$。

其功能可概括为“有 0 出 0，全 1 出 1”。

2. 或逻辑及或运算

当决定某一种结果的所有条件中，只要有一个或一个以上条件具备，这个结果就会发生，这种因果关系称为或逻辑关系，简称或逻辑。

在图 7.2.3 所示电路中，A，B 是两个并联开关，Y 是灯，同样可以列出关于两个开关状态和电灯状态所对应的关系表格，如表 7.2.3 所示。不难发现，只要两个开关中有一个闭合时，灯就会亮，只有当两个开关全部断开时，灯才会灭。若把开关闭合作为条件，灯亮作为结果，则图 7.2.3 所示电路表示了或逻辑关系。二输入或逻辑的逻辑符号如图 7.2.4 所示。

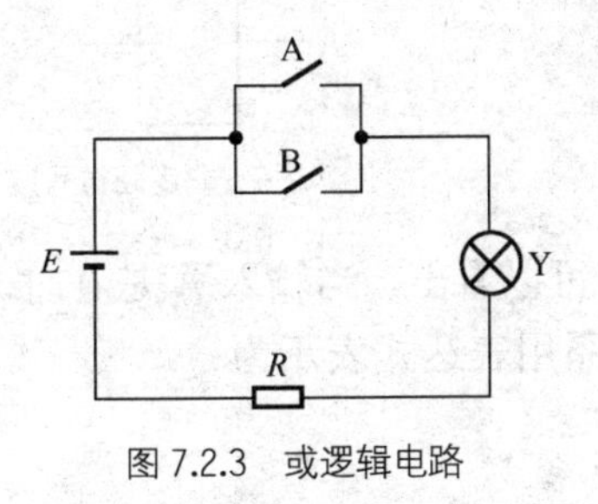

图 7.2.3　或逻辑电路

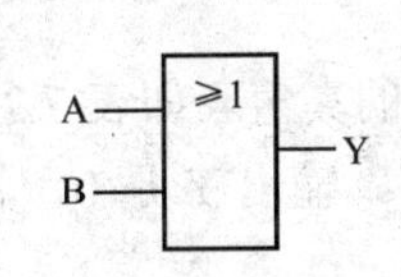

图 7.2.4　或逻辑符号

列出或逻辑关系的真值表如表 7.2.4 所示。从表中可以看出：只要输入 A 或 B 有一个为 1 时，输出 Y 就为 1，只有输入 A 和 B 全部为 0 时，输出 Y 才为 0。将这种或逻辑关系用表达式表示为

$$Y = A + B \tag{7.2.2}$$

表 7.2.3　　或逻辑关系

输　入		输　出
A	B	Y
断	断	断
断	通	断
通	断	通
通	通	通

表 7.2.4　　或逻辑关系真值表

输　入		输　出
A	B	Y
0	0	0
0	1	1
1	0	1
1	1	1

相应地将这种运算称为或运算，或运算也称逻辑加。

运算规则：0+0=0，0+1=1，1+0=1，1+1=1。

其功能可概括为“有 1 出 1，全 0 出 0”。

3．非逻辑及非运算

当条件不成立时，结果就会发生，条件成立时，结果反而不会发生，将这种因果关系称为非逻辑关系，简称非逻辑。

在图 7.2.5 所示电路中，A 是开关，Y 是灯，列出关于开关状态和电灯状态所对应的关系表格，如表 7.2.5 所示。不难发现，如果开关闭合，灯就灭，开关断开，灯才亮。若把开关闭合作为条件，灯亮作为结果，则图 7.2.5 所示电路表示了非逻辑关系。非逻辑的逻辑符号如图 7.2.6 所示。

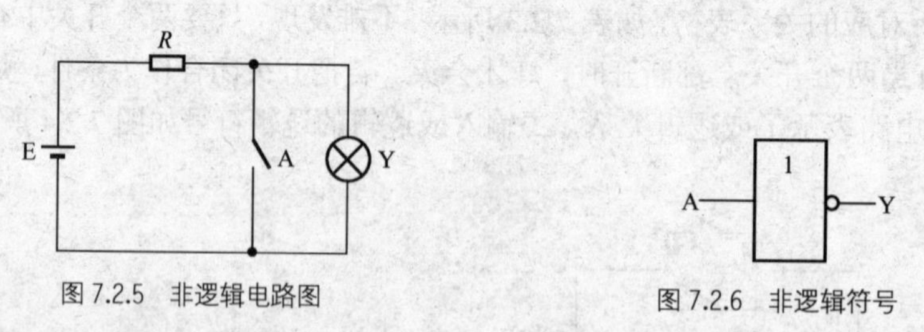

图 7.2.5　非逻辑电路图　　　图 7.2.6　非逻辑符号

列出非逻辑的真值表如表 7.2.6 所示。从表中可以看出，当输入 A 是 0 时，输出 Y 是 1，当输入 A 是 1 时，输出 Y 是 0。将这种非逻辑关系用表达式表示为

$$Y = \overline{A} \tag{7.2.3}$$

表 7.2.5 非逻辑关系

输　入	输　出
A	Y
断	亮
通	灭

表 7.2.6 非逻辑关系真值表

输　入	输　出
A	Y
0	1
1	0

相应地将这种运算称为非运算，非运算也称反运算。

运算规则：$\overline{0}=1$，$\overline{1}=0$。

其功能可概括为“有 0 出 1，有 1 出 0”

4．复合逻辑及复合运算

除了与、或、非这三种基本逻辑关系外，还可以把它们组合起来，形成关系比较复杂的复合逻辑关系，相应地运算称为复合逻辑运算。常用的复合运算有下面几种。

（1）与非运算

与非逻辑运算是由与逻辑和非逻辑两种逻辑运算复合而成的一种复合逻辑运算，二输入与非逻辑真值表，如表 7.2.7 所示，其逻辑符号如图 7.2.7 所示，逻辑表达式为

$$Y=\overline{AB} \tag{7.2.4}$$

由表 7.2.7 可见：只要输入 A，B 中有一个为 0，输出 Y 就为 1，只有输入 A，B 全为 1，输出 Y 才为 0。其功能可概括为：“有 0 出 1，全 1 出 0”。

表 7.2.7　与非逻辑关系真值表

输　入		输　出
A	B	Y
0	0	1
0	1	1
1	0	1
1	1	0

（2）或非运算

或非逻辑运算是由或逻辑和非逻辑两种逻辑运算复合而成的一种复合逻辑运算，二输入或非逻辑真值表如 7.2.8 所示，其逻辑符号如图 7.2.8 所示，逻辑表达式为

$$Y=\overline{A+B} \tag{7.2.5}$$

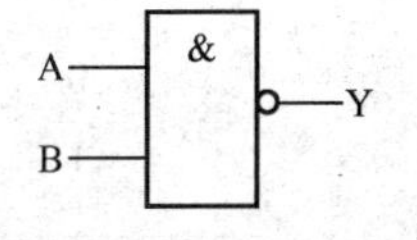

图 7.2.7　与非逻辑符号

表 7.2.8　或非逻辑关系真值表

输　入		输　出
A	B	Y
0	0	1
0	1	0
1	0	0
1	1	0

只要输入 A，B 中有一个为 1，输出 Y 就为 0，只有输入 A，B 全为 0，输出 Y 才为 1。其功能可概括为：“有 1 出 0，全 0 出 1”。

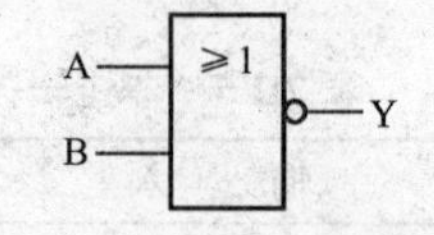

图 7.2.8　或非门逻辑符号

（3）与或非运算

与或非逻辑运算是由与逻辑、或逻辑和非逻辑三种逻辑运算复合而成的一种复合逻辑运算，逻辑符号如图 7.2.9 所示，其逻辑表达式为

$$Y = \overline{AB + CD} \qquad (7.2.6)$$

由式（7.2.6）可知，只要输入 AB 和 CD 中的任何一组全为 1，输出 Y 就为 0，而当 AB 和 CD 每组输入中只要有一个为 0，输出 Y 就为 1。

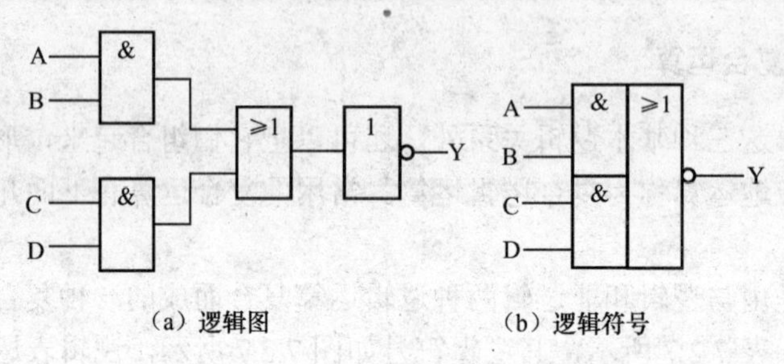

图 7.2.9　与或非门逻辑电路

（4）异或逻辑

“异或逻辑”也称“异或运算”，当有两个输入时，其逻辑关系是：当两输入不同时，输出为 1；当两个输入相同时，输出为 0。异或运算的真值表如表 7.2.9 所示，其逻辑符号如图 7.2.10 所示，逻辑表达式为

$$Y = A\overline{B} + \overline{A}B = A \oplus B \qquad (7.2.7)$$

其中符号“⊕”表示异或运算。

表 7.2.9　　异或逻辑关系真值表

输入		输出
A	B	Y
0	0	0
0	1	1
1	0	1
1	1	0

（5）同或逻辑

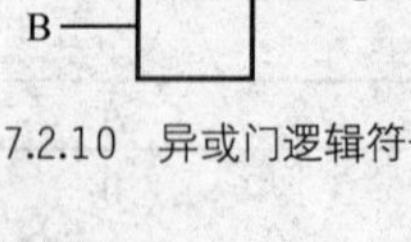

同或逻辑也称同或运算，当有两个输入时，其逻辑关系是当两个输入相同时，输出为 1；当两个输入不同时，输出为 0。异或运算的真值表如表 7.2.10 所示，其逻辑符号如图 7.2.11 所示。逻辑表达式为

图 7.2.10　异或门逻辑符号

$$Y = AB + \overline{A}\,\overline{B} = A \odot B \qquad (7.2.8)$$

其中符号“⊙”表示同或运算。

表 7.2.10　　同或逻辑关系真值表

输入		输出
A	B	Y
0	0	1
0	1	0
1	0	0
1	1	1

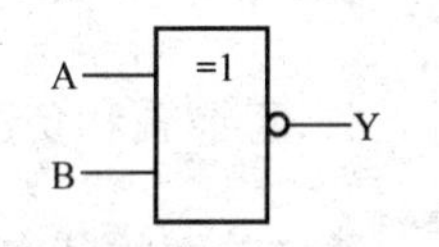

图 7.2.11　同或门逻辑符号

在一个逻辑表达式中，通常含有几种基本逻辑运算，在实现这些运算时要遵照一定的顺序进行。逻辑运算的先后顺序规定如下：有括号时，先进行括号内的运算；没有括号时，按先与后或、最后取非的次序进行运算。

7.2.2　逻辑代数的基本概念

1．逻辑变量

在自然界中，许多现象总是存在着对立的双方，为了描述这种相互对立的逻辑关系，往往采用仅有两个取值的变量来表示，这种二值变量就称为逻辑变量。例如，灯泡的亮或灭，脉冲的有或无等现象都可以用逻辑变量来表示。

逻辑代数是按一定逻辑规律进行运算的代数，逻辑变量和普通代数中的变量一样，可以用字母 A，B，C，…来表示。但逻辑变量表示的是事物的两种对立的状态，只允许取两个不同的值，分别是逻辑 0 和逻辑 1。

2．逻辑函数

普通代数中的函数是“随着自变量变化而变化的因变量”。同理，逻辑函数就是逻辑代数的因变量。它也只有 0 和 1 两种取值。如果逻辑变量 A，B，C，…的取值确定之后，逻辑函数 Y 的值也被唯一地确定了，那么，我们称 Y 是 A，B，C…的逻辑函数，写作

$$Y = f(A,B,C,...) \qquad (7.2.9)$$

在逻辑代数中，逻辑函数和逻辑变量之间的关系由“与、或、非”三种基本运算决定。逻辑函数的值也只有 0 和 1 两种，但应注意它们没有大小之分，不同于普通代数中的 0 和 1。

3．逻辑函数的相等

假设有两个含有 n 个变量的逻辑函数 Y_1 和 Y_2，如果对应于 n 个变量的所有取值的组合，输出函数 Y_1 和 Y_2 的值相等，则称 Y_1 和 Y_2 这两个逻辑函数相等。换言之，两个相等的逻辑函数具有相同的真值表。

【例 7.2.1】 已知 $Y_1 = \overline{A \cdot B}$，$Y_2 = \overline{A} + \overline{B}$，证明 $Y_1 = Y_2$。

解：从给定函数得知 Y_1 和 Y_2 具有两个相同的变量 A 和 B，输入变量取值的组合状态有 $2^2=4$ 个，分别代入逻辑表达式中进行计算，求出相应的函数值，即得表 7.2.11 所示的真值表。

表 7.2.11　　Y_1 和 Y_2 的真值表

A	B	$Y_1=\overline{A\cdot B}$	$Y_2=\overline{A}+\overline{B}$
0	0	1	1
0	1	1	1
1	0	1	1
1	1	0	0

由真值表可知：$Y_1=Y_2$

4．正逻辑和负逻辑

通过前面的基本逻辑关系的分析，可以看到能用 0 和 1 表示相互对立的逻辑状态。但是，用 0 和 1 表示相互对立的逻辑状态时，可以有两种不同的表示方法。用 1 表示高电平，用 0 表示低电平，称为正逻辑；用 0 表示高电平，用 1 表示低电平，称为负逻辑。

一般情况下，如无特殊说明，通常采用正逻辑。

7.2.3　逻辑代数的公式和定理

逻辑代数与普通代数相似，也有相应的运算公式、定律和基本规则，掌握这些内容可以对一些复杂的逻辑函数进行化简。

1．基本公式

（1）常量和常量的公式

① 与运算　$0\bullet 0=0$　$0\bullet 1=0$　$1\bullet 0=0$　$1\bullet 1=1$　（7.2.10）

② 或运算　$0+0=0$　$0+1=1$　$1+0=1$　$1+1=1$　（7.2.11）

③ 非运算　$\overline{0}=1$　$\overline{1}=0$　（7.2.12）

（2）常量和变量的公式

①0、1 律　$A+0=A$　$A\bullet 0=0$　（7.2.13）

$A+1=1$　$A\bullet 1=A$　（7.2.14）

② 互补律　$A+\overline{A}=1A$　$A\bullet\overline{A}=0$　（7.2.15）

（3）变量和变量的公式

① 交换律　$A+B=B+A$　$A\bullet B=B\bullet A$　（7.2.16）

② 结合律　$A+(B+C)=(A+B)+C$　$A\bullet(B\bullet C)=(A\bullet B)\bullet C$　（7.2.17）

③ 分配律　$A\bullet(B+C)=A\bullet B+A\bullet C$　$A+B\bullet C=(A+B)(A+C)$　（7.2.18）

④ 重叠律　$A+A=A$　$A\bullet A=A$　（7.2.19）

⑤ 非非律（还原律）　$\overline{\overline{A}}=A$　（7.2.20）

⑥ 反演律（摩根定律）$\overline{A+B}=\overline{A}\bullet\overline{B}$　$\overline{A\bullet B}=\overline{A}+\overline{B}$　（7.2.21）

在上述公式中，交换律、结合律、分配律（其中的第二个公式除外）的公式与普通代数的一样，而重叠律、非非律、反演律的公式则是逻辑代数的特殊规律。

2．基本规则

（1）代入规则

在任何一个逻辑等式中，如果将等式两边所有出现某一变量的位置，都用某一个逻辑函数来代替，等式仍然成立，这个规则称代入规则。例如，如果 $\overline{A+B}=\overline{A}\bullet\overline{B}$ 成立，用 $Y=B+C$ 代替变量B，则 $\overline{A+B+C}=\overline{A}\bullet\overline{B+C}=\overline{A}\bullet\overline{B}\bullet\overline{C}$ 也成立。

可见，利用代入规则可以扩大等式的应用范围。

（2）反演规则

对于任意一个逻辑函数Y，若要求其反函数 $\overline{Y}$ 时，只要将逻辑函数Y所有的“·”换成“+”，“+”换成“·”；所有的“1”换成“0”，“0”换成“1”；所有的原变量换成反变量，反变量换成原变量。所得到的新的逻辑函数式，即为原函数Y的反函数 $\overline{Y}$。

在使用反演规则时应注意保持原函数的运算次序不变，即按着与、或、非的顺序进行，最后必要时适当地加入括号。对不属于单个变量上的非号有以下两种处理方法：

① 非号保留，而非号下面的函数式按反演规则变换；

② 将非号去掉，而非号下的函数式保留不变。

例如，若函数 $Y=A\overline{B}+\overline{(A+C)B}+\overline{A}\bullet\overline{B}\bullet\overline{C}$

其反函数为 $\overline{Y}=(\overline{A}+B)\overline{A}\bullet\overline{C}+\overline{B}(A+B+C)$

或 $\overline{Y}=(\overline{A}+B)(A+C)B(A+B+C)$

（3）对偶规则

对于任意一个逻辑函数Y，若要求其对偶函数Y′时，只要将逻辑函数Y所有的“·”换成“+”，“+”换成“·”；所有的1”换成“0”，“0”换成“1”；而变量保持不变，所得到的逻辑函数式，即为原函数Y的对偶函数Y′。

对偶规则为：若两逻辑函数式相等，则它们的对偶式也相等。

在应用对偶规则时要遵守运算符号的优先次序，先与后或所有的非号均应保持不变。

例如，$Y=AB+\overline{C}$ 的对偶函数为 $Y'=(A+B)\overline{C}$

3．常用公式

逻辑函数除上面基本公式及基本定则外，还有一些常用的公式，这些公式对逻辑函数的化简是很有用的。

（1）并项公式　$AB+A\overline{B}=A$　（7.2.22）

$(A+B)(A+B)=A$　（7.2.23）

（2）吸收公式　$A+A\cdot B=A$　（7.2.24）

（3）消去公式　$A+\overline{A}B=A+B$　（7.2.25）

$A\cdot(\overline{A}+B)=A\bullet B$　（7.2.26）

（4）多余项公式　$AB+\overline{A}C+BC=AB+\overline{A}C$　（7.2.27）

$AB+\overline{A}C+BCD=AB+\overline{A}C$　（7.2.28）

7.2.4　逻辑函数的表示方法

逻辑函数的表示方法通常有真值表、逻辑函数表达式、逻辑图、卡诺图和波形图5种形式，它们各有特点，相互间可以相互转换。

1．真值表

真值表是将输入逻辑变量的各种可能取值和对应的函数值排列在一起而组成的表格。用真值表来表示逻辑函数的优点是可直观地反映逻辑变量的取值和函数值之间的对应关系。

2．逻辑函数表达式

逻辑函数表达式是用与、或、非等逻辑运算的组合来表示逻辑变量之间关系的代数表达式。逻辑函数表达式有多种表示形式，逻辑函数表达式又简称为逻辑表达式、逻辑式或表达式。

3．逻辑图

逻辑图是用若干规定的逻辑符号连接构成的图。由于图中的逻辑符号通常都是和电路器件相对应，所以逻辑图又称为逻辑电路图，用逻辑图实现电路是较容易的，它有与工程实际比较接近的优点。

4．卡诺图

卡诺图是真值表的一种特定的图示形式，是根据真值表按一定规则画出的一种方格图，它是用小方格来表示真值表中每一行变量的取值情况和对应的函数值的。卡诺图也是逻辑函数的一种表示方法，它可以直观而方便地化简逻辑函数。

5．波形图

波形图是指能反映输出变量与输入变量随时间变化的图形，又称时序图。波形图能直观地表达出输入变量和函数之间随时间变化的规律。

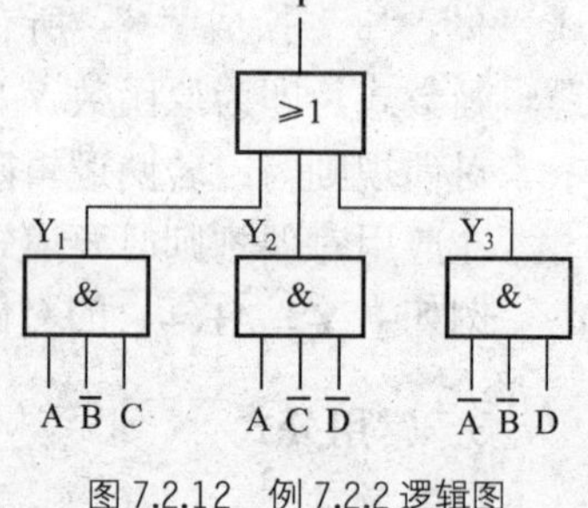

图 7.2.12　例 7.2.2 逻辑图

【例 7.2.2】已知函数 Y 的逻辑图如图 7.2.12 所示，写出函数 Y 的逻辑表达式。

解：据逻辑图逐级写出输出端函数表达式如下

$$Y_1 = A\overline{B}C$$

$$Y_2 = A\overline{C}\,\overline{D}$$

$$Y_3 = \overline{A}\,\overline{B}D$$

最后得到函数 Y 的表达式为 $Y = A\overline{B}C + A\overline{C}\,\overline{D} + \overline{A}\,\overline{B}D$

7.2.5　逻辑函数的化简方法

由实际逻辑问题归纳出来的逻辑函数及对应的逻辑电路不一定是最简的，所以有必要对逻辑函数进行化简。如果用电路元器件组成实际的电路，则化简后的电路不仅器件用得较少，而且门输入端的引线也少，使电路的可靠性得到提高。

1. 逻辑函数的公式化简法

（1）最简与或表达式

对于一个给定的逻辑函数，其真值表是唯一的，但是描述同一个逻辑函数的逻辑表达式却可以是多种多样的。

例如，$AB+\overline{A}C$ 可以用以下 5 种逻辑函数表达式来表示：

$$
\begin{aligned}
Y &= AB+\overline{A}C && \text{与或表达式}\\
&= \overline{\overline{AB}\cdot\overline{\overline{A}C}} && \text{与非与非表达式}\\
&= \overline{\overline{A}\,\overline{C}+A\overline{B}} && \text{与或非表达式}\\
&= (A+C)(\overline{A}+B) && \text{或与表达式}\\
&= \overline{\overline{A+C}+\overline{\overline{A}+B}} && \text{或非或非表达式}
\end{aligned}
$$

在上述不同类型的逻辑表达式中，与或表达式是较常见的，它可较容易地同其他表达式进行相互转换，化简与或表达式的方法主要有代数法（公式法）和图解法（卡诺图法）两种。

最简与或表达式的标准是乘积项的个数最少，每一个乘积项中变量的个数最少。因为乘积项的个数最少，对应的逻辑电路所用的与门个数就最少；乘积项中变量的个数最少，对应逻辑电路所用的与门输入端个数就最少。所以如果逻辑表达式是最简的，则实现它的逻辑电路也是最简的。

（2）公式法化简举例

公式法化简是利用逻辑代数的基本公式、基本规则和常用公式来简化逻辑函数的。常见的方法如下。

① 并项法。利用公式，$AB+A\overline{B}=A$ 将两个乘积项合并成一项，并消去一个互补变量。

【例 7.2.3】 化简函数 $Y=A(BC+\overline{B}\,\overline{C})+A(B\overline{C}+\overline{B}C)$

解：
$$
\begin{aligned}
Y &= A(BC+\overline{B}\,\overline{C})+A(B\overline{C}+\overline{B}C)\\
&= AB(C+\overline{C})+A\overline{B}(\overline{C}+C)\\
&= A(B+\overline{B})\\
&= A
\end{aligned}
$$

② 吸收法。利用公式 $A+AB=A$，吸收多余的乘积项。

【例 7.2.4】 化简函数 $Y=A\overline{B}+A\overline{B}C(D+E+\overline{F})$

解：
$$
\begin{aligned}
Y &= A\overline{B}+A\overline{B}C(D+E+\overline{F})\\
&= A\overline{B}(1+C(D+E+\overline{F}))\\
&= A\overline{B}
\end{aligned}
$$

③ 消去法。利用公式 $A+\overline{A}B=A+B$，消去多余因子。

【例 7.2.5】 化简函数 $Y=A\overline{B}+\overline{A}C+BC$

解：
$$
\begin{aligned}
Y &= A\overline{B}+\overline{A}C+BC\\
&= A\overline{B}+C(\overline{A}+B)\\
&= A\overline{B}+C(\overline{A\overline{B}})\\
&= A\overline{B}+C
\end{aligned}
$$

④ 配项法。利用公式 $A+\overline{A}=1$，给某个不能直接化简的与项配项，增加必要的乘积项，

或人为地增加必要的乘积项，然后再用公式进行化简。

【例 7.2.6】化简函数 $Y=A\overline{B}+B\overline{C}+\overline{B}C+\overline{A}B$

解：$Y=A\overline{B}+B\overline{C}+\overline{B}C+\overline{A}B$

$=A\overline{B}+B\overline{C}+(A+\overline{A})\overline{B}C+\overline{A}B(C+\overline{C})$

$=A\overline{B}+B\overline{C}+A\overline{B}C+\overline{A}\,\overline{B}C+\overline{A}BC+\overline{A}BC$

$=(A\overline{B}+A\overline{B}C)+(B\overline{C}+\overline{A}B\overline{C})+(\overline{AB}C+\overline{A}BC)$

$=A\overline{B}+B\overline{C}+\overline{A}C$

逻辑函数化简的途径并不是唯一的，上述四种方法可以任意选用或综合运用。化简结束后，还可以根据逻辑系统对所用门电路类型的要求，或按给定的组件对逻辑表达式进行变换。

2．逻辑函数的图形化简法

利用公式化简逻辑函数，不仅要求掌握逻辑代数的基本公式、基本规则及常用公式等，而且要有一定的技巧。尤其是用公式化简的结果是否是最简，往往很难确定。图形化简法又称卡诺图化简法，是一种既直观又简便的化简方法，可以较方便地得到最简的逻辑函数表达式。

（1）逻辑函数的最小项

① 最小项的定义。对于任意一个逻辑函数，设有 n 个输入变量，它们所组成的具有 n 个变量的乘积项中，每个变量以原变量或者以反变量的形式出现一次，且仅出现一次，那么该乘积项称为该函数的一个最小项。

具有 n 个输入变量的逻辑函数，有 2^n 个最小项。若 $n=2$，$2^n=4$，则二变量的逻辑函数就有 4 个最小项。例如，在三变量逻辑函数 Y=F(A，B，C)中，根据最小项的定义，它们组成的 8 个乘积项 $\overline{ABC}$，$\overline{A}\,\overline{B}C$，$\overline{A}B\overline{C}$，$\overline{A}BC$，$A\overline{B}\,\overline{C}$，$A\overline{B}C$，$AB\overline{C}$ 和 ABC 是最小项。而根据定义，$A\overline{B}$，$(A+B)C$ 等不是最小项。

② 最小项的性质。

a．对于任意一个最小项，只有对应一组变量取值，才能使其的值为 1，而在变量的其他取值时，这个最小项的值都是 0。例如，对于 $\overline{AB}C$ 这个最小项，只有变量取值为 001 时，它的值为 1，而在变量取其他各组值时，这个最小项的值为 0，如表 7.2.12 所示。

b．对于变量的任意一组取值，任意两个最小项的乘积（逻辑与）为 0。

c．对于变量的任意一组取值，所有最小项之和（逻辑或）为 1。

表 7.2.12　　三变量全部最小项真值表

AVC	$\overline{A}\,\overline{B}\,\overline{C}$	$\overline{AB}C$	$\overline{A}B\overline{C}$	$\overline{A}BC$	$A\overline{BC}$	$A\overline{B}C$	$AB\overline{C}$	ABC
000	1	0	0	0	0	0	0	0
001	0	1	0	0	0	0	0	0
010	0	0	1	0	0	0	0	0
011	0	0	0	1	0	0	0	0
100	0	0	0	0	1	0	0	0
101	0	0	0	0	0	1	0	0
110	0	0	0	0	0	0	1	0
111	0	0	0	0	0	0	0	1

③ 最小项编号。n 个变量有 2^n 个最小项，为了叙述和书写方便，通常对最小项进行编号。最小项用“m_i”表示，i 就是最小项的编号，编号的方法是把最小项的原变量记作 1，反变量记作 0，把每个最小项表示为一个二进制数，然后将这个二进制数转换成相对应的十进制数，即为最小项的编号。例如，$\overline{A}B\overline{C}$ 值为 1 的变量取值为 010，对应的十进制数为 2，则 $\overline{A}B\overline{C}$ 最小项的编号记作 m_2。

④ 最小项表达式。任何一个逻辑函数都可以表示成若干个最小项之和的形式，这样的逻辑表达式称为最小项表达式，而且这种形式是唯一的。从任何一个逻辑函数表达式转化为最小项表达式的常用方法如下。

a．由真值表求得最小项表达式

例如，已知 Y 的真值表如表 7.2.13 所示。由真值表写出最小项表达式的方法是使函数 Y=1 的变量取值组合有 001，010 和 111 三项，与其对应的最小项是 $\overline{A}\,\overline{B}C$，$\overline{A}B\overline{C}$ 和 ABC，则逻辑函数 Y 的最小项表达式为

$$
\begin{aligned}
Y &= \overline{A}\,\overline{B}C + \overline{A}B\overline{C} + ABC \\
&= m_1 + m_2 + m_7 \\
&= \sum m(1,2,7)
\end{aligned}
$$

表 7.2.13　　真值表

A	B	C	Y
0	0	0	0
0	0	1	1
0	1	0	1
0	1	1	0
1	0	0	0
1	0	1	0
1	1	0	0
1	1	1	1

b．由一般表达式求最小项

首先利用公式将表达式变换成一般与或式，再采用配项法，将每个乘积项（与项）都变为最小项。例如，将 $Y = \overline{A}\,\overline{B} + B\overline{C}$ 展开成最小项表达式，则逻辑函数 Y 的最小项表达式为

$$
\begin{aligned}
Y &= \overline{A}\,\overline{B} + B\overline{C} \\
&= \overline{A}\,\overline{B}(C + \overline{C}) + B\overline{C}(A + \overline{A}) \\
&= \overline{A}\,\overline{B}C + \overline{A}\,\overline{B}\,\overline{C} + AB\overline{C} + \overline{A}B\overline{C} \\
&= m_0 + m_1 + m_2 + m_6 \\
&= \sum m(0,1,2,6)
\end{aligned}
$$

（2）卡诺图

卡诺图是真值表的一种特定的图示形式，也是逻辑函数的一种表示方法。所谓卡诺图就是变量最小项对应的按一定规则排列的方格图，每一小方格填入一个最小项，所以卡诺图又称最小项方格图。

卡诺图的组成特点是使逻辑相邻的关系表现为几何位置上的相邻，利用卡诺图使化简工作变得直观。所谓逻辑相邻，是指两个最小项中除了一个变量取值不同外，其余的都相同，那么这两个最小项具有逻辑上的相邻性。

① 逻辑变量卡诺图

具有 n 个输入变量的逻辑函数，有 2^n 个最小项，其卡诺图由 2^n 个小方格组成，每个方格和一个最小项相对应。图 7.2.13 所示分别为二变量、三变量和四变量的卡诺图，在卡诺图的行和列中分别标出变量及其状态。变量状态的次序是 00，01，11 和 10，这样排列是为了使任意两个相邻最小项之间只有一个变量改变。每个方格所代表的最小项的编号，就是其左边和上边二进制码的数值。

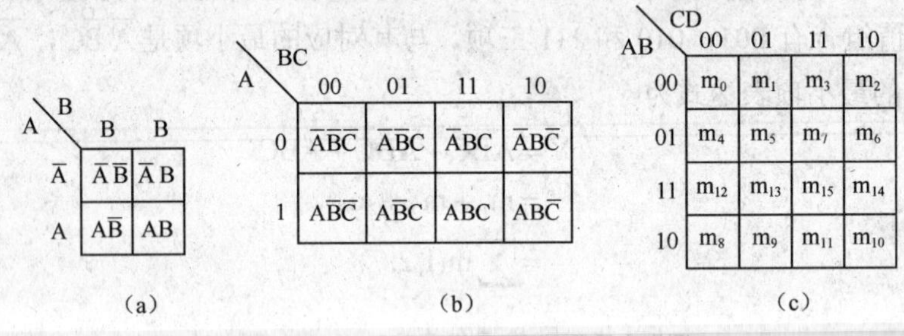

图 7.2.13 二变量、三变量和四变量卡诺图

② 逻辑函数卡诺图

在逻辑变量卡诺图上，将逻辑函数表达式中包含的最小项对应的方格内填 1，没有包含的最小项对应的方格内填 0 或不填，就可得到逻辑函数卡诺图。逻辑函数卡诺图的具体画法，通常有以下两种。

a. 给出逻辑函数的真值表，根据真值表画出卡诺图。

由于函数真值表与最小项是对应的，因此，要先画出逻辑变量卡诺图，然后根据真值表来填写每一个小方格的值。

【例 7.2.7】已知三变量逻辑函数 Y 的真值表如表 7.2.14 所示，画出该函数的卡诺图。

解：画出三变量的卡诺图，然后按每一个小方格所代表的变量取值组合，将真值表相同变量取值时对应的函数值填入小方格中即可，如图 7.2.14 所示。

表 7.2.14　例 7.2.7 真值表

A	B	C	Y
0	0	0	0
0	0	1	1
0	1	0	0
0	1	1	0
1	0	0	1
1	0	1	0
1	1	0	1
1	1	1	1

b．已知逻辑函数最小项表达式，由此画出函数的卡诺图。

先画出逻辑变量卡诺图，再根据逻辑函数最小项表达式，将逻辑函数中包含的最小项，在变量卡诺图相应的小方格中填 1，不包含的最小项填 0 或不填，所得的图形就是逻辑函数卡诺图。

A \ BC	00	01	11	10
0	0	1	0	0
1	1	0	1	1

图 7.2.14　例 7.2.7 卡诺图

【例 7.2.8】将函数 $Y=\overline{A}\,\overline{B}CD+A\overline{B}\,\overline{C}D+AB\overline{C}\,\overline{D}+ABC\overline{D}$ 用卡诺图表示。

解：$Y=\overline{A}\,\overline{B}CD+A\overline{B}\,\overline{C}D+AB\overline{C}\,\overline{D}+ABC\overline{D}$

$=m_3+m_9+m_{12}+m_{14}$

$=\sum m(3,9,12,14)$

根据逻辑函数最小项表达式，在其最小项对应的小方格中填 1 后得到函数的卡诺图，如图 7.2.15 所示。

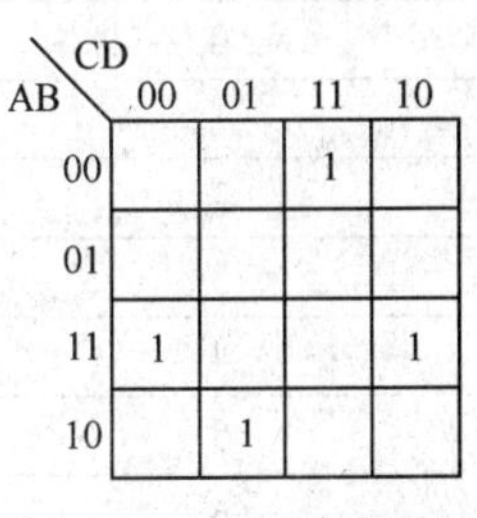

图 7.2.15　例 7.2.8 卡诺图

③ 逻辑函数的卡诺图化简法

由于卡诺图中的最小项是按逻辑相邻的关系排列的，即相邻小方格对应的最小项只有一个变量取值不同，其他变量取值都相同，这样可利用公式 $A+\overline{A}=1$ 把相邻两个小方格对应的最小项合并，消去一个变量，得到的是由相同变量组成的乘积项。

同理，4 个相邻小方格的最小项合并时，可以消去两个变量。因此，凡是几何相邻的最小项均可合并，合并时消去不同变量，保留相同变量。但要注意只有 2^n 个相邻最小项才能合并。如图 7.2.16（a）、图 7.2.16（b）所示的为相邻小方格对应的最小项合并的例子。

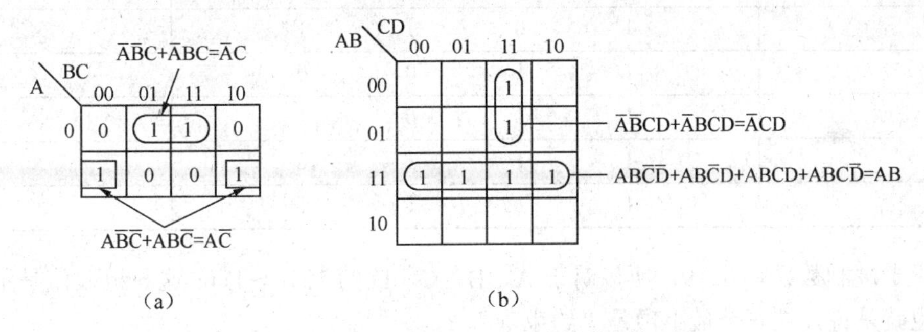

图 7.2.16　卡诺图中两个相邻最小项的合并示例

④ 具有“约束”的逻辑函数的化简

在前面所讨论的逻辑函数中，认为逻辑变量的取值是独立的，不受其他变量取值的制约。但是，在某些实际问题的逻辑关系中，变量和变量之间存在一定的制约关系。这种相互“制约”的关系就是约束。

例如，用 A，B 两个变量分别表示加、减两种操作，并且规定在同一时间内只能进行其中的一种操作。因此，A，B 两个变量只可能出现 00，01 和 10 三种取值，而 11 这种取值是不允许出现的，这就说明变量 A，B 之间存在着“约束”的关系，称 A，B 是一组有约束的变量，而不允许出现的那个（或是一组）变量取值组合所对应的最小项称为“约束项”，由约束项相加起来的逻辑表达式叫做“约束条件”，约束条件中约束项的值永远不会为 1。在本例中，约束条件可写为 AB=0。

约束项所对应的变量取值的组合是不会出现的，因此，谈论与它相对应的函数值是 1 还是 0 是没有意义的。也就是说，对应约束项的变量取值时，其函数值可以是任意的，既可以取 0，也可以取 1，这完全视需要而定，通常把相对应的函数值记作“×”。对于具有“约束项”的逻辑函数，可以利用约束项进行化简，使得表达式更加简化。

【例 7.2.9】设输入 A，B，C 和 D 是十进制数 F 的二进制编码，当 F≥5 时，输出 Y 为 1，否则为 0，求 Y 的最简“与或”表达式。

解：根据题意列真值表，如表 7.2.15 所示。

表 7.2.15　　真值表

F	A	B	C	D	Y
0	0	0	0	0	0
1	0	0	0	1	0
2	0	0	1	0	0
3	0	0	1	1	0
4	0	1	0	0	0
5	0	1	0	1	1
6	0	1	1	0	1
7	0	1	1	1	1
8	1	0	0	0	1
9	1	0	0	1	1
	1	0	1	0	×
	1	0	1	1	×
	1	1	0	0	×
	1	1	0	1	×
	1	1	1	0	×
	1	1	1	1	×

由于十进制数只有 0～9，所以对于 A，B，C，D 的 1010～1111 这 6 组取值是不允许出现的，也就是说，这 6 个最小项是“约束项”。

不考虑约束条件的化简如图 7.2.17（a）所示，化简结果为 $Y = \overline{A}BD + \overline{A}BC + A\overline{B}\overline{C}$。

考虑约束条件的化简如图 7.2.17（b）所示，化简结果为 $Y = A + BD + BC$。

显然，利用约束条件进行化简的表达式简单。

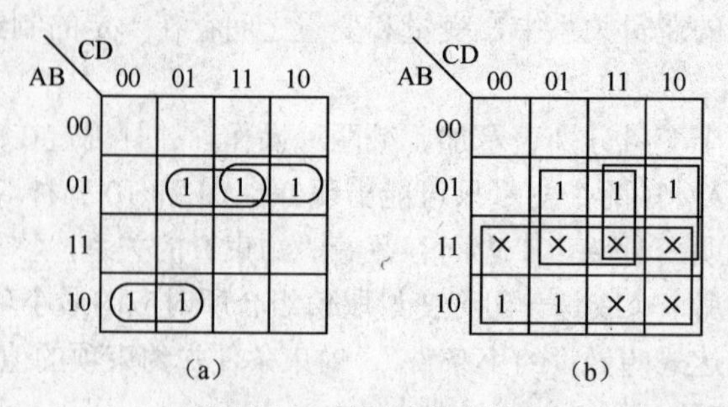

图 7.2.17　例 7.2.9 的卡诺图

7.3 集成门电路概述

实现基本和常用逻辑运算的电子电路，称为逻辑门电路，简称门电路。例如，实现与、或、非三种基本运算的电路分别称为与门、或门和非门。实现常用的复合运算的电路分别称为与非门、或非门、异或门等。门电路是数字电路中最基本的逻辑元件，它的应用非常广泛，所谓“门”就是一种开关，在一定条件下它能允许信号通过，条件不满足时信号就通不过。因此，门电路的输入信号与输出信号之间存在着一定的逻辑关系，门电路又称逻辑门电路。

由分立的半导体二极管、三极管和 MOS 管以及电阻等元件组成的门电路，称为分立元件门电路。采用集成技术，将门电路中的元件集成在一块半导体芯片上，并具有一定的逻辑功能的电路称为集成门电路。

数字集成电路按其内部有源器件的不同可以分为两大类。一类为双极型晶体管集成电路（TTL 电路），它主要有晶体管—晶体管逻辑（Transistor Transistor Logic，TTL）、射极耦合逻辑（Emitter Coupled Logic，ECL）和集成注入逻辑（Integrated Injection Logic，I^2L）等几种类型。另一类为 MOS（Metal Oxide Semiconductor）集成电路，其有源器件采用金属—氧化物—半导体场效应管，它又可分为 NMOS、PMOS 和 CMOS 等几种类型。目前，数字系统中普遍使用 TTL 和 CMOS 集成电路。TTL 集成电路工作速度高、驱动能力强，但功耗大、集成度低； MOS 集成电路集成度高、功耗低。超大规模集成电路基本上都是 MOS 集成电路，其缺点是工作速度略低。

7.3.1 TTL 与非门电路

TTL 门电路在中、小规模的集成电路中有着广泛的应用，其中以 TTL 集成与非门电路最普遍，这种集成逻辑门的输入级和输出级都是由晶体管构成，并实现与非功能，所以称为晶体管—晶体管逻辑与非门，简称 TTL 与非门。

1. 电路结构

典型 TTL 与非门的电路组成如图 7.3.1 所示，它由三部分组成。输入级由多发射极管 VT_1 和电阻 R_1 组成，完成与逻辑功能；中间级由 VT_2、R_2 和 R_3 组成，其作用是将输入级送来的信号分成两个相位相反的信号来驱动 VT_3 和 VT_5 管；输出级由 VT_3，VT_4，VT_5，R_4 和 R_5 组成，其中 VT_5 为反相管，VT_3 和 VT_4 组成的复合管是 VT_5 的有源负载，完成逻辑上的“非”。

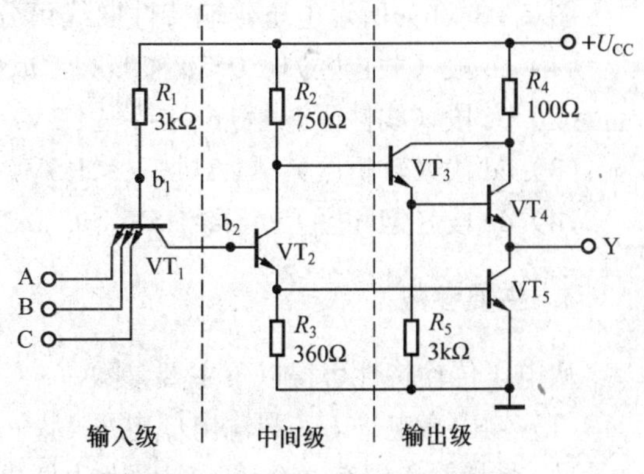

图 7.3.1 典型的 TTL 与非门电路图

由于中间级提供了两个相位相反的信号，使 VT_4 和 VT_5 总处于一管导通而另一管截止的工作状态，这种形式的输出电路称为“推拉式输出”电路，它不仅输出阻抗低、带负载能力强，而且可以提高工作速度。

TTL 与非门工作过程可用表 7.3.1 说明。

表 7.3.1　　**TTL 与非门输入输出关系表**

输　入	VT_1	VT_2	VT_3	VT_4	VT_5	输出	与非门状态
全部为高电位	倒置工作	饱和	导通	截止	饱和	低电位	开门
至少有一个为低电位	深饱和	截止	微饱和	导通	截止	高电位	关门

图 7.3.2 所示是常用集成器件 74LS00 的引线图，由于它有四个与非门电路单元，每个单元有两个输入端，称之为四 2 输入与非门。

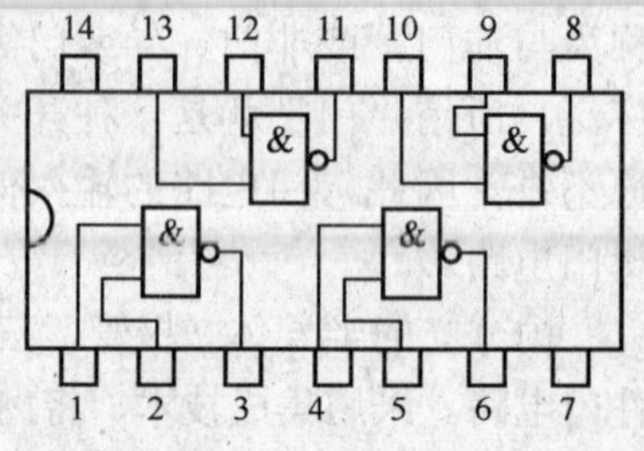

图 7.3.2　74LS00 四 2 输入与非门引线图

2．电压传输特性

电压传输特性是指与非门输出电压 u_o 随输入电压 u_i 变化的关系曲线。图 7.3.3（a）和图 7.3.3（b）所示分别为电压传输特性的测试电路和电压传输特性曲线。

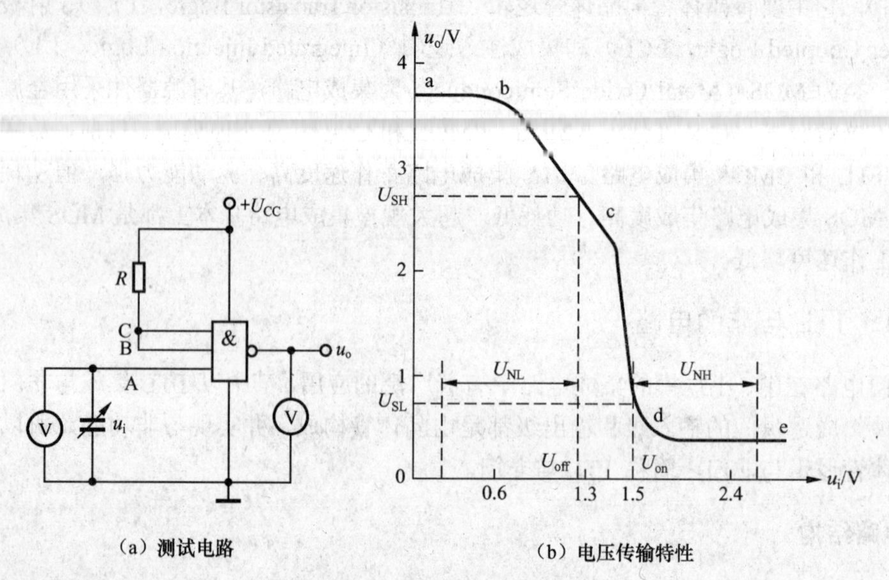

（a）测试电路　　　　（b）电压传输特性

图 7.3.3　TTL 与非门的电压传输特性

图 7.3.3（b）所示电压传输特性曲线可分成以下四段：

（1）ab 段（截止区）　$0 \leqslant u_i < 0.6V$，$u_o \approx 3.6V$。

（2）bc 段（线性区）　$0.6V \leqslant u_i < 1.3V$，$u_o$ 线性下降。

（3）cd 段（转折区）　$1.3V \leqslant u_i < 1.5V$，$u_o$ 急剧下降。

（4）de 段（饱和区）　$u_i \geqslant 1.5V$，$u_o = 0.3V$。

3．主要参数

从电压传输特性可得以下主要参数。

（1）输出高电平 U_{oH} 和输出低电平 U_{oL}

U_{oH} 是指输入端有一个或一个以上为低电平时的输出高电平值；U_{oL} 是指输入端全部接高

电平时的输出低电平值。U_{oH}的典型值为 3.6V，U_{oL}的典型值为 0.3V。但是，实际门电路的U_{oH}和U_{oL}并不是恒定值，考虑到元件参数的差异及实际使用时的情况，有的手册中规定高、低电平的额定值为U_{oH}=3V，U_{oL}=0.35V。

（2）阈值电压U_{TH}

U_{TH}是电压传输特性的转折区中点所对应的u_i值，是VT_5管截止与导通的分界线，也是输出高、低电平的分界线。它的含义是：

当$u_i<U_{TH}$时，与非门关门（VT_5管截止），输出为高电平；

当$u_i>U_{TH}$时，与非门开门（VT_5管导通），输出为低电平。实际上，阈值电压有一定范围，通常取U_{TH}=1.4V。

（3）关门电平U_{off}和开门电平U_{on}

在保证输出电压为标准高电平U_{SH}（即额定高电平的 90%）的条件下，所允许的最大输入低电平，称为关门电平U_{off}。在保证输出电压为标准低电平U_{SL}（额定低电平）的条件下，所允许的最小输入高电平，称为开门电平U_{on}。U_{off}和U_{on}是与非门电路的重要参数，表明正常工作情况下输入信号电平变化的极限值，同时也反映了电路的抗干扰能力。

一般为：U_{off}≥0.8V，U_{on}≤1.8V。

（4）噪声容限

低电平噪声容限是指与非门截止，保证输出高电平不低于高电平下限值时，在输入低电平基础上所允许叠加的最大正向干扰电压，用U_{NL}表示。

由图 7.3.3（b）可知，$U_{on}=U_{of}-U_{iH}$。高电平噪声容限是指与非门导通，保证输出低电平不高于低电平上限值时，在输入高电平基础上所允许叠加的最大负向干扰电压，用U_{NH}表示。为了提高器件的抗干扰能力，要求U_{NL}与U_{NH}尽可能地接近。

4．集电极开路与非门（OC 门）

在实际使用中，有时需要将多个与非门的输出端直接并联来实现“与”的功能，如图 7.3.4 所示。只要 Y_1 或 Y_2 有一个为低电平，Y 就为低电平，只有当 Y_1 和 Y_2 均为高电平时，Y 才为高电平。因此，这个电路实现的逻辑功能是 $Y=Y_1 \cdot Y_2$，即能实现“与”的功能。这种用“线”连接形成“与”功能的方式称为“线与”。

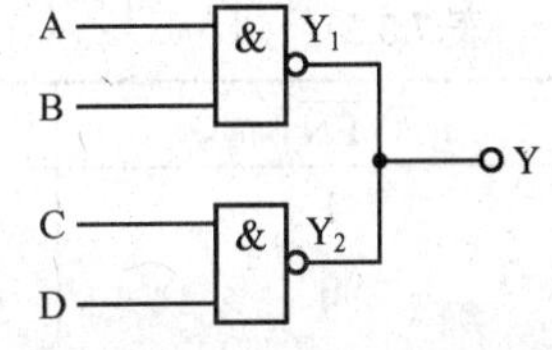

图 7.3.4 与非门输出端直接并联

由于与非门在输出低电平时，输出电阻很小，当并联在一起的两个门一个处于低电平，一个处于高电平时，电源将通过并联的高电平输出门向低电平输出门灌入很大的电流，这样不仅会使输出低电平的门电压升高，破坏原来的逻辑关系，而且还会因流过大电流而损坏输出管。为了能实现门电路的线与的功能，又不会出现上述问题，专门设计了集电极开路 TTL 与非门，简称 OC 门。在电路内部结构中它省去了图 7.3.1 中 VT_5 的有源负载 VT_4 和 R_4 等。OC 门电路如图 7.3.5 所示，其逻辑符号如图 7.3.6 所示。在使用时必须在电源和输出端之间外接一个上拉电阻 R_C，作为 VT_5 的上拉电阻，如图 7.3.7 所示。图 7.3.8 所示是 OC 门实现线与功能的电路，其逻辑关系可表示为

$$Y = Y_1 \cdot Y_2 = \overline{AB} \cdot \overline{CD} = \overline{AB + CD}$$

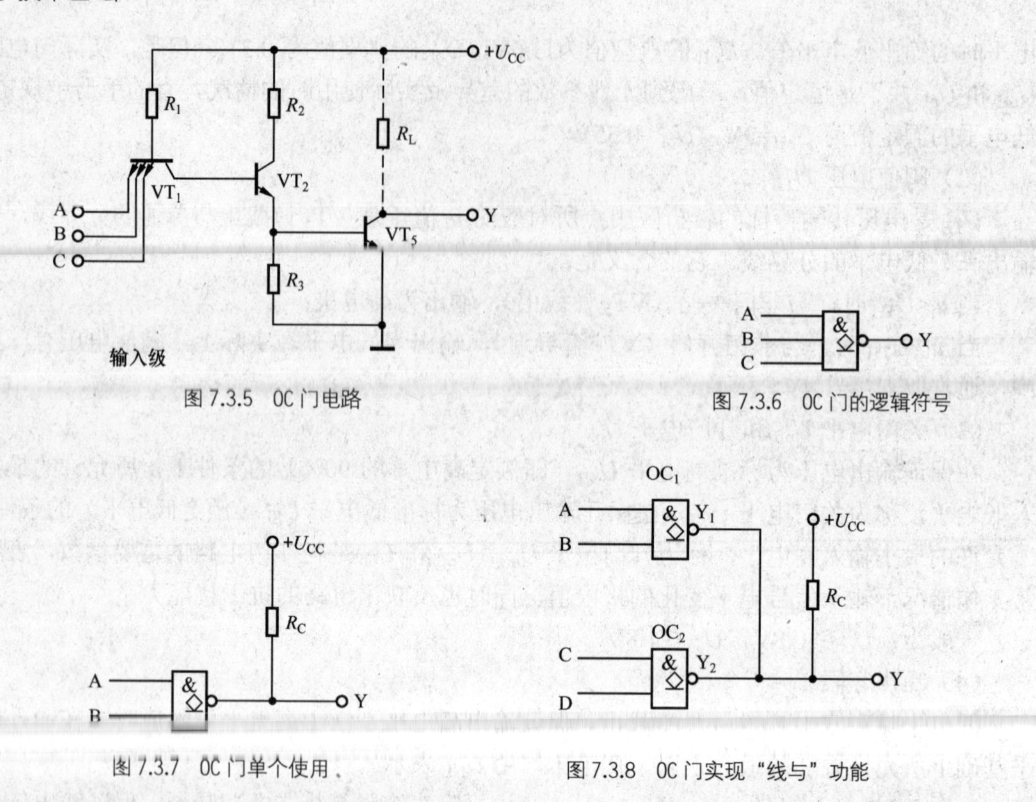

图 7.3.5 OC 门电路

图 7.3.6 OC 门的逻辑符号

图 7.3.7 OC 门单个使用

图 7.3.8 OC 门实现“线与”功能

5. 三态输出与非门

三态输出与非门（简称三态门）是在普通的门电路的基础上增加一个使能控制端 EN，在使能端无效时，与非门出现第三种状态，即高阻状态（或称禁止状态），此时门电路的输出电阻近似为无穷大，也就是说从输出端向里看，近似开路。三态门电路及逻辑符号如图 7.3.9 所示，真值表如表 7.3.2 所示。

表 7.3.2　　三态门的真值表

$\overline{EN}$	A	B	Y
1	×	×	高阻态
0	0	0	1
0	0	1	1
0	1	0	1
0	1	1	0

从三态门的电路可知，当 $\overline{EN}$=0 时，P 点为高电平，二极管 VD 截止，对与非门无影响，电路处于正常工作状态，$Y=\overline{AB}$。当 $\overline{EN}$=1 时，P 点为低电平，二极管 VD 管导通，使 VT$_2$ 管的集电极电压 $U_{c2}\approx 1$V，因而 VT$_4$ 管截止。同时，由于 $\overline{EN}$=1，因而 VT$_1$ 管的基极电压 U_{b1}=1V，则 VT$_2$ 和 VT$_5$ 管也截止。这时从输出端看进去，电路处于高阻状态。

有的三态门利用高电平使能，即当 EN=1 时，电路处于正常工作状态，当 EN=0 时，电路处于高阻，逻辑符号如图 7.3.9（c）所示。

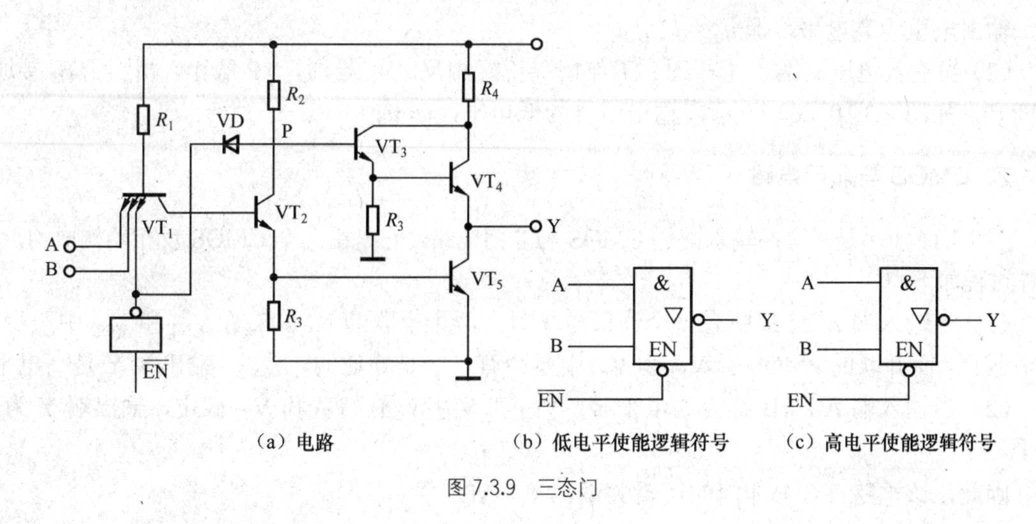

（a）电路 （b）低电平使能逻辑符号 （c）高电平使能逻辑符号

图 7.3.9 三态门

三态门主要应用在数字系统的总线结构中，实现用一条总线有秩序地传送几组不同数据或信号。

7.3.2 CMOS 门电路

如果将导电极性相反的增强型 NMOS 管和 PMOS 管做在同一块芯片上，就构成了互补型 MOS 电路，简称 CMOS 电路。由于 CMOS 电路具有工作速度高、功耗低、性能优越等特点，因而近年来 CMOS 电路发展迅速，广泛应用于大规模集成器件中。

1. CMOS 非门电路

CMOS 非门电路（也称为 CMOS 反相器）如图 7.3.10（a）所示。它是由 NMOS 管和 PMOS 管组合而成的。V_N 和 V_P 的栅极相连，作为反相器的输入端；漏极相连，作为反相器的输出端。V_P 是负载管，其源极接电源 U_{DD} 的正极，V_N 为放大管（驱动管），其源极接地。为了使电路正常工作，要求电源电压大于两管开启电压的绝对值之和，即 $U_{DD}>|U_{TP}|+U_{TN}$。

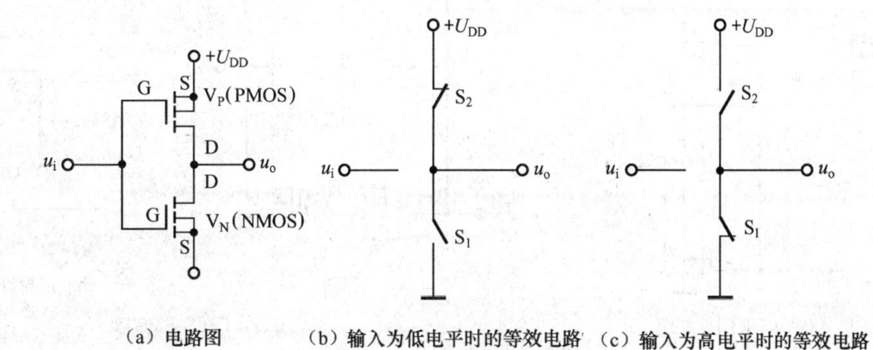

（a）电路图 （b）输入为低电平时的等效电路 （c）输入为高电平时的等效电路

图 7.3.10 CMOS 反相器及其等效电路

设$+U_{DD}$=+12V，V_N 与 V_P 的开启电压 $U_{TN}=|U_{TP}|$，CMOS 非门电路工作过程如下。

（1）当输入电压 u_i 为低电平时，即 $U_{GSN}=0$，V_N 截止，等效电阻极大，相当于 S_1 断开，而 $U_{GSP}=-U_{DD}<U_{TP}$，因此 V_P 导通，导通等效电阻极小，相当于 S_2 接通，如图 7.3.10（b）所

示，输出电压为高电平，即 $u_o \approx +U_{DD}$。

（2）当输入电压 u_i 为高电平时，工作情况正好相反。V_N 导通，VP 截止，相当于 S_1 接通，S_2 断开，如图 7.3.10（c）所示，输出电压为低电平，即 $u_o \approx 0V$。

2．CMOS 与非门电路

图 7.3.11 所示是一个两输入端的 CMOS 与非门电路，它是由两个 CMOS 反相器构成的，其工作过程如下。

（1）当输入端 A 或 B 中有一个为低电平时，两个串联的 NMOS 管 V_{N1} 和 V_{N2} 中至少有一个截止，而并联的 PMOS 管 V_{P1} 和 V_{P2} 中至少有一个是导通的，所以，输出端 Y 是高电平。

（2）当输入端 A 和 B 都为高电平时，V_{N1} 和 V_{N2} 导通，V_{P1} 和 V_{P2} 截止，输出端 Y 为低电平。

因此，该电路符合与非门的逻辑关系：$Y = \overline{AB}$

3．CMOS 三态门电路

图 7.3.12（a）所示是 CMOS 三态门电路，其中 V_{P1} 和 V_{N1} 组成 CMOS 反相器，V_{P2} 与 V_{P1} 串联后接电源，V_{N2} 与 V_{N1} 串联后接地。V_{P2} 和 V_{N2} 受使能端 $\overline{EN}$ 控制。A 为输入端，Y 为输出端，其工作过程如下。

（1）当 $\overline{EN}$=0 时，V_{P2} 和 V_{N2} 均导通，电路处于工作状态，$Y = \overline{A}$。

（2）当 $\overline{EN}$=1 时，V_{P2} 和 V_{N2} 均截止，输出端如同断开，呈高阻状态。

这是一种控制端（使能端）为低电平有效的 CMOS 三态门，其逻辑符号如图 7.3.12（b）所示。和 TTL 三态门一样，也有高电平使能的使用方式。

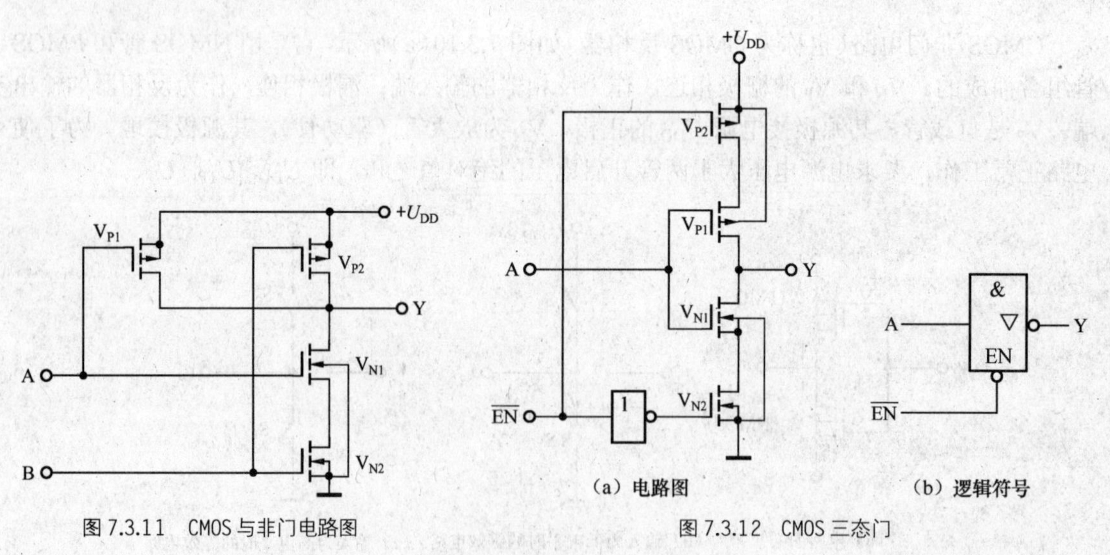

图 7.3.11　CMOS 与非门电路图

图 7.3.12　CMOS 三态门

4．CMOS 传输门和模拟开关

（1）CMOS 传输门。将 P 沟道增强型 MOS 管 V_P 和 N 沟道增强型 MOS 管 V_N 并联起来，并在两管的栅极加互补的控制信号就构成 CMOS 传输门，简称 TG。其电路及逻辑符号如

图 7.3.13 所示。它是一种传输信号的可控开关电路，其工作过程如下。

设电源电压 U_{DD}=10V，控制信号的高、低电平分别为+10V 和 0V，两管的开启电压的绝对值均为 3V，输入信号 u_i 的变化范围为 0～+U_{DD}。

当 u_c=0V，$\overline{u}_c = 10V$（$C=0,\overline{C}=1$）时，u_i 在 0～+10V 之间变化时，V_N 和 V_P 均为反偏截止，u_i 不能传输到输出端，相当于开关断开，即传输门截止。

当 u_c=10V，$\overline{u}_c = 0V$（$C=1,\overline{C}=0$）时，因为 MOS 管的结构对称，源极和漏极可以互换使用，所以当 u_i 在 0～+10V 之间变化时，V_N 在 $0V \leqslant u_i \leqslant +7V$ 期间导通，V_P 在 $3V \leqslant u_i \leqslant +10V$ 期间导通，V_N 和 V_P 至少有一管导通，$u_o \approx u_i$，相当于开关接通，即传输门导通。

（2）模拟开关。将 CMOS 传输门和一个反相器结合，则可组成一个模拟开关，如图 7.3.14 所示。当控制端 C=1 时，TG 导通；当 C=0 时，TG 截止。由于 MOS 管的源极、漏极可以互换，因而模拟开关是一种双向开关，即输入端和输出端可以互换使用。

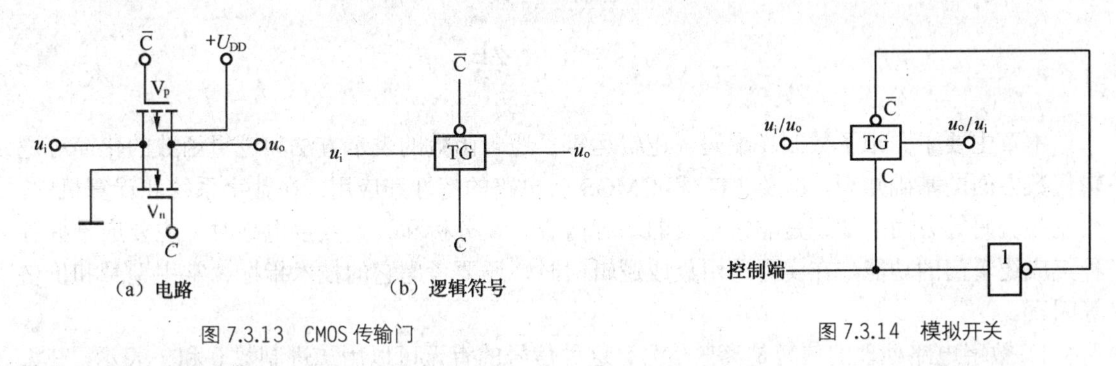

图 7.3.13 CMOS 传输门

图 7.3.14 模拟开关

7.3.3 集成逻辑门电路的使用

各种集成逻辑门电路都有其特点，因此在使用时，首先应根据需要选定逻辑门的类型，然后确定合适的集成逻辑门的型号。在逻辑门的使用中，还应注意以下事项。

1. 使用 TTL 电路应注意的一些问题

（1）TTL 电路的电源均采用+5V，因此电源电压不能高于+5.5V，使用时不能将电源与地颠倒错接，否则会因为过大电流而造成器件损坏。

（2）电路的各输入端不能直接与高于+5.5V 和低于−0.5V 的低内阻电源连接，因为低内阻电源能提供较大电流，会由于过热而烧坏器件。

（3）输出端不允许直接与电源或地连接，否则可能造成器件损坏，但可以通过电阻与电源相连，提高输出高电平。

（4）在电源接通时，不要移动或拔插集成电路。

（5）冗余的输入端最好不要悬空。虽然悬空相当于高电平，并不影响与门的逻辑功能，但悬空容易接受干扰，有时会造成电路误动作，在时序电路中表现得更明显，要针对不同情况加以处理。例如，将不用的或门和或非门输入端直接接地。

2. 使用 CMOS 电路应注意的一些问题

（1）一般 CMOS 电路的电源电压范围在 3～18V 之间。尽管 CMOS 电路可在较宽的电源电压范围内正常工作，但电源的上限电压不得超过电路允许的极限值 U_{max}，电源的下限电压不得低于系统所必须的电源电压的最低值 U_{min}，输入电压必须处在 U_{dd} 和 U_{ss} 之间。

（2）在同一芯片上 2 个或 2 个以上同样器件并联使用（如与门、反相器等）时，可增大输出供给电流和输出吸收电流，当负载增加不大时，则既增加了器件的驱动能力，也提高了速度。

（3）输入端连线较长时，因分布电容和分布电感的影响，容易构成 LC 振荡，也可能使保护二极管损坏，因此必须在输入端串联 1 个 10～20kΩ的电阻。

（4）拔插电路板电源插头时，应注意先切断电源，防止在插拔过程中烧坏 CMOS 电路的输入保护二极管。

（5）冗余端不要悬空，否则不但容易接受外界干扰，而且会造成输入电平不稳，破坏了正常的逻辑关系，要针对不同情况加以处理。

小　结

本章主要了介绍了数制、编码、逻辑运算、逻辑函数的表示方法和逻辑函数的化简等逻辑代数方面的基础知识，以及 TTL 和 CMOS 门电路的特性和应用。在数字系统和计算机中，数制和编码等方面的知识是非常重要的基础内容。在分析和设计数字电路时，主要应掌握各种集成逻辑门的功能，在实际选用集成逻辑门时，还要考虑它的技术指标、常用型号和价格等因素。

1. 数字电路处理的信号是离散信号，这种信号的有无可以用二进制数 0 和 1 表示，其大小也可以用二进制数表示。在数字系统中，任何数字、字母、符号等都必须变成 0 和 1 的形式，才能够进行传送和处理。

2. 十进制、二进制、八进制和十六进制数的构成法是相同的，不同点仅在于它们的基数和权不相等。基数是指数制中使用的数码的个数，权是指数制中每一位所具有的值的大小。

3. 逻辑代数是分析和设计逻辑电路的工具。一个逻辑问题可用逻辑函数来描述。逻辑函数可用真值表、逻辑表达式、卡诺图和逻辑图表达，这 4 种表达方式各具特点，可根据需要选用。

4. 与、或、非是数字逻辑运算的三种基本关系，可用数字逻辑门电路实现。用分立件半导体二极管、三极管、场效应管可组成与门、或门、非门及与或门、与非门等符合门电路。常用的逻辑门电路有 TTL，ECL，NMOS 和 CMOS 逻辑门，作为通用器件，TTL 和 CMOS 应用较为广泛。

5. 在 TTL 集成逻辑门电路使用中，尤其要注意电源的正确连接方法和多余输入端的正确处理；使用 CMOS 电路应注意防静电、防干扰等问题。

习　题

习题 7.1　填空题

（1）人们在日常生活中习惯使用的数制是________，而在数字电路中常用的数制是________。

（2）将十六进制数$(5A)_H$化成二进制数为________、八进制数为________、十进制数为________。

（3）如果对 123 个符号进行二进制编码，则至少需要________位二进制数。

（4）逻辑代数中有________、________和________三种基本逻辑运算。

（5）在两个开关 A 和 B 控制一个电灯 Y 的电路中，当两个开关都断开时灯亮，则实现的逻辑函数为________。

（6）数字电路中，三极管工作于________状态。

（7）TTL 电路的电源均采用________V，最高也不能超过________V。

（8）三态门的三个状态是指________、________、________。

习题 7.2　选择题

（1）用不同的数制来表示 2009，位数最少的是（　　）。

A．二进制　　B．八进制　　C．十进制　　D．十六进制

（2）下列几种说法中与 BCD 码的性质不符的是（　　）。

A．一组四位二进制数组成的 BCD 码只能表示一位十进制数码

B．BCD 码就是人为选定的 0～9 十个数字的代码

C．BCD 码是一种用二进制数码表示十进制数码的方法

D．因为 BCD 码是一组四位二进制数，所以 BCD 码能表示十六进制以内的任何一个数码

（3）在函数 F=AB+CD 的真值表中，F=1 的状态有多少个？（　　）。

A．3　　B．5　　C．7　　D．15

（4）用两个开关控制一个电灯，只有两个开关都闭合时灯才不亮，则该电路的逻辑关系是（　　）。

A．与　　B．与非

C．或　　D．或非

（5）题图 7.1 实现的逻辑功能是（　　）。

A．与非门　　B．或非门

C．异或门　　D．同或门

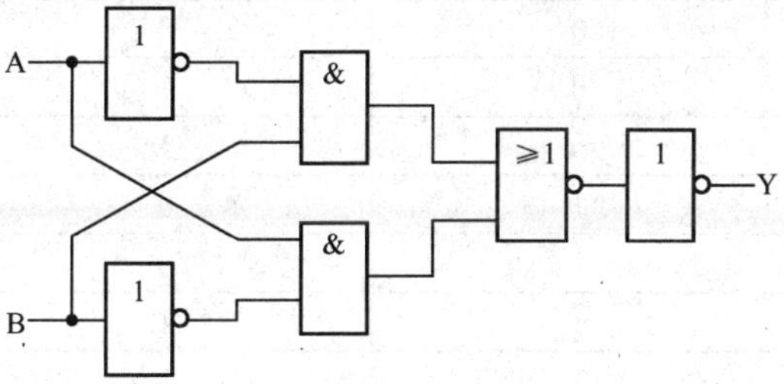

题图 7.1

（6）下列哪些是四变量逻辑函数 f(A，B，C，D)的最小项（　　）。

A．$A\bar{B}CD$　　B．$\bar{A}\,\bar{B}CA$　　C．$BD\bar{C}$　　D．AB

（7）在 TTL 与非门使用时，多余输入端应做（　　）处理。

A．全部接高电平　　B．部分接高电平，部分接地

C．全部接地　　D．部分接地，部分悬空

习题 7.3　把下列二进制数转换为十进制数。

（1）1001　（2）1100　（3）10101001　（4）10001001

习题 7.4　把下列十进制数转换为二进制数。

（1）11　（2）23　（3）50　（4）127

习题 7.5　把下列十进制数转换为十六进制数。

（1）19　（2）27　（3）88　（4）125

习题 7.6　把下列十六进制数转换为二进制数。

（1）1B　（2）9C　（3）AE　（4）367

习题 7.7　写出下列十进制数的 8421BCD 码。

（1）8　（2）25　（3）75　（4）266

习题 7.8　求下列函数的的反函数。

（1）$Y_1 = AB + \overline{A}\,\overline{B}$　（2）$Y_2 = AB + AC + BC$

习题 7.9　举例说明与、或、非三种逻辑的意义。

习题 7.10　简述逻辑函数的表示方法有哪几种？各有什么特点？

习题 7.11　用公式法化简下列逻辑函数

（1）$Y_1 = ABC + AB\overline{C} + \overline{A}B$

（2）$Y_2 = AB + \overline{A}C + BC$

（3）$Y_3 = \overline{A\overline{C}B} + \overline{A\overline{C}} + B + BC$

（4）$Y_4 = AD + A\overline{D} + AB + \overline{A}C + BD + ACEFGH + \overline{B}E + DE$

习题 7.12　写出三变量函数 $Y(A,B,C) = \overline{AB + \overline{AB} + C} + \overline{A}B$ 的最小项表达式。

习题 7.13　用卡诺图法求逻辑函数 Y(A，B，C)=Σ(1，2，3，6，7)的最简与或表达式。

习题 7.14　写出如 7.14 所示真值表描述的逻辑函数的表达式，并画出实现该逻辑函数的逻辑电路图。

表 7.14　真值表

A	B	C	Y
0	0	0	0
0	0	1	0
0	1	0	0
0	1	1	0
1	0	0	0
1	0	1	1
1	1	0	1
1	1	1	1

习题 7.15　写出题图 7.2 所示逻辑电路表达式，并列出该电路的真值表。

习题 7.16　逻辑电路如题图 7.3 所示。当输入变量 A，B 和 C 为何种组合时，输出函数 Y 和 Z 相等。

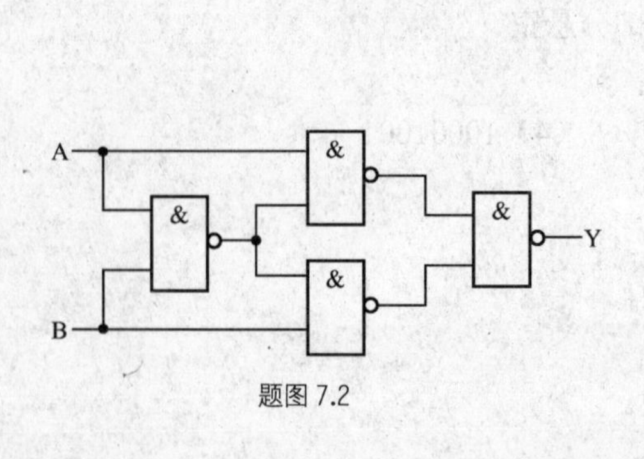

题图 7.2

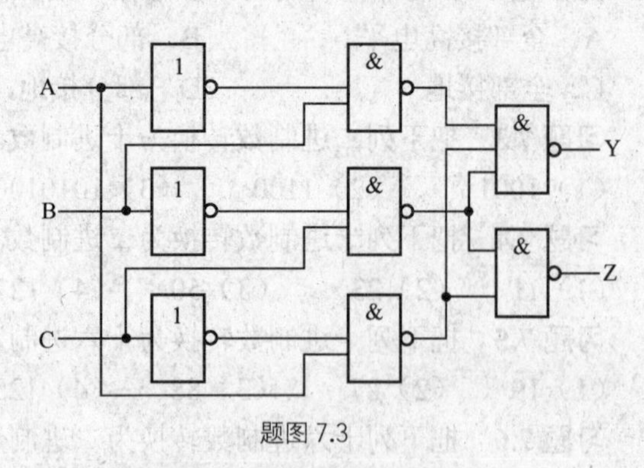

题图 7.3

习题 7.17　OC 门构成的电路如题图 7.4 所示。

（1）写出 Y 的表达式

（2）当 A 与 B 或者 C 与 D 都是高电平时，Y 为高电平还是低电平？

（3）当 A 与 B 以及 C 与 D 中都至少有一个为低电平时，Y 为高电平还是低电平？

习题 7.18　用三态门构成如题图 7.5 所示的电路，试写出当使能端 EN 为 0 和 1 时，输出 Y 的表达式。

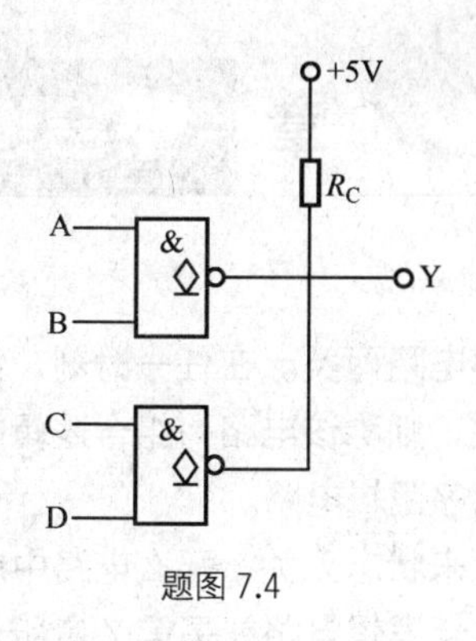

题图 7.4

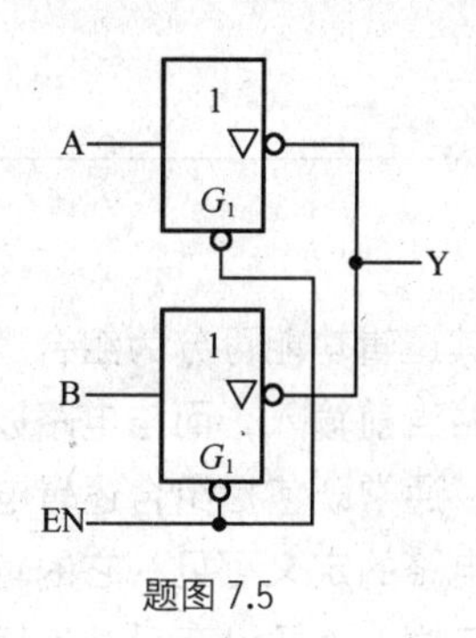

题图 7.5

第 8 章 组合逻辑电路

数字电路按其逻辑功能可分为组合逻辑电路和时序电路两类。在任一时刻，如果逻辑电路的输出只取决于电路当前输入，而与电路以前的状态无关，则称该电路为组合逻辑电路。在比较复杂的数字系统中，通常既包括组合逻辑电路，又包括时序逻辑电路。

由组合逻辑电路的定义可见，它的输出与电路的原来状态无关，那么电路中就不包括记忆元器件，而且输出与输入之间没有反馈连线。最简单的组合逻辑电路就是第 7 章所介绍的各种门电路，门电路是组合电路的基本单元。

本章重点讨论组合逻辑电路的分析和设计方法和常用组合逻辑功能器件的逻辑功能及基本应用。

8.1 组合逻辑电路的分析与设计

8.1.1 组合逻辑电路的分析

在工程上经常会遇到“读图”的问题，组合逻辑电路的分析就是组合逻辑电路的“读图”。这里所说的分析，主要指的是逻辑分析，即分析已给定逻辑电路的逻辑功能，找出输出逻辑函数与输入逻辑变量之间的逻辑关系。

1．分析的目的

根据给定的逻辑电路图，经过分析确定电路能完成的逻辑功能。有时分析的目的在于检验新设计的逻辑电路是否实现了预定的逻辑功能。

2．分析的方法

组合逻辑电路的分析步骤大致如下：

（1）由逻辑图写出各输出端的逻辑表达式；

（2）化简和变换各逻辑表达式，求出最简逻辑函数式；

（3）列出真值表。在表的左半部分列出函数中所有自变量的各种组合，右半部分列出对应于每一种自变量组合的输出函数的状态；

（4）逻辑功能分析。根据真值表和逻辑表达式对逻辑电路进行分析，确定输出和输入的逻辑功能，对电路逻辑功能进行文字描述。

【**例 8.1.1**】分析图 8.1.1 所示电路的逻辑功能。

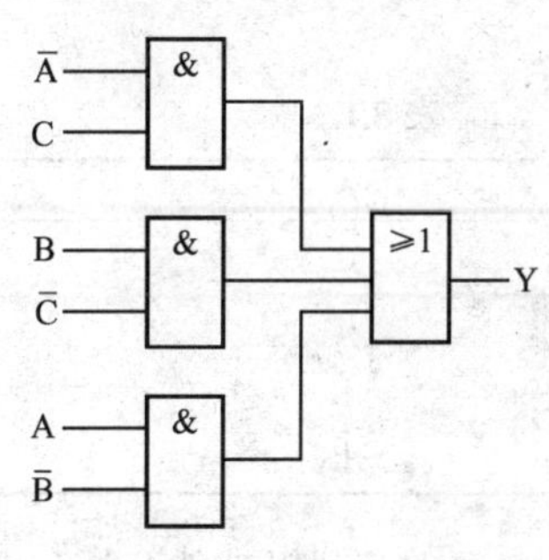

图 8.1.1　例题 8.1.1 图

解：（1）写出该电路输出函数的逻辑表达式。

$Y=\bar{A}C+B\bar{C}+A\bar{B}$，因逻辑表达式比较简单，在此将化简步骤省略。

（2）列出函数的真值表，如表 8.1.1 所示。

（3）逻辑功能分析。由真值表可知，当输入变量 A，B 和 C 同时为 1 或 0 时，输出变量 Y 为 0，由此可确定该电路是判断 3 个变量是否一致的电路。

表 8.1.1　　例题 8.1.1 真值表

A	B	C	Y
0	0	0	0
0	0	1	1
0	1	0	1
0	1	1	1
1	0	0	1
1	0	1	1
1	1	0	1
1	1	1	0

【**例 8.1.2**】分析图 8.1.2 所示电路的逻辑功能。

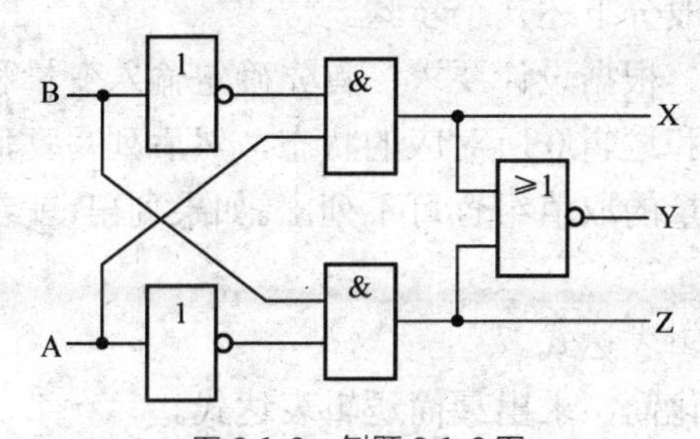

图 8.1.2　例题 8.1.2 图

解：（1）写出该电路输出函数的逻辑表达式

$$
\begin{aligned}
X&=A\bar{B}\\
Y&=\overline{\bar{B}A+\bar{A}B}\\
Z&=\bar{A}B
\end{aligned}
\tag{8.1.1}
$$

（2）由式 8.1.1 可以看出，只需对 Y 的逻辑表达式化简

$$
\begin{aligned}
Y&=\overline{\bar{B}A+\bar{A}B}\\
&=\overline{A\bar{B}}\,\overline{B\bar{A}}\\
&=(\bar{A}+B)(A+\bar{B})\\
&=\bar{A}\bar{B}+AB
\end{aligned}
$$

（3）列出函数的真值表，如表 8.1.2 所示。

表 8.1.2　　例题 8.1.2 真值表

A	B	X	Y	Z
0	0	0	1	0
0	1	0	0	1
1	0	1	0	0
1	1	0	1	0

（4）逻辑功能分析。由真值表可知，该电路具有比较两个一位二进制数 A 和 B 大小的功能，即 A＞B 时，X 为 1；A=B 时，Y 为 1；A＜B 时，Z 为 1。故该电路可作为一位二进制数的数值比较器。

8.1.2　组合逻辑电路的设计

组合逻辑电路的设计目的在于根据所要求的逻辑功能，求解满足此功能的逻辑电路，一般以电路简单，所用的器件最少为目标。用代数法和卡诺图法来简化逻辑函数，就是为了获得最简的形式，以便用最少的门电路来组成逻辑电路。

工程上的组合逻辑电路的最佳设计，一般要用多个指标去衡量，例如，所用的逻辑器件数目最少，器件的种类最少，元器件之间的连线最简单，这样的电路称“最小化”电路。此外，还要求速度快，功耗小，级数少，以及工作稳定可靠。但“最小化”电路不一定是“最佳化”电路，必须从经济指标和速度、功耗等多个因素综合考虑，才能设计出最佳电路。

组合逻辑电路的设计一般分下述几个步骤。

（1）分析题意写真值表。根据设计要求，首先确定输入变量和输出变量，并对它们进行逻辑状态赋值，确定逻辑 1 和逻辑 0 所对应的状态，然后列写真值表。在列真值表时，不会出现或不允许出现的输入变量的取值组合可不列出。如果列出，就在相应的输出函数处画“×”号，化简时作约束项处理。

（2）根据真值表写出逻辑表达式。

（3）用卡诺图或公式法化简，求出最简逻辑表达式。

（4）根据简化后的逻辑表达式，画出逻辑电路图。

【例 8.1.3】交叉路口的交通信号灯有 3 个，分别是红、黄、绿三色。正常工作时，应该只有一盏灯亮，其他情况均属电路故障，试设计故障报警电路。

解：（1）分析题意写真值表

设信号灯亮时用 1 表示，灯灭用 0 表示。报警状态用 1 表示，正常工作用 0 表示。红、黄、绿三灯分别用 A，B 和 C 表示，报警电路输出用 Y 表示，列出真值表如表 8.1.3 所示。

表 8.1.3　　例 8.1.3 真值表

A	B	C	Y
0	0	0	1
0	0	1	0
0	1	0	0
0	1	1	1
1	0	0	0

续表

A	B	C	Y
1	0	1	1
1	1	0	1
1	1	1	1

（2）根据真值表写出逻辑表达式

$$Y=\overline{A}\,\overline{B}\,\overline{C}+\overline{A}BC+A\overline{B}C+AB\overline{C}+ABC$$

（3）根据真值表画出如图 8.1.3 所示的卡诺图

用卡诺图求出最简逻辑表达式为：$Y=\overline{A}\,\overline{B}\,\overline{C}+AB+AC+BC$

（4）根据简化后的逻辑表达式，画出逻辑电路图

若限定电路用与非门完成，则逻辑函数式可改写为：$Y=\overline{ABC\cdot\overline{AB}\cdot\overline{AC}\cdot\overline{BCC}}$

根据上述表达式画出逻辑电路图，如图 8.1.4 所示。

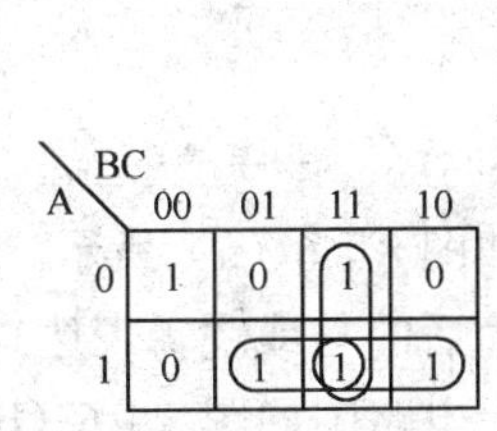

图 8.1.3　例 8.1.3 的卡诺图

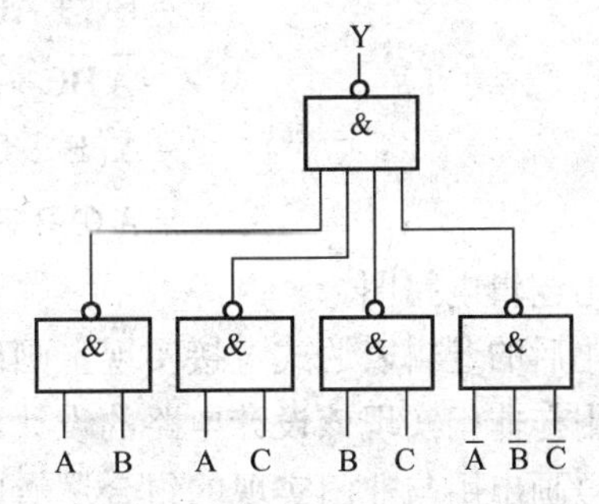

图 8.1.4　例 8.1.3 逻辑电路图

【例 8.1.4】某车间有 3 个生产小组，由一大一小 2 台发电机供电。当只有一个生产小组工作时，开启小电机既满足供电需求；当两个生产小组同时工作时，开启大电机；当三个生产小组同时工作时，2 台发电机均开启。试设计两台发电机是否开启的逻辑控制电路。

解：（1）分析题意写真值表

设输入变量 A，B 和 C 分别表示 3 个生产小组是否进行工作，1 表示工作，0 表示休息；输出变量 X 和 Y 分别表示大电机、小电机是否开启，1 表示开启，0 表示不开启。根据题意，列出真值表如表 8.1.4 所示。

表 8.1.4　　例 8.1.4 真值表

A	B	C	Y	Z
0	0	0	0	0
0	0	1	0	1
0	1	0	0	1
0	1	1	1	0
1	0	0	0	1
1	0	1	1	0
1	1	0	1	0
1	1	1	1	1

（2）根据真值表写出逻辑表达式

$$Y=\overline{A}BC+A\overline{B}C+AB\overline{C}+ABC$$

$$Z=\overline{A}\,\overline{B}C+\overline{A}B\overline{C}+A\overline{B}\,\overline{C}+ABC$$

（3）用卡诺图化简，求出最简逻辑表达式

由逻辑表达式画出 Y 和 Z 的卡诺图，如图 8.1.5 所示。

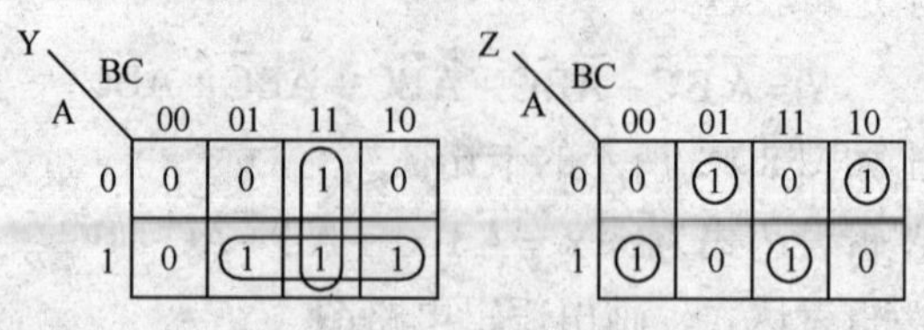

图 8.1.5　例 8.1.4 的卡诺图

根据卡诺图化简得出最简逻辑表达式如下

$$Y=BC+AC+AB$$

$$\begin{aligned}Z&=\overline{A}\,\overline{B}C+\overline{A}B\overline{C}+A\overline{B}\,\overline{C}+ABC\\&=A(B\oplus C)+A(B\odot C)\\&=A\oplus B\oplus C\end{aligned}$$

（4）画出逻辑电路图

根据简化后的逻辑表达式直接实现，画出逻辑电路图如图 8.1.6（a）所示。

若要求用与非门实现该设计电路的设计，则应先将化简后的与或逻辑表达式转换为与非形式，然后再画出用与非门实现的组合逻辑电路，画出逻辑电路图如图 8.1.6（b）所示。

$$\begin{aligned}Y&=AC+BC+AB\\&=\overline{\overline{AC}\cdot\overline{BC}\cdot\overline{AB}}\end{aligned}$$

$$\begin{aligned}Z&=\overline{A}\,\overline{B}C+\overline{A}B\overline{C}+A\overline{B}\,\overline{C}+ABC\\&=\overline{\overline{\overline{A}\,\overline{B}C}\;\overline{\overline{A}B\overline{C}}\;\overline{A\overline{B}\,\overline{C}}\;\overline{ABC}}\end{aligned}$$

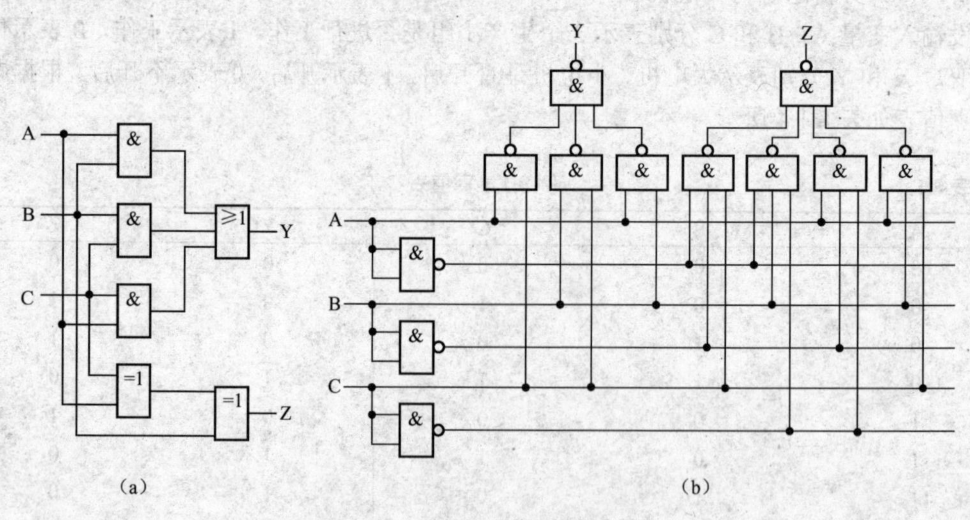

图 8.1.6　例 8.1.4 的逻辑电路图

8.2 常用的组合逻辑部件

8.2.1 加法器

加法器是计算机实现加、减、乘、除等算术运算的基本单元。当参与运算的两个二进制数相加时，如果仅考虑两个1位二进制数相加，不考虑低位进位数时，这种加法运算电路为半加器；如果在考虑两个1位二进制数相加时，还考虑来自低位进位数相加的运算电路为全加器；如果进行多位二进制数相加时，则需将多个全加器级联组成多位加法器，实现多位加法运算的电路，称为加法器。

1．半加器

进行二进制加法时，设两个加数为A和B，半加器的输出为S，向高位的进位为C，设计一个半加器的过程如下。

（1）设定输入、输出变量，并进行状态赋值。设两个1位二进制数分别为A和B，它们的"和"输出用S表示，"进位"输出用C表示。

（2）列真值表。半加器的真值表如表8.2.1所示。

表8.2.1　　半加器真值表

输入		输出	
A	B	S	C
0	0	0	0
0	1	1	0
1	0	1	0
1	1	0	1

（3）由真值表求逻辑表达式如下

$$S = \overline{A}B + A\overline{B} = A \oplus B$$
$$C = A \cdot B$$

（4）画逻辑图。半加器的逻辑图如图8.2.1（a）所示，图8.2.1（b）所示是半加器的逻辑符号。

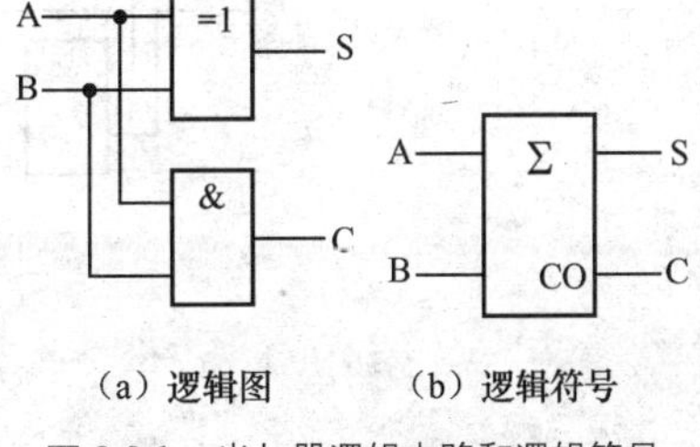

图8.2.1　半加器逻辑电路和逻辑符号

2．全加器

设两个加数为A_n、B_n，低位的进位为C_{n-1}，全加器的输出为S_n，向高位的进位为C_n，则全加器的真值表如表8.2.2所示。

表8.2.2　　全加器真值表

输入			输出	
A_n	B_n	C_{n-1}	S_n	C_n
0	0	0	0	0
0	0	1	1	0

续表

输　入			输　出	
A_n	B_n	C_{n-1}	S_n	C_n
0	1	0	1	0
0	1	1	0	1
1	0	0	1	0
1	0	1	0	1
1	1	0	0	1
1	1	1	1	1

根据真值表，可写出全加器输出 S_n 和 C_n 的表达式如下：

$$S_n = \overline{A}_n B_n \overline{C}_{n-1} + A_n \overline{B}_n \overline{C}_{n-1} + \overline{A}_n \overline{B}_n C_{n-1} + A_n B_n C_{n-1}$$

$$C_n = A_n B_n \overline{C}_{n-1} + A_n \overline{B}_n C_{n-1} + \overline{A}_n B_n C_{n-1} + A_n B_n C_{n-1}$$

对以上两式可作如下转换：

$$\begin{aligned}S_n &= \overline{A}_n B_n \overline{C}_{n-1} + A_n \overline{B}_n \overline{C}_{n-1} + \overline{A}_n \overline{B}_n C_{n-1} + A_n B_n C_{n-1}\\ &= (\overline{A}_n B_n + A_n \overline{B}_n)\overline{C}_{n-1} + (\overline{A}_n \overline{B}_n + A_n B_n)C_{n-1}\\ &= (A_n \oplus B_n)\overline{C}_{n-1} + \overline{A_n \oplus B_n}\, C_{n-1}\\ &= A_n \oplus B_n \oplus C_{n-1}\end{aligned}$$

$$\begin{aligned}C_n &= A_n B_n \overline{C}_{n-1} + A_n \overline{B}_n C_{n-1} + \overline{A}_n B_n C_{n-1} + A_n B_n C_{n-1}\\ &= A_n B_n + (A_n \overline{B}_n + \overline{A}_n B_n)C_{n-1}\\ &= A_n B_n + (A_n \oplus B_n)C_{n-1}\end{aligned}$$

用异或门等门电路组成的全加器的逻辑图如图 8.2.2（a）所示，图 8.2.2（b）所示是全加器的逻辑符号。

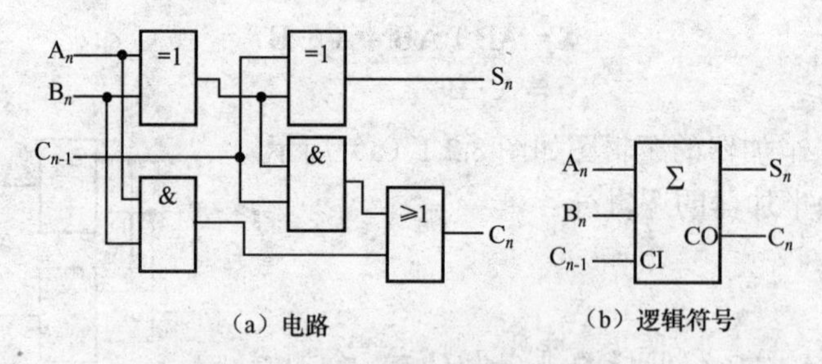

（a）电路　　（b）逻辑符号

图 8.2.2　全加器逻辑电路和逻辑符号

3. 多位加法器

用多个全加器串接可以构成多位加法器，即要实现多位二进制数的加法，可以用多个一位全加器级联而实现，将低位片的进位输出信号接到高位片的进位输入端。图 8.2.3 所示的是一个 4 位二进制数的串行进位加法器，这种电路只有在低位片完成加法运算并确定了进位信号之后，高位片才能进行加运算，因此它的速度较慢。在实际应用中，通常选用 4 位超前进位加法器组件，运算速度较快。

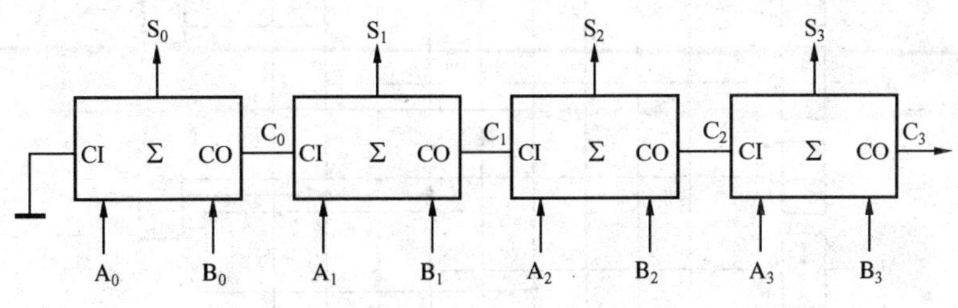

图 8.2.3 四位串行进位加法器

8.2.2 编码器

将含有特定意义的数字或符号信息，转换成相应的若干位二进制代码的过程称为编码，具有编码功能的组合逻辑电路称为编码器。在数字电路中，一般用的是二进制编码。若编码器的输出端是 n 位二进制代码，则最多可以表示 2^n 个输入信号。

下面以比较常用的 8421BCD 码编码器为例，说明一般编码器的功能。在这种编码器中有 10 个输入端，分别代表 0～9 十进制数，通过内部编码，输出 4 位 8421BCD 二进制代码，每组代码与相应的十进制数对应。设用 DCBA 表示十进制数的 4 位二进制代码，8421BCD 码的编码表如表 8.2.3 所示，这里 10 个输入信号 Y_0～Y_9 是互相排斥的，即任意时间内，只允许有一个输入端有信号输入。

表 8.2.3　　8421BCD 码编码表

编码输入	对应十进制数	编码输出			
		D	C	B	A
Y_0	0	0	0	0	0
Y_1	1	0	0	0	1
Y_2	2	0	0	1	0
Y_3	3	0	0	1	1
Y_4	4	0	1	0	0
Y_5	5	0	1	0	1
Y_6	6	0	1	1	0
Y_7	7	0	1	1	1
Y_8	8	1	0	0	0
Y_9	9	1	0	0	1

由表 8.2.3 可写出输出函数的表达式如下

$$D = Y_8 + Y_9 = \overline{\overline{Y}_8 \cdot \overline{Y}_9}$$

$$C = Y_4 + Y_5 + Y_6 + Y_7 = \overline{\overline{Y}_4 \cdot \overline{Y}_5 \cdot \overline{Y}_6 \cdot \overline{Y}_7}$$

$$B = Y_2 + Y_3 + Y_6 + Y_7 = \overline{\overline{Y}_2 \cdot \overline{Y}_3 \cdot \overline{Y}_6 \cdot \overline{Y}_7}$$

$$A = Y_1 + Y_3 + Y_5 + Y_7 + Y_9 = \overline{\overline{Y}_1 \cdot \overline{Y}_3 \cdot \overline{Y}_5 \cdot \overline{Y}_7 \cdot \overline{Y}_9}$$

由上述表达式可以画出图 8.2.4 所示的逻辑图。

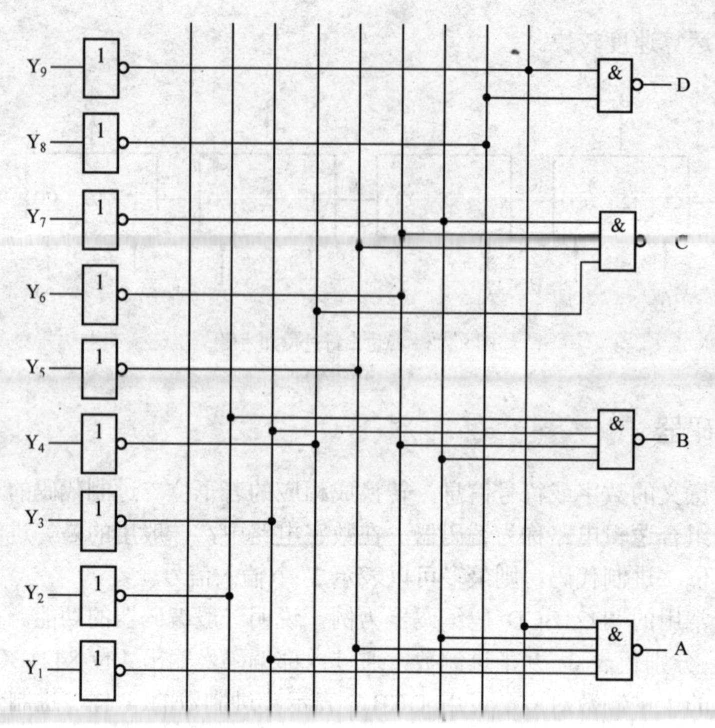

图 8.2.1 8421BCD 码编码器逻辑图

上述 8421BCD 码编码器的 10 个输入端中任何时刻只允许其中一个输入端有信号输入，若同时有两个或两个以上信号输入时，将引起编码输出混乱。在实际应用中，为了避免出现编码的混乱，可以使用优先编码器。

所谓优先编码器是对所有输入端预先设置了优先级别，当输入端同时有两个或两个以上信号输入时，编码器按优先级别高的进行编码，而对于优先级别低的输入信号不予理睬，从而保证了编码器工作的可靠性。74LS147 是一个典型的 8421BCD 码优先编码器，表 8.2.4 所示给出了 74LS147 优先编码器的功能表。从表中可以看出，74LS147 的输入信号 $\bar{I}_1 \sim \bar{I}_9$ 和输出信号 $\overline{A} \sim \overline{D}$ 均用反码表示，并且 $\bar{I}_0$ 是隐含的。

表 8.2.4 **74LS147 优先编码器功能表**

输入									输出			
$\bar{I}_9$	$\bar{I}_8$	$\bar{I}_7$	$\bar{I}_6$	$\bar{I}_5$	$\bar{I}_4$	$\bar{I}_3$	$\bar{I}_2$	$\bar{I}_1$	$\overline{D}$	$\overline{C}$	$\overline{B}$	$\overline{A}$
0	×	×	×	×	×	×	×	×	0	1	1	0
1	0	×	×	×	×	×	×	×	0	1	1	1
1	1	0	×	×	×	×	×	×	1	0	0	0
1	1	1	0	×	×	×	×	×	1	0	0	1
1	1	1	1	0	×	×	×	×	1	0	1	0
1	1	1	1	1	0	×	×	×	1	0	1	1
1	1	1	1	1	1	0	×	×	1	1	0	0
1	1	1	1	1	1	1	0	×	1	1	0	1
1	1	1	1	1	1	1	1	0	1	1	1	0
1	1	1	1	1	1	1	1	1	1	1	1	1

8.2.3 译码器

译码是编码的逆过程，就是将输入的二进制代码转换成与代码对应的信号。能实现译码功能的组合逻辑电路称为译码器。若译码器输入的是 n 位二进制代码，则其输出的端子数 $N \leqslant 2^n$。若 $N=2^n$ 称为完全译码，$N<2^n$ 称为部分译码。按照功能的不同，通常可以把译码器分为二进制译码器、二—十进制译码器和显示译码器 3 种。

1. 二进制译码器

二进制译码器是将输入的二进制代码的各种状态按特定含义翻译成对应输出信号的电路，也称为变量译码器。若输入端有 n 位，则代码组合就有 2^n 个，能译出 2^n 个输出信号。常用的二进制译码器有 2 线—4 线译码器、3 线—8 线译码器、4 线—16 线译码器等。例如，计算机存储器中的地址译码器就是一种二进制译码器，所以译码器的输入端也叫地址输入端。

下面以 3 线—8 线集成译码器 74LS138 为例介绍二进制译码器的工作原理，它有 3 个输入端 A_2，A_1 和 A_0，8 个输出端 Y_0～Y_7，S_A 为使能端，高电平有效，即 $S_A=1$ 时可以译码，$S_A=0$ 时禁止译码，输出也全为 1。$\overline{S}_B$ 和 $\overline{S}_C$ 为控制端，低电平有效，若均为低电平可以译码，若其中有 1 或全为 1，则禁止译码，输出也全为 1。Y_0～Y_7 的有效状态由输入变量 A_2，A_1 和 A_0 决定。74LS138 的功能表如表 8.2.5 所示，逻辑图如图 8.2.5 所示，符号图和管脚图如图 8.2.6 所示。

表 8.2.5　　74LS138 译码器功能表

使能	控	制	译码输入			译码输出							
S_A	$\overline{S}_B$	$\overline{S}_C$	A_2	A_1	A_0	$\overline{Y}_0$	$\overline{Y}_1$	$\overline{Y}_2$	$\overline{Y}_3$	$\overline{Y}_4$	$\overline{Y}_5$	$\overline{Y}_6$	$\overline{Y}_7$
0	×	×	×	×	×	1	1	1	1	1	1	1	1
×	1	×	×	×	×	1	1	1	1	1	1	1	1
×	×	1	×	×	×	1	1	1	1	1	1	1	1
1	0	0	0	0	0	0	1	1	1	1	1	1	1
1	0	0	0	0	1	1	0	1	1	1	1	1	1
1	0	0	0	1	0	1	1	0	1	1	1	1	1
1	0	0	0	1	1	1	1	1	0	1	1	1	1
1	0	0	1	0	0	1	1	1	1	0	1	1	1
1	0	0	1	0	1	1	1	1	1	1	0	1	1
1	0	0	1	1	0	1	1	1	1	1	1	0	1
1	0	0	1	1	1	1	1	1	1	1	1	1	0

由逻辑图和功能表可以写出 74LS138 译码输出的逻辑表达式为

$$\overline{Y}_0 = \overline{S_A \overline{\overline{S}}_B \overline{\overline{S}}_C \cdot \overline{A}_2 \overline{A}_1 \overline{A}_0}$$

$$\overline{Y}_1 = \overline{S_A \overline{\overline{S}}_B \overline{\overline{S}}_C \cdot \overline{A}_2 \overline{A}_1 A_0}$$

$$\vdots$$

$$\overline{Y}_7 = \overline{S_A \overline{\overline{S}}_B \overline{\overline{S}}_C \cdot A_2 A_1 A_0}$$

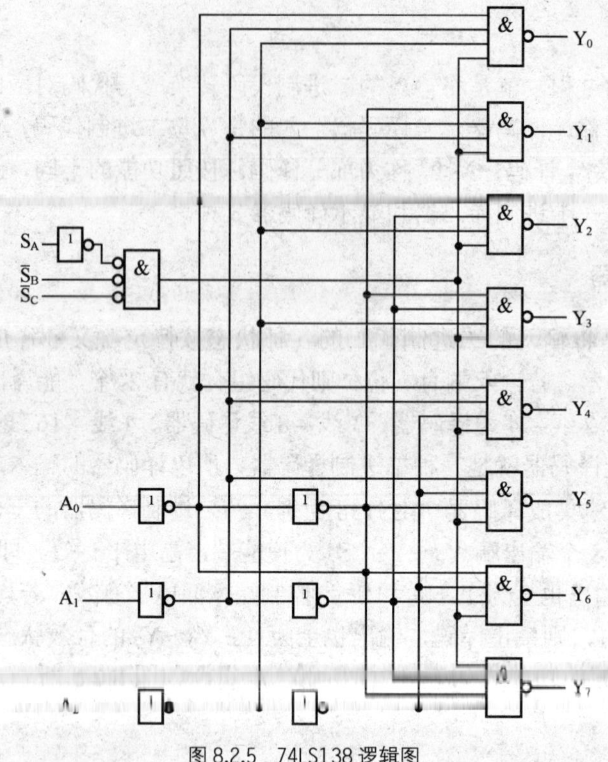

图 8.2.5 74LS138 逻辑图

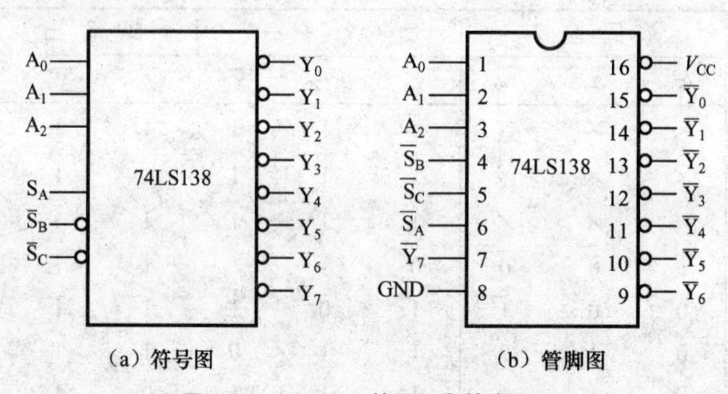

图 8.2.6 74LS138 符号图和管脚图

例如，当 $S_A=1$、$\overline{S}_B=\overline{S}_C=0$ 时，$A_2A_1A_0=101$ 时，仅有输出端 Y_5 有效，输出为“0”，其余输出端均为“1”。所以 74LS138 的输出逻辑表达式的通式可用 $Y_i=m_i$（$0\leqslant i\leqslant 7$）表示，其中 i 表示由 A_2, A_1 和 A_0 组成的第 i 个最小项。可见，74LS138 的输出端包含有全部最小项，若将译码器的输入端看作是变量输入端，再配合适当的门电路，就可以方便地实现三变量组合逻辑函数。

【例 8.2.1】 用一个 3 线—8 线译码器 74LS138 实现函数 $Y=\overline{A}\,\overline{B}\,\overline{C}+A\overline{B}\,\overline{C}+\overline{A}B\overline{C}$。

解：由表 8.2.4 所示的 74LS138 功能表可知，当 $S_A=1$（接+5V 电源），$\overline{S}_B=\overline{S}_C=0$（接地）时，可得到对应输入端的输出 Y。若将输入变量 A，B 和 C 分别代替 A_2，A_1 和 A_0，则得到函数

$$Y=\bar{A}\bar{B}\bar{C}+A\overline{B\,C}+\bar{A}B\bar{C}$$

$$=\overline{\overline{\bar{A}\bar{B}\bar{C}}\cdot\overline{A\bar{B}\bar{C}}\cdot\overline{\bar{A}B\bar{C}}}$$

$$=\overline{\bar{Y}_0\cdot\bar{Y}_4\cdot\bar{Y}_2}$$

由此可见，用一个 3 线—8 线译码器再加上一个与非门就可实现函数 Y，其逻辑图如图 8.2.7 所示。

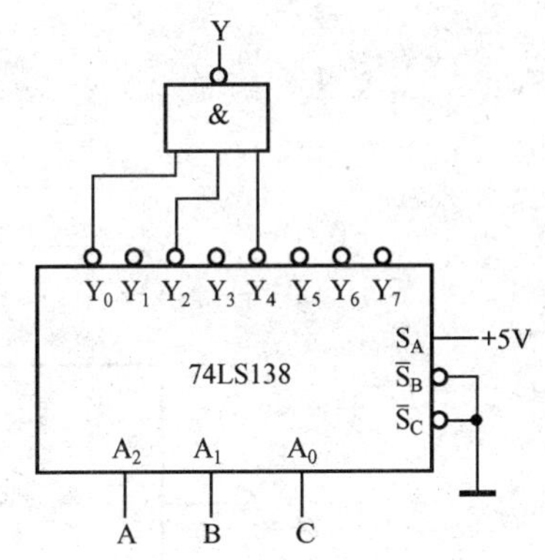

图 8.2.7　例 8.2.1 的逻辑图

2．二—十进制译码器（4 线—10 线译码器）

二—十进制译码器（4 线—10 线译码器）是完成同一数据的不同代码之间的相互交换的电路，所以也称为码制变换译码器。用于将 BCD 码转换为十进制码，例如，8421BCD 码—十进制码译码器、余 3 码—十进制码译码器等。

这种译码器的功能是可以进行二—十进制代码的转换，例如把 8421BCD 码转换成对应十进制代码的 10 个输出信号，它有 4 个地址输入端，10 个译码输出端，所以又称 4 线—10 线译码器。若 4 个地址输入对应有 16 个译码输出，称为“全译码”。而在 4 线—10 线译码器中，4 个地址输入的状态组合中，有 6 个译码器无对应输出的代码，被称为伪码。输出能拒绝伪码或输入伪码对输出不起作用的译码器也称“全译码器”。

4 线—10 线全译码器 74LS42 输出 Y_0～Y_9 的有效状态由输入变量 A_3，A_2，A_1 和 A_0 决定。表 8.2.6 所示是它的功能表，图 8.2.8 所示是它的代表符号和逻辑图。

表 8.2.6　　74LS42 译码器功能表

十进制数		译码输入				译码输出									
		A_3	A_2	A_1	A_0	$\bar{Y}_0$	$\bar{Y}_1$	$\bar{Y}_2$	$\bar{Y}_3$	$\bar{Y}_4$	$\bar{Y}_5$	$\bar{Y}_6$	$\bar{Y}_7$	$\bar{Y}_8$	$\bar{Y}_9$
0		0	0	0	0	0	1	1	1	1	1	1	1	1	1
1		0	0	0	1	1	0	1	1	1	1	1	1	1	1
2		0	0	1	0	1	1	0	1	1	1	1	1	1	1
3		0	0	1	1	1	1	1	0	1	1	1	1	1	1
4		0	1	0	0	1	1	1	1	0	1	1	1	1	1
5		0	1	0	1	1	1	1	1	1	0	1	1	1	1
6		0	1	1	0	1	1	1	1	1	1	0	1	1	1
7		0	1	1	1	1	1	1	1	1	1	1	0	1	1
8		1	0	0	0	1	1	1	1	1	1	1	1	0	1
9		1	0	0	1	1	1	1	1	1	1	1	1	1	0
伪码	10	1	0	1	0	1	1	1	1	1	1	1	1	1	1
	⋮		⋮							⋮					
	15	1	1	1	1	1	1	1	1	1	1	1	1	1	1

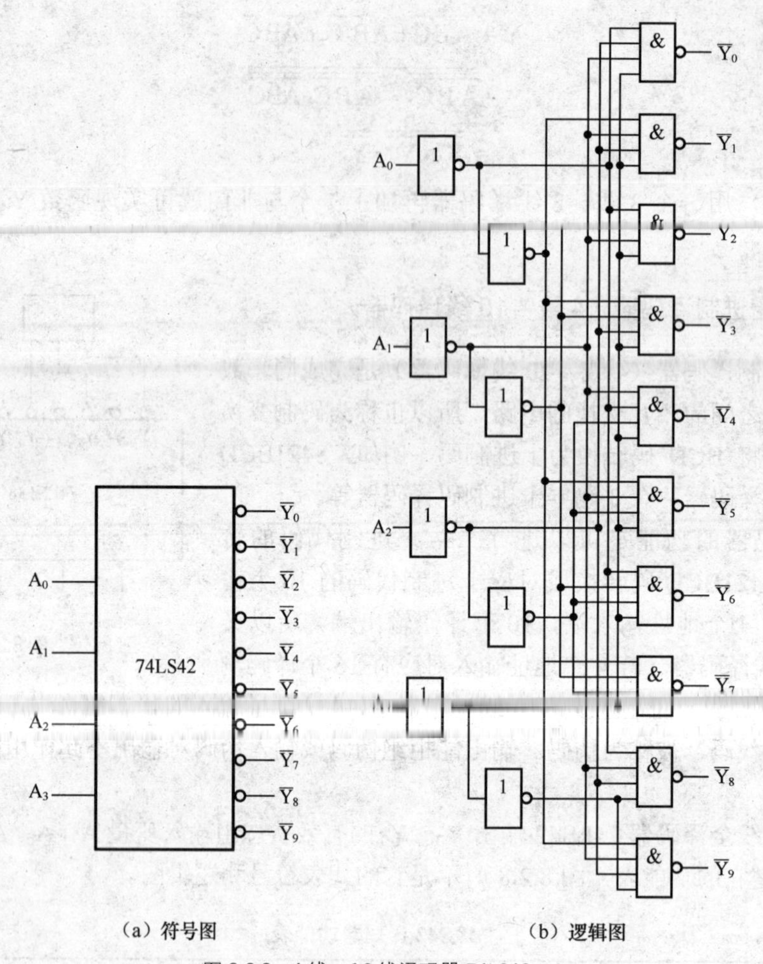

（a）符号图　　（b）逻辑图

图 8.2.8　4 线—10 线译码器 74LS42

根据逻辑图和功能表，可知其输出函数表达式为：

$$Y_0 = \overline{\overline{A}_3\overline{A}_2\overline{A}_1\overline{A}_0}$$

$$Y_1 = \overline{\overline{A}_3\overline{A}_2\overline{A}_1 A_0}$$

$$\vdots$$

$$Y_9 = \overline{A_3\overline{A}_2\overline{A}_1 A_0}$$

3．显示译码器

显示译码器是将数字、文字或符号的代码译成可以驱动显示器件显示数字、文字或符号的输出信号的电路，它一般由译码器和驱动电路组成。显示译码器要和显示器配合使用，常见的七段显示译码器的功能是将输入的 8421BCD 码译成对应于 7 个笔段 a～g 的代码，用于驱动能够显示 0～9 十个数字的数字显示器。数字显示器种类很多，按发光材料不同可分为荧光数码管、半导体发光二极管数码管（LED）和液晶数码管（LCD）等；按显示方式不同，有分段式、点阵式等。下面以目前常用的半导体数码管及其分段式译码驱动电路为例介绍显示译码器。

（1）半导体数码管（LED）

发光二极管是由特殊的半导体材料制作而成的，例如由砷化镓构成 PN 结，当 PN 结正向导通时，可将电能转换成光能，从而辐射发光。辐射波长决定了发光颜色，如红、绿、黄等。发光二极管既可以封装成单个发光二极管，也可以封装成分段式显示器件（LED 数码管）。图 8.2.9 所示是七段 LED 数码管的符号及其显示 0～9 十个数码的示意图。

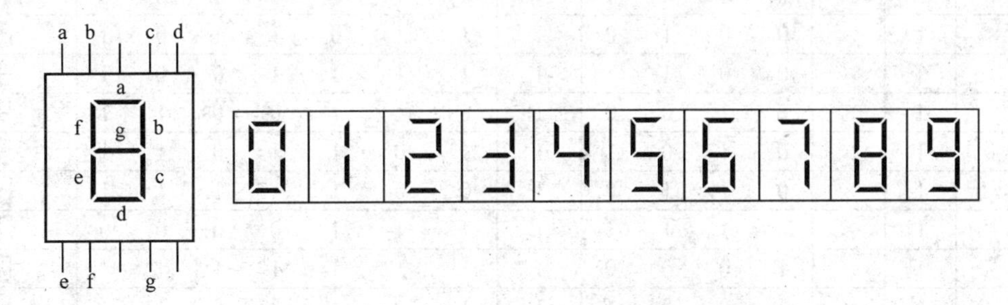

图 8.2.9　LED 数码管引线图和显示数字情况

LED 数码管的内部结构原理有两种，分别称为共阳数码管和共阴数码管。图 8.2.10（a）所示为共阳极接法，即 LED 显示段 a～g 接低电平时发光；图 8.2.10（b）所示为共阴极接法，即 a～g 接高电平，使显示段发光。74LS47 译码驱动器输出是低电平有效，所以配接的数码管须采用共阳极接法。74LS48 译码驱动器输出是高电平有效，配接的数码管须采用共阴极接法，数码管常用型号有 BS201，BS202 等。

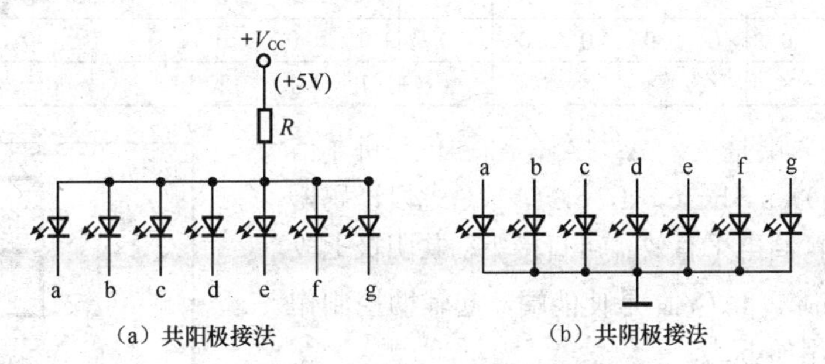

图 8.2.10　LED 数码管内部电路原理

（2）显示译码器

半导体数码管是利用不同发光段的组合来显示不同数码的，而这些不同发光段的驱动就靠显示译码器来完成。例如，将 8421BCD 码 0100 输入显示译码器，显示译码器应输出 LED 数码管的驱动信号，亦应使 b，c，f 和 g 的 4 段发光。

半导体发光二极管的常用驱动电路如图 8.2.11 所示，图 8.2.11（a）所示是由三极管驱动，图 8.2.11（b）是由 TTL 与非门直接驱动的。

下面以 8421BCD 码七段显示译码器 74LS48 与半导体数码管 BS201A 组成的译码驱动显示电路为例，说明半导体数码管显示译码驱动电路的工作原理。74LS48 的真值表如表 8.2.7 所示，驱动 BS201A 的电路示意图如图 8.2.12 所示。

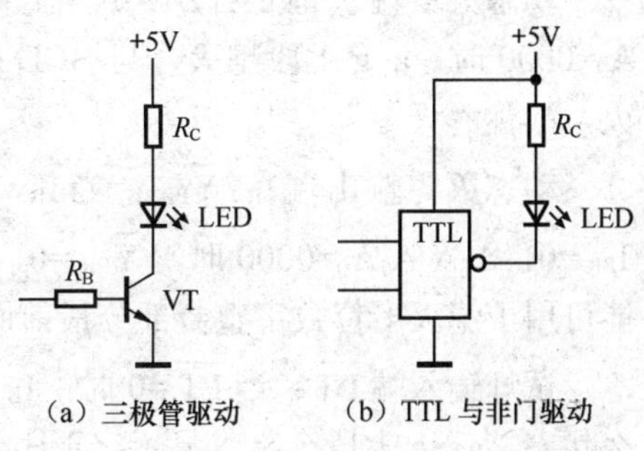

图 8.2.11　发光二极管驱动电路

表 8.2.7　　74LS48 七段显示译码器真值表

十进制数或功能	输入						$\bar{I}_B/\overline{Y}_{BR}$	输出							显示字型
	$\overline{LT}$	$\bar{I}_{BR}$	A_3	A_2	A_1	A_0		a	b	c	d	e	f	g	
0	1	1	0	0	0	0	1	1	1	1	1	1	1	0	0
1	1	×	0	0	0	1	1	0	1	1	0	0	0	0	1
2	1	×	0	0	1	0	1	1	1	0	1	1	0	1	2
3	1	×	0	0	1	1	1	1	1	1	1	0	0	1	3
4	1	×	0	1	0	0	1	0	1	1	0	0	1	1	4
5	1	×	0	1	0	1	1	1	0	1	1	0	1	1	5
6	1	×	0	1	1	0	1	0	0	1	1	1	1	1	6
7	1	×	0	1	1	1	1	1	1	1	0	0	0	0	7
8	1	×	1	0	0	0	1	1	1	1	1	1	1	1	8
9	1	×	1	0	0	1	1	1	1	1	0	0	1	1	9
10	1	×	1	0	1	0	1	0	0	0	1	1	0	1	
11	1	×	1	0	1	1	1	0	0	1	1	0	0	1	
12	1	×	1	1	0	0	1	0	1	0	0	0	1	1	
13	1	×	1	1	0	1	1	1	0	0	1	0	1	1	
14	1	×	1	1	1	0	1	0	0	0	1	1	1	1	
15	1	×	1	1	1	1	1	0	0	0	0	0	0	0	
灭灯	×	×	×	×	×	×	0	0	0	0	0	0	0	0	
灭零	1	0	0	0	0	0	0	0	0	0	0	0	0	0	
试灯	0	×	×	×	×	×	1	1	1	1	1	1	1	1	8

74LS48 的输入端是 A_3，A_2，A_1，A_0 四位二进制信号（8421BCD 码），a，b，c，d，e，f，g 是七段译码器的输出驱动信号，高电平有效。可直接驱动共阴极七段数码管，$\overline{LT}$，$\bar{I}_{BR}$，$\bar{I}_B/\overline{Y}_{BR}$ 是使能端，起辅助控制作用。使能端的作用如下：

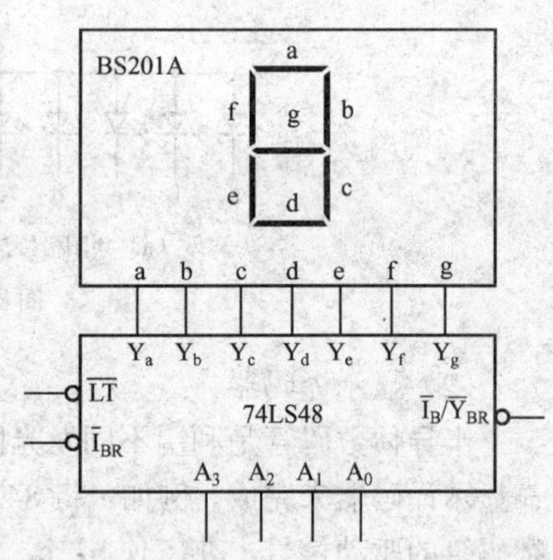

图 8.2.12　用 74LS48 驱动 BS201A 的电路图

灭灯输入端 $\bar{I}_B/\overline{Y}_{BR}$：$\bar{I}_B/\overline{Y}_{BR}$ 是特殊的控制端，有时作为输入端，有时也可作为输出端使用。当 $\bar{I}_B/\overline{Y}_{BR}$ 作为输入端使用且 $\bar{I}_B$=0 时，无论其他输入端是什么电平，所有各段输出 a~g 均为 0，数码管熄灭。

动态灭零输入 $\bar{I}_{BR}$：当 $\overline{LT}$=1，$\bar{I}_{BR}$=0 时，如果 $A_3A_2A_1A_0$=0000 时，a~g 七段熄灭，与 BCD 码相应的字形□熄灭，故称“灭零”。

动态灭零输出端 $\bar{I}_B/\overline{Y}_{BR}$：当 $\bar{I}_B/\overline{Y}_{BR}$ 作为输出使用时，受控于 $\overline{LT}$ 和 $\bar{I}_{BR}$：当 $\overline{LT}$=1 且 $\bar{I}_{BR}$=0，$A_3A_2A_1A_0$=0000 时，$\overline{Y}_{BR}$=0，a～g 七段全为 0，与 BCD 码相应的字形□熄灭。该功能可用于熄灭多位数字整数部分最前面的零或小数部分最后的零。

试灯输入端 $\overline{LT}$：当 $\overline{LT}$=0 时，$\bar{I}_B/\overline{Y}_{BR}$ 是输出端，且 $\bar{I}_B/\overline{Y}_{BR}$=1，此时无论其他输入是什么状态，a～g 七段全亮，显示字形8；该输入端常用于检查 74LS48 本身及显示器的好坏。

在为半导体数码管选择译码驱动器时，一定要注意半导体数码管是共阴还是共阳，或译码驱动器是输出高电平有效还是低电平有效。例如，4 线—7 线译码/驱动器 74LS47 即为输出低电平有效，驱动共阳半导体数码管。此外，还需满足半导体数码管的工作电流要求。

8.2.4 数据选择器

数据选择器又称多路选择器或多路开关，它的逻辑功能是根据地址码的要求，从多路输入信号中选择其中一路输出的逻辑电路。按照输入端数据的不同有四选一、八选一、十六选一等形式。

74LS151 是八选一数据选择器，它的真值表如表 8.2.8 所示，功能简图如图 8.2.13 所示（图中未画电源端和接地端）。图中 D_0～D_1 是数据输入端；A_0～A_2 是地址控制端；$\overline{S}$ 为使能端（低电平有效），Y 与 $\overline{Y}$ 是互补输出端。

表 8.2.8　　74LS151 真值表

$\overline{S}$	A_2	A_1	A_0	Y
1	×	×	×	0
0	0	0	0	D_0
0	0	0	1	D_1
0	0	1	0	D_2
0	0	1	1	D_3
0	1	0	0	D_4
0	1	0	1	D_5
0	1	1	0	D_6
0	1	1	1	D_7

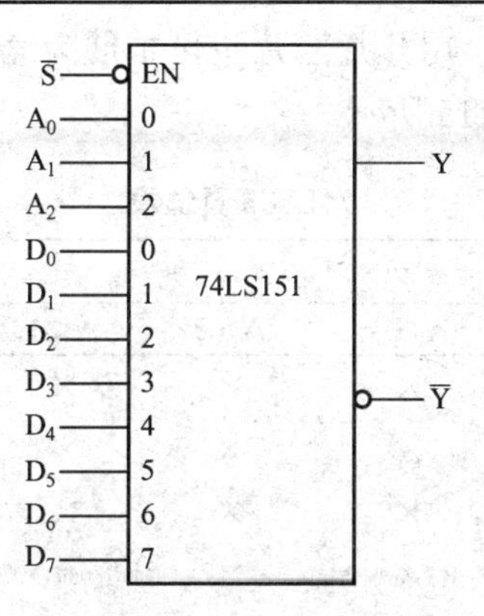

图 8.2.13　74LS151 功能简图

观察真值表，当 A_2～A_0 为 000 时，$Y=D_0$；当 A_2～A_0=101 时，$Y=D_5$，以此类推。可以写出选择器输出端 Y 的逻辑表达式为：

$$Y=(\overline{A}_2\overline{A}_1\overline{A}_0D_0+\overline{A}_2\overline{A}_1A_0D_1+\ldots+A_2A_1\overline{A}_0D_6+A_2A_1A_0D_7)\overline{(\overline{S})}$$

$$Y=(m_0D_0+m_1D_1+\ldots+m_6D_6+m_7D_7)\overline{(\overline{S})}=\sum_{i=0}^{2^n-1}(m_i\cdot D_i)\overline{(\overline{S})}$$

可见，数据选择器输出信号逻辑表达式具有如下特点：

（1）具有标准与或表达式的形式；

（2）提供了地址变量的全部最小项；

（3）输出 Y 受选通信号 $\bar{S}$ 控制，当 $\bar{S}=0$ 时有效，当 $\bar{S}=1$ 时，Y=0。

根据数据选择器的上述特点，可以用它来实现组合逻辑函数的设计。

【例 8.2.2】 用 74LS151 实现逻辑函数 $F=A\bar{C}+\bar{A}B$ 。

解　74LS151 是 8 选 1 数据选择器，其输出逻辑表达式为

$$Y=\bar{S}(\bar{A}_2\bar{A}_1\bar{A}_0D_0+\bar{A}_2\bar{A}_1A_0D_1+\bar{A}_2A_1A_0D_2+A_2\bar{A}_1A_0D_5+A_2A_1\bar{A}_0D_6+A_2A_1A_0D_7)$$

而要求它实现的函数为

$$\begin{aligned}F&=A\bar{C}+\bar{A}B\\&=\bar{A}\bar{B}\bar{C}\cdot 0+\bar{A}\bar{B}C\cdot 0+\bar{A}B\bar{C}\cdot 1\\&\quad+\bar{A}BC\cdot 1+A\bar{B}\bar{C}\cdot 1+A\bar{B}C\cdot 0\\&\quad+AB\bar{C}\cdot 1+ABC\cdot 0\end{aligned}$$

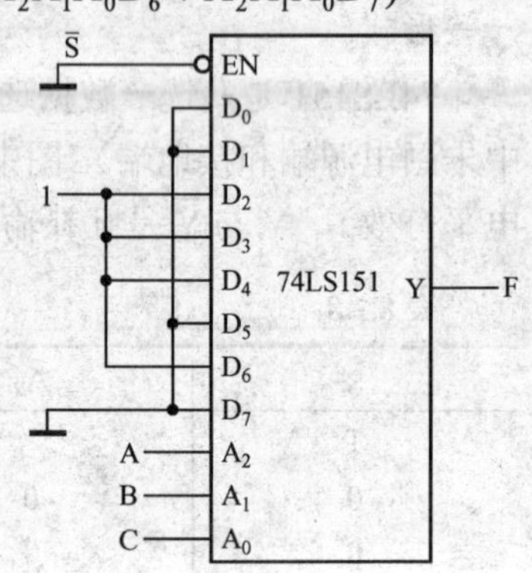

图 8.2.14　例 8.2.2 逻辑图

比较上面两式可知，将函数 F 的自变量 A，B 和 C 接入 74LS151 的选择输入端 A_2，A_1 和 A_0，令使能端 $\bar{S}$ 接 0，数据输入端 D_2，D_3，D_4 和 D_6 接 1，D_0，D_1，D_5 和 D_7 接 0，即实现了逻辑函数 F，如图 8.2.14 所示。

8.2.5　数值比较器

用来比较两个 n 位二进制数大小或是否相等的逻辑电路，称为数值比较器。两个 n 位二进制数比较时，应从高位到低位逐位进行比较，高位数相等时，才能进行低位数比较。当比较到某一位数值不等时，其结果就是两个 n 位二进制数的比较结果。

74LS85 是四位数值比较器，用几片芯片也可扩展为 $4n$ 位数值比较器，它的真值表如表 8.2.9 所示，功能简图如图 8.2.15 所示。

表 8.2.9　　74LS85 真值表

输　入							输　出		
$A_3\ B_3$	$A_2\ B_2$	$A_1\ B_1$	$A_0\ B_0$	$A>B$	$A<B$	$A=B$	$F_{A>B}$	$F_{A<B}$	$F_{A=B}$
$A_3>B_3$	×	×	×	×	×	×	1	0	0
$A_3<B_3$	×	×	×	×	×	×	0	1	0
$A_3=B_3$	$A_2>B_2$	×	×	×	×	×	1	0	0
$A_3=B_3$	$A_2<B_2$	×	×	×	×	×	0	1	0
$A_3=B_3$	$A_2=B_2$	$A_1>B_1$	×	×	×	×	1	0	0
$A_3=B_3$	$A_2=B_2$	$A_1<B_1$	×	×	×	×	0	1	0
$A_3=B_3$	$A_2=B_2$	$A_1=B_1$	$A_0>B_0$	×	×	×	1	0	0
$A_3=B_3$	$A_2=B_2$	$A_1=B_1$	$A_0<B_0$	×	×	×	0	1	0
$A_3=B_3$	$A_2=B_2$	$A_1=B_1$	$A_0=B_0$	1	0	0	1	0	0
$A_3=B_3$	$A_2=B_2$	$A_1=B_1$	$A_0=B_0$	0	1	0	0	1	0
$A_3=B_3$	$A_2=B_2$	$A_1=B_1$	$A_0=B_0$	0	0	1	0	0	1

由真值表和功能简图可知，该比较器有 11 个输入端，3 个输出端，其中输入端 A_3～A_0、

B_3～B_0 接两个待比较的 4 位二进制数；输出端 $F_{A>B}$，$F_{A=B}$ 和 $F_{A<B}$ 是 3 个比较结果；$I_{A>B}$，$I_{A=B}$ 和 $I_{A<B}$ 是 3 个级联输入端。当两个被比较的 4 位二进制数 A（$A_3A_2A_1A_0$）和 B（$B_3B_2B_1B_0$）分别从数据的输入端 A_3，A_2，A_1，A_0 和 B_3，B_2，B_1，B_0 输入时，比较的结果从 $F_{A>B}$，$F_{A=B}$ 和 $F_{A<B}$ 三端输出。比较方法是从最高位向最低位逐位进行比较。若 $A_3>B_3$，则必定有 $A>B$，即 $F_{A>B}=1$，$F_{A=B}=0$，$F_{A<B}=0$；反之，若 $A_3<B_3$，必定有 $A<B$，即 $F_{A>B}=0$，$F_{A=B}=0$，$F_{A<B}=1$；若 $A_3=B_3$，则比较两数的次高位 A_2，B_2，依此类推；当 A（$A_3A_2A_1A_0$）＝B（$B_3B_2B_1B_0$）时，还必须在 $I_{A=B}=1$，$I_{A>B}=0$，$I_{A<B}=0$ 的情况下，得到 $F_{A=B}=1$，$F_{A>B}=0$，$F_{A<B}=0$ 的结果。

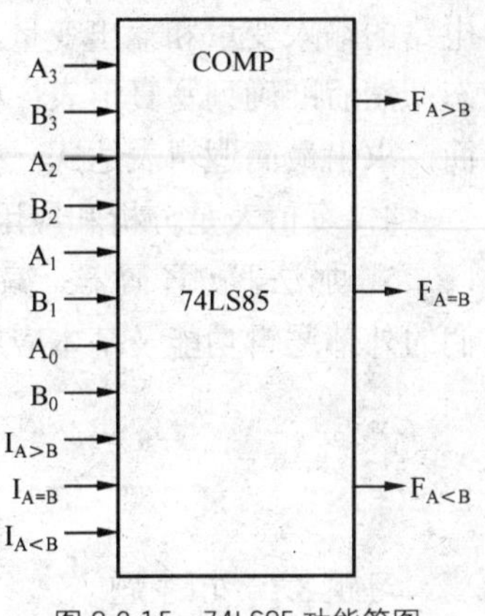

图 8.2.15　74LS85 功能简图

3 个级联输入端 $I_{A>B}$，$I_{A=B}$ 和 $I_{A<B}$ 是供扩展比较位数时级联使用的。将低位比较器芯片的输出端 $F_{A>B}=1$，$F_{A=B}=0$ 和 $F_{A<B}$ 分别接到高位比较器芯片的扩展输入端 $I_{A>B}$，$I_{A=B}$ 和 $I_{A<B}$，可以扩大数据比较位数。

【例 8.2.3】试设计一个比较 7 位二进制整数大小的比较器。

解：采用两块 4 位比较器 74LS85 芯片，用分段比较的方法，可以实现对 7 位二进制数的比较，其逻辑图如图 8.2.16 所示。

应注意低位模块的级联输入接 010，比较器高位多余输入端只要连接相同即可。

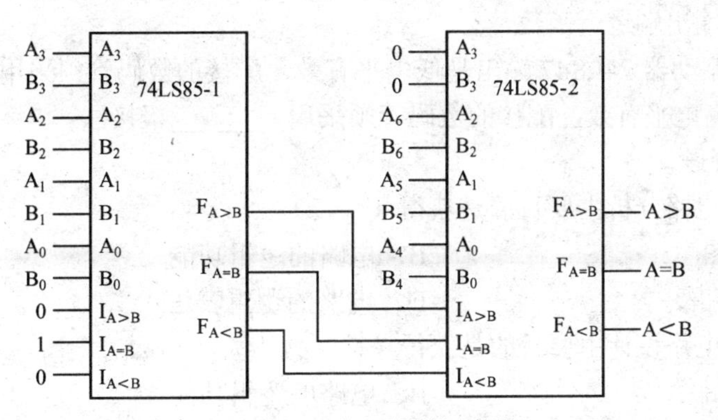

图 8.2.16　7 位二进制数比较器

小　　结

本章讲述了组合逻辑电路的特点，介绍了门级组合逻辑电路的分析设计和加法器、译码器、数据选择器、数值比较器等功能电路，要熟悉这些电路的逻辑功能，才能灵活应用。

1. 组合逻辑电路是指在任一时刻，如果逻辑电路的输出状态只取决于输入各状态的组合，而与电路原来的状态无关。其输入、输出逻辑关系按照逻辑函数的运算法则。

2. 组合逻辑电路的基本分析方法是由给定的逻辑图写出逻辑表达式；用逻辑代数法或卡诺图法化简，求出最简函数式；列出真值表；最后写出输出与输入的逻辑功能说明。

3. 组合逻辑电路的基本设计方法是根据实际问题所要求的逻辑功能，首先确定组合逻辑电路的输入变量和输出变量，并对它们进行逻辑状态赋值，确定逻辑 1 和逻辑 0 所对应的状态；然后准确列写真值表；根据真值表写出逻辑表达式，并用卡诺图法或逻辑代数法进行化简，求出最简逻辑表达式；按照最简逻辑表达式，画出相应的逻辑图。

4．真值表是分析和应用各种逻辑电路的依据。

5．加法器、译码器、编码器、数据选择器等是常用的典型组合逻辑电路，应重点掌握它们的外部逻辑功能及基本应用。

习　题

习题 **8.1**　填空题

（1）如果逻辑电路的输出只取决于电路当前输入，而与电路________无关，这种电路为________；如果电路的输出状态不仅与当前的输入状态有关，还与前一时刻的输出有关，这种电路为________。

（2）组合逻辑电路通常由________组成。

（3）在分析组合逻辑电路时，一般要先从________入手。

（4）在设计组合电路时，一般要根据设计要求，先列出________。

（5）常用的组合逻辑部件有________、________、________、________等。

（6）用多路选择器可以较方便地实现________输出端逻辑函数，而用译码器则可以较方便地实现________输出端逻辑函数。

（7）7 段译码驱动器 74LS47 输出是低电平有效，配接的数码管须采用________极接法，而 74LS48 输出是高电平有效，配接的数码管须采用________极接法。

习题 **8.2**　选择题

（1）进行组合电路分析主要目的是获得（　　）。

A．逻辑电路图　　B．电路的逻辑功能

C．电路的真值表　　D．电路的逻辑表达式

（2）进行组合电路设计主要目的是获得（　　）。

A．逻辑电路图　　B．电路的逻辑功能

C．电路的真值表　　D．电路的逻辑表达式

（3）题图 8.1 所示的是某组合逻辑电路的输入、输出波形，该组合逻辑电路的逻辑表达式为（　　）。

A．$F=A+B$　　B．$F=\overline{A}+\overline{B}$

C．$F=\overline{A}B+A\overline{B}$　　D．$F=\overline{A}\,\overline{B}+AB$

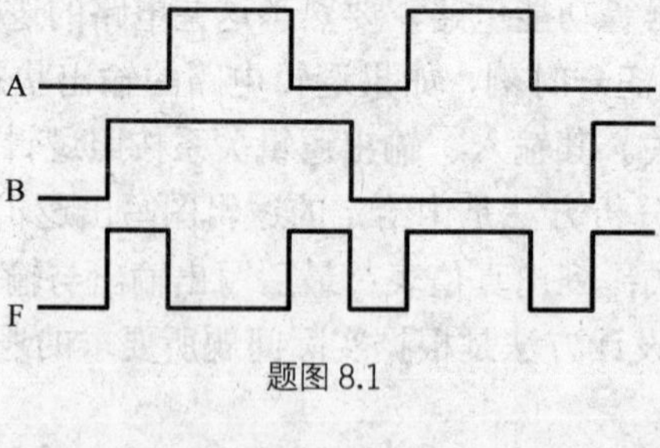

A

B

F

题图 8.1

习题 8.3 组合逻辑电路具有哪些主要特点？

习题 8.4 利用逻辑代数的基本定律对函数 $Y=\overline{A\cdot\overline{AB}+B\cdot\overline{AB}}$ 进行变换化简，分析其逻辑功能，并画出对应的逻辑电路图。

习题 8.5 一个三输入端的逻辑电路如题图 8.2 所示，试分析该电路的功能。

习题 8.6 一个有双输入端 A 和 B，双输出端 Y 和 Z 的逻辑电路如题图 8.3 所示，试分析该电路的功能。

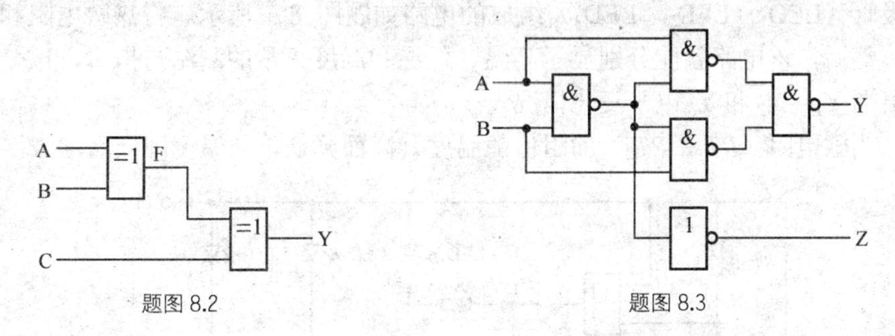

题图 8.2　　题图 8.3

习题 8.7 一个三输入端的逻辑电路如题图 8.4 所示，写出其逻辑表达式，列出真值表，分析电路的功能。

习题 8.8 利用一个 74LS00 芯片，如题图 8.5 所示，设计一个多数表决电路。要求 A，B 和 C 三人中只有要半数以上同意，则决议就能通过，但 A 具有否决权，即只要 A 不同意，B，C 都同意也不能通过决议。列出真值表，写出逻辑表达式，并利用题图 8.5 所给出的芯片画出电路接线图。

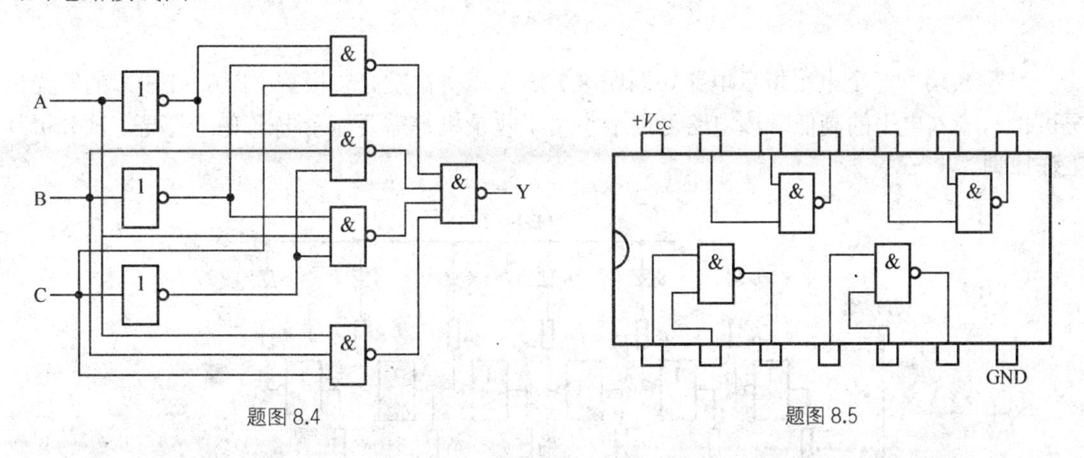

题图 8.4　　题图 8.5

习题 8.9 试用 2 输入与非门和非门设计一个 3 输入（A，B，C）、3 输出（X，Y，Z）的信号排队电路。它的逻辑功能为：当输入 A 为 1 时，无论 B 和 C 为 1 还是 0，输出 X 为 1，Y 和 Z 为 0；当 A 为 0，且 B 为 1，无论 C 为 1 还是 0，输出 Y 为 1，其余两个输出为 0；当 C 为 1，且 A 和 B 均为 0 时，输出 Z 为 1，其余两个输出为 0。如 A，B，C 均为 0，则 X，Y，Z 也均为 0。

习题 8.10 设输入逻辑变量 A_i 为被减数，B_i 为减数，C_{i-1} 为低位的借位；输出逻辑变量 Y_i 为差，C_i 为本级借位输出变量。试用译码器设计 1 位二进制数全减运算逻辑电路。

习题 8.11 用数值比较器设计如下功能的逻辑电路，当输入 4 位二进制数 N 大于或等于

1010时，输出 Y=1，其他情况 Y=0。

习题 **8.12** 某单位有 5 部电梯，其中 3 个为主电梯，2 个为备用电梯，当主电梯全部使用时，才允许使用备用电梯。试设计一个监控主电梯的逻辑电路，当任何 2 个主电梯同时运行时，产生一个控制信号 Y_1 让备用电梯准备运行；当 3 个主电梯都在运行时，则产生另一个控制信号 Y_2，可启动备用电梯运行。

习题 **8.13** 由热敏电阻（RT_1，RT_2）、可调电阻（RP_1，RP_2）、异或门（IC_{1a}，IC_{1b}，IC_{1c}）和发光二极管（LED_1，LED_2，LED_3）组成的电路如题图 8.6 所示。将热敏电阻和可调电阻进行适当调整后，该电路就能分别显示高温、低温和温度正常的测温与指示，试分析其工作原理和输出端 Y_1，Y_2 和 Y_3 电平变化情况。

提示：热敏电阻（RT_1，RT_2）的阻值随温度升高而降低，随温度降低而增大。

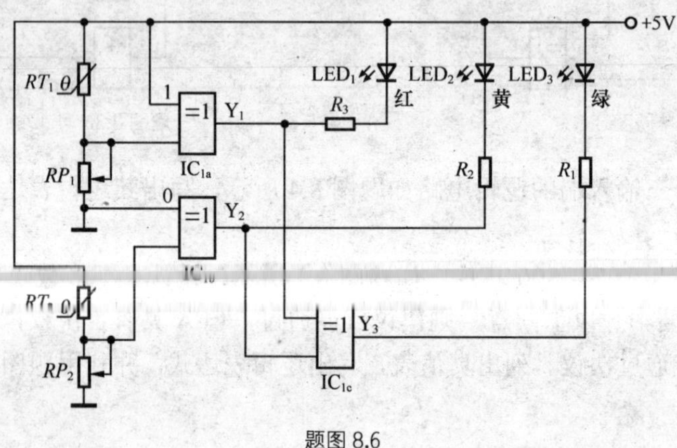

题图 8.6

习题 **8.14** 一个电平指示电路如题图 8.7 所示，根据发光二极管 LED_1～LED_6 的发光情况可指示输入电平的高低，该电路可用于小功率收录机等需要显示电平变化情况，试分析其工作原理。

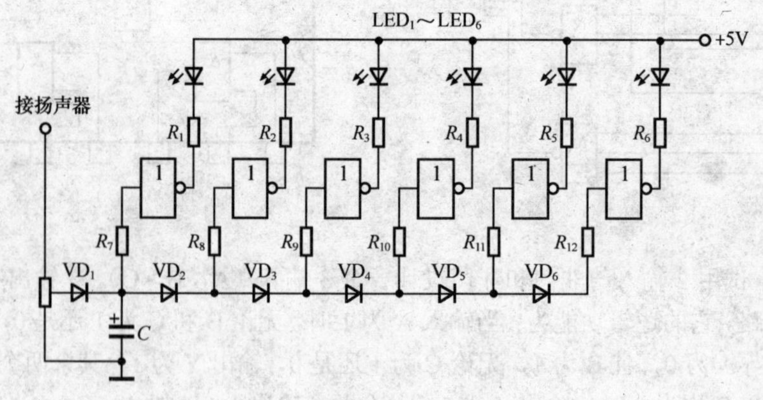

题图 8.7

第 9 章 集成触发器

触发器是具有记忆功能的单元电路，由门电路构成，专门用来接收、存储、输出 0，1 代码。触发器在某一时刻的输出状态（称为次态）不仅取决于输入信号，还与触发器原状态（称为现态）有关。在数字电路中，集成触发器是构成计数器、寄存器和移位寄存器等电路的基本单元，也可作为控制逻辑电路使用。

本章讲述了触发器的电路构成、功能特性、工作方式和应用等。触发器按功能可分为 RS，JK，D，T 和 T′ 型触发器；按结构分为基本、同步、主从、维持阻塞和边沿型触发器；按触发工作方式分为上升沿、下降沿触发器和高电平、低电平触发器等，下面分别加以介绍。

9.1 基本 RS 触发器

基本 RS 触发器是电路结构最简单的触发器，其他类型的触发器都是在此基础上发展而来的。

9.1.1 电路结构及功能特点

基本 RS 触发器是一种最简单的触发器，是构成各种触发器的基础，它由两个与非门（或者或非门）的输入和输出交叉连接而成，如图 9.1.1（a）所示。它有两个输入端 $\overline{R}_D$ 和 $\overline{S}_D$（又称触发信号端）；$\overline{R}_D$ 为复位端，当 $\overline{R}_D$ 有效时，Q 变为 0，故也称 $\overline{R}_D$ 为置“0”端；$\overline{S}_D$ 为置位端，当 $\overline{S}_D$ 有效时，Q 变为 1，称 S 为置“1”端；还有两个互补输出端 Q 和 $\overline{Q}$。当 Q=1、$\overline{Q}$=0 时，称触发器为 1 态；当 Q=0、$\overline{Q}$=1 时，称触发器为 0 态；而 Q 与 $\overline{Q}$ 状态相同时，既不是 0 态，也不是 1 态，是不允许状态。基本 RS 触发器逻辑符号如图 9.1.1（b）所示，工作波形示意图如图 9.1.1（c）所示。

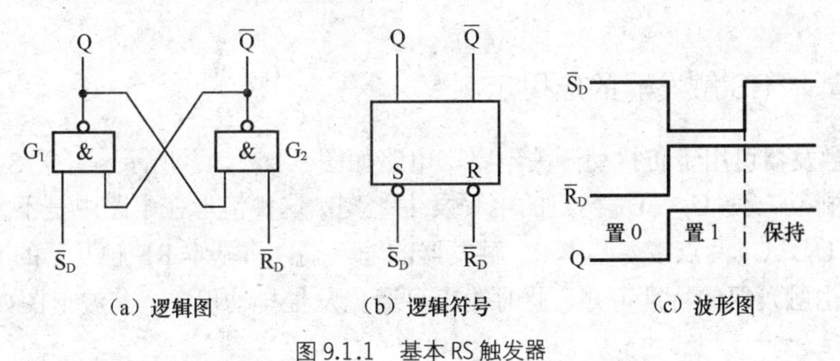

图 9.1.1 基本 RS 触发器

基本 RS 触发器的逻辑功能可以用表 9.1.1 所示的状态真值表来描述。在表 9.1.1 中，Q^n 为触发器的现态（初态），即输入信号作用前触发器 Q 端的状态；Q^{n+1} 为触发器的次态，即输入信号作用后触发器 Q 端的状态。

表 9.1.1　　基本 RS 触发器状态真值表

$\overline{S}_D$	$\overline{R}_D$	Q^n	Q^{n+1}	说　明
0	0	0	×	不定
0	0	1		
0	1	0	1	$Q^{n+1}=1$ 置 1
0	1	1	1	
1	0	0	0	$Q^{n+1}=0$ 置 0
1	0	1	0	
1	1	0	0	$Q^{n+1}=Q^n$ 保持
1	1	1	N	

由图 9.1.1（a）和表 9.1.1 可得出基本 RS 触发器逻辑关系如下。

（1）不定状态。当 $\overline{S}_D=\overline{R}_D=0$ 时，无论触发器的原状态如何，均会使 Q=1，$\overline{Q}$=1，Q 和 $\overline{Q}$ 不互补，破坏了触发器的正常工作，使触发器失效。当脉冲去掉后，$\overline{S}_D$ 和 $\overline{R}_D$ 同时恢复高电平后，触发器的新状态要看 G_1 和 G_2 两个门翻转速度快慢，所以称 $\overline{S}=\overline{R}_D=0$ 是不定状态，在实际电路中要避免此状态出现。

（2）置 1 状态。当 $\overline{S}_D$=0、$\overline{R}_D$=1 时，如果触发器现态为 Q=0、$\overline{Q}$=1，因 $\overline{S}_D$=0 会使 G_1 的输出端次态翻转为 1，而 Q=1 和 $\overline{R}_D$=1 共同使 G_2 的输出端 $\overline{Q}$=0；同理当 Q=1、$\overline{Q}$=0，也会使触发器的次态输出为 Q=1、$\overline{Q}$=0。因此，无论触发器现态如何，均会将触发器置 1。

（3）置 0 状态。当 $\overline{S}_D$=1，$\overline{R}_D$=0 时，如果基本 RS 触发器现态为 Q=1、$\overline{Q}$=0，因 $\overline{R}_D$=0 会使 $\overline{Q}$=1，而 $\overline{Q}$=1 与 $\overline{S}_D$=1 共同作用使 Q 端翻转为 0；如果基本 RS 触发器现态为 Q=0、$\overline{Q}$=1，同理会使 Q=0、$\overline{Q}$=1。所以只要 $\overline{S}_D$=0、$\overline{R}_D$=1，无论触发器的输出现态如何，均会使输出次态置为 0 态。

（4）保持状态。当输入端接入 $\overline{S}_D=\overline{R}_D=1$ 时，触发器的现态和次态相同，保持原状态不变，即 $Q^{n+1}=Q^n$。

由于基本 RS 触发器的输入信号直接控制其输出状态，故又称它为直接置 1（置位）、清 0（复位）触发器，其触发方式为直接触发方式。

用两个或非门交叉反馈也能构成基本 RS 触发器，但触发器的输入信号 R 和 S 为高电平有效。

9.1.2　基本 RS 触发器的应用示例

基本 RS 触发器可用于防抖动开关电路，电路如图 9.1.2（a）所示。开关 S_W 在闭合的瞬间会发生多次抖动，使 U_A，U_B 两点的电平发生跳变，这种情形在电路中是不允许的。为了消除抖动，将 U_A，U_B 两点接入基本 RS 触发器的输入端，将基本 RS 触发器的 Q，$\overline{Q}$ 作为开关状态输出。由触发器的特性可知，此时输出可避免发生抖动现象，其波形图如图 9.1.2（b）所示。

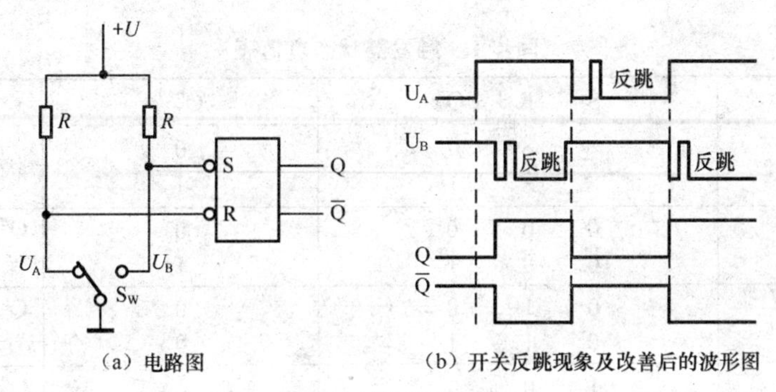

（a）电路图　（b）开关反跳现象及改善后的波形图

图 9.1.2　防抖动开关

利用基本 RS 触发器具有直接触发的特点，还可将它作为随机存储器使用。

9.2　同步触发器

基本 RS 触发器因为没有时钟信号，则当输入置 0 或置 1 信号出现时，输出状态随之变化。没有一个统一的节拍控制，这在数字系统中是很不方便的，在实际应用中，更多的应用场合要求触发器按一定的节拍动作，于是在触发器的输入端加入一个时钟信号，称之为同步触发器（又称为时钟控制触发器、钟控或可控触发器）。同步触发器的特点是只有当时钟脉冲到来时，输入信号才能决定触发器的状态；无时钟脉冲时，输入信号不起作用，触发器的状态保持不变。

9.2.1　同步 RS 触发器

在基本 RS 触发器的基础上，加上两个与非门即可构成同步 RS 触发器，其逻辑图如图 9.2.1（a）所示，逻辑符号如图 9.2.1（b）所示。其中，S 为置位输入端，R 为复位输入端，CP 为时钟脉冲输入端，$\overline{S}_D$ 为直接置位端，$\overline{R}_D$ 为直接复位端，当用作同步 RS 触发器时，应使 $\overline{S}_D=\overline{R}_D=1$。

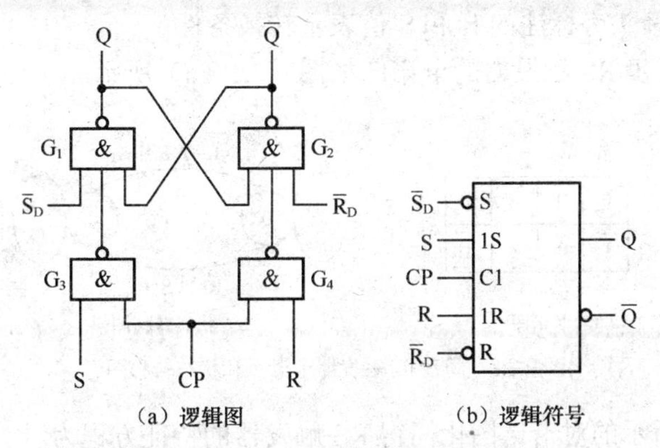

（a）逻辑图　（b）逻辑符号

图 9.2.1　同步 RS 触发器逻辑图和逻辑符号

1. 同步 RS 触发器状态真值表

当 CP＝0 时，G_3 和 G_4 被封锁，输出均为 1，G_1 和 G_2 门构成的基本 RS 触发器处于保持状态。此时，无论 R 和 S 输入端的状态如何变化，均不会改变 G_1 和 G_2 门的输出，故对触发器状态无影响。当 CP＝1 时，触发器处于工作状态，其状态真值表如表 9.2.1 所示。

表 9.2.1　　　　同步 RS 触发器状态真值表

CP	S　R　Q^n	Q^{n+1}	说明
0 0	×　×　0 ×　×　1	0 1	状态不变
1 1	0　0　0 0　0　1	0 1	$Q^{n+1}=Q^n$ 保持
1 1	0　1　0 0　1　1	0 0	Q^{n+1}=0 置 0
1 1	1　0　0 1　0　1	1 1	Q^{n+1}= 1 置 1
1 1	1　1　0 1　1　1	× ×	不允许状态

由表 9.2.1 可见，当 CP=1 时，同步 RS 触发器的状态转换如下：

S=R=0，$Q^{n+1}=Q^n$，触发器状态不变（保持）；

S=0，R=1，$Q^{n+1}=0$，触发器置 0；

S=1，R=0，$Q^{n+1}=1$，触发器置 1；

S=R=1，触发器失效，禁止此状态出现。

2．特征方程（次态方程）、状态转移图及波形图

描述触发器次态 Q^{n+1} 与输入信号、现态 Q^n 之间逻辑关系的最简逻辑表达式被称为触发器的特征方程。

反映触发器状态转换规律和输入取值关系的图形称为状态转换图。用状态转换图也可以形象地说明触发器次态转换的方向和条件，根据表 9.2.1 画出的 RS 触发器的状态转换图如图 9.2.2（b）所示。图 9.2.2（b）中两个圆圈中的 0 和 1 分别表示触发器的两个稳定状态，用箭头表示状态转换的方向，箭头旁标注的 R 和 S 值表示转换条件。

由表 9.2.1 可得同步 RS 触发器的卡诺图如图 9.2.2（a）所示。

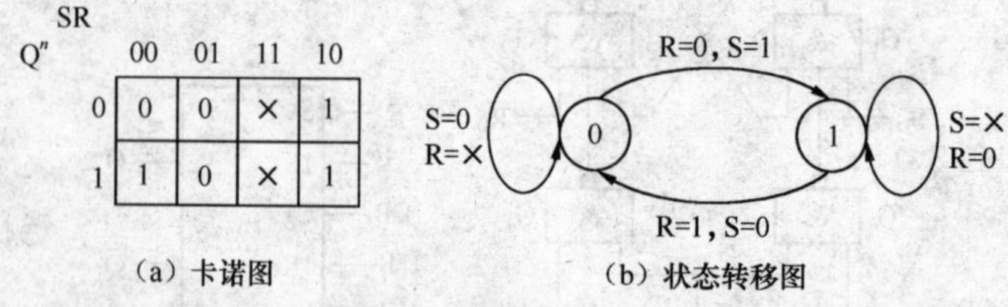

（a）卡诺图　　（b）状态转移图

图 9.2.2　同步 RS 触发器卡诺图和状态转移图

由图 9.2.2（a）所示的对卡诺图化简得 RS 触发器的特征方程为

$$\begin{cases} Q^{n+1}=S+\overline{R}Q^n \\ S\cdot R=0 \end{cases} \qquad (9.2.1)$$

式（9.2.1）中，$S\cdot R=0$ 为约束项，表示 S，R 不能同时为 1。

9.2.2　同步 JK 触发器

在同步 RS 触发器中，必须限制输入 S 和 R 同时为 1 的出现，这给使用带来不便。为了从根本上消除这种情况，可将钟控RS触发器接成如图9.2.3（a）所示的形式，同时将输入端S改成J，R改成K，这样就构成了JK触发器，它的逻辑符号如图9.2.3（b）所示。由图9.2.3（a）可见，$R\cdot S=(K\cdot Q^n)(J\cdot Q^n)=0$，约束条件自动成立，因此，对同步JK触发器输入信号J和K无约束条件。

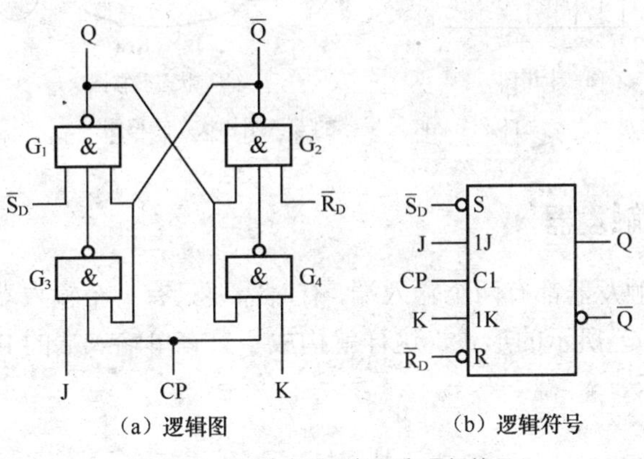

（a）逻辑图　　（b）逻辑符号

图9.2.3　JK触发器逻辑图和逻辑符号

1. JK触发器状态真值表

当CP=0时，G_3和G_4门被封锁，J和K输入端的变化对G_1和G_2门的输入无影响，触发器处于保持状态。当CP=1时，J，K输入端状态依次为00，01或10时，输出端Q^{n+1}状态与RS触发器输出状态相同；如果J=K=1时，触发器必将翻转。JK触发器状态真值表如表9.2.2所示。

表9.2.2　**同步JK触发器状态真值表**

CP	J	K	Q^n	Q^{n+1}	说明
0	×	×	0	0	状态不变
0	×	×	1	1	
1	0	0	0	0	$Q^{n+1}=Q^n$
1	0	0	1	1	保持
1	0	1	0	0	$Q^{n+1}=0$
1	0	1	1	0	置0
1	1	0	0	1	$Q^{n+1}=1$
1	1	0	1	1	置1
1	1	1	0	1	$Q^{n+1}=\overline{Q^n}$
1	1	1	1	0	必翻

2. 特征方程、状态转移图及波形图

由真值表9.2.2可得JK触发器的卡诺图，如图9.2.4（a）所示，化简得JK触发器的特征方程为

$$Q^{n+1}=J\overline{Q^n}+KQ^n \tag{9.2.2}$$

JK 触发器的状态转移图如图 9.2.4（b）所示。

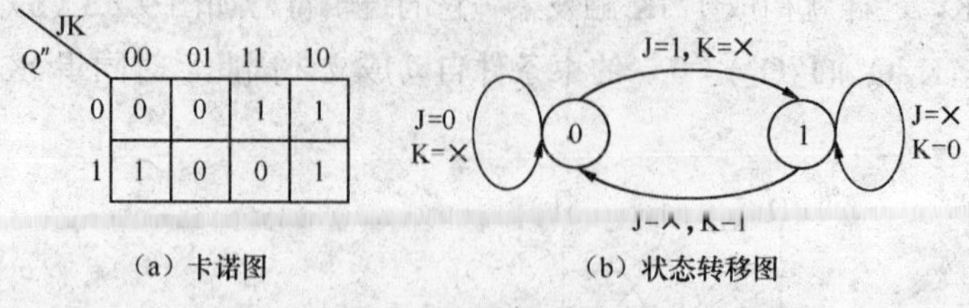

图 9.2.4　JK 触发器的卡诺图和状态转移图

9.2.3　同步 D 触发器

RS 触发器和 JK 触发器都有两个输入端，有时需要只有一个输入端的触发器，于是将 RS 触发器接成图 9.2.5（a）所示的形式，这样就构成了只有单输入端的 D 触发器。它的逻辑符号如图 9.2.5（b）所示。

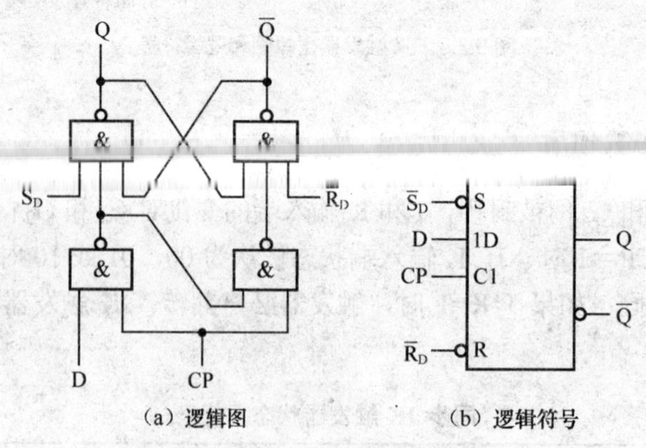

图 9.2.5　D 触发器逻辑图和逻辑符号

1. D 触发器状态真值表

当 CP=0 时，D 触发器保持原来状态。

当 CP=1 时，如果 D=0，则无论 D 触发器原来状态为 0 或 1，D 触发器输出均为 0；如果 D=1，则无论 D 触发器原来状态为 0 或 1，D 触发器输出均为 1。D 触发器的状态真值表见表 9.2.3。

表 9.2.3　同步 D 触发器状态真值表

CP	D	Q^n	Q^{n+1}	说　明
0	×	0	0	状态不变
0	×	1	1	
1	0	0	0	$Q^{n+1}=0$
1	0	1	0	置 0
1	1	0	1	$Q^{n+1}=1$
1	1	1	1	置 1

2. 特征方程、状态转移图及波形图

由状态真值表 9.2.3 可得 D 触发器的卡诺图，如图 9.2.6（a）所示，化简得 D 触发器的特征方程为

$$Q^{n+1}=D \tag{9.2.3}$$

由式（9.2.3）可见，D 触发器的次态 Q^{n+1} 随输入 D 的状态而定，所以常用来锁存数据，D 锁存器的名称是由此而来的。

D 触发器的状态转移图如图 9.2.6（b）所示。

如果已知 CP 和 D 的波形，可画出 D 触发器的工作波形，如图 9.2.7 所示。由工作波形可见，只有当 CP=1 时，触发器的状态才随输入信号 D 而改变；当 CP=0 时，触发器的状态保持不变。

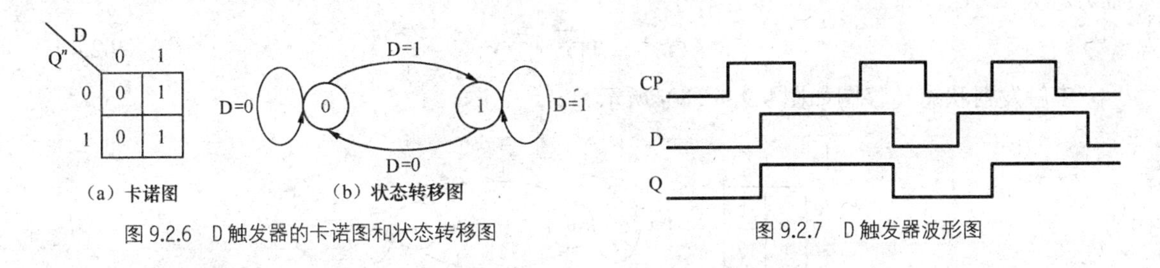

图 9.2.6 D 触发器的卡诺图和状态转移图

图 9.2.7 D 触发器波形图

9.2.4 同步 T 触发器

如果把 JK 触发器的两个输入端 J 和 K 连在一起，并把连在一起的输入端用 T 表示，这样就构成了 T 触发器，如图 9.2.8（a）所示，其逻辑符号如图 9.2.8（b）所示。

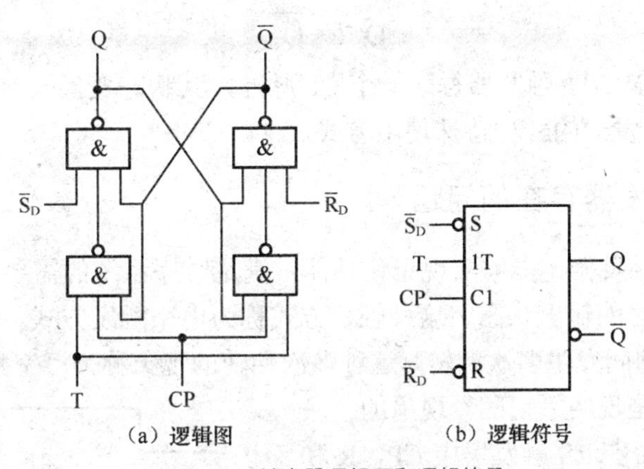

图 9.2.8 T 触发器逻辑图和逻辑符号

1. T 触发器状态真值表

当 CP＝0 时，T 触发器保持原来状态。

当 CP＝1 时，如果 T＝0，则 T 触发器保持原来状态；如果 T＝1，则 T 触发器翻转，相当于一位计数器。T 触发器的状态真值表见表 9.2.4。

表 9.2.4　　时钟控制 T 触发器状态真值表

CP	T	Q^n	Q^{n+1}	说　明
0	×	0	0	状态不变
0	×	1	1	
1	0	0	0	$Q^{n+1}=Q^n$
1	0	1	1	保持
1	1	0	1	$Q^{n+1}=\overline{Q^n}$
1	1	1	0	必翻

2．特征方程、状态转移图

由状态真值表 9.2.4 可得 T 触发器的卡诺图，如图 9.2.9（a）所示，化简得 T 触发器的特征方程为

$$Q^{n+1}=T\overline{Q^n}+\overline{T}Q^n \tag{9.2.4}$$

T 触发器状态转移图如图 9.2.9（b）所示。

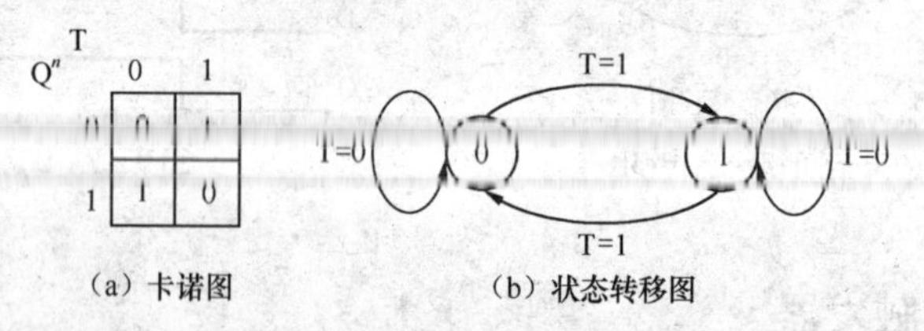

（a）卡诺图　　（b）状态转移图

图 9.2.9　T 触发器的卡诺图和状态转移图

在 T 触发器中，如果使输入端 T 恒等于 1，则构成翻转触发器，为了区别于 T 触发器，将其称为 T′ 触发器。T′ 触发器的特征方程为

$$Q^{n+1}=\overline{Q^n} \tag{9.2.5}$$

由式（9.2.5）可知，T′ 触发器每来一个 CP 脉冲，其状态变换一次，故称其为翻转触发器，T′ 触发器是 T 触发器的一种特殊使用方式。

9.2.5　同步触发器存在的问题

上述介绍的几种触发器，能够实现记忆功能，满足时序系统的需要，在 CP=1 期间，输入信号都能影响触发器的输出状态，这种触发方式称为电平触发方式。这种方式有可能使触发器在一个 CP 脉冲期间发生多次翻转，这种多次翻转的现象称为“空翻”，使触发器的功能遭到破坏，下面例题是说明“空翻”现象的。

【例 9.2.1】已知同步 RS 触发器中 CP，R 和 S 的波形如图 9.2.10 所示，试画出与之对应的输出端 Q 的波形（设触发器的初始状态为 0）。

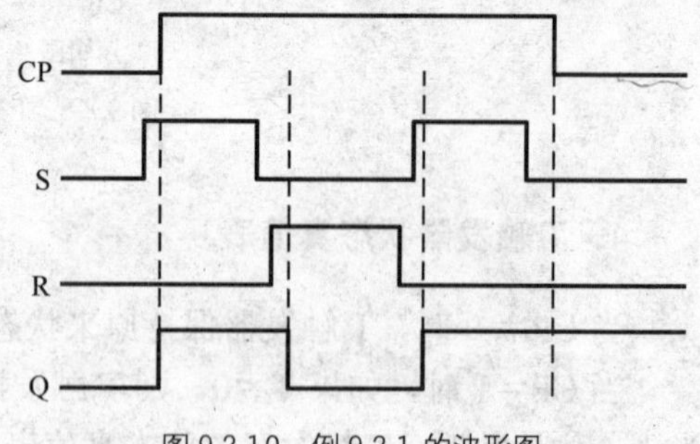

图 9.2.10　例 9.2.1 的波形图

解：当 CP=0 时，触发器保持原状态，即 Q=0；当 CP=1 时，输出端 Q 的状态随输入端 R 和 S 发生变化，其波形变化如图 9.2.10 所示。从波形图可以看出，在一个 CP 脉冲期间，触发器发生了

三次翻转，即发生了“空翻”现象。

为了避免空翻现象的发生，在实际应用中一般采用边沿触发器。如果使用时钟控制的触发器，则必须对 CP 的持续时间有严格规定或对电路结构进行改进。

9.3 无空翻触发器

9.3.1 主从触发器

主从触发器具有主从结构，是能够克服空翻现象的触发器。实际使用的主从触发器主要是主从 JK 触发器，下面以主从 JK 触发器为例介绍这类触发器的工作原理。

主从 JK 触发器的逻辑图和逻辑符号如图 9.3.1 所示，由主触发器、从触发器和非门组成。时钟信号首先使主触发器翻转，然后再使从触发器翻转，这就是“主从型”的由来。

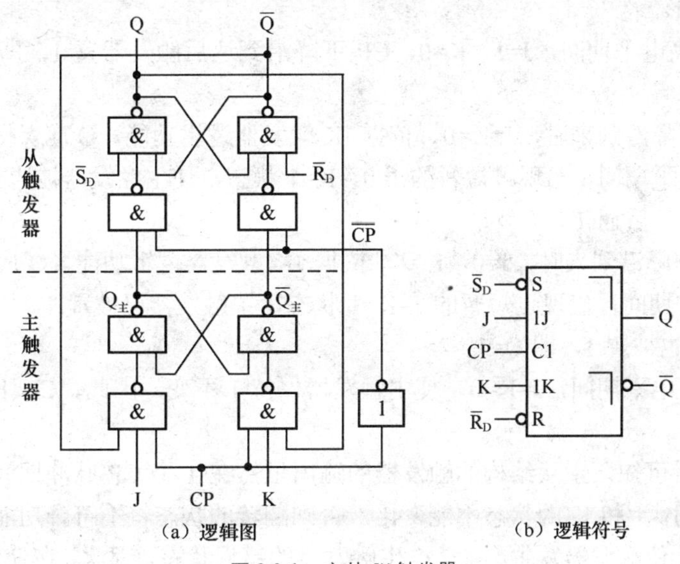

图 9.3.1　主从 JK 触发器

当 CP=1 时，主触发器工作，即主触发器的 Q 端的状态取决于输入信号 J 和 K 以及从触发器现态 Q^n 和 $\overline{Q^n}$ 的状态，而从触发器被封锁，即保持原来状态。

当 CP 由 1 变 0 时（即下降沿），主触发器被封锁，从触发器打开，从触发器输出端 Q^n、$\overline{Q^n}$ 的状态取决于主触发器 Q^n 和 $\overline{Q^n}$ 的状态。主从 JK 触发器的工作波形如图 9.3.2 所示。

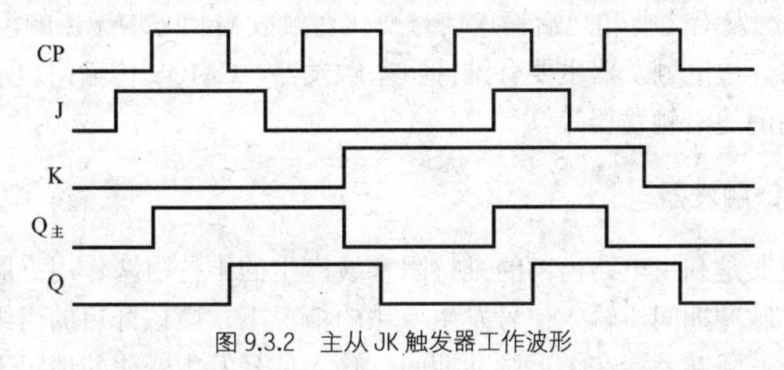

图 9.3.2　主从 JK 触发器工作波形

【**例 9.3.1**】已知主从 JK 触发器的输入 CP、J 和 K 的输入波形如图 9.3.3 所示，试画出与之对应的输出端 Q 的波形（设触发器的初始状态为 0）。

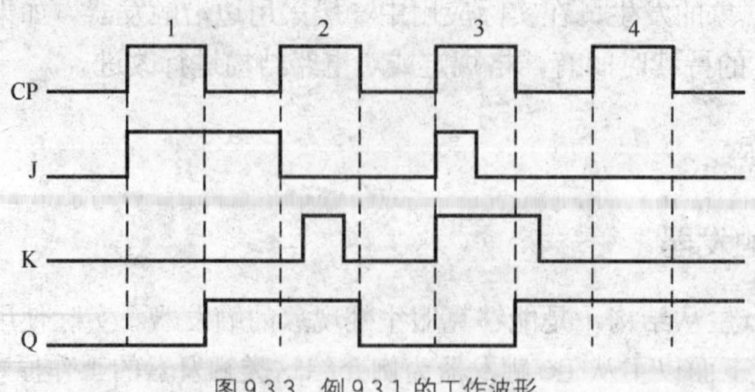

图 9.3.3 例 9.3.1 的工作波形

解：根据主从 JK 触发器的逻辑功能和给定的输入信号 J 和 K 值，可得出在 4 个 CP 期间的输出端 Q 的波形。

第 1 个 CP 高电平期间，J=1，K=0，CP 下降沿到达后触发器置 1，即 Q 由初始状态 0 变为 1；

第 2 个 CP 下降沿到来时，J=K=0，依据 JK 触发器逻辑功能，Q 应保持状态 1 不变，但由于在 CP 的高电平期间，出现过短暂的 J=0，K=1 状态，使主触发器被清 0，因此，从触发器在 CP 下降沿到达后翻转为 0，即 Q=0；

第 3 个 CP 下降沿到来时，J=0，K=1，依据 JK 触发器逻辑功能，Q 应为 0 状态，但由于在 CP 的高电平期间，出现过短暂的 J=K=1 状态，主触发器已被置 1，因此，从触发器在 CP 下降沿到达后也被置 1，即 Q=1；

第 4 个 CP 高电平期间，J=K=0，使主触发器保持 1 不变，因此，CP 下降沿到达后触发器仍为 1，即 Q=1。

由此例题分析可知，主从结构的触发器的输出虽然在 1 个 CP 脉冲期间只翻转一次，但要求在 CP=1 期间，J 和 K 的状态不能变化，否则翻转的状态将不符合功能要求。此外，外界的干扰也可能会使触发器发生翻转，产生触发器的错误状态。因此，在使用主从触发器时，除要求 J 和 K 在 CP=1 时不变以外，还要求 CP=1 的持续时间也不能太长，对输入信号和时钟的要求较高。

9.3.2 边沿触发器

边沿触发器的次态仅取决于时钟信号 CP 上升沿（或下降沿）到达时刻输入信号的状态，也就是说，在有效触发沿之前和之后输入信号变化对触发器状态均无影响，从而克服了空翻，提高了抗干扰能力。边沿触发器主要有维持阻塞触发器、CMOS 传输门边沿触发器以及用门电路传输延迟时间的边沿触发器等。

1. 维持阻塞 D 触发器

维持阻塞触发器是利用电路内部的维持阻塞线产生的维持阻塞作用克服空翻现象的。所谓维持是指在 CP 脉冲期间，输入信号发生变化的情况下，应该开启的门维持畅通无阻，使其完成预定的操作；阻塞是指在 CP 脉冲期间，输入信号发生变化的情况下，不应开启的门处于关闭状态，阻止产生不应该的操作。

例如，使用较多的上升沿触发的维持阻塞D触发器，是在时钟控制D触发器的基础之上增加维持线和阻塞线，当CP由0变为1时，触发器的状态由此时的D的状态决定。此后，由于维持和阻塞线的作用，D再变化也无法使触发器再次翻转，因而这种触发器也称上升沿触发的边沿触发器，其逻辑符号如图 9.3.4（a）所示。其中，$\overline{S}_D$为直接置位端，$\overline{R}_D$为直接复位端，D为输入端，Q和$\overline{Q}$为互补输出端，CP为脉冲触发输入端。CP端直接加“＞”表示边沿触发（上升沿），不加“＞”者表示电平触发。若已知CP和D的波形，可画出其工作波形如图9.3.4（b）所示。

维持阻塞D触发器状态真值表和状态转移图与同步D触发器相同。

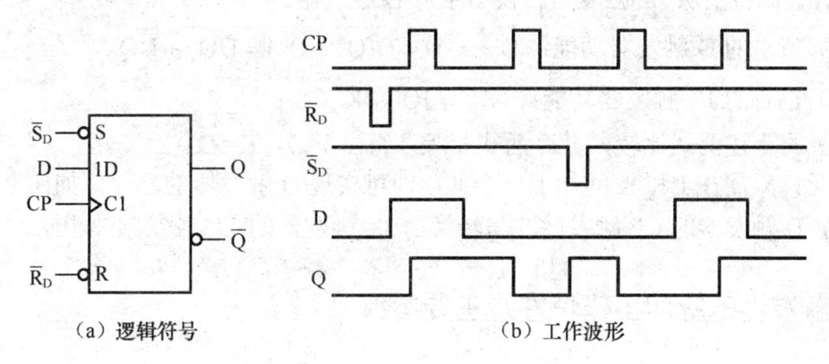

图 9.3.4 维持阻塞D触发器逻辑符号和工作波形

2. 边沿JK触发器

边沿 JK 触发器是利用电路内部门电路的速度差来克服空翻现象的。下降沿触发的边沿JK触发器逻辑符号如图 9.3.5（a）所示；上升沿触发的边沿 JK 触发器逻辑符号如图 9.3.5（b）所示。图 9.3.5（a）中 C1 输入端加“＞”并且加“。”，表示下降沿触发。图 9.3.5（b）中C1不加“。”，表示上升沿触发。

如已知CP，J和K的输入波形，则可画出触发器工作波形，如图 9.3.6 所示（以下降沿JK触发器为例）。

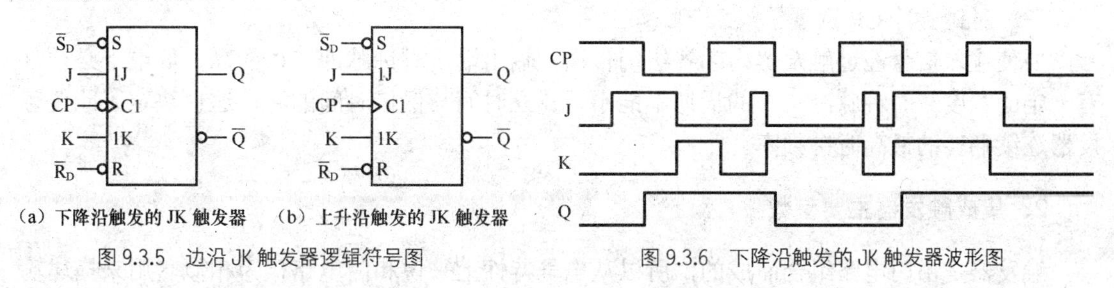

图 9.3.5 边沿JK触发器逻辑符号图

图 9.3.6 下降沿触发的JK触发器波形图

9.4 集成触发器逻辑功能转换和特性参数

每一种触发器都有自己固定的逻辑功能。在实际应用中往往需要各种类型的触发器，而市场上出售的触发器多为集成D触发器和JK触发器，如果想获得其他功能的触发器时，可以利用转换的方法获得具有其他功能的触发器。例如，可将JK触发器转换成D触发器、T

触发器、T′ 触发器，如图 9.4.1 所示。

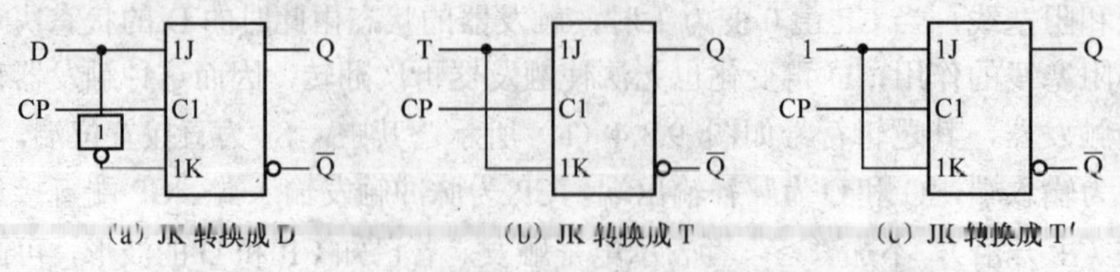

图 9.4.1　JK 触发器转换成 D 触发器、T 触发器和 T′ 触发器

【例 9.4.1】 试将主从 JK 触发器转换为主从 D 触发器。

解：（1）待求的 D 触发器功能：$Q^{n+1}=D=D(\overline{Q^n}+Q^n)=D\overline{Q^n}+DQ^n$

（2）已有的 JK 触发器功能：$Q^{n+1}=J\overline{Q^n}+\overline{K}Q^n$

（3）将上述两式比较，并令两式相等，得出 J=D，K=$\overline{D}$

由此可见，只需在 J 和 K 间加上一个非门即可实现 D 触发器的功能，如图 9.4.1（a）所示。转换后，D 触发器的 CP 触发脉冲与转换前 JK 触发器的 CP 触发脉冲相同。

9.5　集成触发器的脉冲工作特性及主要参数

1．集成触发器脉冲工作特性

（1）建立时间

在时钟脉冲 CP 有效触发沿到达之前，输入端信号必须先稳定下来，这样才能保证触发器正确地接收到该输入信号，从输入信号稳定到时钟脉冲 CP 有效沿出现之前必要的时间间隔称作建立时间。

（2）保持时间

为了保证触发器的输出可靠地反映输入信号，输入端信号必须在时钟脉冲 CP 有效沿到来之后再保持一段时间，从时钟脉冲 CP 有效沿出现到输出达到稳定所需要的时间称为保持时间。

（3）时钟脉冲 CP 宽度

要使输入信号经过触发器内部各级门传递到输出端，时钟脉冲 CP 的高、低电平必须具有一定的宽度。时钟脉冲 CP 的周期不能小于建立时间与保持时间的和，这也决定了能使触发器连续翻转的最高时钟频率。

2．集成触发器主要参数

触发器是由门电路组合而成的，所以从电气特性上来说和门电路极为相似，用来描述输入、输出特性的主要参数的定义和测试方法，也和门电路大体相同。集成触发器的主要参数可分为静态参数和动态参数。

（1）主要静态参数

① 电源电流。通常只给出一个电源电流值，并且规定在测定此电流时，将所有输入端都悬空。

② 输入短路电流。将各输入端依次接地，测得的电流就是各自的输入短路电流。

③ 输入漏电流。指每个输入端接至高电平时流入这个输入端的电流。

④ 输出高电平和输出低电平。测出触发器在 1 状态和 0 状态下的 Q 和 $\overline{Q}$ 端电平，即可得到这两个输出端的输出高电平值和输出低电平值。

（2）主要动态参数

① 平均传输时间。从时钟信号的动作沿开始到触发器输出状态稳定的一段时间。

② 最高时钟频率。当触发器接成 T′触发器时，所允许的最高时钟频率称为最高时钟频率。

小 结

本章介绍了触发器的电路结构、功能特点以及描述触发器状态的方法。集成触发器是构成计数器、寄存器和移位寄存器等电路的基本单元。

1. 触发器有两个稳定状态，即 0 状态和 1 状态。所谓的稳定状态，是指在没有外界信号作用时，触发器电路中的电流和电压均维持恒定的数值。在一定的外界输入信号作用下，触发器才会从一个稳定状态翻转到另一个稳定状态；在输入信号消失后，能将新的电路状态保存下来。

2. 集成触发器逻辑功能的描述方法可以用真值表、函数表达式、时序图（输入、输出信号对应波形图）等方法来表示，以及用特征方程来描述触发器的次态与现态及输入变量之间的关系。

3. 触发器的分类

（1）按电路结构可分为基本、同步、主从、维持阻塞和边沿型触发器。

（2）按触发方式可分为电平触发（又分为高、低电平触发）和边沿触发（又分为上升沿、下降沿触发）。

（3）按逻辑功能可分为 RS、JK、D、T 和 T′型触发器等。

（4）按制造工艺可为 TTL 触发器和 CMOS 触发器等。

4. 同类功能的触发器可采用不同结构的电路来实现，相同结构形式的电路可构成不同逻辑功能的触发器并可通过外接电路实现功能转换。

本章要求掌握不同类型触发器的功能特点和触发方式，能够正确地使用触发器，为进一步学习时序电路打好基础。

习 题

习题 9.1 填空题

（1）按逻辑功能分，触发器有________、________、________、________、________五种。

（2）描述触发器逻辑功能的主要有________、________、________、________等几种方法。

（3）触发器有________个稳定状态，当 Q=0，$\overline{Q}$=1 时，称为________状态。

（4）同步触发器在一个 CP 脉冲高电平期间发生多次翻转的现象称为________。

（5）两种可防止空翻的触发器是________触发器和________触发器。

（6）JK 触发器的特征方程是________，它具有________、________、________和________功能。

习题 9.2 选择题

（1）基本 RS 触发器当$\overline{R}_D$，$\overline{S}_D$都接高电平时，该触发器具有（　　）功能。

A．置 0　　B．置 1　　C．不变　　D．保持

（2）同步 RS 触发器的两个输入信号 RS=00，要使它的输出从 0 变到 1，则应使 R 和 S 端分别为（　　）。

A．00　　B．01　　C．10　　D．11

（3）如果把 D 触发器的输出端$\overline{Q}$反馈连接到输入端 D，则输出 Q 的脉冲波形频率为 CP 脉冲频率的（　　）。

A．二倍频　　B．四倍频　　C．二分频　　D．四分频

（4）如果把 JK 触发器的输入端接到一起，则 JK 触发器就转换成（　　）触发器。

A．D　　B．T　　C．T′　　D．RS

（5）如果触发器的次态仅取决于 CP（　　）时输入信号的状态，则可以克服空翻现象。

A．上升（下降）沿　　B．高电平　　C．低电平　　D．不确定

（6）下列某触发器的状态是在 CP 的下降沿发生变化，它的电路符号应为（　　）

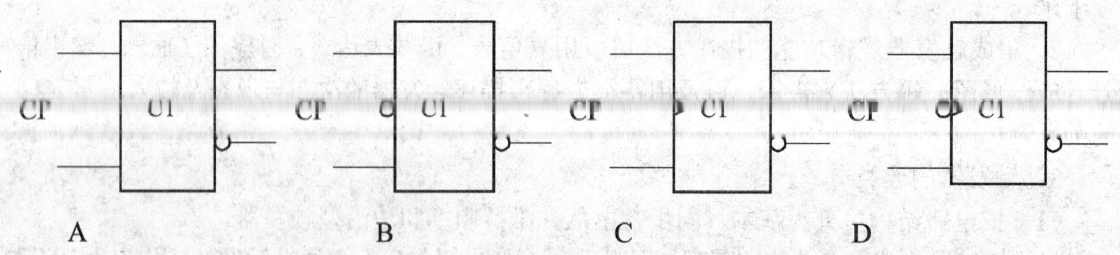

（7）要使维持阻塞 D 触发器可靠地工作，要求 D 端信号比时钟脉冲 CP（　　）。

A．同时到达　　B．略延迟到达　　C．提前到达　　D．不确定

习题 9.3 触发器的主要特点是什么？

习题 9.4 触发器是如何进行分类的？

习题 9.5 什么是触发器的空翻现象？如何避免空翻？

习题 9.6 画出同步 D 触发器、JK 触发器、T 触发器的状态转换图。

习题 9.7 已知维阻 D 触发器的输入 CP 和 D 的输入波形如题图 9.1 所示，试画出与之对应的输出端 Q 端波形（设触发器为上升沿触发，初始状态为 0）。

习题 9.8 JK 触发器的时钟脉冲和 J，K 信号的波形如题图 9.2 所示，画出输出端 Q 的波形（设触发器下降沿触发，初始状态为 0）。

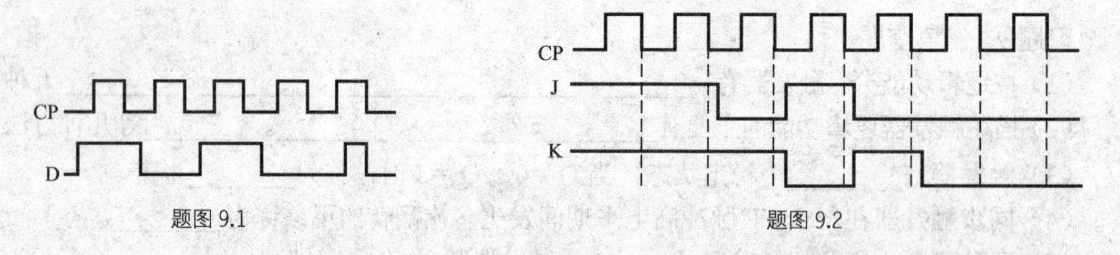

题图 9.1　　题图 9.2

习题 9.9 JK 触发器组成如题图 9.3（a）所示的电路，试分析该电路的逻辑功能。若 CP 和 A 的波形如题图 9.3（b）示，画出 Q 的波形（设触发器初始状态为 0）。

习题 9.10 分析由 JK 触发器等组成如题图 9.4 所示的电路逻辑功能，并写出其状态方程。

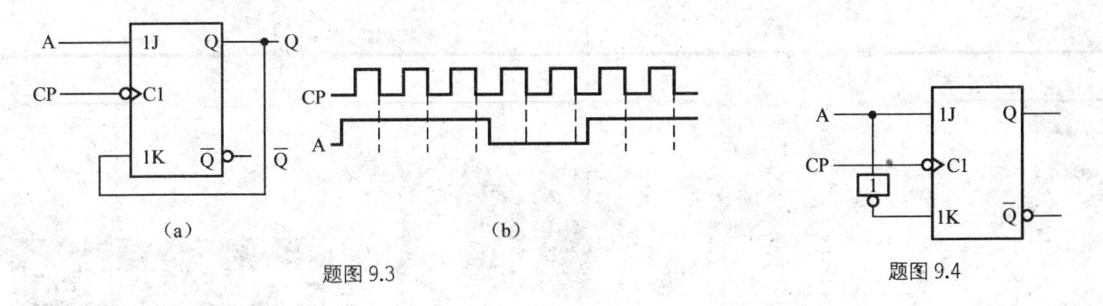

题图 9.3

题图 9.4

习题 9.11 由维阻阻塞 D 触发器和边沿 JK 触发器组成的电路如题图 9.5（a）所示，输入端波形如题图 9.5（b）所示。当各触发器的初态 Q_1、Q_2 均为 0 时，试画出 Q_1 和 Q_2 端的波形，并说明此电路的功能。

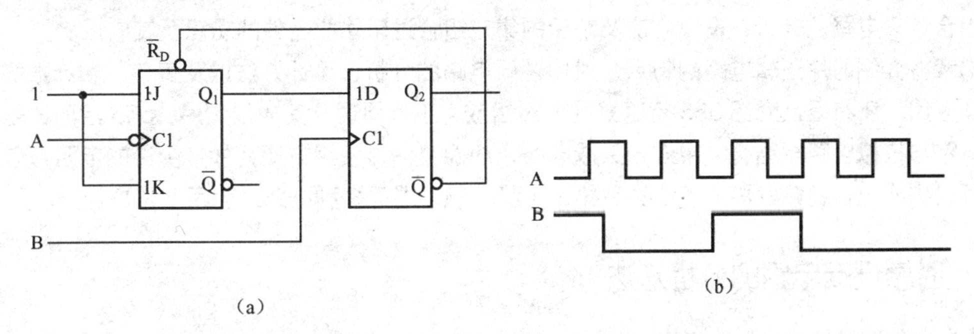

题图 9.5

习题 9.12 题图 9.6（a）所示电路为由 D 触发器构成的三分之二分频电路（即在 CP 端每输入 3 个脉冲，在 Y 端就输出 2 个脉冲），CP 波形如题图 9.6（b）所示。试画出该逻辑电路在 CP 作用下，输出端 Q_1，Q_2 和 Y 的波形（设触发器初始状态为 0）。

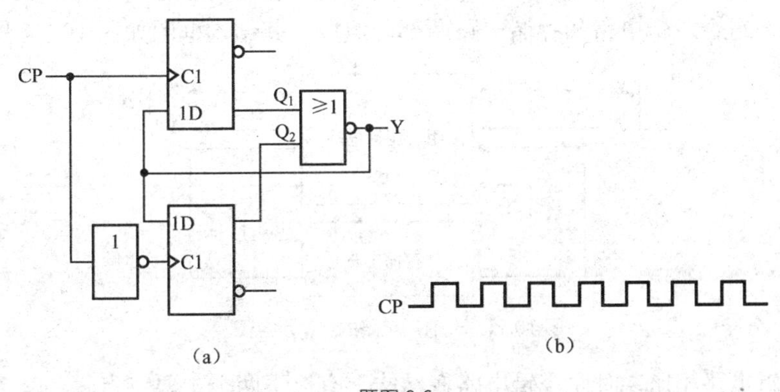

题图 9.6

第10章 时序逻辑电路

时序逻辑电路是数字系统和计算机中广泛使用的另一类数字逻辑电路。在第 8 章，主要介绍的是组合逻辑电路的分析、设计方法及常用的集成组合逻辑功能器件的功能及其应用。

本章将介绍时序逻辑电路的特点、时序逻辑电路的分析、设计方法以及寄存器和计数器的功能及其应用。还将重点介绍 555 定时器的电路组成、工作原理及其典型应用。555 定时器是一种数字电路与模拟电路相结合的中规模集成电路，功能灵活，使用方便，外接少量的电阻、电容元件就可以构成施密特触发器、多谐振荡器、单稳态触发器等多种电路，应用非常广泛。

10.1 时序逻辑电路的分析方法

10.1.1 时序逻辑电路概述

1. 时序逻辑电路的特点

在数字电路中，任何时刻电路的稳定输出，不仅与该时刻的输入信号有关，而且还与电路原来的状态有关，即具有一定的记忆功能，则称该电路为时序逻辑电路，简称时序电路。时序电路一般由组合逻辑电路和存储电路两部分组成，其结构框图如图 10.1.1 所示。

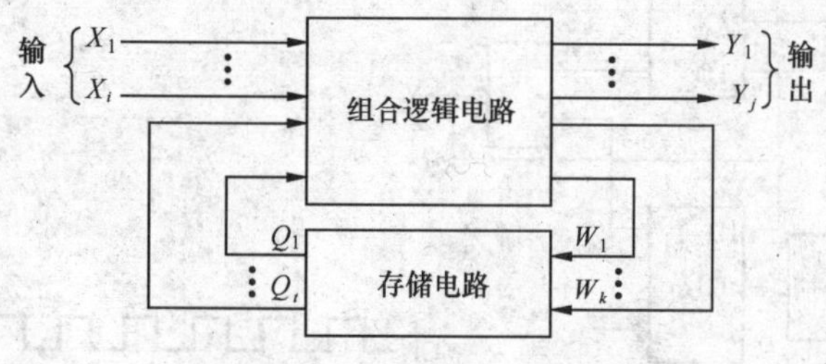

图 10.1.1　时序电路的结构示意图

与组合逻辑电路相比，时序逻辑电路在结构上有以下两个主要特点。

（1）包含有存储器等构成存储电路。时序逻辑电路的状态是由存储电路来记忆和表示的，所以时序逻辑电路一定包含有作为存储单元的触发器。

（2）内部存在反馈通路。即输出、输入之间存在一条以上的反馈通路。

时序电路逻辑功能的表示方法有逻辑图、逻辑表达式、状态表、卡诺图、状态图和时序图 6 种方式，这些方法在本质上是相同的，可以互相转换。

2. 时序逻辑电路的分类

（1）按逻辑功能分，时序逻辑电路可分为计数器、寄存器、移位寄存器等。在科研、生产、生活中，完成各种各样操作的时序电路是千变万化、不胜枚举的，本章介绍的只是几种比较典型的电路而已。

（2）按电路中触发器状态变化是否同步分，时序逻辑电路可分为同步时序电路和异步时序电路。

同步时序电路中，所有触发器受同一个时钟脉冲源控制，即要更新状态的触发器同步翻转。异步时序电路中，各个触发器的时钟脉冲不同，即电路不是由统一的时钟脉冲来控制其状态的变化，电路中要更新状态的触发器的翻转有先有后，是异步进行的。

（3）按电路输出信号特点分，时序逻辑电路可分为Mealy型和Moore型。

Mealy型时序电路中，其输出状态不仅与现态有关，而且还决定于电路的输入，如图10.1.1所示是其电路的一般模型。Moore型时序电路，其输出状态仅决定于电路的现态，电路模型如图10.1.2所示。

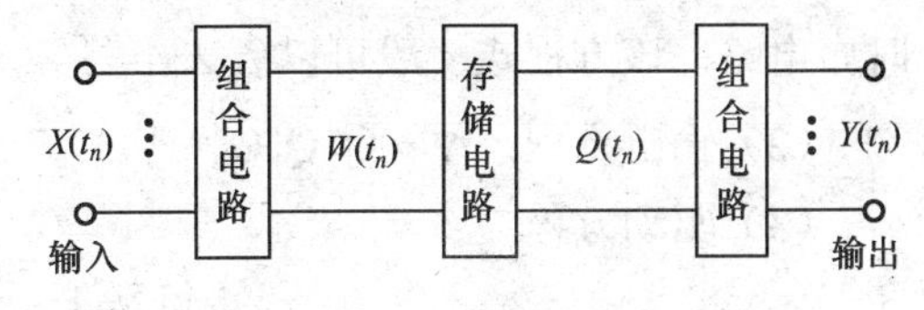

图10.1.2 Moore型时序电路的一般模型

10.1.2 时序逻辑电路的分析方法

所谓时序逻辑电路的分析，是指根据给定的逻辑电路，求出它的状态表、状态图或时序图，从而确定电路的逻辑功能和工作特点。在时序电路中，由于时钟脉冲的特点不同，同步时序电路和异步时序电路的分析方法有所不同。时序电路分析的一般步骤如下。

1. 写出方程式

根据给出的时序逻辑电路，写出如下方程式：

（1）时钟方程：各个触发器时钟信号的逻辑表达式；

（2）输出方程：时序电路各个输出信号的逻辑表达式；

（3）驱动方程：各个触发器同步输入端信号的逻辑表达式。

2. 求出状态方程

把驱动方程代入相应触发器的特性方程中，可求出时序电路的状态方程，也就是各个触发器次态输出的逻辑表达式。

3. 进行计算

把电路输入状态和现态的全部取值，分别代入状态方程和输出方程中，计算出相应的次态和输出。

4. 画状态图或列状态表、画时序图

5. 说明电路功能

【例10.1.1】试分析图10.1.3所示时序电路，说明电路的功能。

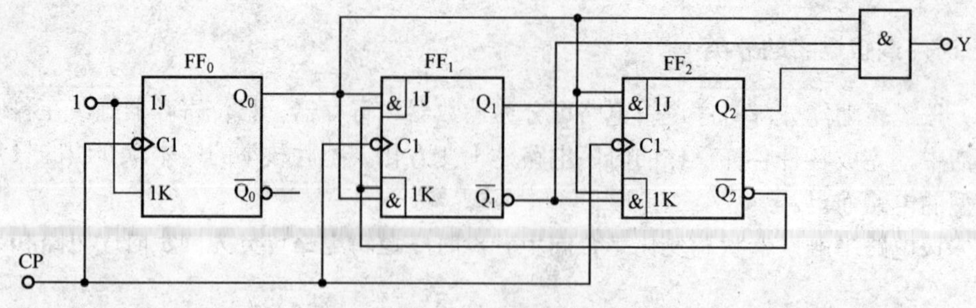

图 10.1.3　例 10.1.1 的时序电路

解：1．写方程式

（1）时钟方程：$CP_0 = CP_1 = CP_2 = CP$

因为该电路中，各个触发器的时钟信号相同，可见，这是一个同步时序电路。对于同步时序电路，该方程式一般可以省去不写。

（2）输出方程：$Y = Q_2^n \overline{Q_1^n} Q_0^n$

（3）驱动方程

$$\begin{cases} J_0 = 1 & K_0 = 1 \\ J_1 = \overline{Q_2^n} Q_0^n & K_1 = \overline{Q_2^n} Q_0^n \\ J_2 = Q_1^n Q_0^n & K_2 = \overline{Q_1^n} Q_0^n \end{cases}$$

2．求状态方程

因为 JK 触发器的特性方程为 $Q^{n+1} = J\overline{Q^n} + \overline{K}Q^n$，所以

$$\begin{cases} Q_0^{n+1} = J_0 \overline{Q_0^n} + \overline{K_0} Q_0^n = \overline{Q_0^n} \\ Q_1^{n+1} = J_1 \overline{Q_1^n} + \overline{K_1} Q_1^n = \overline{Q_2^n} Q_0^n \overline{Q_1^n} + \overline{\overline{Q_2^n} Q_0^n} Q_1^n \\ Q_2^{n+1} = J_2 \overline{Q_2^n} + \overline{K_2} Q_2^n = Q_1^n Q_0^n \overline{Q_2^n} + \overline{\overline{Q_1^n} Q_0^n} Q_2^n \end{cases}$$

3．状态计算

依次假设电路的现态 $Q_2^n Q_1^n Q_0^n$，求出相应的次态 $Q_2^{n+1} Q_1^{n+1} Q_0^{n+1}$ 和输出 Y。计算结果如表 10.1.1 所示，即为电路的状态表。

表 10.1.1　　　　**例 10.1.1 的状态表**

现态			次态			输出
Q_2^n	Q_1^n	Q_0^n	Q_2^{n+1}	Q_1^{n+1}	Q_0^{n+1}	Y
0	0	0	0	0	1	0
0	0	1	0	1	0	0
0	1	0	0	1	1	0
0	1	1	1	0	0	0
1	0	0	1	0	1	0
1	0	1	0	0	0	1
1	1	0	1	1	1	0
1	1	1	1	1	0	0

4．画出状态图或时序图

根据状态计算的结果，画出状态图和时序图，如图 10.1.4 和图 10.1.5 所示。在状态图中，箭头线旁边斜线右下方用数字标注的是输出信号值。

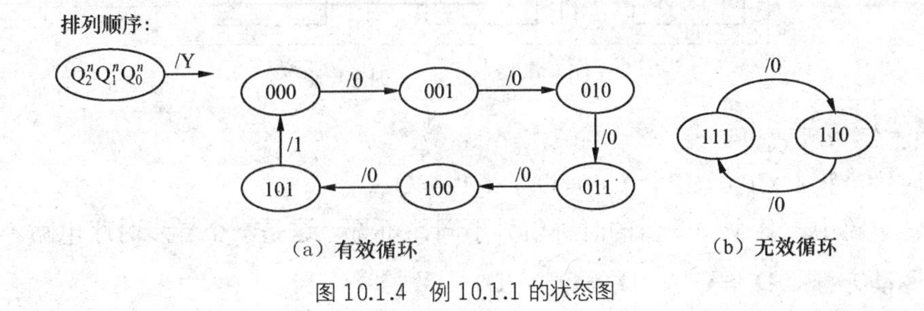

图 10.1.4 例 10.1.1 的状态图

5．电路功能说明

由图 10.1.4 及 10.1.5 可见，在时钟脉冲的作用下，$Q_2^nQ_1^nQ_0^n$ 的状态从 000 到 101 按二进制加法规律依次递增，每经过 6 个时钟脉冲作用后，电路的状态循环一次。我们把这种能够记录输入脉冲个数的电路称为计数器。因为 3 个触发器状态的改变是按二进制加法规律依次递增，所以该电路是一个六进制同步加法计数器。从状态表中，我们还发现，当 3 个触发器的输出状态为 101，电路输出 Y=1，否则 Y=0，所以，该电路的输出端 Y 是加法计数器的进位信号输出端。

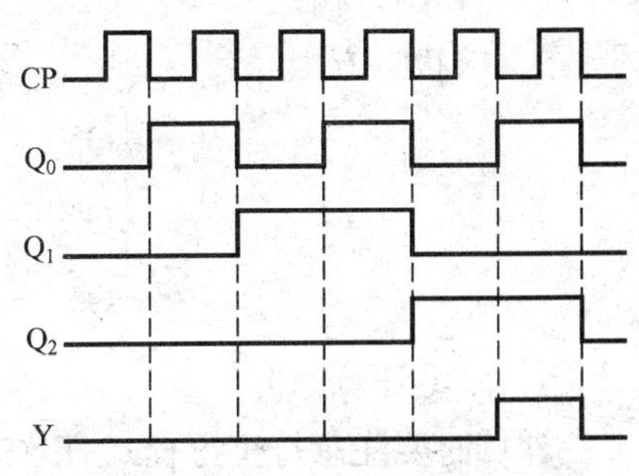

图 10.1.5 例 10.1.1 的时序图

另外，$Q_2^nQ_1^nQ_0^n$ 的 111 和 110 两个状态并没有被利用，所以，还要明确下面一些基本概念：

（1）有效状态与有效循环

有效状态：在时序电路中，凡是被利用了的状态，称为有效状态。

有效循环：在时序电路中，凡是由有效状态构成的循环，称为有效循环。

如例 10.1.1 中，000→…→101 的 6 种状态是有效状态，它们构成的循环为有效循环。

（2）无效状态与无效循环

无效状态：在时序电路中，凡是没被利用的状态，都称为无效状态。

无效循环：在时序电路中，凡是由无效状态构成的循环，都称为无效循环。

如例 10.1.1 中，110 和 111 两种状态是无效状态，它们构成的循环为无效循环。

（3）能自启动与不能自启动

能自启动：在时序电路中，虽然存在无效状态，但它们没有形成循环，这样的时序电路叫做能自启动的时序电路。

不能自启动：在时序电路中，只要有无效循环存在，则这样的时序电路被称为不能自启动的时序电路。因为，一旦由于某种原因，如电源电压波动、信号干扰等情况使电路进入到无效循环，就再也回不到有效循环了，当然，电路也就不能正常工作了。

如例 10.1.1 电路，存在无效循环，所以该电路不能自启动。

【例 10.1.2】 分析图 10.1.6 所示时序电路的逻辑功能。

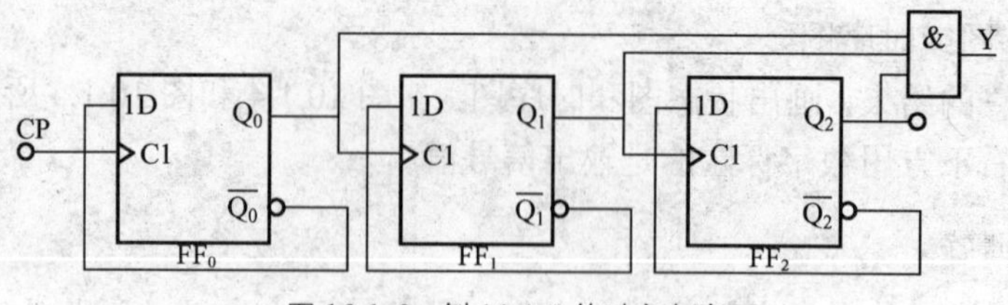

图 10.1.6 例 10.1.2 的时序电路

解：1．写方程式

（1）时钟方程：$CP_0 = CP$，$CP_1 = Q_0$，$CP_2 = Q_1$

因为该电路中，各个触发器的时钟信号不同，可见，这是一个异步时序电路。

（2）驱动方程：$D_0 = \overline{Q_0^n}$，$D_1 = \overline{Q_1^n}$，$D_2 = \overline{Q_2^n}$

（3）输出方程：$Y = Q_2^n Q_1^n Q_0^n$

2．求状态方程

$$\begin{cases} Q_0^{n+1} = D_0 = \overline{Q_0^n} & \text{CP上升沿有效} \\ Q_1^{n+1} = D_1 = \overline{Q_1^n} & Q_0\text{上升沿有效} \\ Q_2^{n+1} = D_2 = \overline{Q_2^n} & Q_1\text{上升沿有效} \end{cases}$$

3．状态计算

计算时要注意每个方程式有效的时钟条件，只有当其时钟条件具备时，触发器才会按照方程式的规定更新状态，否则保持原来的状态不变。计算结果得出状态表，如表 10.1.2 所示。

表 10.1.2　　例 10.1.2 的状态表

现态			次态			时钟条件			输出
Q_2^n	Q_1^n	Q_0^n	Q_2^{n+1}	Q_1^{n+1}	Q_0^{n+1}	CP_2	CP_1	CP_0	Y
0	0	0	1	1	1	↑	↑	↑	0
0	0	1	0	0	0	0	↓	↑	0
0	1	0	0	0	1	↓	↑	↑	0
0	1	1	0	1	0	1	↓	↑	0
1	0	0	0	1	1	↑	↑	↑	0
1	0	1	1	0	0	0	↓	↑	0
1	1	0	1	0	1	↓	↑	↑	0
1	1	1	1	1	0	1	↓	↑	1

注：表中“↑”表示时钟信号为上升沿；“↓”表示下降沿；“0”表示低电平；“1”表示高电平

4．画状态图和时序图

根据状态表 10.1.2，可以画出该电路的状态图和时序图，如图 10.1.7（a）和图 10.1.7（b）所示。

5．判断电路的逻辑功能

由状态图 10.1.7 可以看出，在时钟脉冲 CP 的作用下，电路由 8 种状态构成循环，且按二进制递减规律循环变化，即

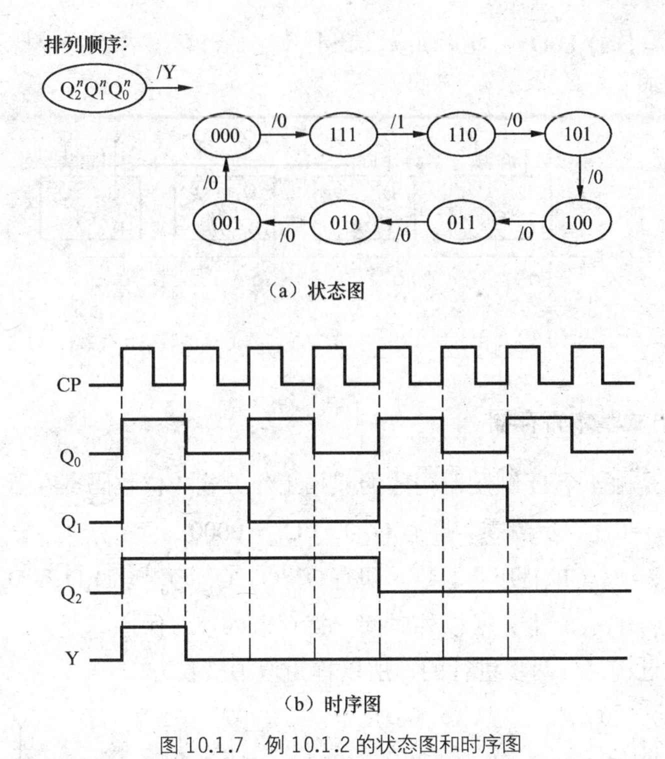

图 10.1.7 例 10.1.2 的状态图和时序图

000→001→010→011→100→101→110→111→000→⋯

该电路电路具有递减计数的功能，是一个 3 位二进制异步减法计数器。

10.2 寄存器

在数字电路中，把二进制数据暂时存储起来的操作叫做寄存。具有寄存功能的电路称为寄存器。寄存器是一种基本时序电路，在各种数字系统中，几乎无所不在。任何现代数字系统，都需要把待处理的数据、代码先寄存起来，以便随时取用。

寄存器是由具有存储功能的触发器和门电路构成的。通常一个触发器可以存储 1 位二进制代码，存放 n 位二进制代码的寄存器，需用 n 个触发器来构成。

按照所用开关元件的不同，寄存器可分为 TTL 寄存器和 CMOS 寄存器。

按照功能差别，寄存器分为数码寄存器和移位寄存器。数码寄存器只能并行送入数据，需要时也只能并行输出。移位寄存器中的数据可以在移位脉冲作用下依次逐位右移或左移，数据既可以并行输入、并行输出，也可以串行输入、串行输出，还可以并行输入、串行输出，串行输入、并行输出。

10.2.1 数码寄存器

1. 单拍工作方式基本寄存器

图 10.2.1 所示是由 4 个 D 触发器构成的单拍工作方式 4 位数码寄存器。

在 10.2.1 所示电路中，触发器的时钟脉冲 CP 上升沿到来，寄存器并行输入数据 D_0～D_3，即$Q_3^{n+1}Q_2^{n+1}Q_1^{n+1}Q_0^{n+1}=D_3D_2D_1D_0$，此后如无CP上升沿，寄存器内容将保持不变，即各个触发器输出端将保持不变。

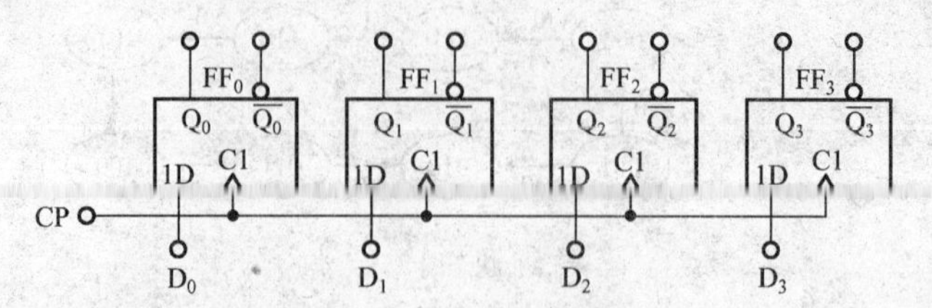

图 10.2.1　由D触发器构成的单拍工作方式的数码寄存器

2．双拍工作方式基本寄存器

图10.2.2所示是由4个D触发器构成的双拍工作方式4位数码寄存器。工作原理如下：

（1）清零。$\overline{R_D}=0$，异步清零。即有$Q_3^nQ_2^nQ_1^nQ_0^n=0000$。

（2）送数。$\overline{R_D}=1$，CP上升沿送数。即有$Q_3^{n+1}Q_2^{n+1}Q_1^{n+1}Q_0^{n+1}=D_3D_2D_1D_0$。

（3）保持。$\overline{R_D}=1$，CP上升沿以外时间，寄存器内容将保持不变。

该电路的整个过程是分两步进行的，所以称为双拍接收方式。

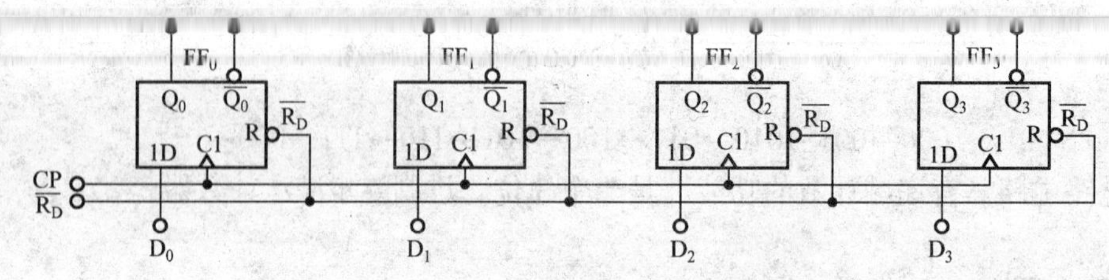

图 10.2.2　由D触发器构成的双拍工作方式数码寄存器

10.2.2　移位寄存器

与数码寄存器相比移位寄存器具有移位功能，在数字电路及计算机中被广泛使用。当移位寄存器用于实现数据的传送时，可以节约线路的数目（基本用线只需数据线、时钟线和地线3根）。计算机中的串行通信口就是靠移位寄存器来实现串行数据传输的。

1．左移移位寄存器

图10.2.3所示是用D触发器组成的4位左移移位寄存器。

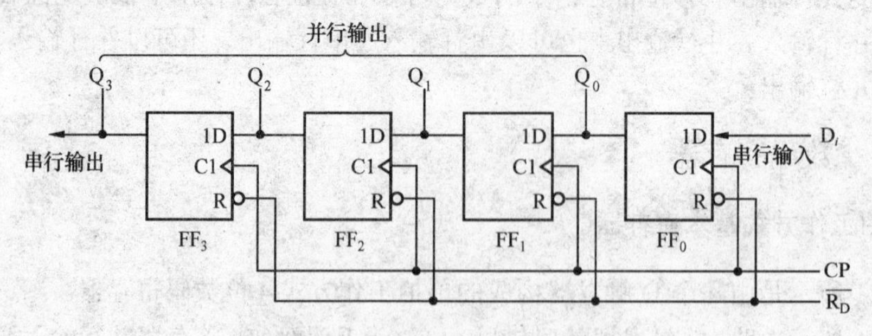

图 10.2.3　由D触发器构成的左移寄存器

工作前，加一置初态负脉冲，$\overline{R_D}=0$，使寄存器清零。假如输入的数码为 1011，当 $\overline{R_D}=1$ 时，在移位脉冲作用下，数码由高位到低位依次左移入寄存器，移位情况如表 10.2.1 所示。

表 10.2.1　　4 位左移寄存器状态表

移位脉冲 CP	Q_2	Q_2	Q_1	Q_0	输入数码 D_i
0	0	0	0	0	1
1	0	0	0	1	0
2	0	0	1	0	1
3	0	1	0	1	1
4	1	0	1	1	
并行输出	1	0	1	1	

可见，在串行输入端依次输入数据 1011，经过 4 个脉冲时钟，寄存器中就寄存了输入数据 1011，并且可从各触发器的输出端并行输出数据 1011。同理。若左移位寄存器中已存有并行数据，在 CP 脉冲作用下，逐位左移并从 Q_3 端输出，便可实现并行数据输入至串行数据输出的转换。例将 1011 存入寄存器后，经 8 个脉冲时钟后，在 Q_3 串行输出端，输出数据 1011。由于各个触发器为上升沿触发，因此，寄存器工作波形如图 10.2.4 所示。

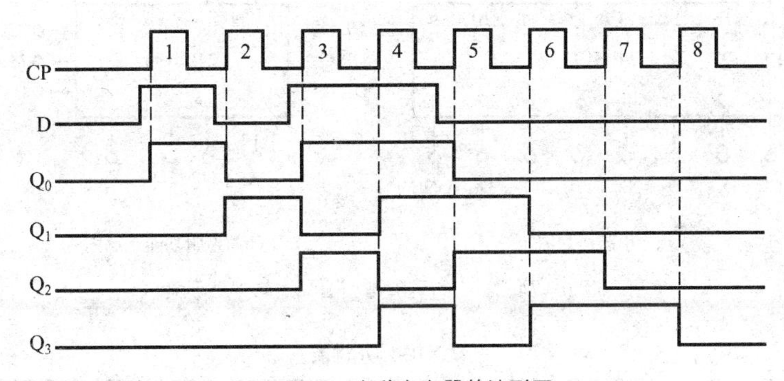

图 10.2.4　左移寄存器的波形图

2．右移移位寄存器

图 10.2.5 所示是用 D 触发器组成的 4 位右移移位寄存器。右移移位寄存器与左移不同的是数码移入寄存器的顺序是先低位后高位。设输入数据 1011，移位情况如表 10.2.2 所示。

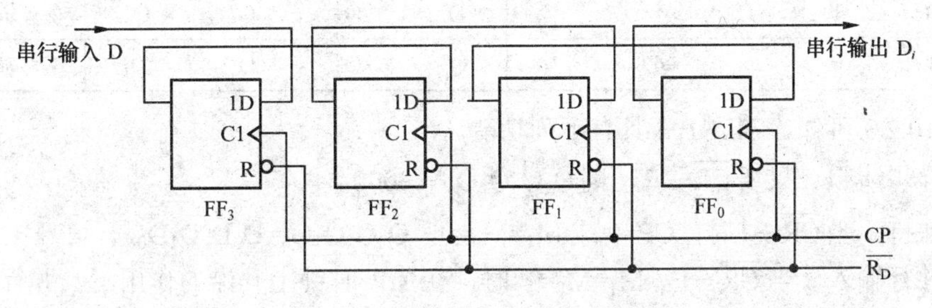

图 10.2.5　由 D 触发器构成的右移寄存器

表 10.2.2　　　　4 位右移寄存器状态表

移位脉冲 CP	输入数码 D_i	Q_3	Q_2	Q_1	Q_0
0	1	0	0	0	0
1	1	1	0	0	0
2	0	1	1	0	0
3	1	0	1	1	0
4		1	0	1	1
并行输出		1	0	1	1

3．集成双向移位寄存器

把左移移位寄存器和右移移位寄存器组合起来，加上移位方向控制信号，便可方便地构成双向移位寄存器。常用的双向移位寄存器有 74LS194。图 10.2.6 所示是 74LS194 的引脚排列图和逻辑功能示意图。$\overline{CR}$ 是清零端；M_0、M_1 是工作状态控制端；D_{SR} 和 D_{SL} 分别是右移和左移串行数据输入端；D_0～D_3 是并行数据输入端；Q_0～Q_3 是并行数据输出端；CP 是移位脉冲。表 10.2.3 所示是 74LS194 的功能表。

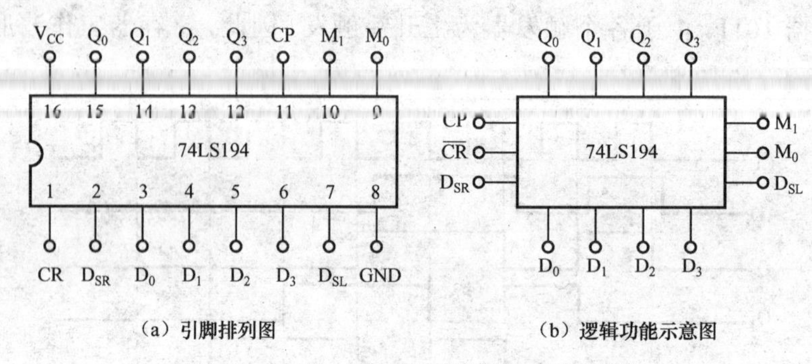

（a）引脚排列图　　（b）逻辑功能示意图

图 10.2.6　74LS194 的引脚排列图和逻辑功能示意图

表 10.2.3　　　　74LS194 功能表

输入						输出				功能
$\overline{CR}$	M_1	M_0	D_{SR}	D_{SL}	CP	Q_0^{n+1}	Q_1^{n+1}	Q_2^{n+1}	Q_3^{n+1}	
0	×	×	×	×	×	0	0	0	0	异步清零
1	×	×	×	×	0	Q_0^n	Q_1^n	Q_2^n	Q_3^n	保　持
1	0	0	×	×	×	Q_0^n	Q_1^n	Q_2^n	Q_3^n	保　持
1	1	1	×	×	↑	D_0	D_1	D_2	D_3	并行输入
1	0	1	D_i	×	↑	D_i	Q_0^n	Q_1^n	Q_2^n	右移输入 D_i
1	1	0	×	D_i	↑	Q_1^n	Q_2^n	Q_3^n	D_i	左移输入 D_i

由表 10.2.3 可知，74LS194 具有下列功能。

（1）异步清零。只要 $\overline{CR}=0$，则 $Q_3Q_2Q_1Q_0=0000$。

（2）保持。当 $\overline{CR}=1$ 时，CP=0 或 $M_1=M_0=0$，$Q_3Q_2Q_1Q_0=D_3D_2D_1D_0$。

（3）并行输入。当 $\overline{CR}=1$、$M_1=M_0=1$ 时，在 CP 时钟上升沿的作用下，并行数据 D_0～D_3 被送到相应的输出端 Q_0～Q_3，此时左移和右移串行输入数据 D_{SR} 和 D_{SL} 被禁止。

（4）右移。当$\overline{CR}=1$，且M_1M_0=01 时，在 CP 时钟上升沿的作用下进行右移操作，数据由D_{SR}送入。

（5）左移。当$\overline{CR}=1$，且M_1M_0=10 时，在 CP 时钟上升沿的作用下进行左移操作，数据由D_{SL}送入。

10.3 计数器

在数字电路中，把记忆输入 CP 脉冲个数的操作叫做计数，能实现计数操作的电子电路称为计数器。计数器是数字系统中用得较多的基本逻辑器件。它不仅能记录输入时钟脉冲的个数，还可以实现分频、定时、产生节拍脉冲和脉冲序列等功能。例如，计算机中的时序发生器、分频器、指令计数器等都要使用计数器。

在数字电路中，计数器的主要特点如下。

（1）从电路组成看，其主要单元是时钟触发器。

（2）一般地说，这种计数器除了输入计数脉冲 CP 信号外，很少有外输入信号，其输出通常都是现态的函数，是一种 Moore 型的时序电路，而输入计数脉冲 CP 通常被用作触发器的时钟信号。

10.3.1 计数器分类

1．按计数长度分

计数长度又称为计数容量或计数器的模，常用M来表示。

（1）二进制计数器

当输入计数脉冲到来时，按二进制规律进行计数的电路称为二进制计数器。它的模$M=2^n$，n是计数器的位数，这类计数器也常称为n位二进制计数器。

（2）十进制计数器

按十进制计数规律计数的电路称为十进制计数器。它的模M=10。

（3）N进制计数器

除了二进制和十进制计数器外其他进制的计数器都称为N进制计数器，例如，N=24 的二十四进制计数器，N=60 的六十进制计数器等。

2．按计数方式分

（1）加法计数器

当输入计数脉冲到来时，按递增规律进行计数的电路称为加法计数器。

（2）减法计数器

当输入计数脉冲到来时，按递减规律进行计数的电路称为减法计数器。

（3）可逆计数器

在加减信号的控制下，既可进行递增计数，也可进行递减计数的电路称为可逆计数器。

3．按计数器中触发器翻转是否同步分

（1）同步计数器

当输入计数脉冲到来时，要更新状态的触发器都是同时翻转的计数器，称为同步计数器。从

电路结构上看，计数器中各个时钟触发器的时钟信号都连接在一起，统一由输入计数脉冲提供。

（2）异步计数器

当输入计数脉冲到来时，要更新状态的触发器，翻转有先有后，是异步进行的，这种计数器称为异步计数器。从电路结构上看，计数器中各个触发器，有的时钟信号是输入计数脉冲，有的时钟信号是其他触发器的输出，并不是同一个时钟脉冲输入信号。

4．按计数器中使用的开关元件分

（1）TTL 计数器

这是一种问世较早、品种规格十分齐全的计数器，多为中规模集成电路。

（2）CMOS 计数器

虽然，CMOS 计数器问世较 TTL 晚，但品种规格却很多，它具有 CMOS 集成电路的共同特点，集成度可以做得很高。

10.3.2　集成计数器

1．集成二进制计数器

图 10.3.1 所示为上升沿有效的 4 位二进制加法计数器的时序图。由图 10.3.14 可见，每位计数器输出信号的频率彼此相差 2 倍，具有“二分频”特点，故也常用作分频电路的分频器使用。

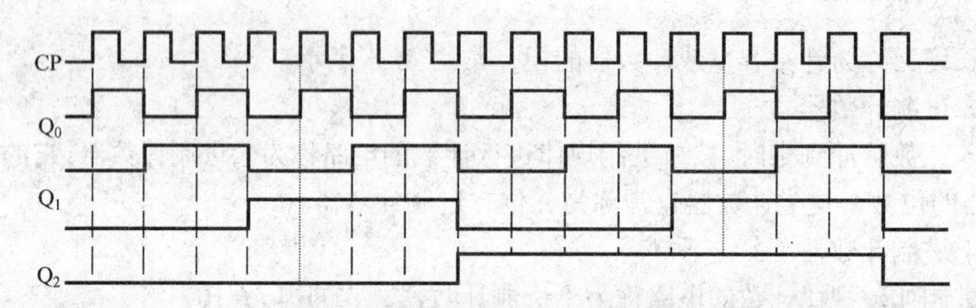

图 10.3.1　4 位二进制计数器的时序图

74LS161 是集成 4 位二进制同步加法计数器。图 10.3.2 所示为 74LS161 的引脚排列图和逻辑功能示意图。图中 CP 是输入计数脉冲；$\overline{CR}$ 是清零端；$\overline{LD}$ 是置数控制端；CT_P 和 CT_T 是两个计数器工作状态控制端；D_0～D_3 是并行输入数据端；CO 是进位信号输出端；Q_0～Q_3 是计数器状态输出端。表 10.3.1 所示是集成计数器 74LS161 的功能表。

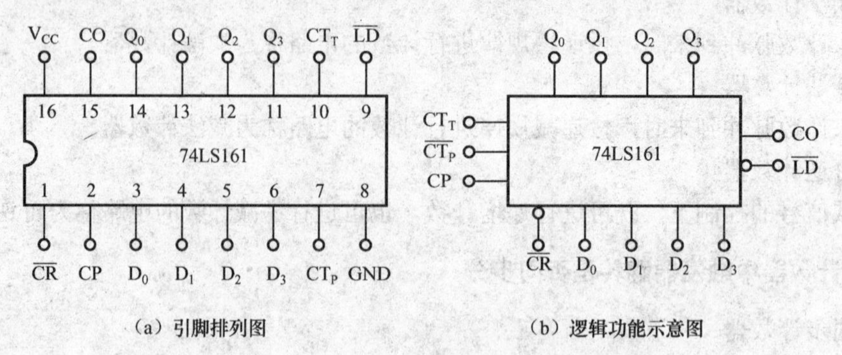

（a）引脚排列图　（b）逻辑功能示意图

图 10.3.2　74LS161 的引脚排列图和逻辑功能示意图

表 10.3.1 74LS161 的功能表

输入					输出				
$\overline{CR}$	$\overline{LD}$	CT_P	CT_T	CP	Q_0^{n+1}	Q_1^{n+1}	Q_2^{n+1}	Q_3^{n+1}	CO
0	×	×	×	×	0 0 0 0（异步清零）				0
1	0	×	×	↑	$D_0\,D_1\,D_2\,D_3$（同步置数）				$CO=CT_T\cdot Q_3^nQ_2^nQ_1^nQ_0^n$
1	1	1	1	↑	计 数				$CO=Q_3^nQ_2^nQ_1^nQ_0^n$
1	1	0	×	×	保 持				$CO=CT_T\cdot Q_3^nQ_2^nQ_1^nQ_0^n$
1	1	×	0	×	保 持				0

由表 10.3.1 可以看出，74LS161 功能如下。

（1）异步清零功能。当$\overline{CR}=0$时，不管其他输入信号为何状态，计数器输出清零。在这里关于“异步”的概念是指，在做清零操作时，不需要 CP 脉冲的触发边沿即可清零。

（2）同步并行置数功能。当$\overline{CR}=1$，$\overline{LD}=0$时，在 CP 上升沿到来时，不管其他输入信号为何状态，并行输入数据 D_0～D_3 进入计数器，使$Q_3^{n+1}\ Q_2^{n+1}\ Q_1^{n+1}\ Q_0^{n+1}=D_3D_2D_1D_0$，即完成了并行置数功能。而如果没有 CP 上升沿到来，尽管$\overline{LD}=0$，也不能使预置数据进入计数器。可见，关于“同步”的概念是指在进行置数操作时，必须要有 CP 脉冲触发边沿，即要和 CP 同步。

在利用集成计数器设计 N 进制计数器的过程中，关于异步清零、还是同步清零；是异步置数、还是同步置数是很重要的概念，要很好地理解。

（3）二进制同步加法计数功能。当$\overline{CR}=\overline{LD}=1$时，若 $CT_P=CT_T=1$，则计数器对 CP 信号按照自然二进制编码方式循环计数。当计数状态达到 1111 时，CO=1，产生进位信号。

（4）保持功能。当$\overline{CR}=\overline{LD}=1$时，若$CT_P\cdot CT_T=0$，则计数器状态保持不变。需要说明的是，当 $CT_P=0$，$CT_T=1$ 时，$CO=Q_3^nQ_2^nQ_1^nQ_0^n$；当 $CT_T=0$ 时，不管 CT_P 状态如何，进位输出 CO=0。

2．集成十进制计数器

图 10.3.3 所示为上升沿有效的十进制计数器时序图。

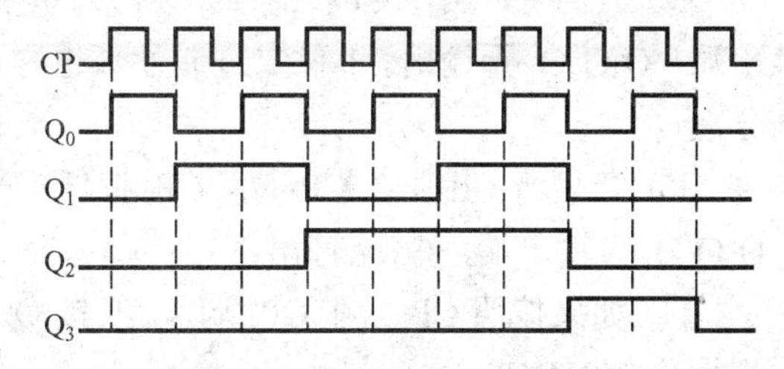

图 10.3.3 十进制计数器的时序图

74LS90 是一种典型的集成异步计数器，可实现二—五—十进制计数。图 10.3.4 所示是 74LS90 的引脚排列排列图和逻辑功能示意图。

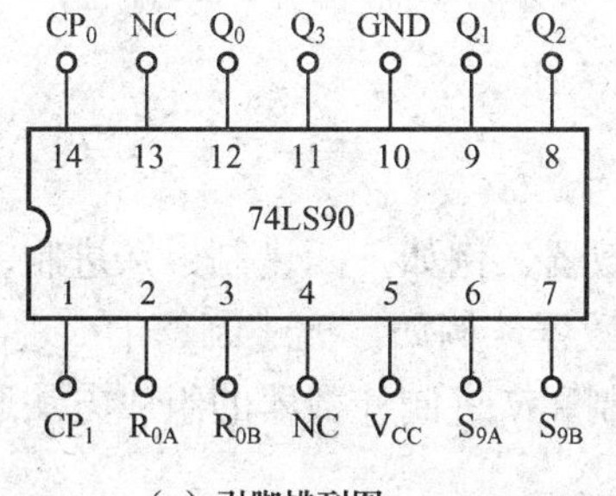

（a）引脚排列图

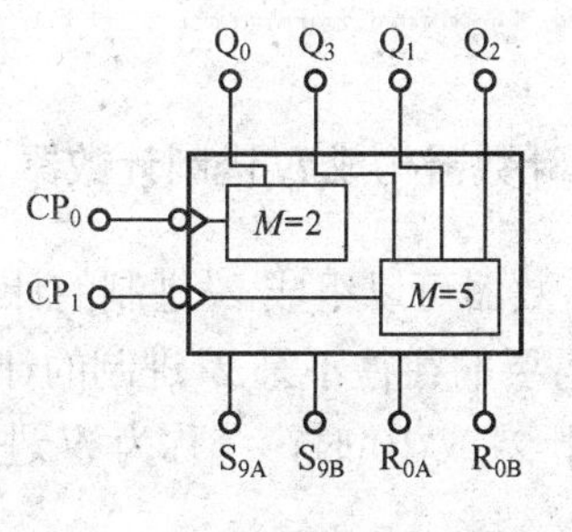

（b）逻辑功能示意图

图 10.3.4 74LS90 的引脚排列排列图和逻辑功能示意图

表 10.3.2　　74LS90 的功能表

输入						输出			
R_{0A}	R_{0B}	S_{9A}	S_{9B}	CP_0	CP_1	Q_0^{n+1}	Q_1^{n+1}	Q_2^{n+1}	Q_3^{n+1}
1	1	0	×	×	×	0	0	0	0（清零）
1	1	×	0	×	×	0	0	0	0（清零）
×	×	1	1	×	×	1	0	0	1（置 9）
×	0	×	0	↓	0	二进制计数			
×	0	0	×	0	↓	五进制计数			
0	×	×	0	↓	Q_0	8421 码十进制计数			
0	×	0	×	Q_3	↓	5421 码十进制计数			

表 10.3.2 所示为 74LS90 功能表。由表可知 74LS90 具有下列功能。

（1）异步清零。当$S_{9A} \cdot S_{9B}=0$时，如果$R_{0A} \cdot R_{0B}=1$，则计数器清零，与输入 CP 脉冲无关，因此 74LS90 具有异步清零。

（2）异步置 9。当$S_{9A} \cdot S_{9B}=1$时，计数器置 9，与 CP 无关，也是异步进行的，并且它的优先级别高于清零端。

（3）异步计数。当$S_{9A} \cdot S_{9B}=0$并且$R_{0A} \cdot R_{0B}=0$时，计数器进行异步计数，有 4 种基本情况。

① 若将输入时钟脉冲 CP 加在 CP_0 端，且 Q_0 接到 CP_1 端，则电路将按照 8421BCD 编码方式进行异步加法计数。

② 若将 CP 加在 CP_0 端，而 CP_1 接低电平，则构成 1 位二进制即二进制计数器，Q_0 为输出端，$Q_3Q_2Q_1$ 无输出。1 位二进制计数也称二分频，这是因为 Q_0 变化的频率是 CP 频率的二分之一。

③ 若只将 CP 加在 CP_1 端，CP_0 接低电平，则构成五进制异步计数器，也称五分频电路。$Q_3Q_2Q_1$ 为输出端，Q_0 无输出。

④ 如果按照 CP 加在 CP_1 端，CP_0 接 Q_3 连接，虽然电路仍然是十进制异步计数器，计数规律是 5421BCD 码。

74LS90 没有专门的进位输出端，当多片 74LS90 级联需要进位信号时，可直接从 Q_3 端引出。

3．利用集成计数器构成 *N* 进制计数器

n 位二进制计数器可以组成 2^n 进制的计数器，例如，四进制、八进制、十六进制等，但在实际应用中，需要的往往不是 2^n 进制的计数器，例如，五进制、十二进制、六十进制等，当计数长度不等于 2^n 或 10 时，统称为 *N* 进制。*N* 进制计数器的组成方法通常利用集成计数器构成。

集成计数器一般都设置有清零和置数输入端，*N* 进制计数器就是利用清零端或置数端，

让电路跳过某些状态来获得的。当然，无论清零还是置数都有同步和异步之分。有的集成计数器采用同步方式，即当 CP 触发沿到来时才能完成清零或置数任务；有的集成计数器则采用异步方式，即通过触发器的异步输入端来直接实现清零或置数，与 CP 无关。在集成电路手册中，通过功能表很容易鉴别集成计数器的清零和置数方式。

下面结合实例，介绍如何利用模为 M 的集成加法计数器构成按自然态序进行计数的 N 进制加法计数器的方法。(关于利用集成可逆计数器构成 N 进制减法计数器的方法相似，此处不一一列举了)。

（1）取前 N 种状态构成 N 进制计数器

设计思路：根据设计要求，计数器的有效状态是按 0000→0001→…→S_{N-1}→0000 依次循环，当计数器的状态达到 S_{N-1} 时，再来一个计数脉冲，应该归零，这样就跳过了后边的 $M-N$ 种状态，构成了前 N 种状态的 N 进制计数器。所以设计的关键问题是要找到归零信号。

① 用同步清零端或置数端归零

步骤如下：

a．写出状态 S_{N-1} 的二进制代码；

b．求归零逻辑——同步清零端或置数控制端信号的逻辑表达式；

c．画连线图。

【例 10.3.1】 试用 74LS161 同步置数端构成十一进制计数器。

解：1.写出状态 S_{N-1} 的二进制代码

$$S_{N-1}=S_{11-1}=S_{10}=1010$$

2．求归零逻辑

根据 74LS161 的功能表可知，置数端为低电平时，同步置数。所以，只要令清零端

$$\overline{LD}=\overline{Q_3^nQ_1^n}$$

其他输入端保证能够按十六进制正常计数即可。

3．画连线图

连线图如图 10.3.5 所示。

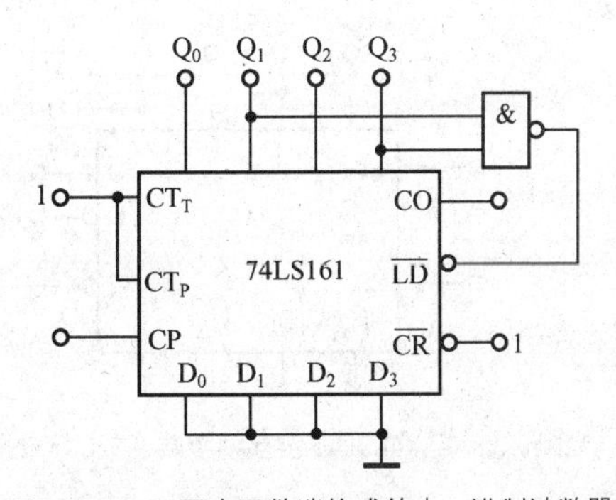

图 10.3.5 用同步置数端构成的十一进制计数器

注意：同步清零法和同步置数法获得 N 进制计数器的关键是清零端（置数端）获得有效信号后，计数器并不立刻清零（置数），还要再输入一个 CP 脉冲才动作。因此，使用同步清零（置数）端获得 N 进制计数器应在输入 $N-1$ 个 CP 脉冲时获得清零（置数）信号。

② 用异步清零端或置数端归零

步骤如下：

a．写出状态 S_N 的二进制代码；

b．求归零逻辑——求异步清零端或置数控制端信号的逻辑表达式；

c．画连线图。

【例 10.3.2】利用 74LS161 异步清零端构成一个十一进制计数器。

解：1．写出状态 S_N 的二进制代码

$$S_N = S_{11} = 1011$$

2．求归零逻辑

根据 74LS161 的功能表可知，清零端为低电平时，异步清零。所以只要令清零端

$$\overline{CR} = \overline{Q_3^n Q_1^n Q_0^n}$$

其他输入端保证能够按十六进制正常计数即可。

3．画连线图

连线图如图 10.3.5 所示。

注意：异步清零法（异步置数法）获得 N 进制计数器的关键是清零端（置数端）获得有效信号后，计数器立刻清零（置数），不需要等 CP 脉冲有效边沿。所以，应该利用 N 这种状态，获得归零信号。虽然在计数器的输出端产生了 N 这种状态，但是时间非常短，计数器还没有进入到稳定的状态，就已经归零了，N 这种状态，只是一个短暂的过渡状态，并没有真正地在输出端输出。

（2）取中间 N 种状态构成 N 进制计数器

例如：要求设计数字电子钟的 12 小时计数器，它的最小数是 1，最大数是 12，就属于这种情况。

设计思路：根据设计要求，若计数器的有效状态是从最小数 x 到最大数 m，即 $x \to x+1 \to \cdots \to m \to x$ 依次循环，当计数器的状态达到 m 时，再来一个计数脉冲，应该归 x，这样就构成了中间 N 种状态的 N 进制计数器。所以设计的关键问题是要找到置最小数 x 的信号，并且所用的集成计数器必须要有置数功能。

设计方法：检测最大数置入最小数

利用门电路检测需要计的最大数，在检测最大数时，要根据置数端是同步置数还是异步置数，正确选出是取 m 还是取 m+1 的状态。电路连线如图 10.3.7 所示。

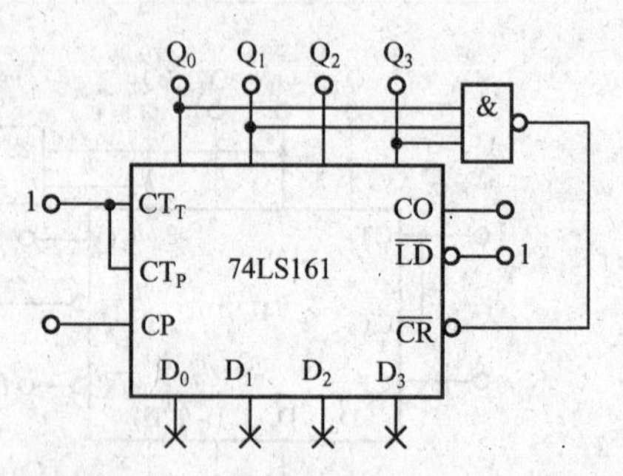

图 10.3.6 用 74LS161 异步清零端构成的十进制计数器

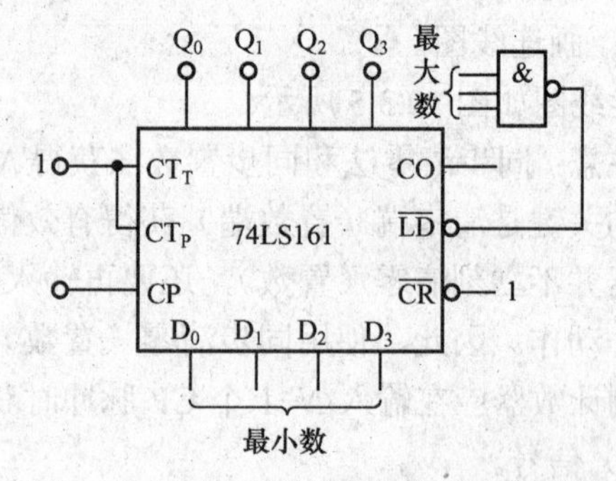

图 10.3.7 取中间 N 种状态构成 N 进制计数器

（3）取后 N 种状态构成 N 进制计数器

设计思路：根据设计要求，假如计数器的有效状态是从最小数 x 到 $M-1$，即 $x \to x+1 \to \cdots \to M-1 \to x$ 依次循环，也就是当计数器的状态达到 $M-1$ 时，再来一个计数脉冲，应该归 x，这样就跳过了前边的 2^n-N 种状态，构成了后 N 种状态的 N 进制计数器。所以设计的关键问

题是要找到置最小数 x 的信号，并且所用的集成计数器必须要有置数功能。

① 用进位输出端置最小数 x

因为需要计的最大数与所用计数器的最大计数相同，因此可用进位输出信号 CO 来控制置数端 $\overline{LD}$，如图 10.3.8 所示。当计数器输出最大数并产生进位信号后，置数端 $\overline{LD}=0$，在下一个 CP 脉冲到来时，计数器将把计数器输出置数成输入信号 D_0～D_3，作为 N 进制计数器的最小数，然后计数器又从最小数开始重新计数。通常只有集成同步计数器才设置有进位输出端。

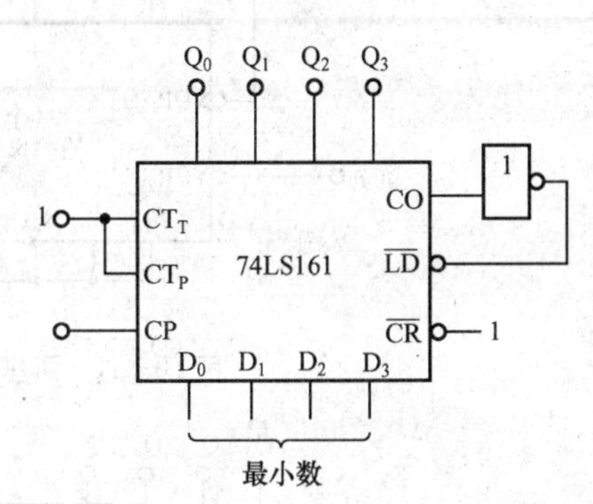

图 10.3.8 用进位输出端构成后 N 种状态的计数器

② 检测最大数，置入最小数

若集成计数器没有进位输出端，可以仿照取中间 N 种状态构成 N 进制计数器的方法。

（4）集成计数器的级联

① 集成计数器的级联

若一片计数器位数不够用时，可以把若干片串联起来，从而获得更大容量的计数器。例如，把一个 N_1 进制计数器和一个 N_2 进制计数器串联起来，可以构成 $N=N_1 \times N_2$ 进制计数器。这种方法称为级联法。集成计数器一般都设有级联用的输入端和输出端，只要正确地将它们连接起来，便可以实现容量的扩展。

图 10.3.9 所示是两片 74LS161 级联起来构成 256 进制（8 位二进制）同步加法计数器。同步计数器通常设有进位或借位输出端，可以选择合适的进位或借位输出信号来驱动下一级计数器计数。

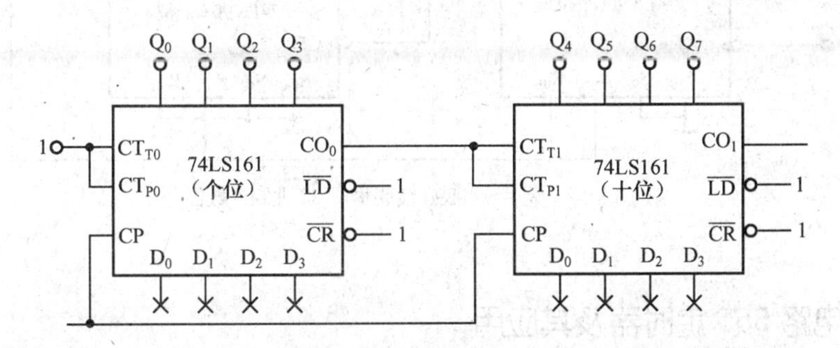

图 10.3.9 两片 74LS163 级联起来构成 256 进制同步加法计数器

图 10.3.10 所示是两片 74LS90 级联构成的 100 进制（2 位十进制）计数器。异步计数器一般没有专门的进位信号输出端，通常用本级的高位输出信号驱动下一级计数器计数。

② 利用级联方法获得大容量的 N 进制计数器

若要获得大容量的 N 进制计数器，只需按前面介绍的方法将计数器级联后，再利用归零法实现大容量 N 进制计数器的设计。图 10.3.11 所示是用两片 74LS161 构成的 132 进制计数器。图 10.3.12 所示是两片 74LS90 级联起来构成 100 进制（2 位十进制）计数器后，再用归零法构成 82 进制计数器。

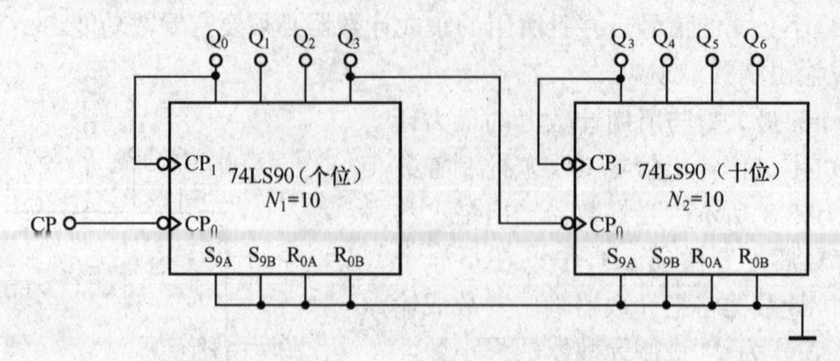

图 10.3.10　两片 74LS90 级联构成的 100 进制计数器

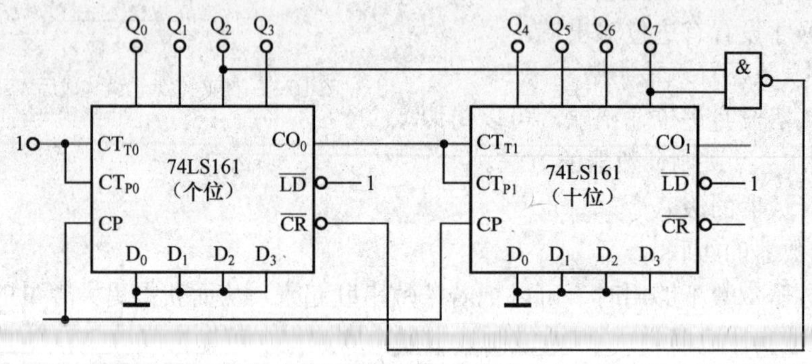

图 10.3.11　两片 74LS161 构成的 132 进制计数器

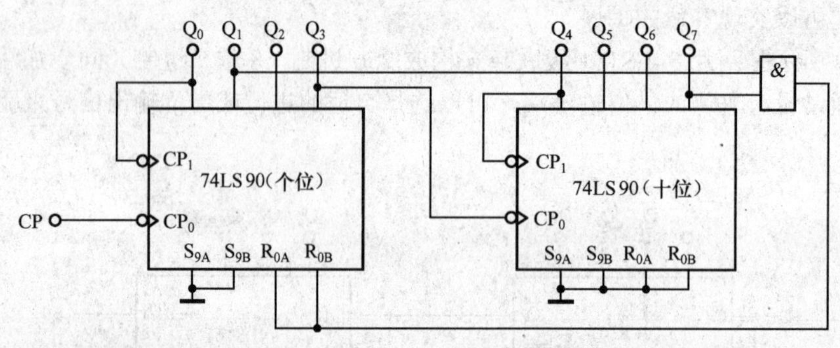

图 10.3.12　两片 74LS90 级联构成 82 进制计数器

10.4　集成电路 555 定时器及其应用

集成电路 555 定时器是将模拟电路和数字电路集成于一体的电子器件，该电路使用灵活、方便，只需外接少量的阻容元件就可以方便地构成多谐触发器、单稳触发器和施密特触发器。因而在定时、检测、控制和报警等方面都有广泛的应用。

10.4.1　555 定时器的结构和工作原理

1. 电路组成

555 定时器的内部结构和引脚排列如图 10.4.1 所示。

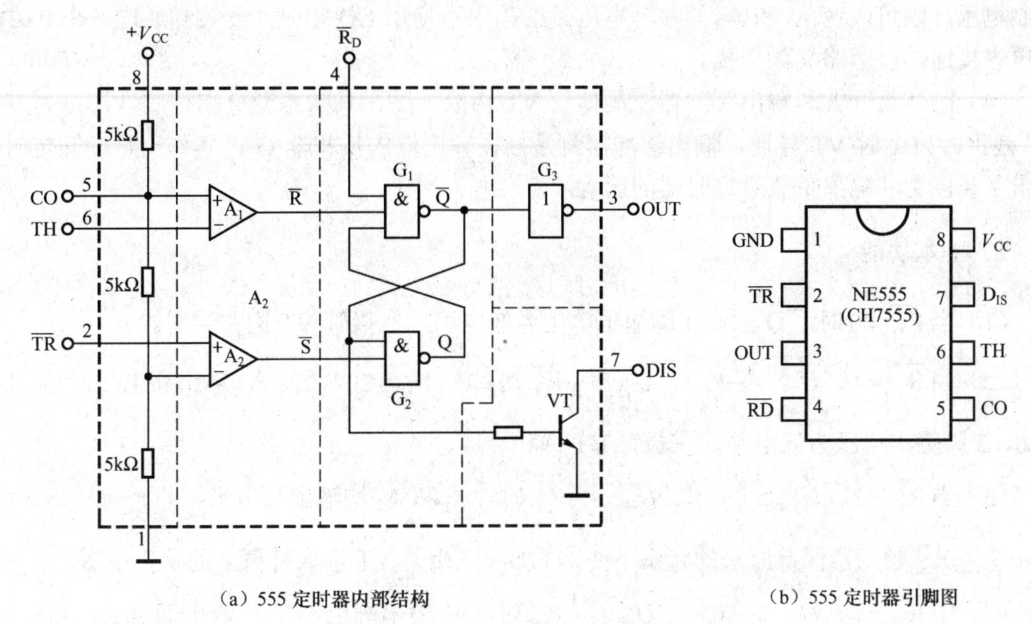

（a）555 定时器内部结构　　　　（b）555 定时器引脚图

图 10.4.1　555 定时器结构和引脚图

555 定时器的引脚名称如表 10.4.1 所示。

表 10.4.1　　　　555 定时器的引脚名称

序　　号	符　　号	名　　称
1	GND	接地端
2	$\overline{TR}$	低电平触发端
3	U_O	输出端
4	R_D	复位端
5	CO	电压控制端
6	TH	高电平触发端
7	DIS	放电端
8	$+V_{CC}$	电源端

555 定时器主要由以下几个部分组成。

（1）基本触发器。由两个与非门组成，$\overline{R_D}$ 是专门设置的可从外部进行置 0 的复位端，当$\overline{R_D}=0$时，使 Q=0、$\overline{Q}=1$。

（2）比较器。A_1 和 A_2 是两个电压比较器。比较器有两个输入端，分别标有+号和−号，如果用 U_+和 U_-表示相应输入端上所加的电压，则当 $U_+>U_-$时其输出为高电平，$U_+<U_-$时输出为低电平，两个输入端基本上不向外电路索取电流，即输入电阻趋近于无穷大。

（3）分压器。3 个阻值均为 5kΩ的电阻串联起来构成分压器。此分压器为比较器 A_1 和 A_2 提供参考电压，A_1 的正端$U_+=\dfrac{2}{3}V_{CC}$、A_2 的负端$U_-=\dfrac{1}{3}V_{CC}$。如果在电压控制端 CO 另加控制电压，则可改变 A_1 和 A_2 的参考电压。工作中不使用 CO 端时，一般都通过一个 0.01μF 的电容接地，以旁路高频干扰。

（4）晶体管开关和输出缓冲器。晶体管 VT 构成开关，其状态受 $\overline{Q}$ 端控制，当 $\overline{Q}$ 为 0 时 VT 截止，为 1 时 VT 导通。输出缓冲器就是接在输出端的反相器 G_3，其作用是提高定时器的带负载能力和隔离负载对定时器的影响。

2. 基本功能

（1）当 $\overline{R_D}=0$ 时，$\overline{Q}=1$，3 脚输出电压为低电平，三极管 VT 饱和导通。

（2）当 $\overline{R_D}=1$、$U_{TH}>\frac{2}{3}V_{CC}$、$U_{\overline{TR}}>\frac{1}{3}V_{CC}$ 时，A_1 输出低电平，A_2 输出高电平，$\overline{Q}=1$，Q=0，3 脚输出电压为低电平，三极管 VT 饱和导通。

（3）当 $\overline{R_D}=1$、$U_{TH}>\frac{2}{3}V_{CC}$、$U_{\overline{TR}}>\frac{1}{3}V_{CC}$ 时，A_1 和 A_2 均输出高电平，即 $\overline{R}=1$、$\overline{S}=1$ 因此，基本 RS 触发器保持原来的状态不变，3 脚和三极管 VT 也保持原来的状态不变。

（4）当 $\overline{R_D}=1$、$U_{TH}>\frac{2}{3}V_{CC}$、$U_{\overline{TR}}>\frac{1}{3}V_{CC}$ 时，A_1 输出高电平，A_2 输出低电平，$\overline{Q}=0$，Q=1，3 脚输出电压为高电平，三极管 VT 截止。

根据以上分析，可以得出表 10.4.2 所示的逻辑状态表

表 10.4.2　　555 定时器的逻辑状态表

输入			输出	
$\overline{R_D}$（4 脚）	高电平触发端 U_{TH}（6 脚）	低电平触发端 $U_{\overline{TR}}$（2 脚）	输出端（3 脚）	T 的导通状态
0	×	×	0	导通
1	$>\frac{2}{3}V_{CC}$	$<\frac{1}{3}V_{CC}$	0	导通
1	$<\frac{2}{3}V_{CC}$	$>\frac{1}{3}V_{CC}$	不变	不变
1	$<\frac{2}{3}V_{CC}$	$<\frac{1}{3}V_{CC}$	1	截止

3. 555 定时器常见型号及性能

555 集成电路是一种双极性器件，其型号有 NE555 或 5G555 等多种，它们的结构及工作原理基本相同。双极性 555 定时器具有较大的驱动能力，其高电平输出电流可达 200mA，低电平灌电流可达 200mA，工作电源的电压范围宽，可达 4.5～15V。

另有一种结构原理与 555 相同的 CMOS 器件 7555，它具有低功耗、输入阻抗高等优点。电源电压范围为 3～18V，带拉电流负载的能力为 1mA，带灌电流负载能力为 3.2mA。

多功能集成电路 556 是在同一基片上制作了两个 555 集成电路，芯片内部的两个 555 电路除电源共线外，其余均各自独立。

10.4.2　555 定时器的应用

1. 用 555 定时器组成的施密特触发器

施密特触发器是一种双稳态触发器。它的一个重要特点是：能够把变化非常缓慢的输入脉冲波形整形成为适合于数字电路需要的矩形脉冲，而且由于具有滞回特性，所以抗干扰能力也很强。施密特触发器在脉冲的产生和整形电路中有广泛的应用。

（1）施密特触发器的工作原理

将 555 定时器的 TH 端（6 脚）、$\overline{\mathrm{TR}}$（2 脚）连接起来作为信号输入端 u_i，便构成了施密特触发器，如图 10.4.2（a）所示。图（b）所示是当 u_i 为三角波时施密特电路的工作波形。

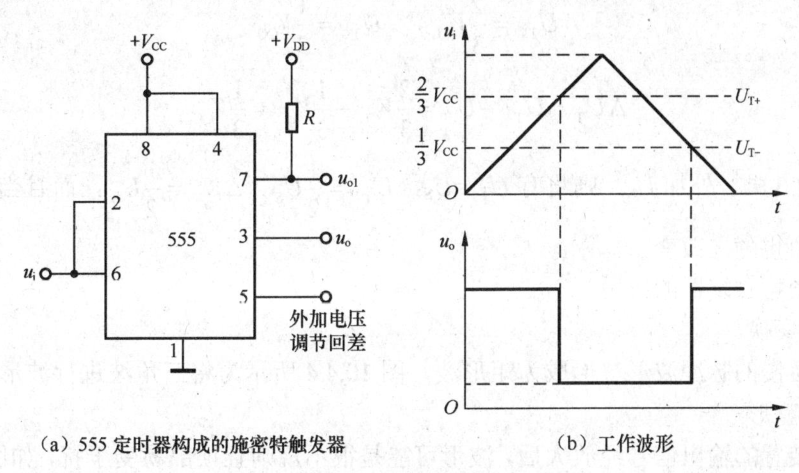

（a）555 定时器构成的施密特触发器　　（b）工作波形

图 10.4.2　555 构成的施密特触发器

555 中的晶体三极管 VT 集电极引出端（7 脚），通过电阻 R 接电源 V_{DD}，成为输出端 u_{o1}，其高电平可通过改变 V_{DD} 进行调节；u_o 是 555 的信号输出端（3 脚）。

① 当 u_i=0V 时，由于比较器 A_1 输出为 1，A_2 输出为 0，基本 RS 触发器置 1，即 Q=1，$\overline{Q}=0$，u_{o1}=1，u_o=1。u_i 升高时，在未到达 $\frac{2}{3}V_{CC}$ 以前，u_{o1}=1、u_o=1 的状态不会改变。

② u_i 升高到 $\frac{2}{3}V_{CC}$ 时，比较器 A_1 输出跳变为 0，A_2 输出为 1，基本 RS 触发器置 0，即跳变到 Q=0，$\overline{Q}=1$，u_{o1} 和 u_o 也随之跳变到 0。此后，u_i 上升到 V_{CC}，然后再降低，但在未达到 $\frac{1}{3}V_{CC}$ 以前，u_{o1}=0，u_o=0 的状态不会改变。

③ u_i 下降到 $\frac{1}{3}V_{CC}$ 时，比较器 A_1 输出为 1，A_2 输出跳变为 0，基本 RS 触发器置 1，即跳变到 Q=1，$\overline{Q}=0$，但 u_{o1}=1 和 u_o=1 的状态不会改变。

图 10.4.3 所示是施密特触发器的电压传输特性——输出电压与输入电压的关系曲线，它是图 10.4.2 所示电路的滞回特性形象而直观的反映。当输入电压 u_i 由 0V 上升到 $\frac{2}{3}V_{CC}$ 时，

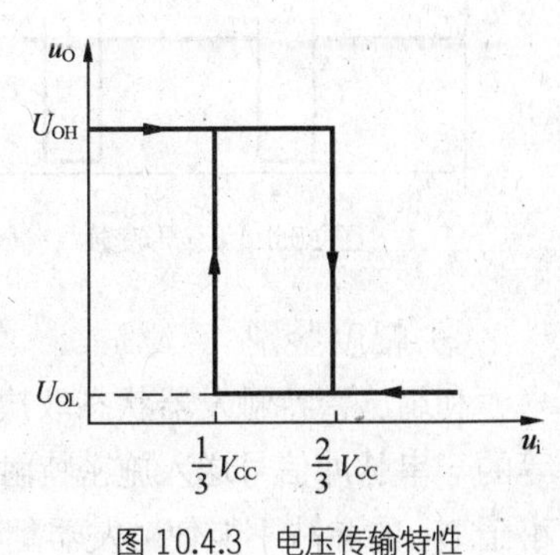

图 10.4.3　电压传输特性

u_o 由 U_{OH} 跳变到 U_{OL}，当输入电压 u_i 由 V_{CC} 下降到 $\frac{1}{3}V_{CC}$ 时，u_o 由 U_{OL} 跳变回到 U_{OH}。

在输入信号上升的过程中，当其电平增大到 U_{T+}时，输出由低电平跳变到高电平，即电路由一个稳态转换到另一个稳态，这一转换时刻的输入信号电平 U_{T+}称为正向阈值电压。在输入信号下降的过程中，当其电平减小到 U_{T-}时，电路又会自动翻转回原来的状态，输出由高电平跳变到低电平，这一时刻的输入信号电平 U_{T-}称为负向阈值电压。施密特触发器的正向阈值电压和负向阈值电压是不相等的，两者之差定义为回差电压 ΔU_T，即

$$\Delta U_T = U_{T+} - U_{T-} \tag{10.4.1}$$

图 10.4.2 中，

$$U_{T+} = \frac{2}{3}V_{CC}，\quad U_{T-} = \frac{1}{3}V_{CC}$$

$$\Delta U_T = U_{T+} - U_T = \frac{2}{3}V_{CC} - \frac{1}{3}V_{CC} = \frac{1}{3}V_{CC}$$

若 U_{CO}（5 脚）外加 U_S，则将有 U_{T+}=U_S，$U_{T-} = \frac{1}{2}U_S$，$\Delta U_T = \frac{1}{2}U_S$，而且当改变 U_S 时，U_{T+}，U_{T-}的值也随之改变。

（2）施密特触发器的应用

① 波形变换

将变化缓慢的脉冲波形整形成为矩形波，图 10.4.4 所示为将三角波进行波形变换。

② 波形整形

某测量装置的输出信号经放大后，波形可能是很不规则且顶部易受干扰，如图 10.4.5（a）所示；经施密特触发器整形后如图 10.4.5（b）所示的合乎要求的脉冲波形；若回差电压较小，顶部干扰将对波形造成不良影响，如图 10.4.5（c）所示，在这种情况下，适当增加回差，可提高触发器抗干扰能力。

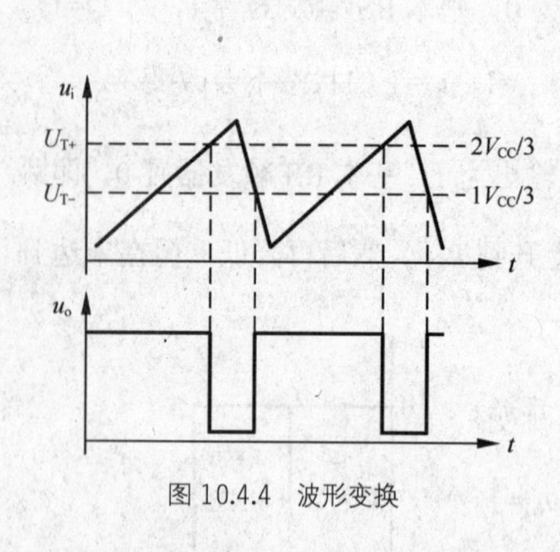

图 10.4.4 波形变换

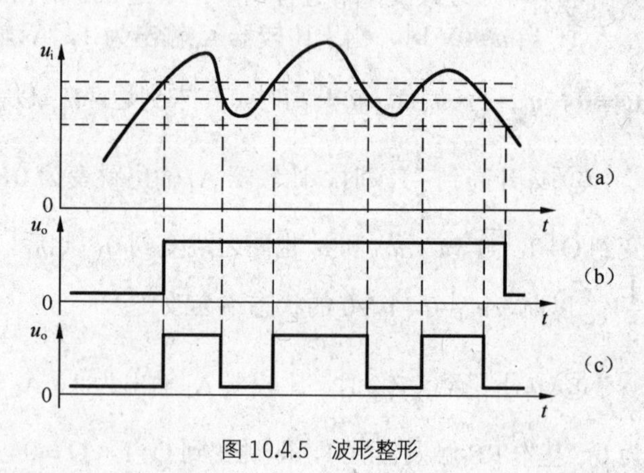

图 10.4.5 波形整形

③ 幅度鉴别

利用施密特触发器状态取决于输出信号的幅值这一特点，可以作为幅度鉴别电路。将幅度不等的一串脉冲信号送入施密特触发器输入端，超过 U_{T+}的脉冲，使触发器翻转，有脉冲输出；而小于 U_{T+}的脉冲不能使触发器翻转，无脉冲输出，从而达到了幅度鉴别的目的，如图 10.4.6 所示。

在生产实践中，需要对信号幅度进行鉴别的情况很多。例如，为了保证安全生产，必须使锅炉内的压力或温度不得超过某额定值，否则就可能发生事故。一种可能的保护方法，就是把炉内压力或温度转变称电压，然后再利用施密特触发器来鉴别它是否超过额定值。

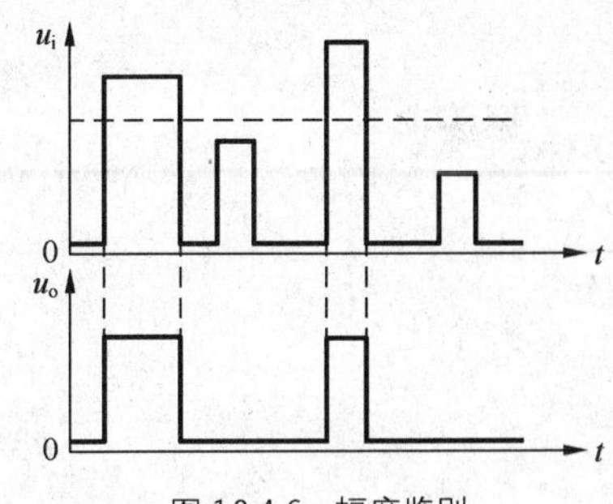

图 10.4.6 幅度鉴别

2. 用 555 定时器组成的多谐振荡器

多谐振荡器是一种自激振荡电路，也称无稳态触发器。它没有稳定状态，也不需要外加触发脉冲。当电路接好之后，只要接通电源，在其输出端便可获得一定频率和幅值的矩形脉冲或方波。由于矩形脉冲中除了基波外还含有极丰富的高次谐波，故称之多谐振荡器。

（1）典型多谐振荡器工作原理

图 10.4.7 所示是由 555 定时器构成的多谐振荡器电路及其工作波形。电路中 R_1、R_2、C 是外接定时元件。

当电源接通时，V_{CC} 通过电阻 R_1、R_2 向电容 C 充电，充电开始瞬间，由于 2 脚处于 0 电平，故输出端 3 脚为高电平；当电源经 R_1、R_2 向 C 充电到 $u_c \geqslant \frac{2}{3}V_{CC}$ 时，输出端 3 脚由高电平变为低电平。此时，555 内部三极管 T 导通，电容 C 经 R_2、7 脚内部的三极管放电，放电到 $u_c \leqslant \frac{1}{3}V_{CC}$ 时，输出端 3 脚由低电平变为高电平，电容 C 又再次充电，如此循环往复，形成振荡，3 脚输出周期性的矩形脉冲，如图 10.4.7（b）所示。

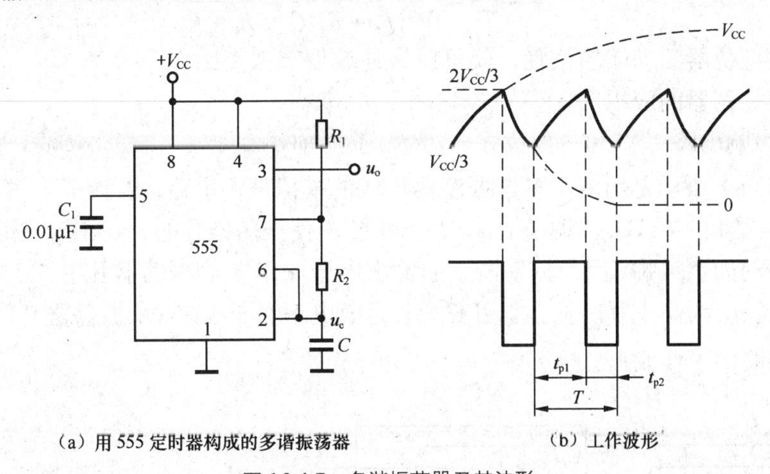

（a）用 555 定时器构成的多谐振荡器　（b）工作波形

图 10.4.7 多谐振荡器及其波形

脉冲周期由充电时间 t_{p1} 和放电时间 t_{p2} 决定，经推算得出下列结论。

充电时间

$$t_{p1} = 0.7(R_1 + R_2)C \tag{10.4.2}$$

放电时间

$$t_{p2} = 0.7R_2C \tag{10.4.3}$$

振荡周期

$$T = t_{p1} + t_{p2} = 0.7(R_1 + R_2)C \tag{10.4.4}$$

振荡频率

$$f = \frac{1}{T} = \frac{1}{0.7(R_1 + 2R_2)C} \tag{10.4.5}$$

占空比

$$q = \frac{t_{p1}}{T} = \frac{0.7(R_1 + R_2)C}{0.7(R_1 + 2R_2)C} = \frac{R_1 + R_2}{R_1 + 2R_2} \tag{10.4.6}$$

（2）占空比可调的多谐振荡器工作原理

图 10.4.8 所示电路为由 555 定时器组成的占空比可调的多谐振荡器。此电路利用半导体二极管的单向导电性，把电容 C 充电和放电回路隔离开来。

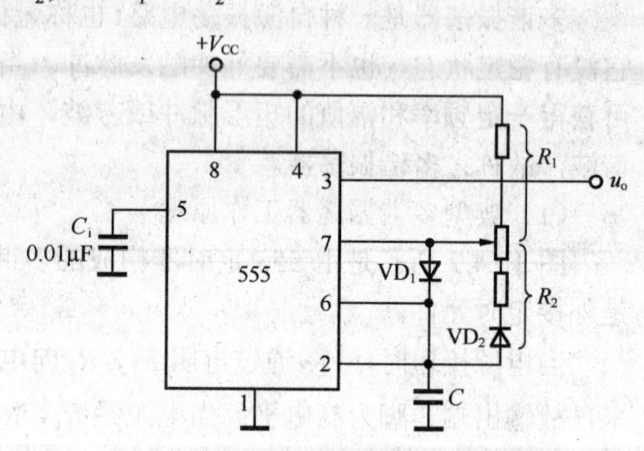

图 10.4.8 占空比连续可调的多谐振荡器

充电回路为：电源→R_1→D_1→C→地。

放电回路为：C→D_2→R_2→555 定时器的 7 脚到地。

电容充电时间常数 τ_1=R_1C，放电时间常数 τ_2=R_2C，可得

充电时间
$$tp_1=0.7R_1C$$
放电时间
$$tp_2=0.7R_2C$$
占空比
$$q = \frac{tp_1}{T} = \frac{0.7R_1C}{0.7(R_1 + R_2)C} = \frac{R_1}{R_1 + R_2}$$

只要改变电位器活动端的位置，就可以方便地调节占空比。

（3）多谐振荡器的应用

① 模拟声响电路

图 10.4.9（a）所示是用两个多谐振荡器构成的模拟声响电路，若调节定时元件 R_{A1}，R_{B1} 和 C_1，使振荡器 I 的 f=1Hz，调节 R_{A2}，R_{B2} 和 C_2，使振荡器 II 的 f=1kHz，那么扬声器就会发出呜…呜…的间歇声响。因为振荡器 I 的输出电压 u_{o1}，接到振荡器 II 中 555 定时器复位端 $\overline{R_D}$（4 脚），当 u_{o1} 为高电平时振荡器 II 振荡，为低电平时 555 复位，振荡器 II 停振，图 10.4.9（b）所示是电路的工作波形。

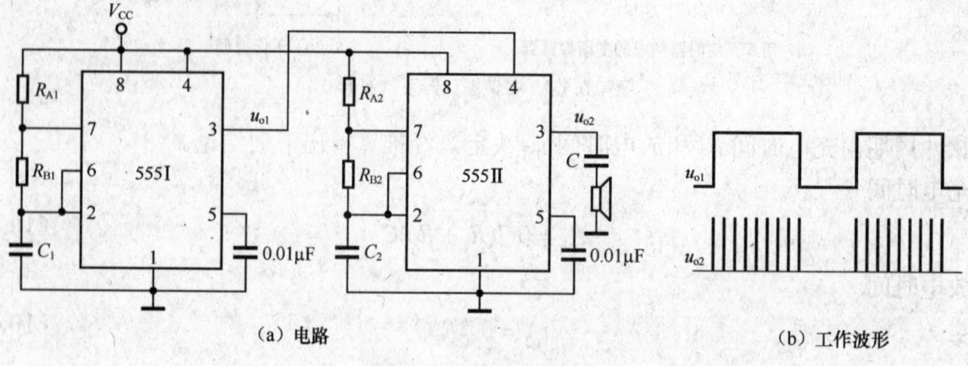

图 10.4.9 模拟声响电路

② 光启动报警电路

图 10.4.10 所示的 555 定时器构成多谐振荡器，并以此构成光启动报警器，定时器输出端 3 脚扬声器。光电二极管是在反向电压作用之下工作的，光电二极管 2AU1B（或光电三极管）无光照时，呈现高电阻，定时器复位端 $\overline{R}_D$（4 脚）经电阻 R_3 接地，相当于低电平，整个电路停振，扬声器不发生。当有光照时，光电二极管呈现低电阻值，使复位端 $\overline{R}_D$ 达高电平，$\overline{R}_D=1$。此时振荡器开始振荡，扬声器立即发出声响报警。电路中定时元件的参考值：R_1=100kΩ，C_1=0.01μF。电路的振荡频率从数百 Hz～十 kHz 连续可调。

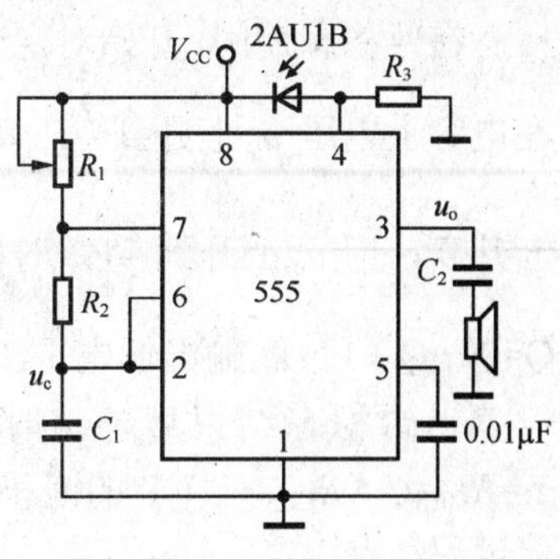

图 10.4.10　光启动报警电路

3. 用 555 定时器组成的单稳态触发器

单稳态触发器的特点：一是电路中有一个稳态，一个暂稳态；二是在外来触发信号作用下，电路由稳态翻转到暂稳态；三是暂稳态是一个不能长久保持的状态，由于电路中 *RC* 延时环节的作用，经过一段时间后，电路会自动返回到稳态。暂稳态的持续时间取决于 *RC* 电路的参数值。单稳态触发器这些特点被广泛地应用于脉冲波形的变换与延时中。

（1）单稳态触发器工作原理

图 10.4.11（a）所示是用 555 集成电路组成的单稳态触发器。定时元件由 *R* 和 *C* 组成，决定着输出脉冲的宽度。$\overline{TR}$ 端（2 脚）作为触发脉冲输入端，必须是负脉冲，从 3 脚输出的是正脉冲暂稳态信号。

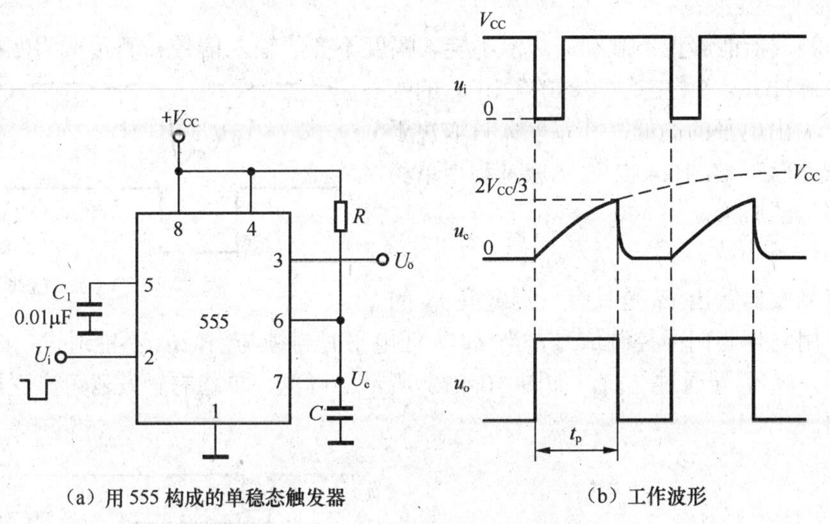

图 10.4.11　用 555 电路组成单稳态触发器

没有触发信号时，即 u_i 为高电平，电路工作在稳定状态。Q=0，$\overline{Q}=1$，u_o 为低电平，VT 饱和导通。

在 u_i 下降沿到来时，电路被触发，立即由稳态翻转到暂稳态。Q=1、$\overline{Q}=0$、u_o 为高电平，VT 截止。

在暂稳态期间，开始对定时电容 C 充电，充电回路是 $V_{CC}\rightarrow R\rightarrow C\rightarrow$地，时间常数为 $\tau_1=RC$。在电容上电压 u_c 上升到 $\frac{2}{3}V_{CC}$ 以前，电路将保持暂稳态不变。随着 C 充电过程的进行，u_c 逐渐升高，当 u_c 上升到 $\frac{2}{3}V_{CC}$ 时，比较器 A_1 输出 0，立即将基本 RS 触发器复位到 0 状态，即 $Q=0$，$\overline{Q}=1$，u_o 输出低电平，VT 饱和导通，暂稳态结束。

当暂稳态结束后，定时电容 C 将通过饱和导通的晶体三极管 VT 放电时间常数 $\tau_2=R_{CES}C$（R_{CES} 是 VT 的饱和导通电阻，约 0.3V），经（3～5）τ_2 后，C 放电完毕，$u_c=0$，恢复过程结束。

恢复过程结束后，电路返回到稳定状态，单稳态触发器又可接收新的输入触发信号。

图 10.4.11（b）所示是单稳态触发器的工作波形。

根据以上分析可知，输出脉冲宽度 t_p 等于暂稳态时间，也就是定时电容 C 的充电时间。根据推导，可知

$$t_p \approx 1.1RC \qquad (10.4.7)$$

图 10.4.11 所示电路中，输入触发信号 u_i 的脉冲宽度必须小于电路输出的脉冲 u_o 的宽度，否则电路的输出端将出现高频振荡波形，不能正常工作。解决这一问题的一个简单办法，就是在电路的输入端加一个 RC 微分电路，即当 u_i 为宽脉冲时，让 u_i 经 RC 微分电路之后再接到 $\overline{TR}$ 端。而微分电路的电阻应接到 V_{CC}，以保证在 u_i 下降沿未到来时，TR 端为高电平。

（2）单稳态触发器的应用

单稳态触发器被广泛地用作脉冲波形的整形、定时和延时等。

① 整形

单稳态触发器能够把不规则、边沿不陡、幅度不齐的输入信号 u_i 整形成为幅度、宽度都相同的矩形脉冲 u_o。单稳态触发器的输出 u_o 的幅度仅决定于输出电平的高低，其宽度 t_p 只取决于定时元件 R 和 C，图 10.4.12 所示就是利用单稳态触发器波形的整形。

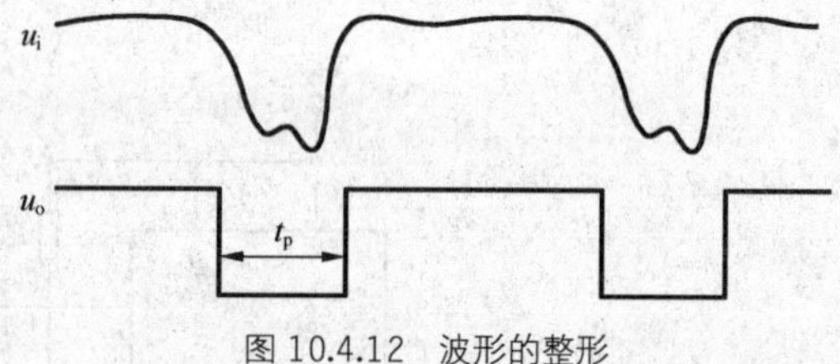

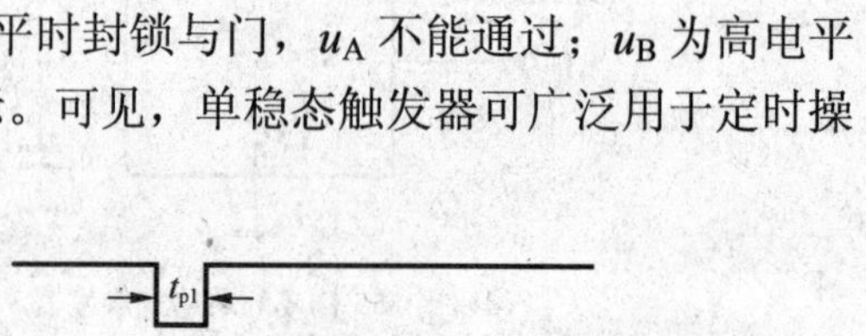

图 10.4.12 波形的整形

② 定时

单稳态触发器输出 u_B 是具有一定宽度 t_{p0} 的矩形脉冲，用它作与门的控制信号，当 u_B 为低电平时封锁与门，u_A 不能通过；u_B 为高电平时开启与门，u_A 信号通过与门，如图 10.4.13 所示。可见，单稳态触发器可广泛用于定时操作控制电路。

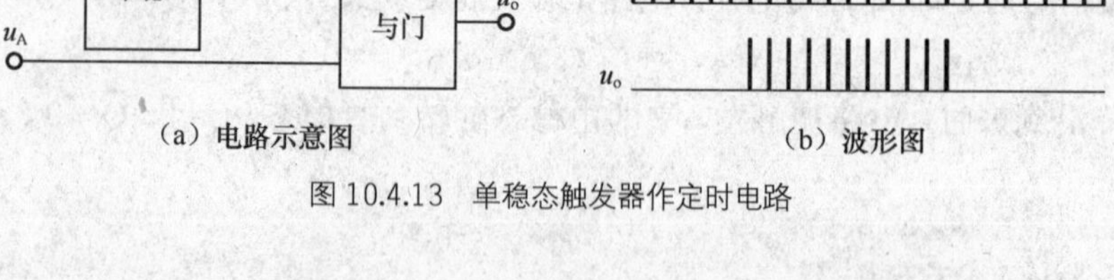

（a）电路示意图　　（b）波形图

图 10.4.13 单稳态触发器作定时电路

③ 延时

图10.4.13（a）中单稳态触发器输出的矩形波u_B下降沿比输入触发脉冲u_i下降沿滞后了t_{p0}时间，如图10.4.13（b）所示。若利用u_B的下降沿去触发其他电路，就比直接利用u_i触发延迟了t_{p0}时间。

小 结

数字电路可以分为两大类，一类是前面讲解的组合逻辑电路，其基础知识是逻辑代数和门电路；另一类是本章介绍的时序逻辑电路，其基础知识是触发器。在数字电路中，时序逻辑电路具有相当重要地位，并具有一定的代表性。

1．时序电路的特点是，在任何时刻的输出不仅与输入有关，而且还取决于电路原来的状态。为了记忆电路的状态，时序电路必须包含存储电路。存储电路通常以触发器为基本单元电路构成。

2．时序电路可分为同步时序电路和异步时序电路两类。它们的主要区别是，前者的所有触发器受同一脉冲控制，而后者的触发器则受不同的脉冲源控制。

3．时序电路逻辑功能的描述方法有逻辑图、逻辑表达式、状态图、卡诺图和时序图6种，它们的本质是相同的，可以相互转换。时序电路的分析，实际上就是逻辑图到时序图的转换过程。

4．具体的时序电路千变万化，种类繁多。计数器是非常典型的时序电路，本章对集成计数器的基本功能及使用方法进行了较详尽的介绍，并且讲解了集成计数器构成N进制计数器的方法。寄存器也是比较典型、应用很广的时序电路，要注意有关的概念和方法的理解和学习。

5．用来计数输入脉冲个数的电路为计数器。计数器的主要作用，一是对输入脉冲个数进行累加计数，二是对输入脉冲信号进行分频等。计数器按计数方式可为分加法计数器、减法计数器和可逆计数器；按计数长度可分为二进制计数器、十进制计数器和N进制计数器。n个触发器可以组成n位二进制计数器，十进制计数器需要4个触发器构成。计数脉冲同时作用在所有的触发器时钟信号输入端的计数器为同步计数器，否则为异步计数器。集成计数器还可以利用清零端或置数端构成N进制计数器，使用的方法有同步归零法和异步归零法。

6．寄存器属于较简单的时序电路，有送数控制端和数据输入端，用于寄存二进制代码。移位寄存器有串行输入输出端、并行输出端和移位控制端，可实现数据的移位等功能。

7．555集成定时器是一种应用十分广泛的集成器件，多用于脉冲产生、整形及定时等场合。555定时器是将电压比较器、触发器、分压器等集成在一片芯片上，只要外接少量元件，就可方便地构成多谐振荡器、单稳态触发器和施密特触发器。多谐振荡器是一种自激振荡电路，不需要外加输入信号，就可以自动产生矩形脉冲。单稳态触发器和施密特触发器不能自动产生矩形脉冲，但可以把其他形状的脉冲转变为矩形脉冲。

习 题

习题10.1 填空题

（1）在数字电路中，任何时刻电路的稳定输出，不仅与该时刻的输入信号有关，还与电路原来的状态有关的逻辑电路，称为________电路。

（2）8位移位寄存器，串行输入时经________个CP脉冲后，才能使8位数码全部移入寄存器中。若该寄存器已存满8位数码，预将其串行输出，则需经________个CP脉冲后，数码才能全部输出。

（3）移位寄存器可分为________寄存器、________寄存器和________寄存器。

（4）按计数方式分，计数器可以分为________计数器、________计数器和________计数器三种类型。

（5）n位计数器一般由________个触发器组成。

（6）N进制计数器一般指除了________进制和________进制计数器外其他进制的计数器。

（7）多谐振荡器是一种________稳态触发器，施密特触发器是一种________稳态触发器。

（8）图10.4.2（a）所示的多谐振荡器的振荡频率取决于________、________、________。

（9）图10.4.6（a）所示的单稳态触发器，其输入触发信号u_i的脉冲宽度必须________电路输出的脉冲u_o的宽度，否则电路将不能正常工作。

（10）利用555定时器构成的施密特触发器，若无外加控制电压，定时器的电源电压为+12V，则电路的回差电压为________。

习题10.2 选择题

（1）施密特触发器在输入信号为正弦波时，输出信号为以下哪种波形（　）。

A. 余弦波　　B. 三角波　　C. 矩形波　　D. 梯形波

（2）单稳态触发器的暂稳时间取决于（　）。

A. 触发脉冲幅度　　B. 触发脉冲频率

C. 电路本身参数　　D. 与以上选项均有关

（3）多谐振荡器具有暂稳态的个数是（　）。

A. 1个　　B. 2个　　C. 3个　　D. 0个

（4）在相同的时钟脉冲作用下，同步计数器和异步计数器比较，工作速度（　）。

A. 较慢　　B. 较快　　C. 不确定　　D. 一样

（5）集成计数器74LS161在计数到（　）个时钟脉冲时，进位端输出进位脉冲。

A. 2个　　B. 10个　　C. 5个　　D. 16个

（6）下列电路中不属于时序电路的是（　）。

A. 同步计数器　　B. 异步计数器　　C. 寄存器　　D. 译码器

（7）构成时序电路，存储电路是（　）。

A. 必不可少　　B. 可以没有　　C. 有无均可

（8）同步计数器结构含义是指（　）的计数器。

A. 由同类型的触发器构成

B. 各触发器的时钟端连在一起，统一由系统时钟控制

C. 可用前级的输出做后级触发器的时钟

D. 可用后级的输出做前级触发器的时钟

（9）要将串行数据转换成为并行数据，应选用（　）。

A. 并入串出方式　　B. 串入串出方式

C. 串入并出方式　　D. 并入并出方式

（10）下列四种电路都可以由集成定时器来完成，试问哪一种电路不需外接任何元件即可构成。(　　)

A．多谐振荡器　　　　B．单稳态触发器　　C．施密特触发器

习题 10.3　时序电路如题图 10.1 所示，起始状态 $Q_0Q_1Q_2$=001，列出电路的状态表，画出电路的状态图和时序图。

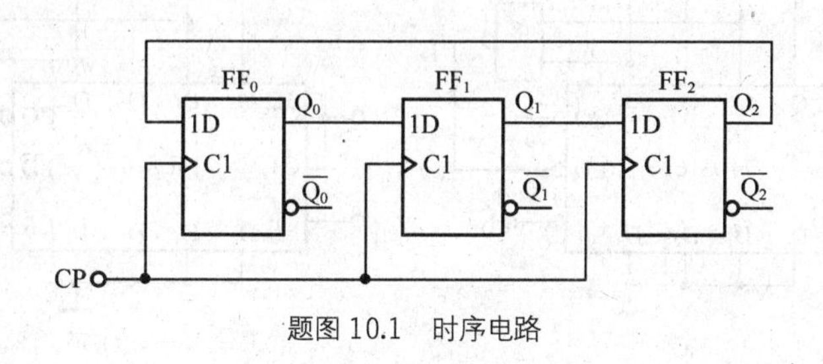

题图 10.1　时序电路

习题 10.4　分析题图 10.2 所示的时序电路的逻辑功能。

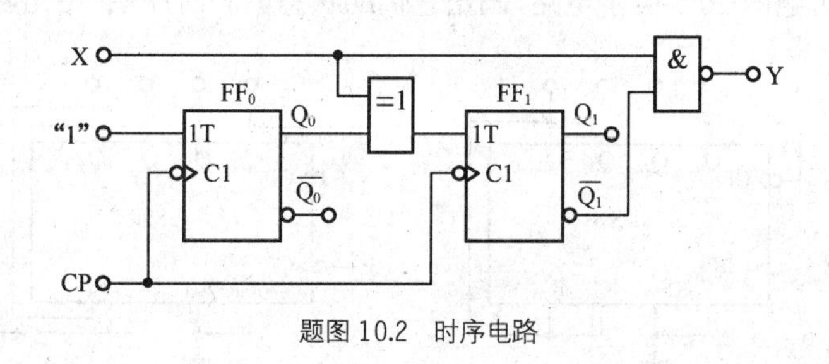

题图 10.2　时序电路

习题 10.5　试画出题图 10.3 所示电路的时序图，并分析其功能。

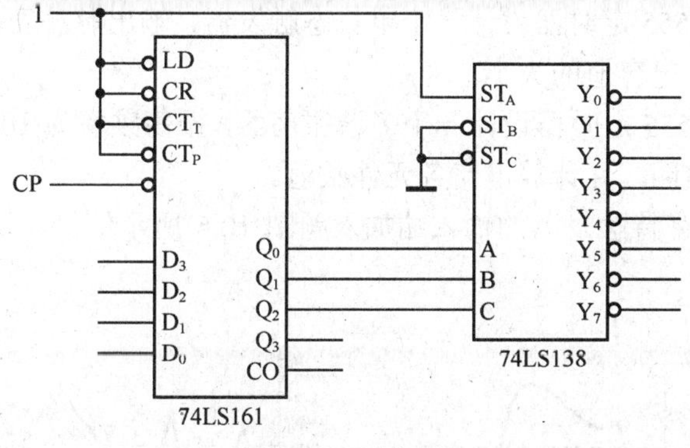

题图 10.3　时序电路

习题 10.6　分别画出利用下列方法构成的 6 进制计数器的连线图。

① 利用 74LS161 的异步清零功能。

② 利用 74LS161 的同步置数功能。

习题 10.7　分别画出用 74LS161 的异步清零和同步置数功能构成的下列计数器的连线图。

① 11 进制计数器。

② 49 进制计数器。

习题 10.8 分析题图 10.4 所示电路，画出它们的状态图和时序图，指出各是几进制计数器。

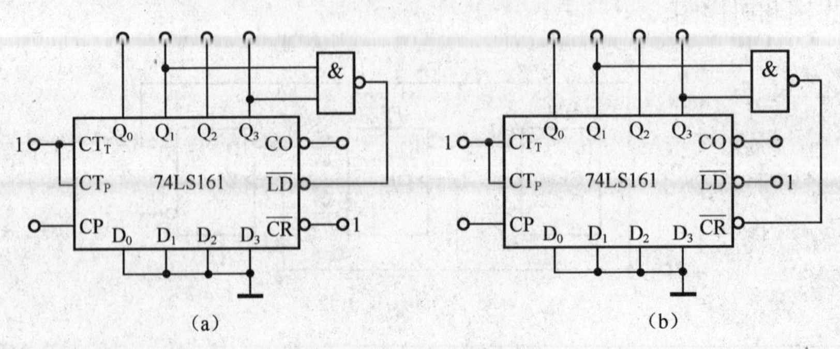

题图 10.4 N进制计数器

习题 10.9 分析题图 10.5 所示电路，画出它们的状态图和时序图，指出各是几进制计数器。

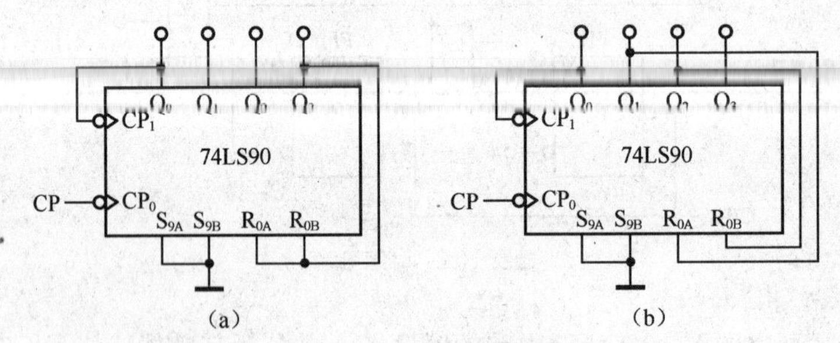

题图 10.5 N进制计数器

习题 10.10 试用 555 定时器设计一个单稳态触发器，输出脉冲宽度 t_{p0}=11μs，要求画出电路图，并计算各电阻电容值的大小。

习题 10.11 试用 555 定时器设计一个多谐振荡器，振荡频率为 10kHz，输出脉冲占空比为 0.75，要求画出电路图，并计算电路各元件数值。

习题 10.12 在施密特触发器的输入端加入题图 10.6 所示信号，试画出其输出信号的波形图。

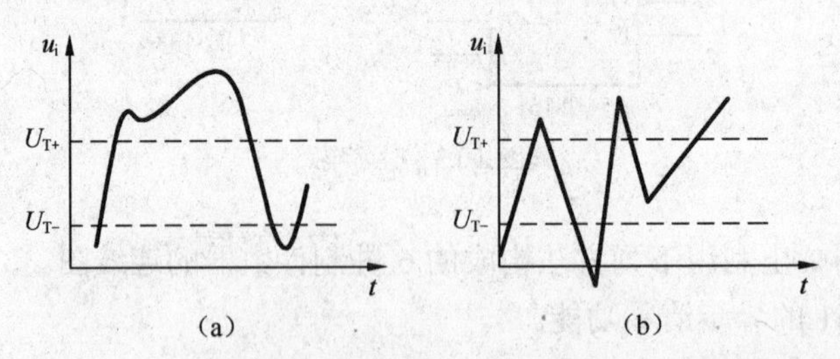

题图 10.6 输入信号波形图

习题 10.13 在题图 10.7 所示电路中，555 定时器和外围电路构成多谐振荡器，若 R_1=R_2=1kΩ，C=0.01μF，计算其振荡频率 f。

习题 10.14　题图 10.8 所示是一简易触摸开关电路，当手摸金属片时，发光二极管亮，经过一段时间二极管灭。试说明电路的工作原理，并问发光二极管能亮多长时间？

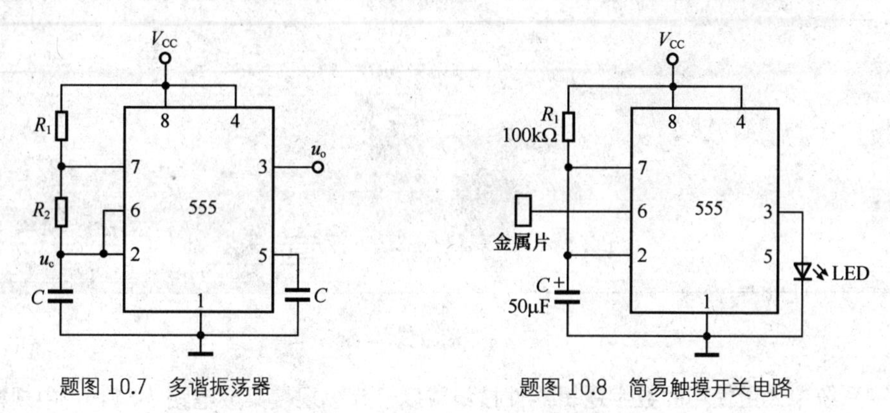

题图 10.7　多谐振荡器　　　　题图 10.8　简易触摸开关电路

第11章 大规模集成电路

在数字系统中大量使用的数字逻辑器件按集成度分为小规模集成电路（SSI）、中规模集成电路（MSI）、大规模集成电路（LSI）和超大规模集成电路电路（VLSI），如按逻辑功能的特点也可分为通用型集成电路（GSIC）和专用集成电路（ASIC）。前面章节中介绍的74系列的TTL集成电路和C4000系列的CMOS集成电路都属于中小规模通用型集成电路，这些器件通用性很强，逻辑功能简单且固定不变，价钱便宜，应用广泛，理论上可以构成任何复杂的数字系统。但是随着数字系统复杂度的提高，设计时需要大量的芯片及连线，导致系统可靠性差、功耗大、体积大、设计困难。随着微电子技术的飞速发展，大规模集成电路和超大规模集成电路（包括专用集成电路和可编程逻辑器件）在数字系统中得到了越来越广泛的应用。

本章以数模转换器、模数转换器、半导体存储器和可编程逻辑器件为例介绍大规模集成电路的应用技术。

11.1 数模转换器

模拟量是随时间连续变化的量，如温度、压力、速度、位移、电压、电流等。而数字量是不连续变化的，在时间和数值上都是离散的。

在电子技术中，数字量与模拟量的相互转换是很重要的。由于数字系统具有很多优点，特别是包含微型计算机的数字系统具有高度智能化的优点，所以目前先进的信息处理和自动控制设备大都是数字系统，例如，数字通信系统、数字电视及广播、数字控制系统、数字检测系统等。

在数字系统中，只能对数字量进行处理，而实际信号大多是模拟量，因此需要把模拟量转换成数字量才能进入数字系统进行处理，这种将模拟量转换成数字量的过程称为模数转换，也称A/D转换。完成模数转换的电路称为模数转换器，简称ADC。相反，经数字系统处理后的数字量，有时又要求再转换成模拟量，以便实际使用，例如，控制执行机构、供人视听等，这种转换称为数模转换，也称D/A转换。完成数模转换的电路称为数模转换器，简称DAC。如图11.1.1所示，

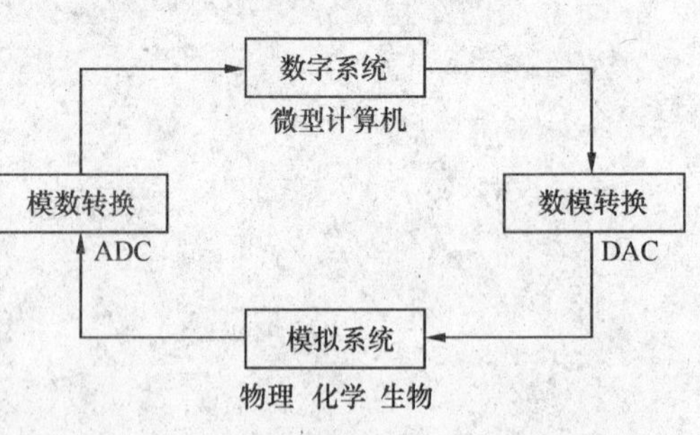

图11.1.1 构成模拟系统与数字系统间的转换

ADC和DAC是联系数字系统和模拟系统的“桥梁”。

11.1.1 数模转换的基本原理

数字量是用代码按数位组合起来表示的，对于有权码，每位代码都有一定的权。为了将数字量转换成模拟量，必须将每一位的代码按其权的大小转换成相应的模拟量，然后将这些模拟量相加，即可得到与数字量成正比的总模拟量，从而实现了数模转换，这就是构成数模转换器（DAC）的基本原理。

图11.1.2所示是DAC的输入、输出关系框图，其中D_0～D_{n-1}是输入的n位二进制数，u_o是与输入二进制数成比例的输出电压，则应有

$$u_o = k\sum_{i=0}^{n-1}(D_i \times 2^i) \qquad (11.1.1)$$

式中，$\sum_{i=0}^{n-1}(D_i \times 2^i)$为二进制数按位权展开转换成的十进制数值，$k$为比例系数。

图11.1.3所示是3位二进制数字量与经过DAC输出的电压模拟量之间的对应关系示意图，我们把它称为3位DAC的输出特性。

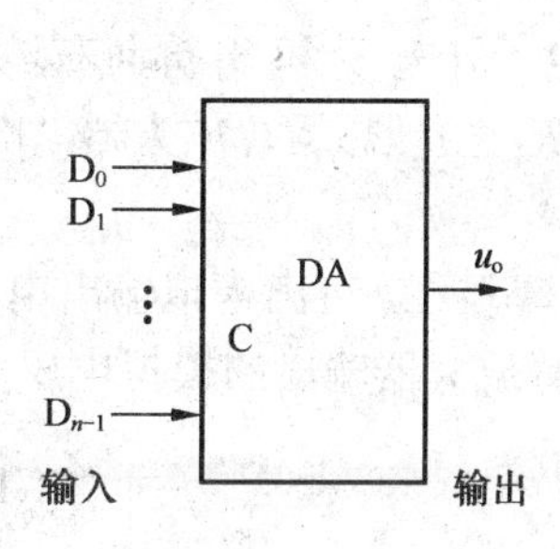

图11.1.2 DAC的输入、输出关系框图

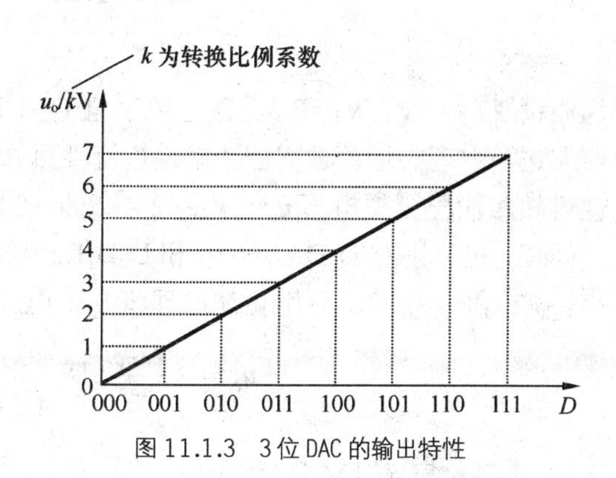

图11.1.3 3位DAC的输出特性

由图11.1.3可以看出，两个相邻数码转换出的电压值是不连续的，而两者的电压差值是由最低码位所代表的位权值决定，它是信息所能分辨的最小量，用1LSB表示。对应于最大输入数字量的最大电压输出值（绝对值），用FSR表示。图中1LSB=1×kV；1FSR=7×kV（k为比例系数）。

按工作原理分，DAC可分为权电阻网络DAC、倒T形电阻网络DAC和单值电流型网络DAC；按工作方式分有电压相加型DAC及电流相加型DAC；按输出模拟电压极性又可分为单极性DAC和双极性DAC。下面仅以权电阻网络的DAC为例介绍DAC的电路构成和工作原理。

11.1.2 权电阻网络DAC

一般来说，DAC的基本组成有四部分，即电阻译码网络、模拟开关、基准电源和求和运算放大器。

权电阻网络 DAC 电路如图 11.1.4 所示，由基准电压源提供基准电压 V_{REF}。存于数字寄存器的数码，作为输入数字量 $D_2D_1D_0$，分别控制 3 个模拟电子开关 S_2，S_1 和 S_0。例如，当 D_2=0 时，模拟电子开关 S_2 掷向右边，使电阻接地；当 D_1=1 时，模拟电子开关 S_1 掷向左边，使电阻接基准电压 V_{REF}。构成权电阻网络的 3 个电阻值是 R，$2R$ 和 2^2R，称为权电阻。某位权电阻的阻值大小和该位的权值成反比，如 D_2 位的权值是 D_1 的两倍（$2^2/2^1=2$）；而 D_2 位所对应的权电阻是 D_1 位所对应的权电阻的 1/2（$2R/2^2R=1/2$）。通过权电阻的电流由运算放大器求和，并转换成对应的电压值 u_o，作为模拟量输出。

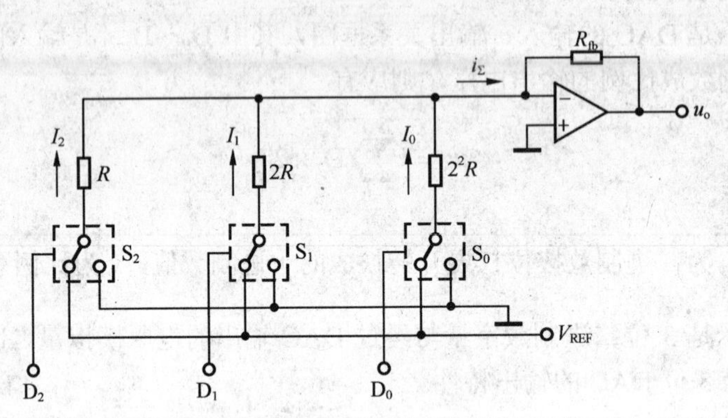

图 11.1.4 权电阻网络 DAC

假设 V_{REF}=5V，$R_{fb}=R/2$，输入数字量 $D_2D_1D_0$=001，模拟电子开关 S_2 和 S_1 掷向右边，S_0 掷向左边，由理想运算放大器“虚地”特性可知，$i_\Sigma=I_0=V_{REF}/2^2R$，由理想运算放大器“虚断”特性可知，输出模拟电压 $u_o=-V_{REF}/2^3=-5/8=-0.625$V。

同理，在分别对 $D_2D_1D_0$=010 和 $D_2D_1D_0$=100 时重复上述计算过程，得出模拟输出电压各为$-V_{REF}/2^2$和$-V_{REF}/2$。利用叠加原理将 3 个电压分量叠加，运算放大器输出的模拟电压为

$$u_o=-\frac{V_{REF}}{2^3}(D_2\times 2^2+D_1\times 2^1+D_0\times 2^0) \tag{11.1.2}$$

11.1.3 集成 DAC 简介

目前市场上出售的集成 DAC 有两大类，一类器件内部只包含电阻网络和模拟开关，另一类器件还包括寄存器、参考电压源发生电路和运算放大电路。

DAC0832 内部具有 2 个数据寄存器、电阻网络和模拟开关，此芯片价格低廉、接口简单、转换控制容易、应用广泛。

DAC0832 内部结构框图如图 11.1.5（a）所示。它由 8 位输入寄存器、8 位 DAC 寄存器、8 位 DAC 电路及转换控制电路构成。当 DAC 寄存器中的数字信号在进行数模转换时，下一组数字信号可存入输入寄存器，这样可提高转换速度。芯片需要外接集成运放，将转换成的模拟电流信号放大后转变成电压信号输出。

DAC0832 转换器为 20 引脚双列直插式封装，引线图如图 11.1.5（b）所示。各引脚功能简要说明如下。

DI_0～DI_7：8 位数据输入线。

I_{OUT1}、I_{OUT2}：电流输出，$I_{OUT1}+I_{OUT2}$=常数。

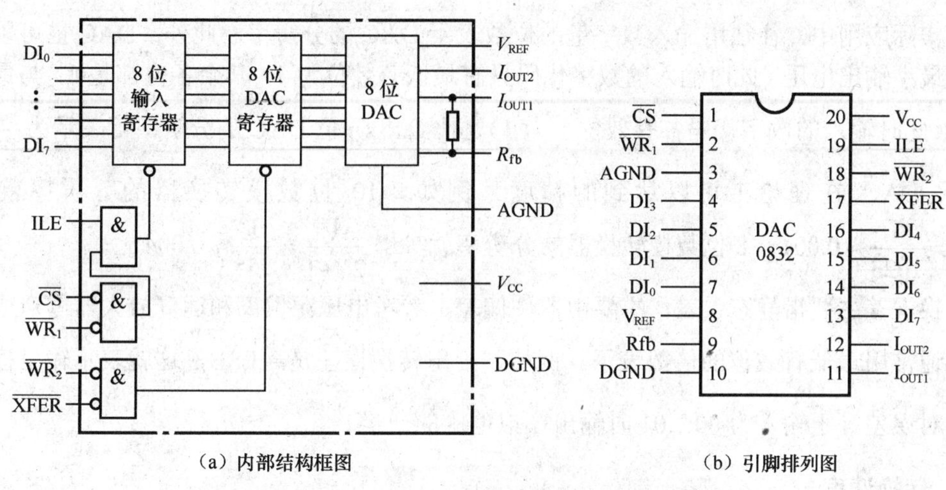

图 11.1.5　DAC0832 内部结构框图和引脚排列图

R_{fb}：反馈电阻输入端。内部接反馈电阻，外部通过该引脚接运放输出端。为取得电压输出，需在电流输出端接运算放大器，R_{fb} 即为运算放大器的反馈电阻端。

V_{REF}：参考电压，其值为−10V～+10V。

V_{CC}：电源电压端，在+5V～+15V 之间选择，+15V 最佳。

DGND：数字电路接地端。

AGND：模拟电路接地端，通常与 DGND 相接。

DAC0832 与计算机的常用接口电路如图 11.1.6 所示，来自计算机的控制信号用于控制 DAC0832 的数据输入形式，如两级锁存，一级锁存，直通等。来自计算机的数据经 DAC0832 转换以后变为模拟电流信号输出，需要外接参考电压源 V_{REF} 和集成运算放大器，将模拟电流信号转换成模拟电压信号。

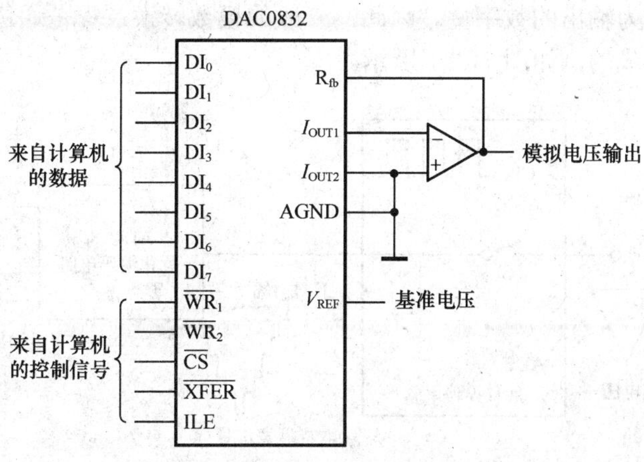

图 11.1.6　DAC0832 与计算机的接口电路

11.1.4　DAC 的主要技术指标

1. 转换精度

在数模转换器中，一般用分辨率和转换误差描述转换精度。

在实际应用中，往往用输入数字量的位数表示DAC的分辨率。此外，DAC也可以用能分辨的最小输出电压（此时输入的数字代码只有最低有效位为**1**，其余各位都是**0**）与最大输出电压(此时输入的数字代码各有效位全为**1**)之比给出。n位DAC的分辨率可表示为$\frac{1}{2^n-1}$。它表示DAC在理论上可以达到的精度。例如，10位数模转换器的分辨率就等于$\frac{1}{2^{10}-1}=\frac{1}{1023}\approx 0.001$，8位数模转换器的分辨率就等于$\frac{1}{2^8-1}=\frac{1}{255}\approx 0.004$。

转换误差主要指静态误差，主要由器件偏差、参考电压源偏离和运算放大器零点漂移引起的，通常用最低有效位的倍数表示。例如，给出转换误差是$\frac{1}{2}$LSB，这就表示输出模拟电压的绝对误差等于输入为00...01时输出模拟电压的一半。

2．转换速度

转换速度一般由建立时间决定，它是指输入数字量变化时，输出电压变化到相应稳定电压值所需时间。一般用DAC输入的数字量从全0变为全1时，输出电压达到规定的误差范围（±LSB/2）时所需时间表示。它是DAC的最大响应时间，所以用它衡量转换速度的快慢。DAC的建立时间较快，单片集成DAC建立时间最短可达0.1μs以内。

11.2 模数转换器

11.2.1 模数转换的基本原理

因为输入的模拟量在时间上是连续量，而输出的数字量是离散量，所以进行模数转换时必须在一系列选定的瞬间（亦即时间坐标轴上的一些规定点上）对输入的模拟量取样，然后再把这些取样值转换为输出的数字量。因此，一般的模数转换过程是通过取样、保持、量化和编码这4个步骤完成的，如图11.2.1所示。

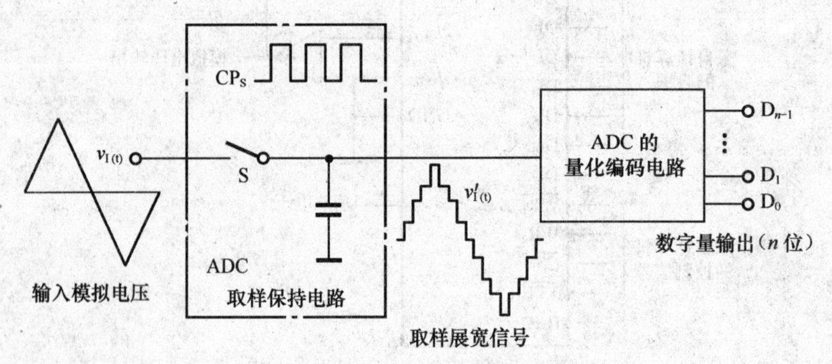

图11.2.1 模拟量到数字量的转换过程

取样就是将一个时间上连续变化的模拟量转化为时间上离散变化的模拟量的过程。取样的宽度往往是很窄的，为了使后续电路能很好地对这个取样结果进行处理，通常需要将取样结果存储起来，直到下次取样，这个过程称作保持。一般将取样和保持电路总称为取样保持电路。

如图 11.2.1 可以看出，取样保持电路得到的阶梯波的幅值有无限多个值，无法用位数有限的数字信号完全表达。所以我们选定一个基本单元电平，将其称为基本量化单位。用基本量化单位对取样值进行度量，如果在度量了 n 次后，还剩下不足一个基本量化单位的部分，就根据一定的规则，把剩余部分归并到第 n 或第 $n+1$ 个量化电平上去。这样所有的取样值都是有限个离散值集合之一。像这样将抽样值取整归并的方式及过程就叫“量化”。将量化后的有限个整数值用二进制数来表示称作编码。

模数转换器种类很多，按工作原理可以分为并联比较型、逐次逼近型和双积分型。并联比较型 ADC 适用于要求高速、低分辨率的场合，双积分型 ADC 适用于低速、高精度的场合。下面只介绍目前应用得较多的逐次逼近型 ADC。

11.2.2　逐次逼近型 ADC

逐次逼近型 ADC 在进行模数转换时，要产生一系列比较电压 u_O，逐次和输入电压 u_I 进行比较，以逐渐逼近的方式进行模数转换的。这种 ADC 由顺序脉冲发生器、逐次逼近寄存器、DAC、比较器和控制逻辑等几部分组成，如图 11.2.2 所示。

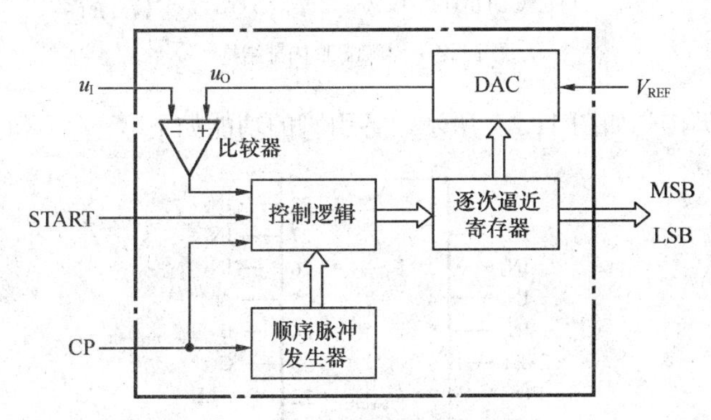

图 11.2.2　逐次逼近型 ADC 方框图

逐次逼近型 ADC 工作过程如下。

首先，将逐次比较寄存器的最高位 MSB 置为“1”，并输入到 DAC，经 DAC 转换为模拟量输出，该量与输入模拟量在比较器中进行第一次比较。如果模拟输入量大于 DAC 输出量，则 MSB=1 在寄存器中保存；如果模拟输入量小于 DAC 输出量，则 MSB 被清除为 0。接着继续令次高位为 1，连同第一次比较结果（MSB 状态），经 DAC 转换再同模拟输入量比较，并根据比较结果，决定次高位在寄存器中的取舍。如此逐位进行比较，直到最低位 LSB 比较完毕，整个转换过程结束。这时，DAC 输入端的数字即为输入模拟量的数字量输出。

逐次逼近型 ADC 的工作原理，就好像是用天平称一个物体的重量，第一次放最大的砝码，若不合适，就改放小一号的，依此类推。一旦天平指示砝码太重，说明刚才放进去的那个砝码应当取走。显然对于 n 位的转换器，总共需要重复这种过程 n 次。

11.2.3　集成 ADC 简介

ADC0809 是采用 CMOS 工艺制造 8 位 8 路模拟量输入通道的逐次逼近型模数转换器，它的内部结构如图 11.2.3 所示，芯片内有锁存功能的 8 路模拟多路开关、8 位逐次逼近型 ADC、三态输出锁存缓冲器及地址锁存与译码电路组成。地址锁存与译码电路为 8 路模拟开关提供地址，从 8 路输入模拟电压信号中选择 1 路模拟量转换为 8 位数字量，送入三态输出锁存缓冲器输出。

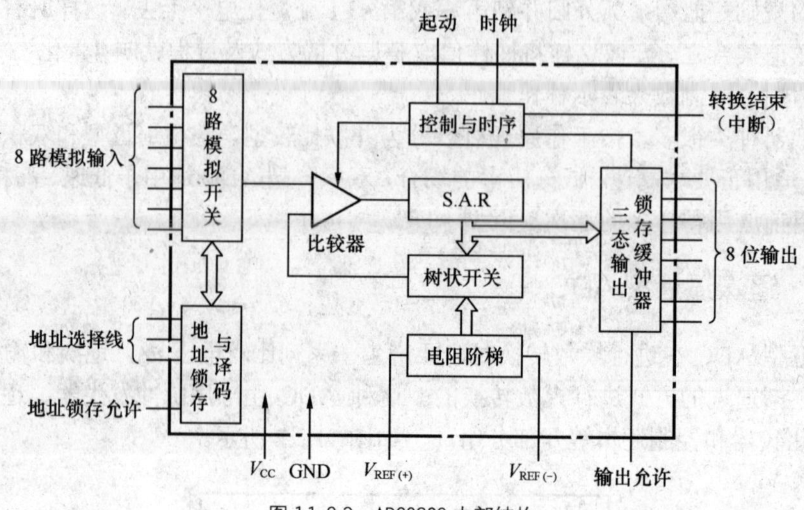

图 11.2.3　ADC0809 内部结构

ADC0809 外引脚排列如图 11.2.4 所示，各引脚的功能如下。

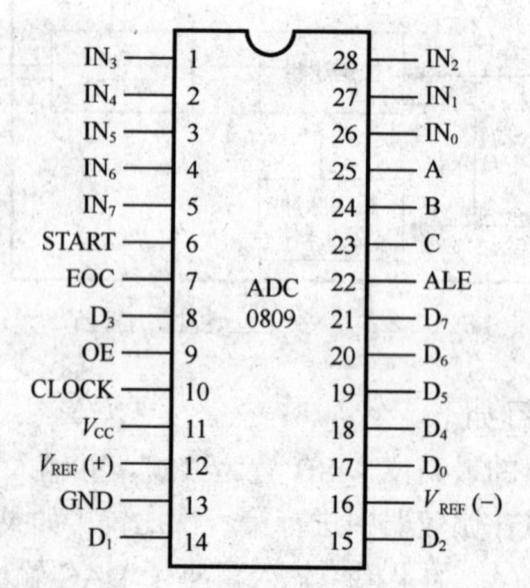

图 11.2.4　ADC0809 引脚图

IN_0～IN_7：8 路模拟量输入端。

A，B，C：8 路模拟量输入通道的地址选择线，其 8 种编码分别对应 IN_0～IN_7，对应关系如表 11.2.1 所示。

表 11.2.1　　**通道地址选择表**

C　B　A	选择通道
0　0　0	IN_0
0　0　1	IN_1
0　1　0	IN_2
0　1　1	IN_3

续表

C B A	选择通道
1 0 0	IN_4
1 0 1	IN_5
1 1 0	IN_6
1 1 1	IN_7

ALE：地址锁存允许输入信号线，该信号的上升沿将地址选择信号 A，B，C 地址状态锁存至地址寄存器。

START：模数转换启动信号，正脉冲有效，其下降沿启动内部控制逻辑开始模数转换。

EOC：模数转换结束信号，当进行模数转换时，EOC 输出低电平，转换结束后，EOC 引脚输出高电平。

D_7～D_0：8 位数字量输出端。

OE：输出允许控制端，高电平有效。高电平时将模数转换后的 8 位数据送出。

CLOCK：时钟输入端，它决定 ADC 的转换速度，其频率范围为 10～1 280kHz，典型值为 640kHz，对应转换速度等于 100μs。

$V_{REF}(+)$、$V_{REF}(-)$：内部 DAC 的参考电压输入端。

V_{CC}：+5V 电源输入端。

GND：接地端。

ADC0809 与计算机的常用接口电路如图 11.2.5 所示，来自计算机的控制信号用于控制 ADC0809 模拟量输入通道选择、时钟信号频率和开始转换控制等，EOC 为 ADC0809 向计算机提供的 A/D 转换结束信号，可以引起计算机中断，计算机通过 ADC0809 的数据输出端 D_7～D_0 读入 8 位二进制数字量。

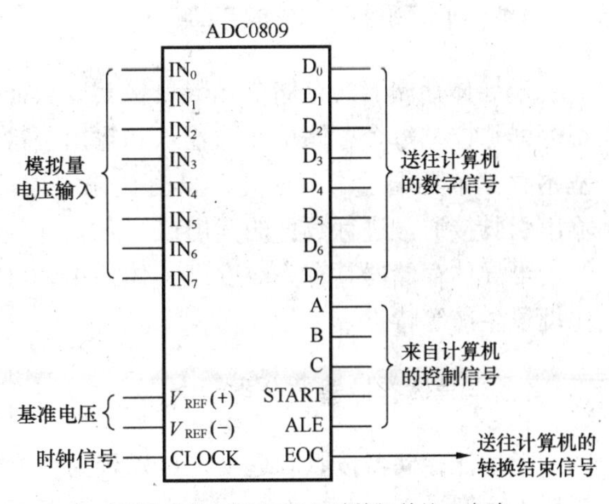

图 11.2.5 ADC0809 与计算机的接口电路

11.2.4 ADC 的主要技术指标

1. 转换精度

ADC 的转换精度是用分辨率和转换误差来描述的。

（1）分辨率

ADC 的分辨率表示对输入量的微小变化的分辨能力。从理论上讲，在最大输入电压一定时，输出位数越多，量化单位越小，分辨率越高，即

$$分辨率=\frac{模拟输入的满度值}{2^n-1} \tag{11.2.1}$$

式中，n 是转换器的输出数字量位数。例如 8 位 ADC 的输入电压范围为 0~5V，那么，这个转换器的分辨率为 19.53mV，也就是能区分输入信号的最小电压为 19.53mV。分辨率通常也

常用输出数字量的位数表示。

（2）转换误差

转换误差表示实际输出的数字量与理想数字量的差别，通常以输出数字量的最低有效位（LSB）的倍数表示，如$\pm\frac{1}{2}$LSB，其含义是模数转换器实际输出数字量与理论上应得到的输出数字量之差的绝对值不大于最低位的1/2。

2．转换速度

模数转换器的转换速度主要取决于模数转换器的类型，不同类型的模数转换器，其转换速度相差很大。并联比较型ADC转换速度最高，逐次比较型ADC次之，双积分型ADC转换速度最慢。

11.3 半导体存储器

半导体存储器是一种能存储二值信息的大规模集成电路，主要用于电子计算机和某些数字系统中，可用来存放程序、数据、资料等。因此，存储器也就成了数字系统不可缺少的组成部分。

11.3.1 半导体存储器概述

半导体存储器的存储单元数目极其庞大而引脚数目有限，所以在电路结构上就不可能像寄存器那样把每个存储单元的输入和输出直接引出。为了解决这个矛盾，在存储器中给每个基本存储单元编了一个地址，只有被输入地址代码指定的基本存储单元才能与公共的输入/输出引脚接通，进行数据的读出或写入。

半导体存储器具有集成度高、体积小、可靠性高、外围电路简单且易于接口、便于自动化批量生产等特点。

1．半导体存储器的分类

半导体存储器按照制造工艺可以分为双极型和MOS型两类，双极型存储器工作速度快、功耗大、价格高，主要应用于速度要求较高的场合，如在微型计算机中作高速缓存用；MOS型存储器具有集成度高、功耗小、工艺简单、价格低等特点，主要用于大容量存储系统中，如在微型计算机中作内存用。

半导体存储器按照存取功能可以分为随机存储器和只读存储器两大类。

随机存储器（Random Access Memory，RAM）在正常工作状态下就可以随时向存储器里写入数据或从中读出数据。根据所采用的存储单元工作原理的不同，又将RAM分为静态存储器（SRAM）和动态存储器（DRAM）。SRAM速度快，而DRAM集成度高。RAM内存储的数据断电以后会丢失，所以有时要添加后备电源。RAM主要工作于保存经常改变数据的场合，也被称为数据存储器。

只读存储器（Read-Only Memory，ROM）正常工作状态下只能从中读取数据，而不能写入数据。只读存储器又分为固定ROM、可编程ROM（Programmable Read-Only Memory，PROM）和可擦除的可编程ROM（Erasable Programmable Read-Only Memory，EPROM）等几种不同类型。ROM的优点是电路结构简单，而且断电以后数据也不丢失，适用于存储那些固定数据的场合，如微型计算机执行的程序，也被称为程序存储器。

2. 半导体存储器的主要技术指标

（1）存储容量

存储容量是指存储器所能存放二值信息的多少，存储容量越大，说明它能存储的信息越多。

存储器中的一个基本存储单元（即字存储单元）能存储二进制数据的位数，也就是每次可以读（写）的二值代码位数，叫做存储器的字长；存储器中基本存储单元的数量，也就是输入地址代码的数量，叫做存储器的字数，所以存储容量存储器的存储容量就是该存储器字数及其字长的乘积。例如：存储器可以存放 8192 位的二进制数据，每次可以读（写）的 8 位二值代码，那么它的存储容量可以用 1k×8 位表示。

（2）存取时间

现在微型计算机的工作速度已经越来越快，这就要求存储器的存取时间越来短，也就是存储器的工作速度越来越快。

存储器的存取时间一般用读（或写）周期来描述，连续两次读取（或写入）操作所间隔的最短时间称为读（或写）周期。读（或写）周期短，即存取时间短，存储器的工作速度就高。

11.3.2 随机存储器

存储单元是存储器的最基本细胞，它可以存放一位二进制数据。将这些存储单元按一定规律排列起来，再加上一些读写控制电路就构成了存储器。

1. RAM 存储单元

（1）静态 RAM 中存储单元

静态 RAM 中存储单元的结构如图 11.3.1 所示。虚线框内为六管 SRAM 存储单元，其中 VT_1～VT_4 构成基本 RS 触发器。VT_5 和 VT_6 为本存储单元的控制门，由行选择线 X_i 控制。X_i=1，VT_5 和 VT_6 导通，存储单元与位线接通；X_i=0，VT_5 和 VT_6 截止，存储单元与位线隔

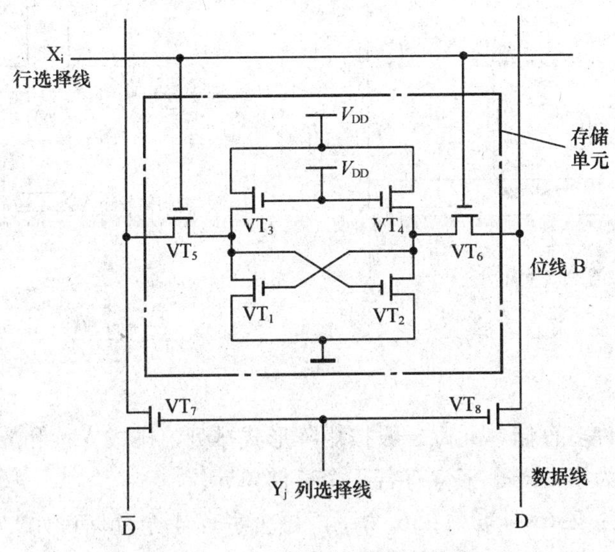

图 11.3.1 六管静态存储单元电路

离。VT_7和 VT_8是一列存储单元的公共控制门，用于控制位线和数据线的连接状态，由列选择线 Y_j控制。显然，当位选信号 X_i和列选信号 Y_j都为高电平，VT_5～VT_8均导通，触发器与数据线接通，存储单元才能进行数据的读或写操作。静态 RAM 靠触发器保存数据，只要不断电，数据就能长久保存。

（2）动态 RAM 中存储单元

动态 RAM 存储数据的原理是靠 MOS 管栅极电容的电荷存储效应。由于漏电流的存在，栅极电容上存储的数据（电荷）不能长期保持，必须定期给电容补充电荷，以免数据丢失，这种操作称为刷新或再生。

动态 RAM 存储单元有三管和单管两种。图 11.3.2 所示为三管动态存储单元。图中的 MOS 管 VT_2及其栅极电容 C 是动态 RAM 的基础，电容 C 上充有足够的电荷，VT_2导通（0 状态），否则 VT_2截止（1 状态）。图中行、列选择信号 X_i、Y_j均为高电平时，存储单元被选中，经 VT_5读出数据，或经 VT_4写入数据。读写控制信号 $R/\overline{W}$ 为高电平时进行读操作，低电平时进行写操作。在进行读操作时，由于 G_2门打开，经 VT_3读出的数据又再次写入存储单元，即对存储单元进行刷新。在进行写操作时，G_1门打开，G_2门关闭，写入数据 D_I经 G_3反相后使电容 C 充电或放电。D_I=0 时，电容充电；D_I=1 时，电容放电。

2．RAM 的基本结构

RAM 一般由存储矩阵、地址译码器和输入/输出控制电路 3 部分组成，如图 11.3.3 所示。存储器有 3 类信号线，即数据线、地址线和控制线。

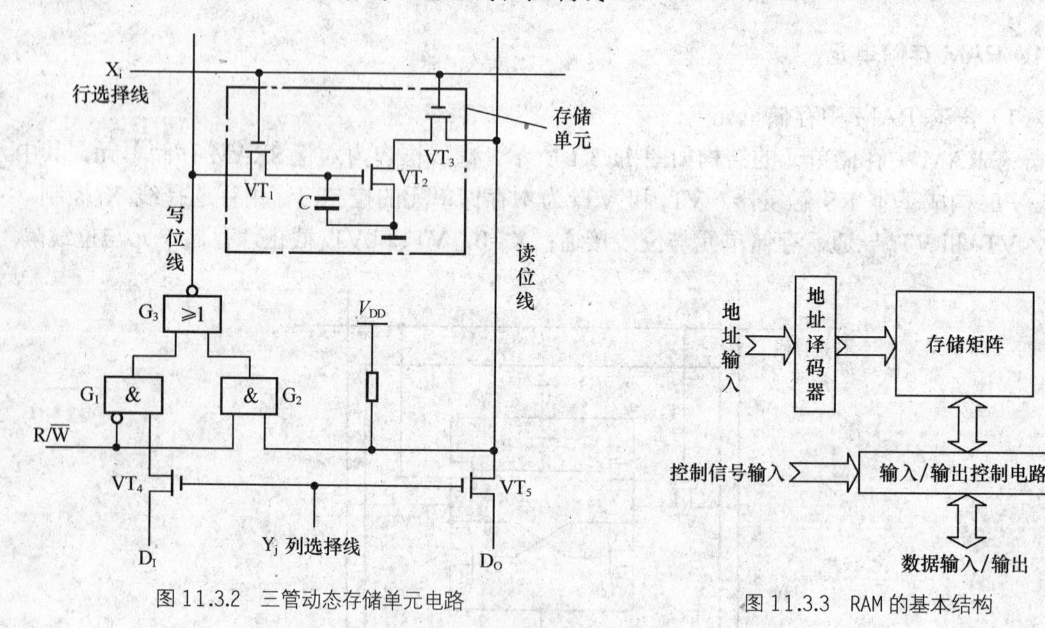

图 11.3.2　三管动态存储单元电路　　　图 11.3.3　RAM 的基本结构

（1）存储矩阵

一个存储器内有许多存储单元，一般按矩阵形式排列，排成 n 行和 m 列。存储器读写操作的基本存储单元称为字，一个字含有若干个存储单元。

例如，一个容量为 256×4 位（256 个字，每个字有 4 个存储单元）存储器，共有 1024 个存储单元，可以排成 32 行×32 列的矩阵，如图 11.3.4 所示。图中每 4 列连接到一个共同的列地址译码线上，组成一个字列。每行可存储 8 个字，每列可存储 32 个字，因此需要 8 根列地址选择线（Y_0～Y_7）、32 根行地址选择线（X_0～X_{31}）。

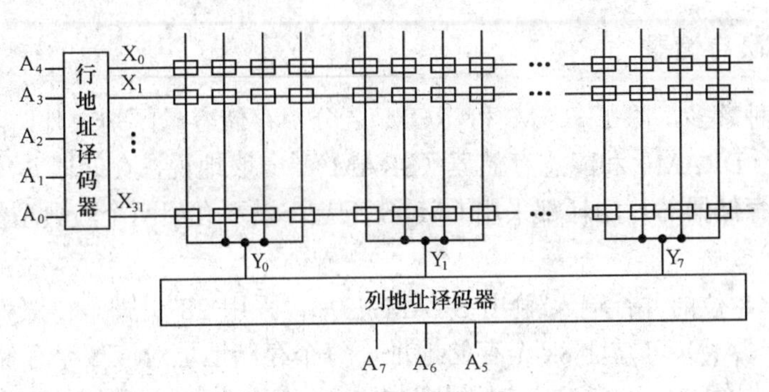

图 11.3.4　256×4 存储矩阵

（2）地址译码

通常存储器以字为单位进行数据的读写操作，每次读出或写入一个字，将存放同一个字的存储单元编成一组，并赋于一个号码，称为地址。不同的字存储单元被赋于不同的地址码，从而可以对不同的字存储单元按地址进行访问。

通过地址译码器对输入地址译码选择相应的字存储单元。在大容量存储器中，一般采用双译码结构，即有行地址和列地址，分别由行地址译码器和列地址译码器译码。行地址和列地址共同决定一个字存储单元。字存储单元个数 N 与二进制地址码的位数 n 有以下关系

$$N=2^n \tag{11.3.1}$$

即 2^n 个字存储单元需要 n 位（二进制）地址。

图 11.3.4 中，256 个字存储单元被赋于一个 8 位地址（5 位行地址和 3 位列地址），只有被行地址选择线和列地址选择线选中的地址单元才能对其进行数据读写操作。

（3）输入输出控制

RAM 中的输入输出控制电路除了对存储器实现读或写操作的控制外，为了便于控制，还需要一些其他控制信号。图 11.3.5 所示给出了一个简单输入/输出控制电路，它不仅有读/写控制信号 R/$\overline{\mathrm{W}}$，还有片选控制信号 $\overline{\mathrm{CS}}$。

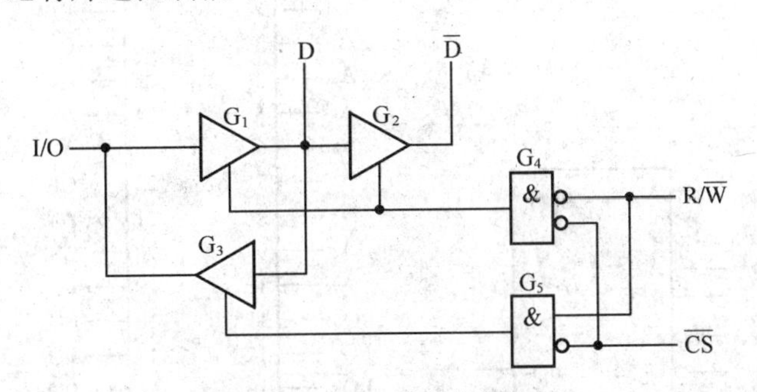

图 11.3.5　输入/输出控制电路

当片选信号 $\overline{\mathrm{CS}}$=1 时，G_4、G_5 输出为 0，3 个三态缓冲器 G_1，G_2 和 G_3 处于高阻状态，输入/输出（I/O）端与存储器内部隔离，不能对存储器进行读/写操作。当 $\overline{\mathrm{CS}}$=0 时，存储器使能，若 R/$\overline{\mathrm{W}}$=1，G_5 输出为 1，G_3 门打开，G_1 和 G_2 高阻状态，存储的数据 D 经 G_3 输出，

即实现对存储器读操作；若R/$\overline{W}$=0，G_4输出为1，G_1和G_2打开，输入数据经缓冲后以互补形式出现在内部数据线上，实现对存储器写操作。

3. 集成RAM存储器

存储器的品种繁多，除了RAM和ROM之分，存储容量区别之外，随机存储器RAM还有动态存储器（DRAM）和静态存储器（SRAM）。一般地说，存储器芯片内半导体开关器件很多，为减小存储器芯片功耗都采用CMOS工艺。以下介绍两个较典型的RAM芯片。

（1）6264

6264是8k×8位的并行输入/输出SRAM芯片，采用28引脚塑料双列直插式封装，13根地址引线（A_0～A_{12}）可寻址8k个存储地址，每个存储地址对应8个存储单元，通过8根双向输入/输出数据线（I/O_0～I/O_7）对数据进行并行存取。数据线的输入/输出功能是通过读写控制线（R/$\overline{W}$）加以控制的，R/$\overline{W}$高电平，数据线作输出端口；R/$\overline{W}$低电平，数据线作输入端口。2个片选端（$\overline{CS}_0$、CS_1）和1个输出使能端（$\overline{OE}$）是为了扩展存储容量实现多片存储芯片连接用的。6264工作方式表如表11.3.1所示，管脚分布和方框符号如图11.3.6所示。

表11.3.1　　6264工作方式

引脚 工作方式	$\overline{CS}_0$	CS_1	$\overline{OE}$	$\overline{WE}$	$I/O_7 \sim I/O_0$
未选中	V_{IH}	任意	任意	任意	高阻
	任意	V_{IL}			
输出禁止	V_{IL}	V_{IH}	V_{IH}	V_{IH}	高阻
读出	V_{IL}	V_{IH}	V_{IL}	V_{IH}	D_{OUT}
写入	V_{IL}	V_{IH}	V_{IH}	V_{IL}	D_{IN}

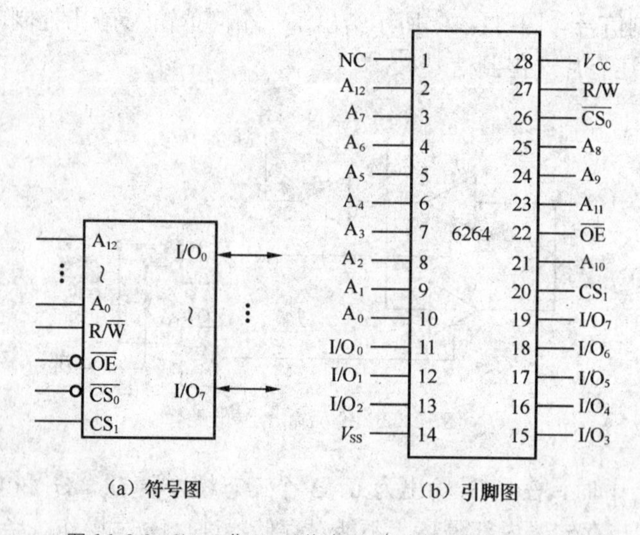

（a）符号图　　（b）引脚图

图11.3.6　8k×8位SRAM芯片6264引脚分布及方框符号

（2）41256

41256是256k×1位的DRAM芯片。由于DRAM集成度高，存储容量大，因此需要的地址引线就多。DRAM一般都采用行、列地址分时输入芯片内部地址锁存器的方法，为减少芯片外部引线数量，从而外部地址线数量减少一半。图11.3.7所示给出了41256的引脚分布及方框符号。

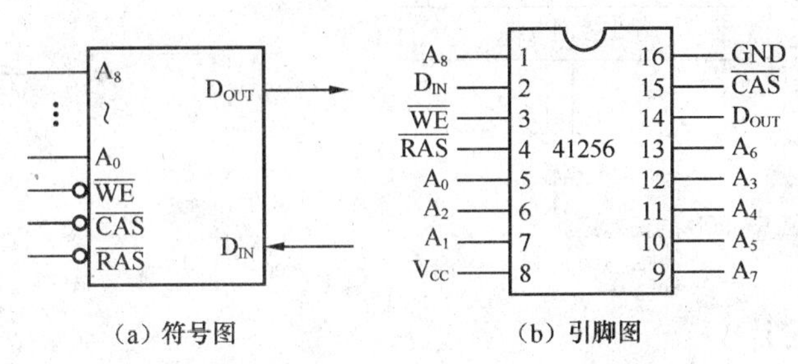

（a）符号图　（b）引脚图

图11.3.7　8k×1位DRAM芯片41256引脚分布及方框符号

行选通信号$\overline{RAS}$下跳锁存行地址，列选通信号$\overline{CAS}$下跳锁存列地址。写使能信号$\overline{WE}$低电平，且$\overline{RAS}$和$\overline{CAS}$都为低电平，输入数据D_{IN}锁存到内部数据寄存器，执行数据写入操作。写使能信号$\overline{WE}$高电平，且$\overline{RAS}$和$\overline{CAS}$都为低电平，地址锁存器确定的存储单元的数据由数据输出端D_{OUT}输出，执行数据读操作。DRAM没有单独片选端，是由$\overline{RAS}$信号提供片选功能。DRAM必须有一个数据刷新操作，以保证数据不会丢失。

11.3.3　只读存储器

随机存储器具有易失性，掉电后所存数据丢失。而在数字系统中经常需要一种存储器掉电后数据不丢失，只读存储器具有这种性能。与RAM不同，ROM一般由专用装置写入数据，数据一旦写入便不能随意改写，断电后，数据也不会丢失。按存储内容存入方式，只读存储器可分为固定ROM和可编程ROM两种。可编程ROM又可分为一次可编程存储器PROM、光可擦除可编程存储器EPROM、电可擦除可编程存储器EEPROM等。

1. ROM芯片的内部结构

ROM芯片内部结构如图11.3.8所示，其基本组成与随机存储器（RAM）类似，由地址译码器、存储矩阵、输出控制电路等组成，所不同的是ROM正常工作时只读出数据而不写入数据，写入数据时一般用专用装置。

不可改写的ROM存储单元如图11.3.9所示，存储单元由3个MOS管组成，其中VT_0是负载管、VT_1是字选择开关管、VT_2是存储信息的MOS管。经地址译码器输出的字线使VT_1导通时，选中该存储单元，如果VT_2导通，则输出为“0”状态；如果VT_2断开，则输出为“1”状态。芯片生产厂在ROM制造时，设置VT_2的导通与断开便将该存储单元存入了“0”和“1”，这样的ROM芯片为掩模ROM；如果ROM芯片在出厂后，用户利用专用编程器可以控制VT_2的导通与断开，也就写入了数据，这样的芯片就是PROM。关于其他ROM的内部结构请查阅相关书籍。

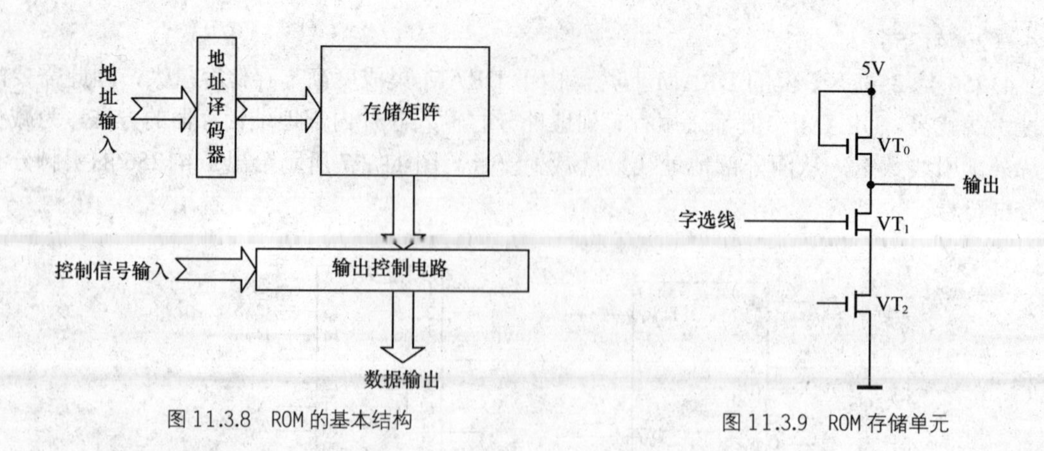

图 11.3.8　ROM 的基本结构

图 11.3.9　ROM 存储单元

2．集成 ROM 芯片

集成 ROM 芯片正常工作时只处于读工作方式，各种 ROM 芯片的引脚功能基本相同，现以可紫外线擦除可编程的 ROM（EPROM）2764 为例介绍，其他种类的集成 ROM 芯片可查阅相关技术资料。

2764 是 EPROM 系列产品之一，该系列产品有 2716，2732，2764，27128 及 27256 等，主要性能如表 11.3.2 所示，型号名称"27"后面的数字表示其位存储容量，如果转换成字节存储容量，将该数字除以 8 即可。

表 11.3.2　　EPROM 芯片主要性能

性能＼型号	2716	2732	2764	27128	27256
存储容量	2KB	4KB	8KB	16KB	32KB
读出时间	350 ns	250 ns	250 ns	250 ns	250 ns
封装	DIP24	DIP24	DIP28	DIP28	DIP28

2764 芯片的引脚图如图 11.3.10 所示。

A_0～A_{12}：地址信号线，共 13 根。

D_0～D_7：数据信号线，共 8 根。

由此可知，2764 芯片的存储容量为 $2^{13}\times 8$ 位。

$\overline{CE}$：片选信号线，低电平有效。

$\overline{OE}$：数据输出选通信号线，低电平有效。

V_{CC}：电源，接+5V。

GND：地线。

V_{PP}：编程电源，正常工作时接+5V，编程时接+25V。

$\overline{PGM}$：为编程脉冲输入线，编程时接宽度为 50ms 的高电平脉冲。

NC：空脚。

图 11.3.10　2764 引脚图

2764 的主要工作方式为读出方式，工作在读出方式时，电源电压 5V，信号电平与 TTL

电平兼容，最大功耗 500mV，最大读出时间 250ns。

2764 的工作方式如表 11.3.3 所示，表中 V_{IH} 为 TTL 高电平，V_{IL} 为 TTL 低电平。

表 11.3.3　　2764 工作方式选择

工作方式＼引脚	$\overline{CE}$ (20)	$\overline{OE}$ (22)	$\overline{PGM}$ (27)	V_{PP}/V (1)	V_{CC}/V (28)	输出
读出	V_{IL}	V_{IL}	V_{IH}	+5	+5	D_{OUT}
维持	V_{IH}	任意	任意	+5	+5	高阻
编程	V_{IL}	V_{IH}	正脉冲	+25	+5	D_{IN}
检验	V_{IL}	V_{IL}	V_{IH}	+25	+5	D_{OUT}
禁止编程	V_{IH}	任意	任意	+25	+5	高阻

（1）读出方式

当片选信号 $\overline{CE}$ 和输出允许信号 $\overline{OE}$ 都为低电平有效，而编程信号 $\overline{PGM}$ 为高电平，V_{PP} 接+5V 时，2764 芯片处于读出方式，从地址线 A_{12}～A_0 输入地址所选的存储单元读出数据送到数据线上。注意片选信号 $\overline{CE}$ 必须在地址稳定后有效。

（2）维持方式

当片选信号 $\overline{CE}$ 为高电平，片选信号为无效，就使芯片进入维持方式。此时数据线处于高阻状态，芯片功耗降为 200 mW。

（3）编程方式

当片选信号 $\overline{CE}$ 有效，输出允许信号 $\overline{OE}$ 无效，V_{PP} 端外接 25V 电压，从地址线 A_{12}～A_0 输入要编程单元的地址，在 D_7～D_0 端输入将要存入的数据，$\overline{PGM}$ 端加宽度为 50 ms 的 TTL 高电平编程脉冲，即可实现编程。注意必须在地址和数据稳定后，才能加上编程脉冲，还有 V_{PP} 不得超过允许值，否则会损坏芯片。

（4）检验方式

此方式和编程方式配合使用，在每次写入 1 个字节数据之后，紧接着将写入的数据读出，为检验编程结果是否正确。各信号状态类似读出方式，但 V_{PP} 在编程电压。

（5）禁止编程

V_{PP} 接编程电压，但 $\overline{CE}$ 无效，故不能进行编程操作。

EPROM 与 CPU 连接时处于正常工作方式，处于读出方式或维持方式；EPROM 与编程器连接时，处于编程、检验或禁止编程方式。

11.3.4 存储器容量的扩展

存储器的总容量通常比单个集成存储器芯片容量大得多，所以要多个芯片进行组合，这就是存储器容量的扩展，按扩展方式不同分为位扩展、字扩展和字位扩展三种方式。

1. 位扩展

如果存储器芯片位数不能满足要求时，应采用位扩展的连接方式，将多片 ROM 或 RAM 组合成位数更多的存储器。

位扩展的方法十分简单，只需把相同类型的存储器芯片的地址线、片选线、读写控制线都并联起来，数据端单独引出即可。

如图 11.3.11 所示，用 8 片容量为 1k×8 位芯片扩充为 1k×8 位的存储器，每个芯片有 10 根地址线，把 8 片芯片的地址线都并联起来，8 个芯片共用一个片选线和读写控制线，每个芯片的数据线单独连接。

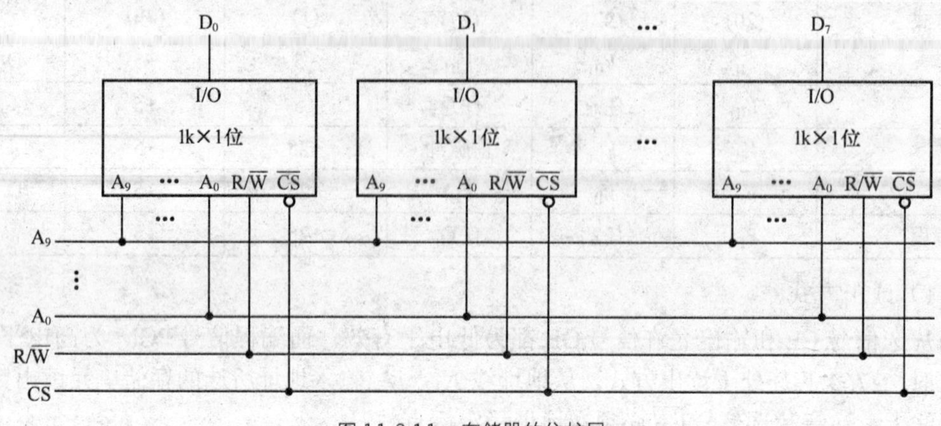

图 11.3.11　存储器的位扩展

2．字扩展

如果存储器的数据位数够用而字数不够用时，则需要采用字扩展方式，将多片存储器芯片接成一个字数更多的存储器。

字扩展时将存储器芯片的地址线、数据线、读写控制线并联，由不同的片选信号来区分各个存储器芯片所占据的不同地址范围。

图 11.3.12 所示为用 4 片 16k×8 位存储器芯片组合成的 64k×8 位存储器，把每片 16k×8

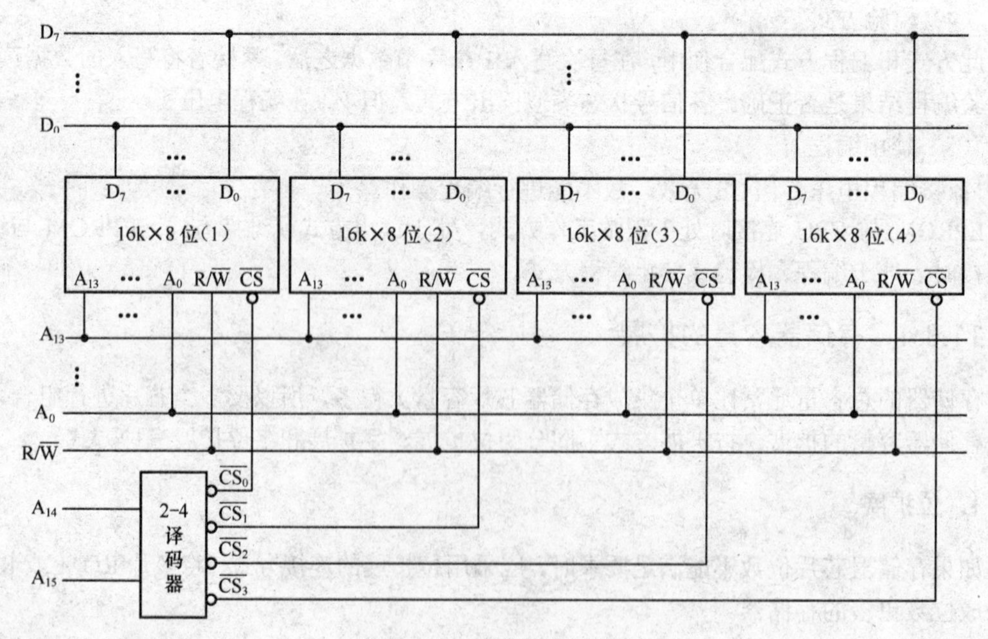

图 11.3.12　存储器的字扩展

位存储器有 14 根地址线，8 根数据线都并联起来，4 个芯片共用一个读写控制线，4 根片选线与 2 线–4 线译码器 74LS139 的输出端连接。

每片 16k×8 位存储器的 14 根地址线用于区分内部有 2^{14} 个存储单元，每片的地址范围是一样的，无法区分 4 片中同样的地址单元。因此，必须增加两位地址码 A_{15} 和 A_{14}，使地址线增加到 16 条，构成 64k×8 位存储器。由 2 线–4 线译码器 74LS139 功能可知，A_{15} 和 A_{14} 为 00 时选中第 1 片，为 01 时选中第 2 片，为 10 时选中第 3 片，为 11 时选中第 4 片，那么 4 片存储器的地址分配将如表 11.3.4 所示。

表 11.3.4 图 11.3.14 中存储器占据的地址

器件编号	A_{15} A_{14}	$\overline{CS_0}$ $\overline{CS_1}$ $\overline{CS_2}$ $\overline{CS_3}$	A_{13} A_{12} A_{11} A_{10} A_9 A_8 A_7 A_6 A_5 A_4 A_3 A_2 A_1 A_0	占据地址
存储器（1）	0 0	0 1 1 1	00000000000000 ～ 11111111111111	0000～3FFFH
存储器（2）	0 1	1 0 1 1	00000000000000 ～ 11111111111111	4000～7FFFH
存储器（3）	1 0	1 1 0 1	00000000000000 ～ 11111111111111	8000～BFFFH
存储器（4）	1 1	1 1 1 0	00000000000000 ～ 11111111111111	C000～FFFFH

3．字位扩展

有时存储器需要字扩展和位扩展同时进行，这就叫存储器的字位扩展。假设需要存储容量为 $M \times N$ 位存储器，若使用存储器容量为 $K \times L$ 位的存储器芯片进行字位扩展，那么需要 $M/K \times N/L$ 个该存储器芯片。连接时先按 N/L 个该存储器芯片分组进行位扩展方式连接，然后再把各组存储器芯片按字扩展方式连接，这样便构成了存储容量为 $M \times N$ 位存储器。

11.4 可编程逻辑器件简介

可编程逻辑器件（Programmable Logic Device，PLD）是一种通用型集成电路，它的逻辑功能是由用户通过对器件编程来设定的。设计人员可以根据功能需求，自行“量身定做”集成电路。随着可编程逻辑器件的集成度不断提高，设计人员已经可以利用可编程逻辑器件配置一个属于自己的微处理器芯片，甚至把整个数字系统都集成到一片可编程逻辑器件上。总之可编程逻辑器件的产生，已经改变了传统的数字系统设计方法。

自 20 世纪 80 年代以来，可编程逻辑器件（PLD）的发展非常迅速。目前，生产和使用的 PLD 产品主要可编程阵列逻辑（Programmable Array Logic，PAL）、通用阵列逻辑（Generic Array Logic，GAL）、复杂的可编程逻辑器件（Complex Programmable Logic Device，CPLD）和现场可编程门阵列（Field Programmable Gate Array，FPGA）等几种类型。其中 CPLD 和 FPGA 集成度比较高，应用广泛。

在发展各种类型 PLD 的同时，设计手段的自动化程度也日益提高。用于 PLD 编程的开发系统由硬件和软件两部分组成。硬件部分包括计算机和专门的编程器或者下载线，软件部分有各种编程软件（由 PLD 生产厂家提供）。这些编程软件都有编程、编辑、编译、仿真、下载等功能，操作也很简便。利用这些开发系统几小时内就能完成 PLD 的编程工作，大大提高了设计工作的效率。

11.4.1 PLD 的电路表示法

前面介绍的逻辑电路的一般表示方法不适合描述可编程逻辑器件（PLD）内部结构与功能。PLD 表示法在芯片内部配置和逻辑图之间建立了一一对应关系，并将逻辑图和真值表结合起来，形成一种紧凑而又易于识读的表达形式。

1. 连接方式

PLD 电路由与门阵列和或门阵列两种基本的门阵列组成。图 11.4.1 是一个基本的 PLD 结构图，该 PLD 有 2 个输入，2 个输出，一级可编程的与门阵列和一级固定的或门阵列。由图可以看到，门阵列交叉点上连接有三种方式：交叉点上画“•”表示硬连接，硬线连接是固定连接，不能用编程加以改变；交叉点上画“×”表示可编程连接，通过编程实现断开的连接；交叉点上既无“•”也无“×”表示断开。

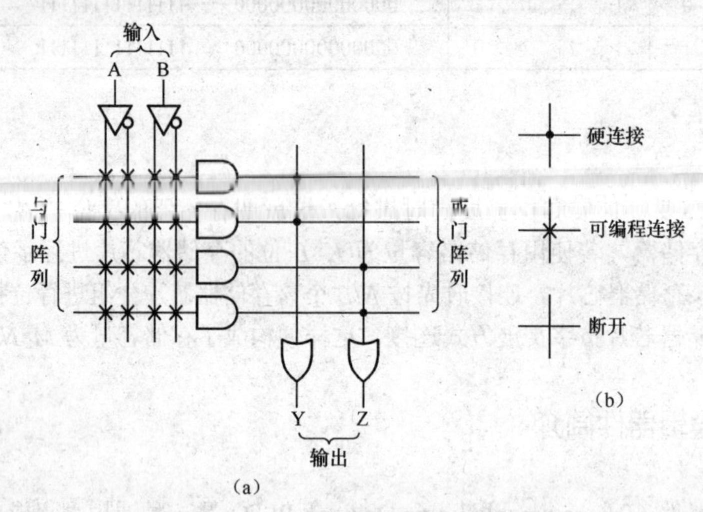

图 11.4.1 PLD 内部连接方式表示法

2. 基本门电路的 PLD 表示法

图 11.4.2 所示给出了几种基本门在 PLD 表示法中的表达形式。

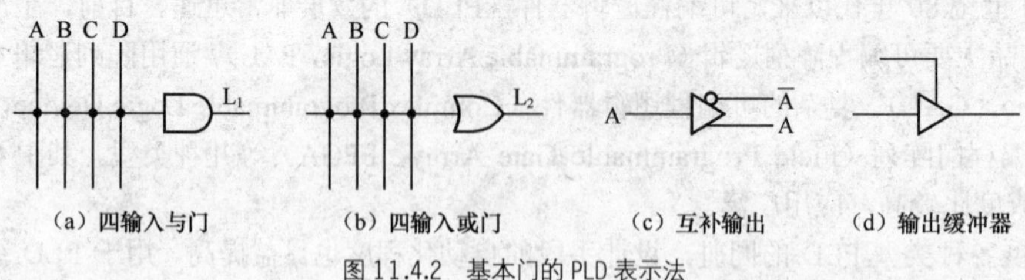

图 11.4.2 基本门的 PLD 表示法

一个四输入与门在 PLD 表示法中的表示如图 11.4.2（a）所示，L1=ABCD，通常把 A，B，C 和 D 称为输入项，L_1 称为乘积项（简称积项）。一个四输入或门如图 11.4.2（b）所示，其中 L_2=A+B+C+D。互补输出如图 11.4.2（c）所示。三态输出缓冲器如图 11.4.2（d）所示。

3. PROM 的 PLD 表示法

可编程的只读存储器（PROM）实质上可以认为是一个可编程逻辑器件，它包含一个固定连接的与门阵列（即全译码的地址译码器）和一个可编程的或门阵列。图 11.4.3 所示是四位输入地址码四位字长 PROM 的 PLD 表示法表示，图 11.4.3（b）为其等效表示。

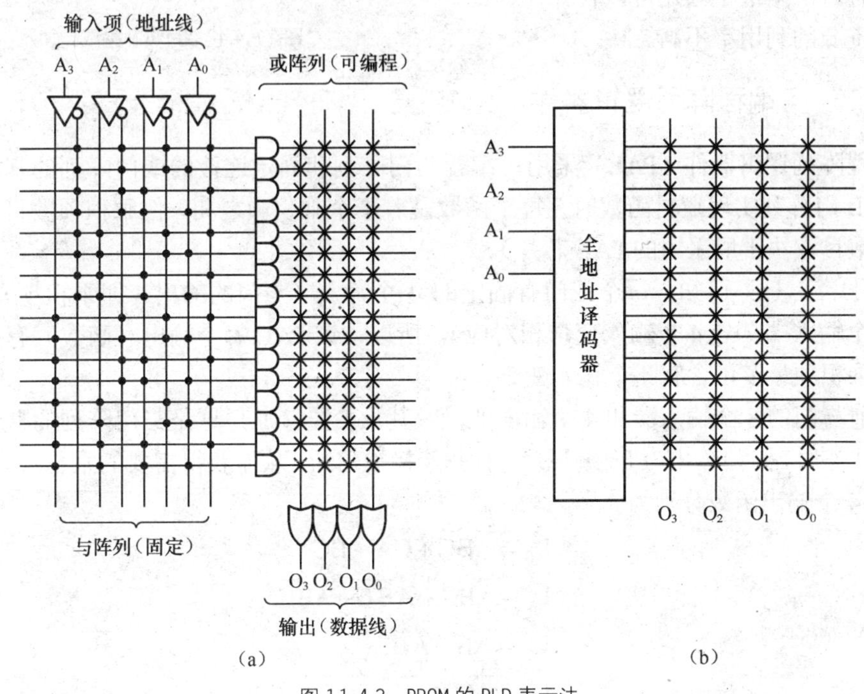

图 11.4.3 PROM 的 PLD 表示法

全地址译码器输出的是地址变量的所有最小项，输出（数据线）是可以编程的最小项和，那么用 PROM 就可以实现组合逻辑电路的设计了。

【例 11.4.1】 试用 PROM 构成全加器。

解：全加器有 3 个输入变量和两个输出变量。设 3 个输入变量为 A_i、B_i 和 C_{i-1}，两个输出变量为 S_i 和 C_i。全加器输出的变量标准与或表达式为

$$S_i=\overline{A}_i\overline{B}_iC_{i-1}+\overline{A}_iB_i\overline{C}_{i-1}+A_i\overline{B}_i\overline{C}_{i-1}+A_iB_iC_{i-1}$$

$$=m_1+m_2+m_4+m_7$$

$$C_i=\overline{A}_iB_iC_{i-1}+A_i\overline{B}_iC_{i-1}+A_iB_i\overline{C}_{i-1}+A_iB_iC_{i-1}$$

$$=m_3+m_5+m_6+m_7$$

可以选择输入地址为 3 位，输出数据为 2 位的（8×2 位）PROM 来实现全加器的组合逻辑。以地址输入端 A_2，A_1 和 A_0 作为全加器的 3 个输入端，以 D_1 和 D_0 作为全加器的两个输出端。如图 11.4.4 所示就完成了全加器逻辑的设计。交叉线上的黑点表示存入“1”，也就是向 W_0～W_7 的 8 个地址单元存入相应数据。注意，采用 PROM 实现逻辑设计的时候并没有对电路进行硬件设计，而是向 PROM 存入相应数据，也就是采用软件编程方式来完成逻辑设计，这也是可编程逻辑器件的共同特点。

任何一个组合逻辑函数都可以变换成与或表达式，因而，任何以个组合逻辑函数都能用一级与逻辑阵列和一级或逻辑阵列来实现。在使用 PROM 设计组合逻辑函数时，往往只用到了与逻辑阵列输出的最小项的一部分，而且有时这些最小项还可以合并，因此器件内部资源的利用率不高。

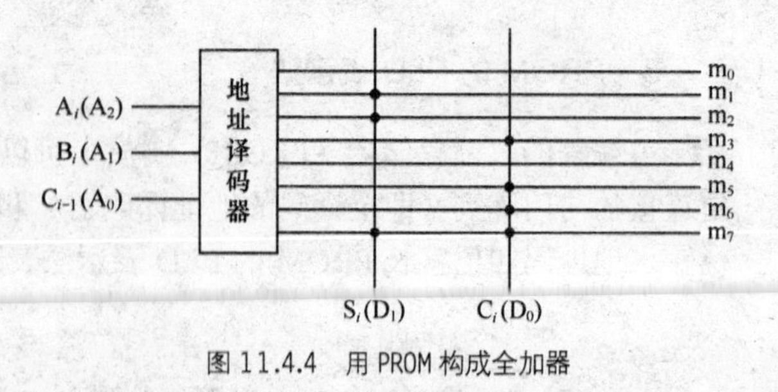

图 11.4.4　用 PROM 构成全加器

11.4.2　可编程阵列逻辑器件

可编程阵列逻辑器件（PAL）采用可编程与门阵列和固定连接的或门阵列的基本结构形式。用 PAL 门阵列实现逻辑函数时，每个函数是若干个乘积项之和，但乘积项数目固定不变（乘积项数目取决于所采用的 PAL 芯片）。

由图 11.4.5（a）可知，每个或门有固定的 4 个输入（与门的输出，即乘积项），每个与门都有 8 个输入端（与 4 个输入变量相对应），所以，该 PAL 每个输出（函数）有 4 个乘积项，每个乘积项最多可含有 4 个输入变量。

编程前与门的 8 个输入端和 4 个输入变量及其反变量接通，这是与门阵列的默认状态，显然默认状态时，与门输出为 0。编程后，有些连接被熔断，从而获得需要的乘积项。图 11.4.5（b）中，4 个输出函数分别为

$$L_0 = \overline{A}B\overline{C} + CA + BC$$

$$L_1 = \overline{AB}C + A\overline{B}\,\overline{C} + AB\overline{C}$$

$$L_2 = \overline{A}B + A\overline{B}$$

$$L_3 = \overline{A}B + \overline{A}C$$

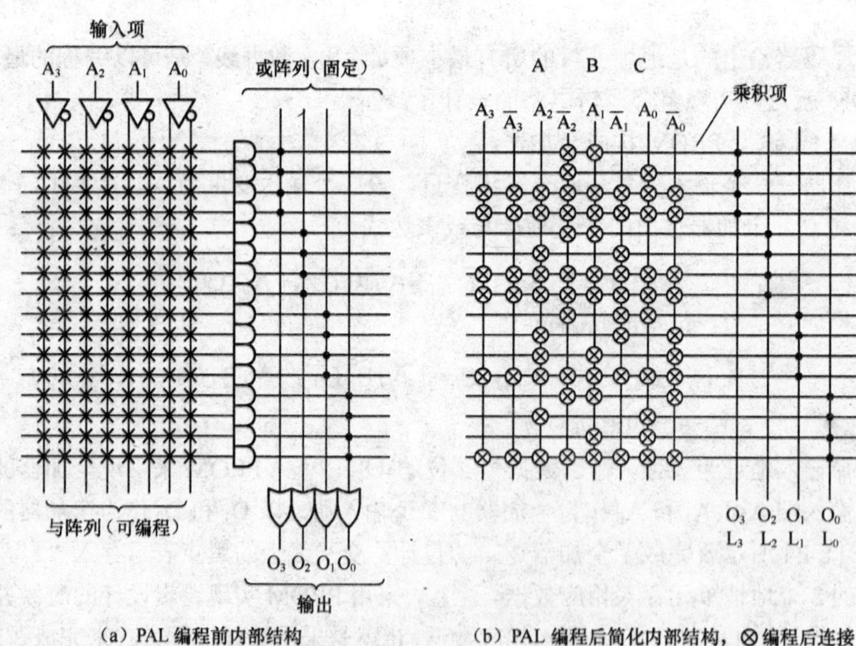

（a）PAL 编程前内部结构　　（b）PAL 编程后简化内部结构，⊗编程后连接

图 11.4.5　PAL 和 PLA 的基本结构

实际应用中，根据需要的输入端数量、输出端数量、乘积项数量、输出电路结构选择合适的PAL芯片。输入端数量、输出端数量和乘积项数量与逻辑函数的复杂程度有关；设计组合逻辑电路时，选择高电平有效输出、低电平有效输出、互补输出等几种形式；设计时序逻辑电路时，选择寄存器输出、异或输出、运算选通输出等几种形式。常用PAL如表11.4.1所示。

表11.4.1 常用PAL介绍

结构代码	含义	器件编号
H	高电平输出有效	PAL10H8
L	低电平输出有效	PAL16L8
P	输出极性可编程	PAL16P8
C	互补输出	PAL16C4
R	带寄存器输出	PAL16R8
X	带异或门输出	PAL20X10
A	运算选通反馈	PAL16A4

11.4.3 可编程通用阵列逻辑器件

可编程通用阵列逻辑器件（GAL）是在PAL基础上发展起来的新一代逻辑器件，它继承了PAL的与或阵列结构，又利用灵活的输出逻辑宏单元（Output Logic Macro Cell，OLMC）来增强输出功能，GAL可以完全取代PAL所具有的功能。

1. GAL的基本结构

图11.4.6所示给出了可编程通用阵列逻辑器件GAL16V8内部逻辑结构及相应管脚分布。GAL由5部分组成。

（1）输入端（引脚2～9）：8个输入信号经输入缓冲器成互补输出，作为乘积项的原变量和反变量。

（2）输出端（引脚12～19）：8个输出逻辑宏单元的输出信号经输出缓冲器输出或反馈。

（3）反馈/输入缓冲器：8个输出逻辑宏单元的输出信号，经反馈/输入缓冲器输出反馈给与门阵列，或将输出端的信号经反馈/输入缓冲器作为输入信号。

（4）可编程与门阵列：由8×8个与门构成，形成64个乘积项，每个与门有32个输入，其中16个来自输入缓冲器，另16个来自反馈/输入缓冲器。

（5）输出逻辑宏单元：8个输出逻辑宏单元（OLMC12～19）经过编程可以实现多种输出功能。

除以上5个组成部分外，该器件还有一个系统时钟CK的输入端（引脚1）、一个输出三态控制端$\overline{OE}$（引脚11）、一个电源V_{CC}端（引脚20）和一个接地端（引脚10），这些端子各个输出逻辑宏单元共用。

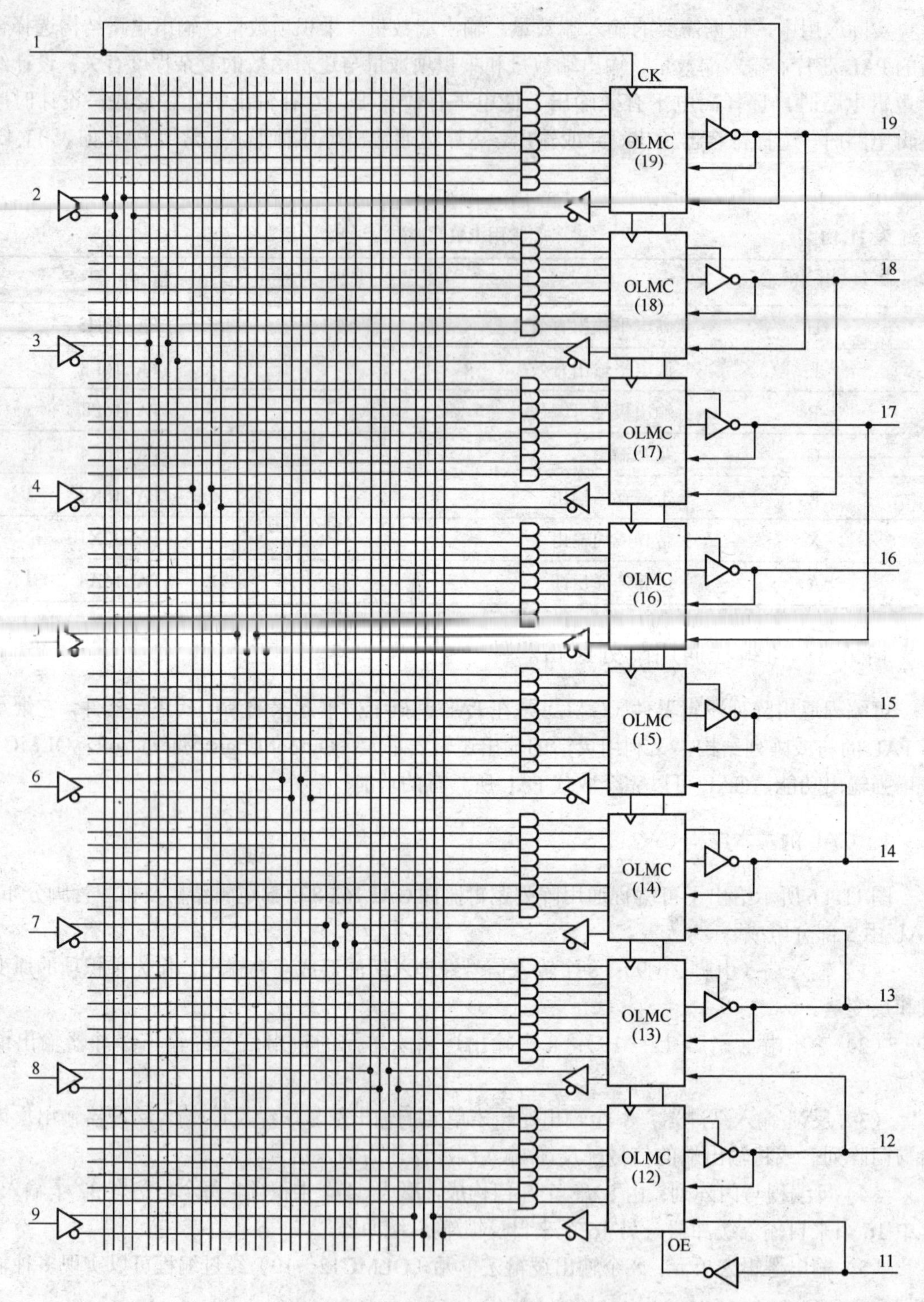

图 11.4.6 通用可编程阵列逻辑器件 GAL16L8 内部逻辑结构

2. GAL 的基本功能

通过对结构控制字的编程，可以控制 OLMC 的工作模式，如表 11.4.2 所示，GAL16V8

的 OLMC 有 5 种工作模式。

表 11.4.2　　GAL16V8 的 OLMC 工作模式

SYN	AC_0	$AC_1(n)$	XOR(n)	工作模式	输出极性	备　注
1	0	1	/	专用输入	/	三态输出缓冲器禁止
1	0	0	0	组合输出	低电平有效	三态输出缓冲器总是选通，无反馈
			1		高电平有效	
1	1	1	0	选通组合输出	低电平有效	三态输出缓冲器由第一乘积项选通，有反馈
			1		高电平有效	
0	1	1	0	时序电路中的组合输出	低电平有效	三态输出缓冲器由第一乘积项选通，有反馈，至少 1 个 OLMC 寄存器输出
			1		高电平有效	
0	1	0	0	寄存器输出	低电平有效	三态输出缓冲器由第一乘积项选通，有反馈通路，1 脚接 CK，11 脚接 $\overline{OE}$
			1		高电平有效	

根据应用需要，可以灵活配置 OLMC 的工作模式就可以将 GAL 输入输出逻辑设计成组合逻辑和时序逻辑功能。配置 GAL 逻辑的过程称为对 GAL 的编程，对 GAL 的编程是在开发系统的控制下完成的，在编程状态下，编程数据由 GAL16V8 第 9 脚串行送入 GAL 器件内部的移位寄存器中，移位寄存器有 64 位，装满一次就向编程单元地址中写入一行。

GAL 编程时需要专用编程器，现在发展了一种在系统编程型 GAL 器件，例如 ispGAL16Z8，它在总体结构上与 GAL16V8 十分相似，只是增加了一个编程控制电路。这样用户不需专用的编程器就可以向 GAL 写入编程数据或读取已编程的数据，使用方便，是 PLD 器件的发展方向。

11.4.4　复杂的可编程逻辑器件

随着电子技术的发展，PLD 的集成规模也越来越大，从 PAL 和 GAL 器件发展出来的器件的复杂可编程逻辑器件（CPLD），相对而言规模大，结构复杂，属于大规模集成电路范围。

CPLD 多采用 E^2CMOS 工艺制作，使器件既有双极型器件的高速性能，又有 CMOS 器件功耗低的优点。同时，为了使用方便，越来越多的 CPLD 都做成了系统可编程器件（ISP-PLD），在 CPLD 中除了原有的可编程逻辑电路以外，还集成了编程所需的高压脉冲产生电路以及编程控制电路。因此，编程时不需要使用另外的编程器，也无需将 CPLD 从系统中拔出，在正常的工作电压下即可完成对器件的编程工作。

CPLD 产品的种类和型号繁多，目前各大半导体器件生产厂商仍在不断地推出 CPLD 的新产品。虽然它们的具体结构形式各不相同，但基本上都采用了分区阵列结构，由若干个可编程的逻辑模块（类似于 GAL）、输入/输出模块、可编程的内部互连区和 ISP 编程控制电路等组成，具体内部结构如图 11.4.7 所示。

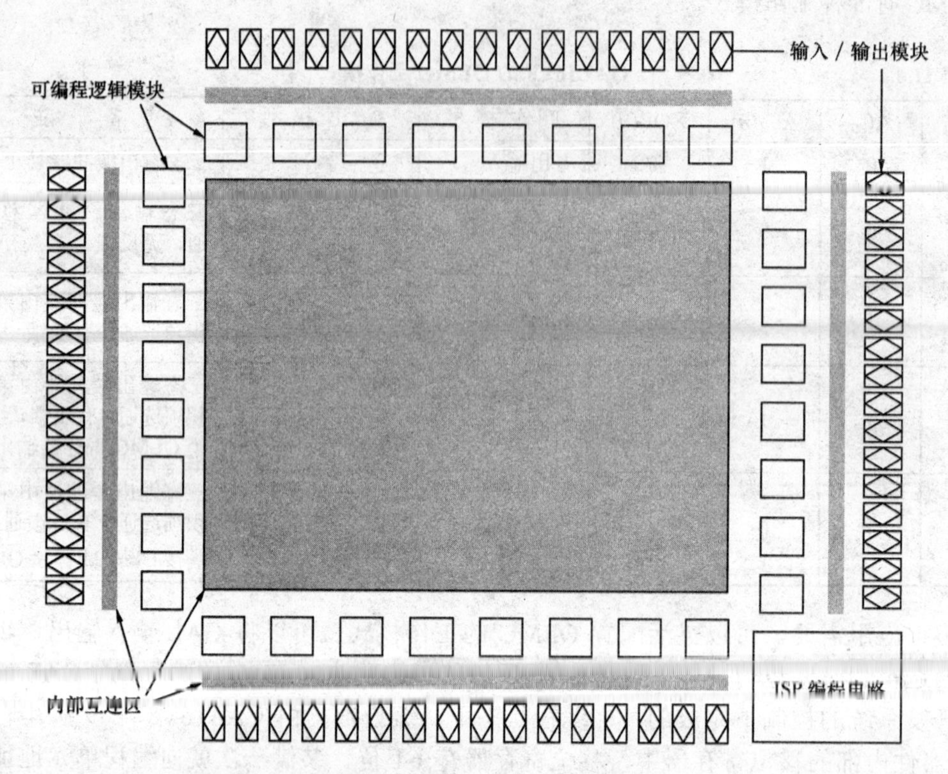

图 11.4.7　CPLD 内部结构框图

CPLD 的内部集成了多个可编程逻辑模块，它和 GAL 类似，由可编程的与或逻辑阵列和输出逻辑宏单元（OLMC）构成，基本功能与 GAL 相近，在 GAL 的基础上做了若干改进，在组态时有更大的灵活性，资源利用也更加合理。

CPLD 的输入/输出模块由三态输出缓冲器、输入缓冲器、输入寄存器/锁存器和几个可编程的数据选择器组成。根据需要可以配置成以下功能：缓冲器输入功能、边沿触发输入功能（寄存器模式）、电平触发输入功能（锁存器输入模式）、高电平有效输出功能、低电平有效输出功能、三态输出功能、输入/输出双向功能。

CPLD 的内部互连区中有一个全局布线区和 4 个输出布线区。这些布线区都是可编程的矩阵网络，每条纵线和每条横线的交叉点接通与否受一位编程单元状态的控制，也就是说通过向编程单元中存入"0"或"1"就可以实现任意可编程逻辑模块和输入/输出模块之间的连接关系，这样就可以实现相应的逻辑设计。

它具有编程灵活，集成度高，设计开发周期短，适用范围宽，开发工具先进，设计制造成本低，对设计者的硬件经验要求低，标准产品无需测试，保密性强，以及价格大众化等特点，可实现较大规模的电路设计，因此被广泛应用于产品的原型设计和产品生产（一般在 10,000 件以下）之中。几乎所有应用中小规模通用数字集成电路的场合均可应用 CPLD 器件。CPLD 的应用领域已深入网络、仪器仪表、汽车电子、数控机床、航天测控设备等方面。 CPLD 器件已成为电子产品不可缺少的组成部分，它的设计和应用成为电子工程师必备的一种技能。

11.4.5 现场可编程门阵列

在前面所讲的几种 PLD 电路中，都采用了与或逻辑阵列加上输出逻辑单元的结构形式。而现场可编程门阵列（FPGA）内部集成了 RAM，以查表法根据 RAM 内存储数据设计输入输出端之间的逻辑关系。加电时，FPGA 芯片将片外 EPROM 中数据读入片内编程 RAM 中，配置完成后，FPGA 进入工作状态。掉电后，FPGA 恢复成白片，内部逻辑关系消失，因此，FPGA 能够反复使用。FPGA 的编程无需专用的 FPGA 编程器，只需用通用的 EPROM 编程器即可。当需要修改 FPGA 功能时，只需换一片 EPROM 即可。这样，同一片 FPGA，不同的编程数据，可以产生不同的电路功能。因此，FPGA 的使用非常灵活。

FPGA 的内部结构如图 11.4.8 所示，包括可编程逻辑模块、输入/输出模块、可编程的内部互连区和用于存放编程数据的静态 RAM。

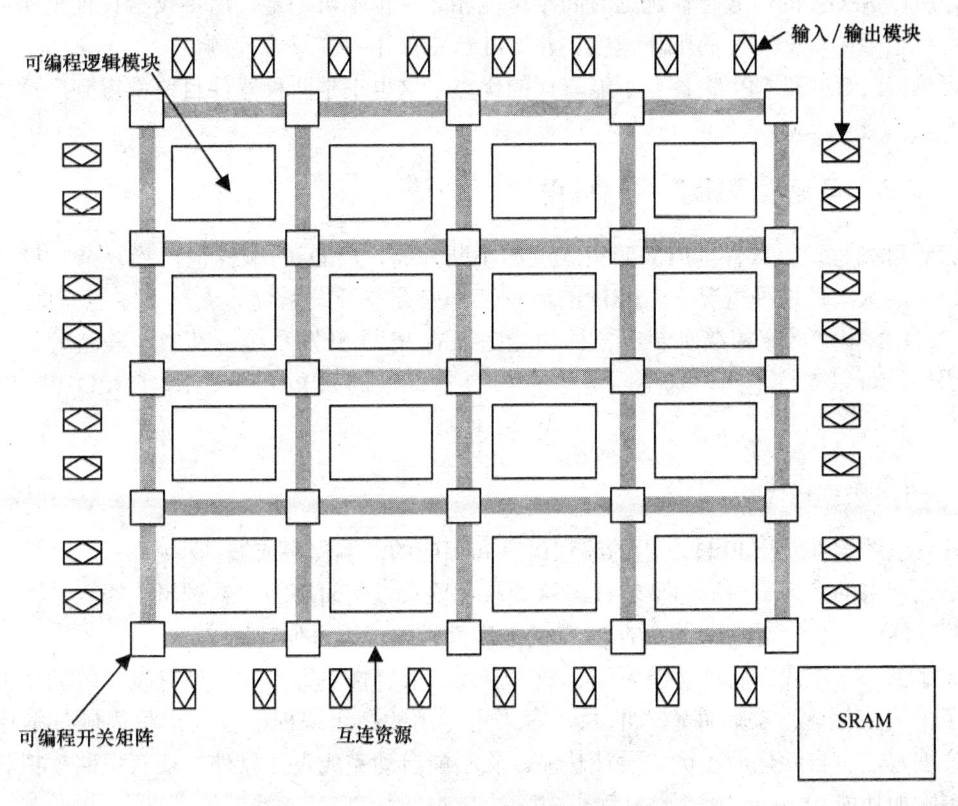

图 11.4.8 FPGA 内部结构框图

可编程逻辑模块以二维阵列的形式分布在 FPGA 器件的中部，其内部包含组合逻辑电路和存储电路（触发器）两部分，可以配置成规模不大的组合逻辑电路和时序逻辑电路。FPGA 的可编程输入输出模块和 CPLD 类似可以根据需要设置成输入功能、输出功能和输入输出双向功能。FPGA 的内部互连资源可将内部任意两点连接起来，能将 FPGA 中数目很大的可编程逻辑模块和输入输出模块连结成各种复杂的系统。

FPGA 中可编程逻辑模块、输入/输出模块、可编程的内部互连区的工作状态都由静态 RAM 中的数据设定。将编程数据写入 FPGA 内部的静态 RAM 称为装载，装载过程是在

FPGA 内的控制电路操作下自动进行。装载的操作分为不同模式：并行主模式为一片 FPGA 加一片 EPROM 的方式；主从模式可以支持一片 EPROM 编程多片 FPGA；串行模式可以采用串行 EPROM 编程 FPGA；外设模式可以将 FPGA 作为微处理器的外设，由微处理器对其编程。

FPGA 采用 SRAM 编程技术，克服了 PAL 等 PLD 中那种固定的与或逻辑阵列的局限性，从而具备 I/O 数量多、结构灵活、高密度、高速度、高可靠性和低功耗等优点，必要时还可用于 FIFO 等存储器的设计。

但 FPGA 本身也存在着一些明显的缺点。首先，由于 FPGA 中的编程数据是存在 SRAM 中，所以断电后数据便随之丢失，每次开始工作时都要重新装载编程数据，并需要配备保存编程数据的 EPROM。这样给使用带来不便，也不便于加密。其次，由于 FPGA 中构成复杂数字系统时一般总要将若干个可编程逻辑模块组合起来才能实现。由于每个信号的传输途径各异，所以 FPGA 的信号传输延迟时间不可能相等，也不可确定，这不仅给设计工作带来麻烦，而且也限制了 FPGA 的工作速度。在 CPLD 中就不存在这个问题。

可见，FPGA 和 CPLD 各有不能取代的优点，这也正是两种器件目前都得到广泛应用的原因所在。

11.4.6 可编程逻辑器件的编程

随着可编程逻辑器件（PLD）集成度的不断提高，PLD 的编程也日趋复杂，设计工作量也越来越大。在这种情况下，PLD 的编程工作必须在开发系统的支持下才能完成。为此，一些 PLD 的生产厂家相继研制出各种功能完善的 PLD 开发系统。其中一些系统具有较强的通用性，可以支持不同厂家不同型号的 PLD 产品（例如 PAL，GAL，CPLD 和 FPGA）的开发。

1. 开发系统软件

开发系统软件是指 PLD 专用的编程语言和相应的汇编程序或编译程序。

早期使用的多为一些汇编型软件。这类软件要求以化简后的与或逻辑式输入，不具备自动化简功能，而且针对不同类型的 PLD 的兼容性较差，不方便使用。

20 世纪 80 年代以后，功能更强、效率更高、兼容性更好的编译型开发系统软件很快地得到了推广应用。这类软件输入的源程序采用专用的高级编程语言（也称为硬件描述语言 HDL）编写，有自动化简和优化设计功能。除了能自动完成设计以外，还有电路模拟和自动测试等附加功能。

20 世纪 80 年代后期，出现了功能更强的开发系统软件。这种软件不仅可以用高级编程语言输入，而且可以用电路原理图输入。这对于想把已有的电路写入 PLD 的设计人员来说，提供了更便捷的设计手段，也更适用于不熟悉编程语言的电路设计人员使用。

20 世纪 90 年代以来，PLD 开发系统软件开始向集成化方向发展。为了给用户提供更加方便的设计手段，一些生产 PLD 产品的主要公司都推出了自己的集成化开发系统软件包。这些集成化系统软件包通过一个设计程序管理软件将一些已经广为应用的优秀 PLD 开发软件集成为一个大的软件系统，在设计时，设计人员可以灵活地调用这些资源完成设计工作。

2. PLD编程步骤

（1）进行逻辑抽象

将需要实现的逻辑功能（组合逻辑或时序逻辑）表示为逻辑函数的形式。

（2）选定PLD的类型和型号

选择PLD的类型和型号时应考虑到是否需要擦除改写；是否要求能在开发系统编程；是组合逻辑还是时序逻辑；电路的规模和特点（输入、输出和内部乘积项数量等）；对工作速度、功耗、加密和价格等要求。

（3）选定开发系统

选用的开发系统必须能支持选定PLD的开发工作。尽量选用功能强、兼容性好的开发系统，这样会使设计工作事半功倍；出于价格考虑可以根据现有开发系统选择PLD的类型和型号。

（4）编程

以开发系统软件能接受的逻辑功能描述方式（例如逻辑图、硬件描述语言、波形图等）编写源程序文件。

（5）编译调试

运行相关编译程序或汇编程序将源程序进行编译，修改相关语法错误，并进行仿真分析，检查设计结果是否符合要求，并作必要修改。

（6）下载

将编译生成的可下载数据写入PLD中，下载方式有编程器下载和ISP等方式。

（7）测试

用实验的方法测试写好数据的PLD的逻辑功能，检查它是否达到了设计要求，如果不满足要求就需要从第4步开始重新设计。

小　结

由于微处理器和微型计算机在各种检测、控制和信号处理系统中的广泛应用，也促进了数模转换器、模数转换器、半导体存储器和可编程逻辑器件等大规模集成电路相关技术的迅速发展。

数字量与模拟量的相互转换过程中，数模转换器（DAC）和模数转换器（ADC）的作用至关重要，本章主要介绍数模转换器（DAC）和模数转换器（ADC）的基本功能、基本结构、分类、性能指标和使用方法。

半导体存储器是一种能存储二值信息的大规模集成电路。本章主要介绍半导体存储器的功能、分类、基本结构、性能指标和扩展方法。

可编程逻辑器件（PLD）是一种新型半导体数字集成电路，它的最大特点是可以通过编程的方法设置其逻辑功能。本章主要介绍常用可编程逻辑器件的基本结构、功能特点和使用方法。

习　题

习题11.1　填空题

（1）DAC的作用是将输入的________转换成输出的________。ADC的作用是将输入的

________转换成输出的________。

（2）在模数转换过程中，只能在一系列选定的瞬间对输入模拟量________后再转换为输出的数字量，通过________、________、________和________4个步骤完成。

（3）ADC0809采用CMOS工艺制成的________位ADC，内部采用________结构形式。

（4）存储器按其存储信息的功能可分为________和________两大类。

（5）RAM按存储单元特性可以分为________和________。

（6）ROM按照存储信息写入方式的不同可分为________的ROM、________的PROM、________的EPROM和________的E^2PROM。

（7）存储器容量的扩展方法通常有________扩展、________扩展和________扩展三种方式。

（8）可编程逻辑器件的最大特点是逻辑功能可以由用户通过________实现。

（9）常用的可编程逻辑器件有________、________、________和________等。

（10）PROM的与阵列________，或阵列________；PAL的与阵列________，或阵列________；GAL的输出电路采用了________结构，增强了器件的通用性。

习题 11.2 选择题

（1）对于n位DAC的分辨率来说，可表示为（　　）。

A. $\frac{1}{2^n}$　　B. $\frac{1}{2^{n-1}}$　　C. $\frac{1}{2^n-1}$　　D. $\frac{1}{2^{n+1}}$

（2）和其他ADC相比，双积分型ADC转换速度（　　）。

A．较慢　　B．很快　　C．适中　　D．相同

（3）DAC0832输入的是（　　）。

A．8位二进制数码　　B．10位二进制数码

C．4位二进制数码　　D．16位二进制数码

（4）ADC0809是属于（　　）的ADC。

A．并联比较型　　B．逐次比较型　　C．双积分型

（5）利用电容的充电来存储数据，由于电路本身总有漏电，因此需定期不断补充充电（刷新）才能保持其存储的数据的是（　　）。

A．静态RAM的存储单元　　B．动态RAM的存储单元　C．Flash ROM的存储单元

（6）关于存储器的叙述，正确的是（　　）。

A．存储器是随机存储器和只读存储器的总称

B．存储器是计算机上的一种输入输出设备

C．计算机停电时随机存储器中的数据不会丢失

（7）一片容量为1 024×4位的存储器，表示有（　　）个地址。

A．1024　　B．4　　C．4096　　D．8

（8）题图11.1中输出端表示的逻辑关系为（　　）。

A．ACD　　B．$\overline{ACD}$　　C．B　　D．$\overline{B}$

（9）关于可编程逻辑器件的叙述，正确的是（　　）

A．可编程逻辑器件的写入电压和正常工作电压相同

B．GAL可实现时序逻辑电路的功能，也可实现组合逻辑电

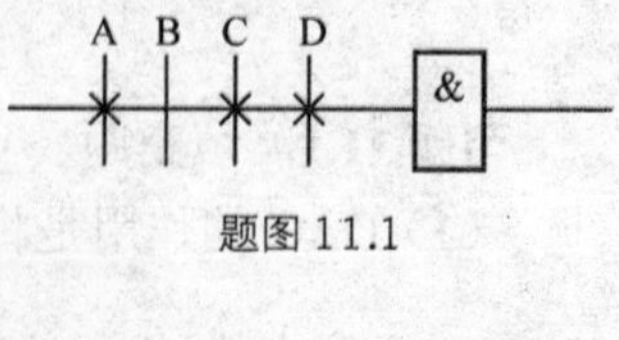

A B C D &

题图11.1

路的功能

C．CPLD 和 FPGA 的内部结构基本一致

习题 11.3 DAC 和 ADC 有哪些主要技术指标？

习题 11.4 半导体存储器如何分类？

习题 11.5 半导体存储器有哪些主要技术指标？

习题 11.6 RAM 主要由哪三部分组成？

习题 11.7 简述可编程逻辑器件设计的步骤。

习题 11.8 在如图 11.1.4 所示电路中，$V_{REF}=-10V$，试求：

（1）若输入三位二进制数 D＝101 时，计算网络输出 u_o。

（2）若 $u_o=1.25V$，则可以判断输入的三位二进制数 D 为多少？

习题 11.9 现有（1024×4 位）RAM 集成芯片一个，该 RAM 有多少个存储单元？有多少条地址线？该 RAM 含有多少个字？其字长是多少位？访问该 RAM 时，每次会选中几个存储单元？

习题 11.10 试用 ROM 实现下面多输出逻辑函数。

（1）$Y_1=\overline{A}BC+\overline{A}\,\overline{B}C$

（2）$Y_2=A\overline{B}C\overline{D}+BC\overline{D}+\overline{A}BCD$

（3）$Y_3=ABC\overline{D}+ABCD$

（4）$Y_4=\overline{A}\,\overline{B}C\overline{D}+ABCD$

习题 11.11 试用 1k×1 位的 RAM 扩展成 1k×4 位的存储器。说明需要几片 1k×1 位的 RAM，画出接线图。

习题 11.12 试用 1k×4 位的 RAM 扩展成 4k×4 位的存储器。说明需要几片 1k×4 位的 RAM，画出接线图。

附录 I 半导体分立器件型号命名方法

第一部分		第二部分		第三部分		第四部分	第五部分
用数字表示器件电极数目		用汉语拼音字母表示器件的材料和极性		用汉语拼音字母表示器件类型		用数字表示序号	用汉语拼音字母表示规格号
符号	意义	符号	意义	符号	意义		
2	二极管	A	N 型锗材料	P	普通管		
		B	P 型锗材料	V	微波管		
		C	N 型硅材料	W	稳压管		
		D	P 型硅材料	C	参量管		
3	三极管	A	PNP 型锗材料	Z	整流管		
		B	NPN 型锗材料	L	整流堆		
		C	PNP 型硅材料	S	隧道管		
		D	NPN 型硅材料	U	光电管		
				K	开关管		
				N	阻尼管		
				X	低频小功率管（截止频率＜3MHz、耗散功率＜1W）		
				G	高频小功率管（截止频率≥3MHz、耗散功率＜1W）		
				D	低频大功率管（截止频率＜3MHz、耗散功率≥1W）		
				A	高频大功率管（截止频率≥3MHz、耗散功率≥1W）		
				T	可控整流器		

例：高频小功率 NPN 型硅材料三极管

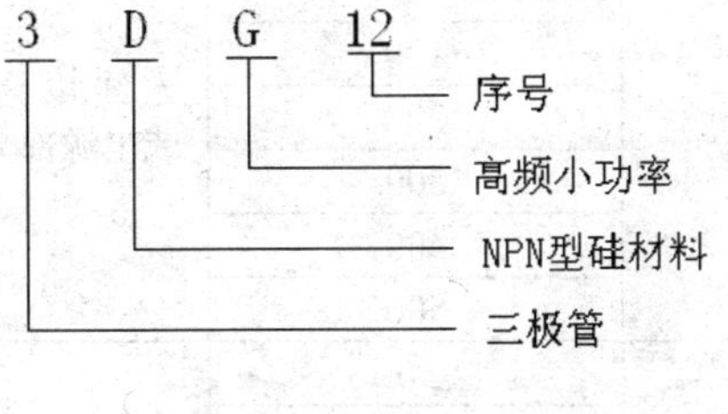

3 D G 12

- 12：序号
- G：高频小功率
- D：NPN型硅材料
- 3：三极管

附录 II 常用半导体分立器件型号和参数

1. 二极管

参　数 符　号	最大整流电流 I_{OM}/mA	最大整流电流时的正向压降 U_F/V	最大反向工作电压 U_{RM}/V	主要用途
1N4001			50	
1N4002			100	
1N4003			200	
1N4004	1000	1.1	400	低频整流
1N4005			600	
1N4006			800	
1N4007			1000	
2AP1	16		20	
2AP2	16		30	
2AP3	25		30	
2AP4	16	≤1.2	20	检波、小电流整流、限幅
2AP5	16		75	
2AP6	12		100	
2AP7	12		100	
2CZ52A			25	
2CZ52B			50	
2CZ52C			100	
2CZ52D	100	≤1	200	无线电通信或电源部分
2CZ52E			300	
2CZ52F			400	
2CZ52G			500	
2CZ56B			50	
2CZ56C			100	
2CZ56D			200	
2CZ56E	3000	≤0.8	300	无线电通信或电源部分
2CZ56F			400	
2CZ56G			500	
2CZ56H			600	

2. 稳压二极管

参　数	稳定电压	稳定电流	耗散功率	最大稳定电流	动态电阻
符　号	U_Z/V	I_Z/mA	P_Z/mW	I_{ZM}/mA	$r_Z/_{n}\Omega$
测试条件	工作电流等于稳定电流	工作电压等于稳定电压	-60℃～+50℃	-60℃～+50℃	工作电流等于稳定电流
2CW52	3.2～4.5	10	250	55	≤70
2CW53	4～5.8	10	250	41	≤50
2CW54	5.5～6.5	10	250	38	≤30
2CW55	6.2～7.5	10	250	33	≤15
2CW56	7～8.8	10	250	27	≤15
2CW57	8.5～9.5	5	250	26	≤20
2CW58	9.2～10.5	5	250	23	≤25
2CW59	10～11.8	5	250	20	≤30
2CW60	11.5～12.5	5	250	19	≤40
2CW61	12.2～14	3	250	16	≤50

3. 晶体管

参数符号		测试条件	型　号			
			3DG100A	3DG100B	3DG100C	3DG100D
直流参数	I_{CBO}/μA	U_{CB}=10V	≤0.1	≤0.1	≤0.1	≤0.1
	I_{EBO}/μA	U_{EB}=1.5V	≤0.1	≤0.1	≤0.1	≤0.1
	I_{CEO}/μA	U_{CE}=10V	≤0.1	≤0.1	≤0.1	≤0.1
	$U_{BE(sat)}$/V	I_B=1mA I_C=10mA	≤1.1	≤1.1	≤1.1	≤1.1
	$h_{FE(\beta)}$	U_{CB}=10V I_C=3mA	≥30	≥30	≥30	≥30
交流参数	f_T/MHz	U_{CE}=10V I_C=3mA F=30MHz	≥150	≥150	≥300	≥300
	G_P/dB	U_{CE}=10V I_C=3mA f=100MHz	≥7	≥7	≥7	≥7
	C_{ob}/pF	U_{CE}=10V I_C=3mA f=5MHz	≤4	≤3	≤3	≤3
极限参数	$U_{(BR)CBO}$/V	I_C=100μA	≥30	≥40	≥30	≥40
	$U_{(BR)CEO}$/V	I_C=200μA	≥20	≥30	≥20	≥30
	$U_{(BR)EBO}$/V	I_E=100μA	≥4	≥4	≥4	≥4
	I_{CM}/mA	20	20	20	20	20
	P_{CM}/mW	100	100	100	100	100

4．晶闸管

型号	通态平均电流	通态平均电压	断态反向重复峰值电压	断态反向重复峰值电流	控制极触发电流	控制极触发电压
	I_T/A	U_{TM}/V	U_{DRM} U_{RRM}/V	I_{DRM} I_{RRM}/mA	I_{GT}/mA	U_{GT}/V
KP5A	5	≤2.2	100～2000	≤8	≤60	≤3
KP20A	20	≤2.2	100～2000	≤10	≤100	≤3
KP50A	50	≤2.4	100～2400	≤20	≤200	≤3
KP100A	100	≤2.6	100～3000	≤40	≤250	≤3.5
KP200A	200	≤2.6	100～3000	≤40	≤250	≤3.5
KP300A	300	≤2.6	100～3000	≤50	≤350	≤3.5
KP500A	500	≤2.6	100～3000	≤60	≤350	≤4
KP800A	800	≤2.6	100～3000	≤80	≤450	≤4

附录III 常用半导体模拟集成电路的型号及参数

1．集成运算放大器

类　型 参数＼型号	通用 F007C	高速 F715	高阻 CF347	低功耗 CF253	高精度 F714
电源电压范围 U_S/V	±9～±18	±15	±15	±6	
开环差模增益 A_{od}/dB	94	80	80	100	110
差模输入电压 U_{Id}/V	±30		±15	±6	
共模输入电压 U_{Ic}/V	±12	±12	±10	±5.5	
共模抑制比 K_{CMR}/dB	80	92	70	110	126
差模输入电阻 r_{id}/MΩ	1	1	10	6	80
输入基极电流 I_B/nA	300	400	≤10	7	0.7
输入失调电流 I_{IO}/nA	100	70		0.5	0.3
输入失调电压 U_{IO}/mV	2	2	10	0.7	10
静态功耗 P_D/mW	120	165	150	0.24	

2．集成三端稳压器

参数名称	输出电压	电压调整率	电流调整率	噪声电压	最小电压差	输出电阻	温度系数
型号＼符号	U_O（V）	S_V（%/V）	S_I 5mA≤I_O≤1.5A	U_N/μV	U_I−U_O（V）	R_O（mΩ）	S_T（mV/℃）
W7805	5	0.008	40				1.0
W7812	12	0.008	50	10	＞2	20	1.2
W7815	15	0.007	50				1.5
W7905	−5	0.008	10	40		20	1.0
W7912	−12	0.007	50	75	＜-2	30	1.2
W7915	−15	0.007	70	90		40	1.5

附录IV 常用半导体数字集成电路型号及引脚排列图

1. 74系列

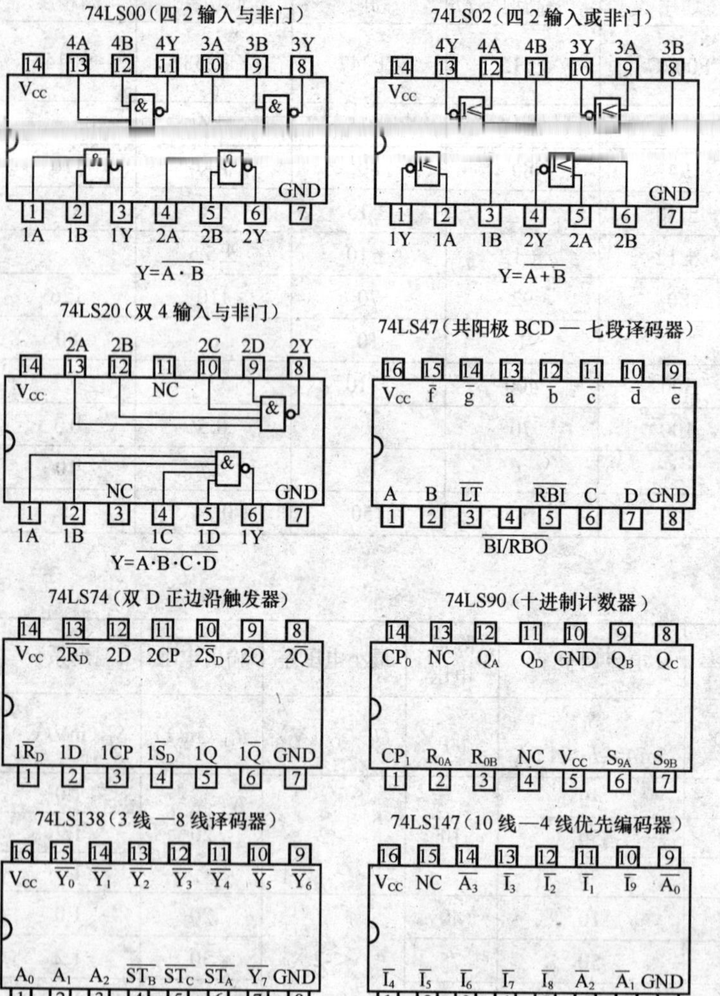

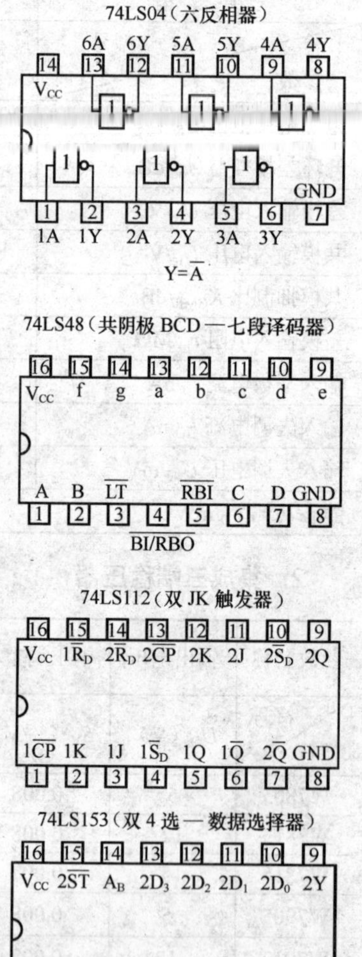

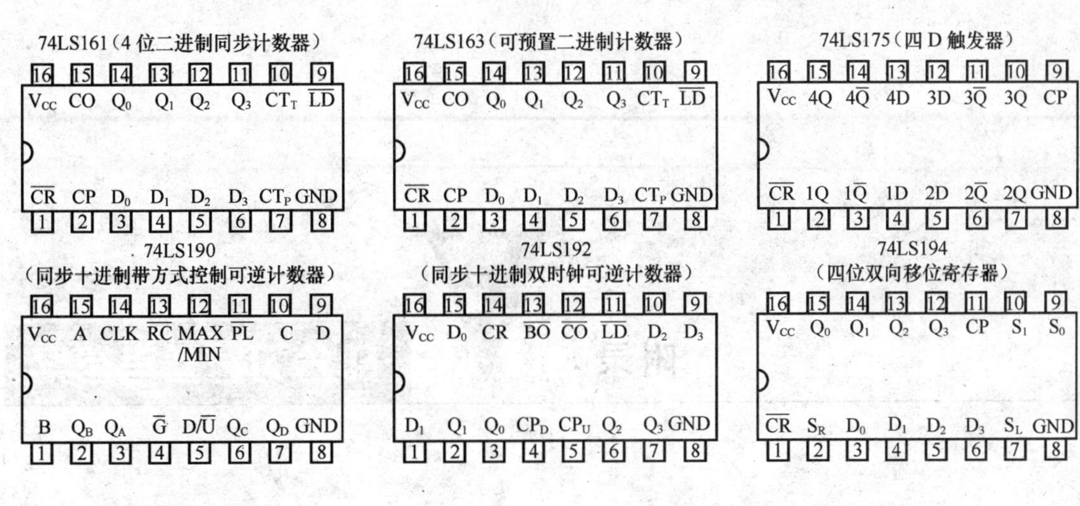
74LS161（4位二进制同步计数器）
74LS163（可预置二进制计数器）
74LS175（四D触发器）
74LS190
（同步十进制带方式控制可逆计数器）
74LS192
（同步十进制双时钟可逆计数器）
74LS194
（四位双向移位寄存器）

2. CMOS 系列

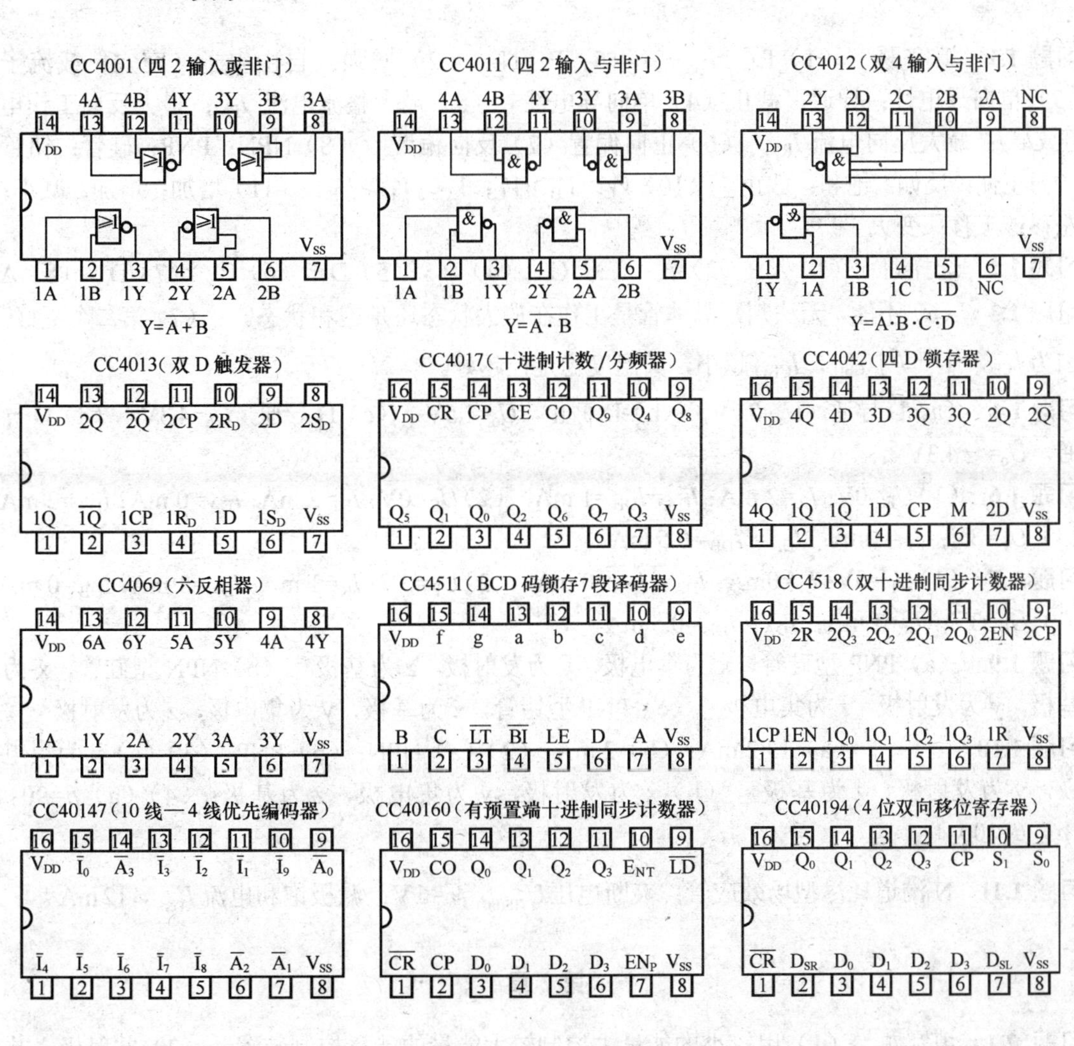
CC4001（四2输入或非门）
Y=A+B
CC4011（四2输入与非门）
Y=A·B
CC4012（双4输入与非门）
Y=A·B·C·D
CC4013（双D触发器）
CC4017（十进制计数/分频器）
CC4042（四D锁存器）
CC4069（六反相器）
CC4511（BCD码锁存7段译码器）
CC4518（双十进制同步计数器）
CC40147（10线—4线优先编码器）
CC40160（有预置端十进制同步计数器）
CC40194（4位双向移位寄存器）

附录 V 部分习题参考答案

第1章

习题 1.1 填空题 （1）P；N；+3；+5；P；N （2）增强；自由电子；空穴；载流子（3）单向导电性；导通；截止（4）单向导电性 （5）最大整流电流 I_{FM}；最大反向工作电压 U_{RM}；最大反向电流 I_{RM} （6）正向偏置（7）反向偏置 （8）NPN；PNP；硅管；锗管（9）正偏；反偏；饱和；截止 （10）$V_E > V_B > V_C$；$V_C > V_B > V_E$ （11）增加；增加；减小；左移；上移；变大

习题 1.2 选择题 （1）A （2）A （3）C （4）B （5）D （6）B （7）D （8）A

习题 1.3 （6）不能，无法判别晶体管是工作在放大状态还是饱和状态。 （7）第二个更好。因为 $I_{CEO} = \left(1+\overline{\beta}\right)I_{CBO}$，$I_{CBO}$ 越小，其温度稳定性越好。

习题 1.4 （a）D 导通，U_o=0.7V （b）D 截止，U_o=1.5V （c）D 导通，U_o=4.3V （d）D 导通，U_o=－4.3V

习题 1.6 （1）U_F=0V；I_R=2 mA；I_{DA}=I_{DB}=1 mA （2）U_F=0V；I_R=2 mA；I_{DA}=0 mA；I_{DB}=2 mA（3）U_F=3V；I_R=1mA；I_{DA}= I_{DB}=0.5 mA

习题 1.7 （1）U_F=0V；I_R=0mA；I_{DA}= I_{DB}=0 mA （2）U_F=3V；I_R=1 mA；I_{DA}=1 mA；I_{DB}=0 mA（3）U_F=3V；I_R=1 mA；I_{DA}= I_{DB}=0.5 mA

习题 1.9 （a）PNP 型硅管，x 为集电极，y 为发射极，z 为基极 （b）NPN 型硅管，x 为基极，y 为发射极，z 为集电极 （c）PNP 型锗管，x 为基极，y 为集电极，z 为发射极

习题 1.10 （1） （a）1.82 mA；（b）2 mA、（2）（a）NPN；（b）PNP、（3）（a）x 为集电极，y 为发射极，z 为基极 （b）x 为发射极，y 为集电极，z 为基极；（4）（a）β=90；（b）β=100

习题 1.11 N 沟道耗尽型场效应管；夹断电压 $U_{GE(off)} \approx -6$ V；漏极饱和电流 $I_{DSS} \approx 12$ mA

第2章

习题 2.1 填空题 （1）用较小的能量去控制较大能量的能量控制装置 （2）共射极；共集电极；共基极 （3）愈大；愈小 （4）相反；相同；相同 （5）饱和失真；截止失真

（6）增加；减小；提高；减小；不变 （7）−150；1kΩ （8）1.25kΩ （9）微小变化 （10）0.01

习题 2.2 选择题 （1）AACA （2）BA （3）C （4）C （5）BAA （6）ACBD （7）BBCCB

习题 2.4 （a）不能 （b）能 （c）不能 （d）能 （e）不能 （f）不能

习题 2.5 ① I_{BQ}=50μA；I_{CQ}=2mA；U_{CEQ}6V ② R_B=160kΩ；

习题 2.7 ① I_{BQ}=0.03mA；$I_{EQ}\approx I_{CQ}$=1.2mA；U_{CEQ}=5.9V ③ −48.4 ④ r_i=1.188kΩ；r_o=5.1kΩ ⑤ −34.06

习题 2.8 ① R_{B1}断路，基极无偏置电流，在u_i的负半周，晶体管处于截止状态，不能起到正常的放大作用。 ② R_{B2}断路，I_B迅速增大，晶体管进入饱和状态，无法进行正常放大。③ C_E断路，放大电路的电压放大倍数将下降。 ④ C_E短路，U_{BE}迅速增大，晶体管进入饱和状态，无法进行正常放大。

习题 2.9 ① U_{BQ}=4V；$I_{EQ}\approx I_{CQ}$=1.7mA；I_{BQ}=0.045mA；U_{CEQ}=5.2V ② U_{C1}= U_{BQ}=4V；U_{C2}=8.6V；④ r_{be}=0.79kΩ；A_u=−71.2；r_i=0.79kΩ；r_o=2kΩ

习题 2.10 ① 静态值与题 2.5 相同；② 略；③ A_u=−6.63；r_i=3.74kΩ、r_o=2kΩ

习题 2.11 ① I_{BQ}=0.034mA；I_{CQ}=2.72mA；U_{CEQ}=6.84V ③ Au=0.97，r_i=76kΩ；④ r_o=37Ω

习题 2.12 ① I_{BQ}=30.8μA；I_{CQ}=3.08mA；U_{CEQ}=3.8V ③ r_i=0.94kΩ；r_o=1.98kΩ；A_u=−125；A_{us}=−103

第 3 章

习题 3.1 填空题 （1）阻容耦合；直接耦合；变压器耦合 （2）第一级（输入级）；最后一级（输出级） （3）100；相同 （4）共模；差模 （5）共模信号；差模信号 （6）双入双出；双入单出；单入双出；单入单出 （7）$K_{CMR}=20\lg\left|\frac{A_{ud}}{A_{uc}}\right|$dB （8）500μV；1000μV （9）模拟集成电路；数字集成电路 （10）输入级；中间级；输出级；偏置电路；共模抑制比和输入电阻都要高；提供较高的电压增益；带负载能力强（输出电阻小） （11）同相；反相；相同；相反

习题 3.2 选择题 （1）D （2）C （3）B （4）C （5）D （6）B （7）C （8）A、A、B （9）C （10）B、C

习题 3.4 （1）U_{B1}=4（V） $I_{C1}\approx$1.7（mA） I_{B1}=0.034（mA） U_{CE1}=5.2（V） U_{B2}=4（V） $I_{C2}\approx$1.7（mA） $I_{B2}=\frac{I_{C2}}{\beta_2}=\frac{1.7}{50}=0.034(\text{mA})$ U_{CE2}=5.2（V）

（2）微变等效电路 （3）$\dot{A}_{u1}=-30$ $\dot{A}_{u2}=-50$ $\dot{A}_u=1500$

习题 3.5 （1）U_{B1}=4.8（V） $I_{C1}\approx$1（mA） I_{B1}=0.02（mA） U_{CE1}=4（V） $I_{B2}\approx$0.04（mA） $I_{C2}\approx$2（mA） U_{CE2}=6（V）

（2）微变等效电路 （3）$\dot{A}_{u1}=-116$ $\dot{A}_{u2}=0.98$ $\dot{A}_u=-114$

（4）后级采用射极输出器是由于射极输出器的输出电阻很小，可使输出电压稳定，增强带负载能力。

习题 3.6 （1）I_{B1}=0.01（mA） $I_{C1}\approx$0.5（mA） U_{CE1}=10.5（V） U_{B2}=8.3（V） $I_{C2}\approx$1（mA） $I_{B2}\approx$0.02（mA） U_{CE2}=5.8（V） （2）微变等效电路 （3）$\dot{A}_{u1}=0.95$ $\dot{A}_{u2}=-153.4$ $\dot{A}_{u}=-146$ （4）前级采用射极输出器是由于射极输出器的输入电阻很高，可减小信号源内阻压降，减轻信号源的负担。

习题 3.7 （1）$I_C\approx$0.5（mA） $I_B\approx$0.01（mA） $U_C\approx$6（V） （2）$U_{ic}=6$（mA） $U_{id}=3$（mV） （3）$U_{oc1}=U_{oc2}=-3$（mV） （4）$U_{od1}=-610$（mV） $U_{od2}=610$（mV） （5）$U_{o1}=-613$（mV） $U_{o2}=607$（mV） （6）$U_{oc}=0$（mV） $U_{od}=-1220$（mV） $U_o=-1220$（mV）

习题 3.8 $u_o\approx 10\sqrt{2}\sin\omega t$V P_o=12.5W P_V=22.5W η=55.5%

习题 3.9 P_{omax}=6.25W

习题 3.10 P_{omax}=1（W）

第 4 章

习题 4.1 填空题 （1）正反馈；负反馈；直流反馈；交流反馈；电压反馈；电流反馈；串联反馈；并联反馈 （2）直流 （3）电压并联负反馈 （4）±3.33% （5）电压并联负反馈；电压串联负反馈 （6）深度反馈网络的参数 （7）展宽、失真

习题 4.2 选择题 （1）BC （2）ABCD （3）DCAB （4）C （5）BC （6）A （7）BA

习题 4.5 （a）电压并联正反馈 （b）电流并联负反馈 （c）电流串联负反馈 （d）级间反馈为电压并联负反馈

习题 4.6 （a）R_3，R_4，C 构成直流电压并联负反馈 （b）R_F，R_{E2}，C_E 构成直流电流并联负反馈 （c）R_F，C_F 构成电压交流并联负反馈 （d）R_F，C_F 构成交流电压串联正反馈

习题 4.7 900

习题 4.8 0.15；0.147；0.003

习题 4.9 2000；0.0095

第 5 章

习题 5.1 填空题 （1）线性工作区；且信号加在反相输入端；同相输入端接地或通过电阻接地 （2）同相输入；反相输入；差动输入 （3）$A_F=-\dfrac{R_f}{R_i}$；R_f=R_1 时 （4）$A_F=\left(1+\dfrac{Rf}{R_1}\right)u_i$；$R_f$=0 或 $R_1\to\infty$ （5）（a）积分运算，$u_o=-\dfrac{1}{RC}\int u_i\mathrm{d}t$；（b）微分运算 $u_o=-RC\dfrac{\mathrm{d}u_i}{\mathrm{d}t}$；（a）为三角波；（b）为正负相间的尖脉冲； （6）方波 （7）基本放大器；正反馈网络；选频网络；稳幅环节 （8）$f_0=\dfrac{1}{2\pi RC}$

习题 5.2 选择题 （1）B （2）C；B （3）①A；②B；③A （4）D （5）C （6）A （7）B （8）C （9）A （10）B

习题 5.3 （a）0.3V （b）0.3V （c）−0.1V （d）1.4V

习题 5.4 u_o=−0.8V
习题 5.5 u_o=5.4V
习题 5.6 u_o=6V
习题 5.7 （1）u_o=（u_{i1}+ u_{i2}）/2 （2）u_o=0.375V
习题 5.10 （a）$U_{TH}=u_i=2V$；$u_o=\pm U_{OM}=\pm 5V$ （b）$U_{TH}=u_i=2V$；$u_o=\pm U_{Om}=\pm 15V$
习题 5.12 （1）错误一：集成运算放大器输入端的正、负极性颠倒。错误二：电阻 R_1 和 R_2 的位置颠倒。 （2）电阻 R=33.174kΩ，取标称值 33kΩ。

第6章

习题 6.1 填空题 （1）整流变压器；整流电路；滤波电路；稳压电路 （2）二极管整流；可控硅整流；单相；多相整流；半波；全波 （3）$0.45U_2$；U_2 （4）①18② $20\sqrt{2}$ ③ $20\sqrt{2}$ ④24 （5）采样电路；基准电压源；放大电路；调整管 （6）开关状态 （7）正向；正向；维持
习题 6.2 选择题 （1）B （2）C （3）A （4）D （5）B （6）B （7）D （8）A
习题 6.3 （1）1.38A （2）4.33A （3）244.4V
习题 6.5 （1）U_O =18V；I_O =0.06A （2）I_D=0.03A，取 $I_F>2I_D$=0.06A；U_{DM} =21.2V，查表可选 2CZ52A（I_F=100mA，U_R=25V），电容选 133μF，耐压大于 21.2 伏的电解电容即可。
习题 6.6 （1）输出电压为负，电容的极性应上负下正 （2）U_2=20.83V （3）I_D=100mA；U_{RM}=29.37V （4）全波桥式整流电路 U_0 =18.75V，当 C 短路时，U_o=0V，此时负载被短路，D_1~D_4 整流二极管将会因电流过大而损坏。
习题 6.7 （1）u_{o1}、u_{o1} 的极性均为上正下负。 （2）U_{o1}=18 V，U_{o2}=−18 V
习题 6.8 215Ω＜R＜300Ω
习题 6.9 （1）U_2=20V （2）12V~24V
习题 6.10 6.96V~17.73V
习题 6.12 5A
习题 6.13 （1）U_O≈4.375V （2）1.25V~20V
习题 6.14 90V，18A，67.5V，13.5A

第7章

习题 7.1 填空题 （1）十进制；二进制 （2）$(1011010)_2$；$(132)_8$；$(90)_{10}$ （3）7 （4）与；或；非 （5）$Y=\overline{A+B}$ （6）开关 （7）+5V，+5.5V （8）0 状态、1 状态、高阻状态
习题 7.2 选择题 （1）D （2）D （3）C （4）B （5）C （6）A （7）C
习题 7.3 （1）5 （2）12 （3）169 （4）137
习题 7.4 （1）1011 （2）10111 （3）110010 （4）1111111
习题 7.5 （1）13 （2）19 （3）58 （4）7D

习题 7.6 （1）11010　（2）10011100　（3）10101110　（4）1101100111

习题 7.7 （1）1000　（2）100101　（3）1110101　（4）1001100110

习题 7.8 （1）$\overline{Y}_1=\overline{AB+\overline{A}\,\overline{B}}=\overline{AB}\cdot\overline{\overline{A}\,\overline{B}}=(\overline{A}+\overline{B})(A+B)=\overline{A}B+A\overline{B}$

（2）$\overline{Y}_2=(\overline{A}+\overline{B})(\overline{A}+\overline{C})(\overline{B}+\overline{C})$

习题 7.11 （1）B　（2）$AB+\overline{A}C$　（3）$\overline{A}+C$　（4）$A+C+BD+\overline{B}E$

习题 7.12 $\sum m(2,3,4)$

习题 7.13 $\overline{A}C+B$

习题 7.14 $Y=A\overline{B}C+AB\overline{C}+ABC=A(B+C)$

习题 7.15 $Y=\overline{\overline{\overline{AB}A}\,\overline{\overline{AB}B}}$

习题 7.16 000；001；100；101；110；111

习题 7.17 （1）$Y=\overline{\overline{AB}\cdot\overline{CD}}=AB+CD$　（2）Y 为低电平　（3）Y 为高电平

习题 7.18 当 EN=0 时，Y=A；当 EN=1 时，Y=B

第 8 章

习题 8.1 填空题　（1）以前状态；组合电路；时序电路　（2）门电路　（3）逻辑电路图　（4）真值表　（5）加法器，编码器，译码器，数据选择器，数值比较器　（6）单个，多个　（7）共阴；共阳

习题 8.2 选择题　（1）B　（2）A　（3）C

习题 8.4 $Y=\overline{A\cdot\overline{AB}+B\cdot\overline{A}\,\overline{B}}=\overline{\overline{A}\,\overline{B}(A+B)}=\overline{\overline{A}\,\overline{B}\cdot\overline{\overline{A}}\,\overline{\overline{B}}}=AB+\overline{A}\,\overline{B}$，同或门

习题 8.5 奇校验电路

习题 8.6 半加器

习题 8.7 $Y=\overline{\overline{\overline{A}\,\overline{B}C}\,\overline{\overline{A}B\overline{C}}\,\overline{A\overline{B}\,\overline{C}}\,\overline{ABC}}=\overline{A}\,\overline{B}C+\overline{A}B\overline{C}+A\overline{B}\,\overline{C}+ABC=A\oplus B\oplus C$，奇校验电路

习题 8.9 X=A，$Y=\overline{\overline{\overline{A}B}}$，$Z=\overline{\overline{\overline{\overline{A}B}C}}$

习题 8.10 $Y_i=\overline{A}_i\overline{B}_iC_i+\overline{A}_iB_i\overline{C}_i+A_i\overline{B}_i\overline{C}_i+A_iB_iC_i=\sum m(1,2,4,7)$，

$C_{i-1}=\overline{A_iB_i}C_i+\overline{A}_iB_i\overline{C}_i+\overline{A}_iB_iC_i+A_iB_i\overline{C}_i+A_iB_iC_i=\sum m(1,2,3,7)$

习题 8.12 Y_1 可用全加器或多路选择器实现，Y_2 可用与门实现。

习题 8.13 红光表示温度高；绿光表示温度正常；黄光表示温度低。

第 9 章

习题 9.1 填空题　（1）RS；JK；D；T；T'　（2）真值表；函数表达式；时序图；特征方程　（3）2；0　（4）空翻　（5）主从；边沿　（6）$Q^{n+1}=J\overline{Q^n}+\overline{K}Q^n$ 保持、置 1、置 0、翻转

习题 9.2 选择题　（1）D　（2）B　（3）C　（4）B　（5）A　（6）D　（7）C

习题 9.9 $Q^{n+1}=J\overline{Q^n}+\overline{K}Q^n=AQ^n$

习题 9.10 $Q^{n+1} = A\overline{Q^n} + A\overline{Q^n} = A$

第 10 章

习题 10.1 填空题 （1）时序逻辑 （2）8；8 （3）左移移位；右移移位；双向移位 （4）加法；减法；可逆 （5）n （6）二；十 （7）无；双 （8）R_1；R_2；C （9）小于 （10）4V

习题 10.2 选择题 （1）C （2）C （3）B （4）B （5）D （6）D （7）A （8）B （9）C（10）C

习题 10.3 不能自启动的三位环形计数器

习题 10.4 当输入 X=0 时，电路按递增规律变化：00→01→10→11→00→…

当输入 X=1 时，电路按递减规律变化：00→11→10→01→00→…

习题 10.5 8 输出计数型顺序脉冲发生器

习题 10.6 ① $\overline{CR} = \overline{Q_2^n Q_1^n}$ ② $\overline{LD} = \overline{Q_2^n Q_0^n}$

习题 10.7 ① $\overline{CR} = \overline{Q_3^n Q_1^n Q_0^n}$；$\overline{LD} = \overline{Q_3^n Q_1^n}$ ②两片 74LS161 级联后 $\overline{CR} = \overline{Q_5^n Q_4^n Q_0^n}$；$\overline{LD} = \overline{Q_5^n Q_4^n}$

习题 10.8 （a）11 进制加法计数器 （b）10 进制加法计数器

习题 10.9 （a）8 进制加法计数器 （b）6 进制加法计数器

习题 10.10 tp_0=1.1RC=11μs

习题 10.11 $f = \frac{1}{T} = \frac{1}{0.7(R_1 + 2R_2)C} = 10\text{kHz}$，$q = \frac{t_{p1}}{T} = \frac{0.7(R_1 + R_2)C}{0.7(R_1 + 2R_2)C} = \frac{R_1 + R_2}{R_1 + 2R_2} = 0.75$

习题 10.13 f=48kHZ

习题 10.14 T=5.5S

第 11 章

习题 11.1 填空题 （1）数字量；模拟量；模拟量；数字量 （2）采样；采样；保持；量化；编码 （3）8；逐次比较 （4）RAM；ROM （5）SRAM；DRAM （6）固定；一次可编程；光可擦除可编程；电可擦除可编程 （7）位扩展；字扩展；字位扩展 （8）编程 （9）PAL；GAL；CPLD；FPGA （10）固定；可编程；可编程；固定；输出逻辑宏单元

习题 11.2 选择题 （1）C （2）A （3）A （4）B （5）B （6）A （7）A （8）A （9）B

习题 11.3 转换精度、转换速度

习题 11.5 存储容量、存取时间

习题 11.6 存储矩阵、地址译码器、输入/输出控制电路

习题 11.7 进行逻辑抽象、选定 PLD 的类型和型号、选定开发系统、编程、编译调试、下载、测试

习题 11.8 6.25、001

习题 11.9 该 RAM 集成芯片有 4096 个存储单元；地址线为 10 根；含有 1024 个字，字长是 4 位；访问该 RAM 时，每次会选中 4 个存储单元

习题 11.11 需用 4 片 1k×1 位 RAM 芯片

习题 11.12 需用 4 片 1k×4 位 RAM 芯片

参 考 文 献

1 秦曾煌. 电工学（下册 电子技术）[M]. 北京：高等教育出版社，2004
2 刘继承，申功迈. 电子技术基础[M]. 北京：高等教育出版社，2005
3 王鸿明. 电工与电子技术（下册）[M]. 北京：高等教育出版社，2005
4 易培林. 电子技术与应用[M]. 北京：人民邮电出版社，2008
5 刘建英. 电子技术基础[M]. 北京：兵器工业出版社，2006
6 赵景波，周祥龙，于亦凡. 电子技术[M]. 北京：人民邮电出版社，2008
7 华成英. 模拟电子技术基础教程[M]. 北京：清华大学出版社，2006
8 杨素行. 模拟电子技术基础简明教程（第三版）[M]. 北京：高等教育出版社，2006
9 高玉良. 电路与模拟电子技术[M]. 北京：高等教育出版社，2004
10 胡宴如，耿苏燕. 模拟电子技术基础[M]. 北京：高等教育出版社，2004
11 张克农. 数字电子技术基础[M]. 北京：高等教育出版社，2003
12 余孟尝. 数字电子技术基础简明教程（第三版）[M]. 北京：高等教育出版社，2006
13 李中发. 数字电子技术[M]. 北京：水利水电出版社，2001
14 康华光. 电子技术基础（模拟部分 第四版）[M]. 北京：高等教育出版社，1999
15 康华光. 电子技术基础（数字部分 第四版）[M]. 北京：高等教育出版社，2000